ALLE ZEIT WACH 1842

Horst Albach · Diethard Schade · Hansjörg Sinn (Hrsg.)

Technikfolgenforschung und Technikfolgenabschätzung

Tagung des Bundesministers für Forschung und Technologie 22. bis 24. Oktober 1990

Redaktionelle Bearbeitung und Koordination:
Dr. Bernhard Hausberg, VDI-Technologiezentrum
Projektträgerschaft: Technikfolgenabschätzung

Springer-Verlag

Berlin Heidelberg NewYork
London Paris Tokyo HongKong Barcelona Budapest

Prof. Dr. Dr. h.c. mult. Horst Albach
Präsident der Akademie der Wissenschaften zu Berlin
Griegstraße 5-7, 1000 Berlin 33

Dr. Ing. Diethard Schade
Daimler-Benz AG
Daimler Straße 143, 1000 Berlin 48

Prof. Dr. Dr.-Ing. E.h. Hansjörg Sinn
Institut für Technische und Makromolekulare Chemie
Universität Hamburg
Bundesstraße 45, W-2000 Hamburg 13

Das dieser Veröffentlichung zugrundeliegende Vorhaben wurde mit Mitteln des Bundesministers für Forschung und Technologie unter dem Förderkennzeichen PLI 1417 gefördert. Die Verantwortung für den Inhalt dieser Veröffentlichung liegt bei den Autoren.

ISBN 3-540-54172-1 Springer-Verlag Berlin Heidelberg NewYork

CIP-Titelaufnahme der Deutschen Bibliothek
Technikfolgenforschung und Technikfolgenabschätzung:
Tagung des Bundesministers für Forschung und Technologie, 22. bis 24. Oktober 1990 /
Horst Albach ... (Hrsg.).
Berlin ; Heidelberg ; NewYork ; London ; Paris ; Tokyo ; Hong Kong ; Barcelona ; Budapest :
Springer, 1991
ISBN 3-540-54172-1 (Berlin ...)
ISBN 0-387-54172-1 (New York ...)
NE: Albach, Horst [Hrsg.]; Deutschland / Bundesminister für Forschung und Technologie

Satz: Reproduktionsfertige Vorlage der Autoren
Offsetdruck: Mercedes-Druck, Berlin; Bindearbeiten: Lüderitz & Bauer, Berlin
60/3020 543210 – Gedruckt auf säurefreiem Papier

Vorwort

Technikfolgenforschung und Technikfolgenabschätzung wurde vom Bundesminister für Forschung und Technologie, Dr. Heinz Riesenhuber, auf der Tagung am 22.10. - 24.10.1990 als Aufgabe für Wissenschaft und Politik zur Debatte gestellt. Ausgangspunkt und Grundlage war das Memorandum eines vom BMFT berufenen Sachverständigenausschusses zu Grundsatzfragen und Programmperspektiven der Technikfolgenabschätzung. Die genannten konzeptionellen Vorstellungen zur Technikfolgenabschätzung, die Ziele und wissenschaftlichen Grundlagen sowie die erkennbaren Defizite und Empfehlungen über zweckmäßige Strategien der Förderung dieses Gebietes durch den BMFT fordern nicht nur die Wissenschaft zur Diskussion heraus, sondern erfordern vielmehr einen Dialog zwischen allen Beteiligten in Wissenschaft, Wirtschaft, Politik, Rechtssprechung sowie mit den Betroffenen.

Technikfolgenforschung und Technikfolgenabschätzung zu fördern folgt dem Ziel, Orientierungswissen als Grundlage rationaler Entscheidungen (rationales Handeln) unter Ungewißheit zu erarbeiten und zur Verfügung zu stellen, also Handlungsoptionen mit ihren jeweiligen Chancen und Risiken möglichst transparent und vollständig zu dokumentieren und den zuständigen und verantwortlichen Entscheidungsträgern in einer pluralistischen Gesellschaft mit sehr unterschiedlichen Interessen, Präferenzen und Werten zur Verfügung zu stellen. Im angesprochenen Memorandum heißt es mit Blick auf den hierzu erforderlichen Arbeitsprozeß:

"Die damit verbundenen Aufgaben der TA verlangen sowohl bei der Problemdefinition (Wahrnehmung, Eingrenzung, Festlegung und theoretische Klärung des Problems) und den Problemlösungsbemühungen (Festlegung der Forschungsstrategien, des praktischen Vorgehens und der anzuwendenden Verfahren, um generalisierbare und anwendungsfähige Ergebnisse zu gewinnen) als auch bei der Bewertung des verfügbaren oder durch aktuelle Forschung zu erarbeitenden Wissens ein sehr problemangemessenes und deshalb oft aufwendiges Vorgehen."

Konzeption, Defizite und erforderliche Maßnahmen zur Technikfolgenforschung und Technikfolgenabschätzung wurden auf der Tagung erörtert. Die Ergebnisse der Tagung werden im vorliegenden Tagungsband dokumentiert und der Öffentlichkeit als Orientierungswissen zur Verfügung gestellt.

Die Herausgeber des Tagungsbandes waren Mitglieder des Sachverständigenausschusses, der unter Vorsitz von Professor Dr. Franz E. Weinert (MPI für Psychologische Forschung, München) das TA-Memorandum erarbeitet und im Juni 1989 vorgelegt hat. Sie haben die Aufgaben der Programmgestaltung für die Tagung gern übernommen. Geleitet war das Programm von dem Anliegen der Zusammenführung von grundlegenden konzeptionellen Überlegungen einerseits und praktischen Anwendungsbeispielen andererseits. Überrascht hat nicht nur die quantitative Resonanz, sondern die qualitative, fach- und fähigkeitsdifferenzierte Breite der Teilnehmer. Insbesondere dadurch traten neben Empfehlungen zur TA der Beitrag von TA für die Erarbeitung von Handlungsoptionen und als Methode des Konfliktmanagements in den Vordergrund der Erörterung.

Dank gilt allen Vortragenden und Diskutanten, die sich der Debatte stellten. Dank gilt den Herren MinDirig. Dr. Werner Gries und MinR. Dr. Norbert Binder, Bundesministerium für Forschung und Technologie, für die Initiative zur Durchführung der Tagung und Herrn Dr. Bernhard Hausberg, Projektträger für Technikfolgenabschätzung im VDI-Technologiezentrum, für die Koordination der Tagung. Dank gilt schließlich den vielen Damen und Herren, die tätig waren bei der Organisation der Tagung, der Erstellung der Manuskripte und des Tagungsbandes.

Prof. Dr. Dr. hc. mult. Horst Albach,
Dr.-Ing. Diethard Schade,
Prof. Dr. Dr.-Ing. E.h. Hans Jörg Sinn,

Inhalt

Teil A Grundlagen

Teil B Konzept

Autorenverzeichnis

Prof. Dr. Dr. h.c. mult. Horst Albach
Präsident der Akademie der Wissenschaften zu Berlin
Griegstraße 5 - 7, 1000 Berlin 33

Dr. Dieter Birnbacher
Universität Gesamthochschule Essen
Postfach 10 37 64, 4300 Essen 1

Dr.-Ing. Kurt A. Detzer
MAN AG, Leiter der Stabsabteilung Technik
Ungerstraße 69, 8000 München 40

Dipl.-Kfm. Franz-Dieter Durst
Vorsitzender der Geschäftsführung der Klöckner Oecotec GmbH
Neudorfer Straße 3 - 5, 4100 Duisburg

Dr. D. Eberlein
Deutsche Forschungs- und Versuchsanstalt
für Luft- und Raumfahrt e.V.
Postfach 90 60 58, 5000 Köln

Prof. Dr. Hans-Jürgen Ewers
Direktor des Instituts für Verkehrswissenschaft
an der Universität Münster
Am Stadtgraben 9, 4400 Münster

Prof. Dr. U. Förstner
Technische Universität Hamburg-Harburg
Arbeitsbereich Umweltschutztechnik
Postfach 90 14 03, 2100 Hamburg 90

Prof. Dr.-Ing. Rolf Kracke
Leiter des Instituts für Verkehrswesen
der Universität Hannover
Appelstraße 9 a, 3000 Hannover 1

Prof. Dr.-Ing. Hans Wolfgang Levi
Geschäftsführer der GSF-Gesellschaft
für Strahlen- und Umweltforschung
Ingolstädter Landstraße 1, 8042 Oberschleißheim

Prof. Dr. Burkart Lutz
Institut für Sozialwissenschaftliche Forschung e.V.
Jakob-Klar-Straße 9, 8000 München 40

Prof. Dr. Dr. h.c. mult. Renate Mayntz
Direktorin des Max-Planck-Instituts
für Gesellschaftsforschung
Lothringer Straße 78, 5000 Köln 1

Dr.-Ing. H.-G. Nüßer
Deutsche Forschungs- und Versuchsanstalt
für Luft- und Raumfahrt e.V.
Postfach 90 60 58, 5000 Köln

Dr. Heinz Riesenhuber
Bundesminister für Forschung und Technologie
Heinemannstraße 2, 5300 Bonn 2

Dipl.-Ing. Rolf Roth
Dekonta - Gesellschaft für Dekontamination mbH
Lotharstraße 26, 6500 Mainz

Prof. Dr. Werner Rothengatter
Institut für Wirtschaftspolitik und Wirtschaftsforschung
der Universität Karlsruhe
Postfach 69 80, 7500 Karlsruhe 1

Dr. Jürgen Rüttgers MdB
Parlamentarischer Geschäftsführer der
CDU/CSU-Bundestagsfraktion
Bundeshaus AH, 210, 5300 Bonn 1

Prof. Dr. Lothar Schäfer
Philosophisches Seminar der Universität Hamburg
Von-Melle-Park 6, 2000 Hamburg 13

Prof. Dr. Erich Staudt
Geschäftsführender Direktor des Instituts für
Arbeitswissenschaften an der Ruhr-Universität Bochum
Vorstandsvorsitzender des Instituts für
angewandte Innovationsforschung e.V.
Postfach 10 21 48, 4630 Bochum

Dipl.-Volksw. Klaus N. Steuler
Geschäftsführer der Steuler-Industriewerke GmbH
Postfach 14 48
5410 Höhr-Grenzhausen

Prof. Kenneth N. Timmis
Leiter der Gesellschaft für
biotechnologische Forschung mbH
Mascheroder Weg 1, 3300 Braunschweig

Jürgen Walter
Mitglied des geschäftsführenden Hauptvorstandes der
IG Chemie-Papier-Keramik
Königsworther Platz 6, 3000 Hannover 1

Prof. Dr. Franz E. Weinert
Direktor des Max-Planck-Instituts
für Psychologische Forschung
Leopoldstraße 24, 8000 München 44

Prof. Dr. Ernst-L. Winnacker
Geschäftsführender Vorstand des Instituts
für Biochemie der Universität München
Karlstraße 23, 8000 München 2

Prof. Dr.-Ing. Hermann Zemlin
Geschäftsführer Verkehrsverband Rhein-Ruhr GmbH
Bochumer Straße 4, 4650 Gelsenkirchen

Prof. Dr. Walther Ch. Zimmerli
Otto-Friedrich-Universität Bamberg
Lehrstuhl für Philosophie II
Postfach 15 49, 8600 Bamberg

Prof. Dr. Horst Zimmermann
Fachbereich Finanzwissenschaft
Philipps-Universität Marburg
Am Plan 2, 3550 Marburg

Teil A
Grundlagen

1 Technikfolgen in der Verantwortung von Wissenschaft, Wirtschaft und Politik

Heinz Riesenhuber

Herr Prof. Albach, meine sehr verehrten Damen und Herren, ich begrüße Sie zu dieser TA-Tagung, und ich feue mich darüber, daß Sie, Damen und Herren aus Wissenschaft, Wirtschaft, Verwaltung und Politik, d.h. also aus den unterschiedlichen Bereichen, die in der Gestaltung unserer Gesellschaft Verantwortung tragen, daran teilnehmen.

An dieser Stelle möchte ich mich bei denen bedanken, die diese Tagung vorbereitet haben, insbesondere bei den Herren Prof. Albach, Dr. Schade und Prof. Sinn, die das Programm gestaltet haben und beim VDI-Technologiezentrum. Der Dank gilt auch Prof. Weinert, dem Vorsitzenden des Sachverständigenausschusses "Grundsatzfragen und Programmperspektiven der Technikfolgenabschätzung".

Bei künftigen Diskussionen und Entscheidungen ist im Sinne der TA entscheidend, daß wir verstehen, daß die einzelnen Bereiche ihre Kompetenz einbringen müssen, daß jedoch die Entscheidungen in den einzelnen Kompetenzfeldern nur dann sinnvoll angelegt werden können, wenn wir Einblick in das Ganze gewonnen haben und das Gewicht der Einzelentscheidungen bewerten können. In einer komplexen Gesellschaft, wo alles voneinander abhängt, kann es nicht mehr ausreichen, nur monokausale Denkstrukturen aufzubauen, sondern man muß bei jeder Einzelentscheidung die Auswirkung auf ein Geflecht von Folgen, soweit wie möglich, durchschauen.
Daß dies ein sehr schwieriger Prozeß ist, haben wir in den vergangenen Jahren mehrfach sehr konkret erlebt. Und die

Wahrscheinlichkeit, daß wir relevante Gesichtspunkte übersehen, ist immer sehr groß. Aber auch hier hilft es nur, daß wir auch Gesprächspartner miteinbeziehen, die - vordergründig betrachtet - in den zur Diskussion stehenden Themen als Laien fungieren.

Es hat sich in den vergangenen Jahren gezeigt, daß auch in dem Kreis von Wissenschaftlern, die enger mit uns zusammenarbeiten, aber auch im VDI-TZ, Strukturen entwickelt worden sind, die sich als tragfähig und hilfreich herausstellen. Wenn wir über die letzten zwei Jahre zurückblicken, dann hat sich einiges erkennbar geändert. Wir haben eine Reihe von neuen Institutionen aufgebaut. Die Datenbank bei der KFK wird zunehmend funktionsfähig. Die Deutsche Forschungs- und Untersuchungsanstalt für Luft- und Raumfahrt, die DLR, baut eine TA-Gruppe auf. In der GSF sind zunehmend Gruppen mit TA-Charakter entstanden. Die Fraunhofer Gesellschaft, ausgestattet mit einem ganz anderen Kompetenzbereich, baut ebenfalls eine TA-Gruppe auf. Damit bekommen wir in unterschiedlichen Institutionen Kompetenzen über die Fachdisziplinen hinaus.

Besonders eindrucksvoll ist, daß die Zahl der Wissenschaftler, der Professoren, der Fachbereiche an Universitäten, die TA miteinbeziehen oder an TA-Projekten mitarbeiten, gewachsen ist. So haben wir zu drei Querschnittsthemen - Genomforschung, CIM, Neuroinformatik/Neurobiologie - Arbeitsgruppen eingesetzt; wobei eine gerade ihre Arbeit abgeschlossen hat.

Die Arbeitsgruppe zur Genomforschung hat dabei eine sehr schwierige Aufgabe. Sie hat nicht nur den Stand einer sehr komplexen und sich schnellentwickelnden Wissenschaft festzustellen, sondern sie hat auch zu überprüfen, welche ethischen Fragen und welche konkreten praktischen Folgen auftreten können, und wie man damit umgehen kann.

Beeindruckend ist hier die intensive Zusammenarbeit von Naturwissenschaftlern, Ingenieuren und Technikern mit Theologen, Philosophen und Juristen gewesen. Daraus entwickelte sich das bedeutende Ergebnis, daß einerseits Genomforschung als Forschung ethisch vertretbar sei, d.h. keine ethischen Bedenken erhoben werden und andererseits rechtzeitig die Grenzen für die Anwendung gesetzt werden müssen. Das geht hier von der Frage des Massentrainings von Arbeitnehmern bis zur Frage des Zugriffs von Versicherungen auf genetische Daten der Versicherungsnehmer. In einzelnen Bereichen muß über solche Gentests gesprochen werden, um Menschen vor Schaden zu bewahren, den sie, aufgrund einer besonderen Predisposition oder einer nichterkannten Erkrankung ausgesetzt wären, und es geht bis hin zu der Frage der Nutzung von Gentechnologien in der Kriminalistik.

Ein ganz anderer Bereich ist die computerintegrierte Fertigung. Sie werden sich erinnern, daß wir hier Anfang der 80er Jahre zwei parallele Diskussionen hatten. Die eine Diskussion drehte sich um die Frage, ob der Chip ein Jobkiller sei und die Entwicklung neuer Techniken daher gebremst werden müsse, um nicht soziale Verwerfungen größten Ausmaßes zu riskieren. Wir haben damals die Metastudie organisiert, bei der insgesamt 19 Institute mit unterschiedlichen Aufträgen und Arbeitsteilungen involviert waren. Institute von beiden Tarifparteien waren ebenfalls dabei. Im Ergebnis führte es dazu, daß man einen sehr konkreten Einblick in das Ganze gewonnen hat.

Demnach verschieben sich im technologischen Umbruch eher Arbeitsplätze. In dem Prozeß der Einführung neuer Techniken wurde aber auch ein Zuwachs an Arbeitsplätzen beobachtet.

Dies hat sich in der Gesamtbilanz der Volkswirtschaft aus den letzten Jahren ebenso gezeigt wie in den einzelnen Branchenbilanzen, die eine hohe Innovationsrate hatten und im hohen Umfang neue Techniken eingesetzt haben. In besonderem Maße wurden dabei Arbeitsplätze gewonnen nicht aber verloren.

Ich weise jedoch daraufhin, daß dies wiederum keine einfache wenn-dann-Beziehung ist. Es ist ein komplexer Prozeß, in den ganz unterschiedliche Einflüsse miteingehen, wie die Entwicklung von Dienstleistung, internationale Abhängigkeiten, Außenwirtschaftseffekte, tragende Steuerrechte.

Die große Komplexität der Studie dazu hat die Komplexität der Wirklichkeit widergespiegelt. Ihre Ergebnisse und Argumentationsstellen sind in der Sache nachprüfbar und fundiert und haben durchaus eine friedensstiftende Wirkung entfaltet. Dies sollte auch Zweifler an solchen Technikfolgenabschätzungsprozessen überzeugen. Denn nur dann, wenn man die Techniken auch in ihrer Auswirkung rechtzeitig und richtig versteht, kann man sie so gestalten, daß die gesellschaftlichen Konflikte bei der Entwicklung dieser Techniken minimiert werden und damit die Techniken selbst sich so schnell entwickeln können, wie nötig ist, wenn sie nützlich sein und Probleme lösen sollen; vor allem aber auch, wenn eine Wirtschaft insgesamt in einer kompetitiven internationalen offenen Marktauseinandersetzung bestehen will.

Die zweite Diskussionsrichtung Anfang der 80er Jahre, befaßte sich mit der Frage, ob nicht die neuen Techniken dazu führen werden, daß die Qualifikationen verschwinden, daß Menschen mit erheblichem Fachwissen nicht mehr bei dem Prozeß mithalten können und im Grunde abqualifiziert werden, so daß außerordentlich schwierige gesellschaftliche Situationen entstehen.

Inzwischen hat es sich sich jedoch gezeigt, daß nicht, wie in der zweiten Hälfte der 70er Jahre vermutet worden war, 9/10 der von der neuen Technik Betroffenen abqualifiziert wurden, sondern daß 9/10 mit der Technik zusammen aufgrund ihrer vorhandenen Fähigkeiten neue Qualifikationen miteinbringen und daß daraus insgesamt ein außerordentlich dynamischer und nach vorne offener Prozeß entstehen konnte.

Auch dies ist etwas, was ermutigt. Wenn man also nicht aufgrund einer genauen Kenntnis der Tatsachen mit Mut an die Probleme herangeht, dann werden sie nicht gestaltbar und nicht bewältigt. Insofern war der Prozeß, den wir hier als TA-Prozeß sehr komplexer Natur angelegt haben, für die Wirklichkeit und die Entwicklung in unserem Land außerordentlich hilfreich gewesen. In einer offenen und demokratischen Gesellschaft mit einer freien Presse ist es nicht möglich, Techniken jetzt einfach von oben her durchzusetzen. Man muß sich auf Mechanismen einstellen, die den Menschen die Techniken so verständlich machen, und zwar aufgrund nachprüfbarer objektiver Fakten, daß Sie sie selbst hier als verantwortbar akzeptieren und damit mitgestalten. Damit ist allein die Offenlegung von Sachzusammenhängen eine Voraussetzung für nicht nur eine andere Einstellung sondern auch für eine objektiv andere Gestaltung der Techniken aus der Kraft aller, die betroffen sind.

Bei Computerintergrated Manufacturing (CIM) wollen wir nun Fragen dieser Art in einen neuen Kontext stellen, so daß diese neue Generation von internen Vernetzungsprozessen in den Unternehmen bis hin zu einer vollständigen Vernetzung der bis jetzt insularen computergesteuerten Prozesse sinnvoll genutzt werden kann. Wir wollen hier für die Beteiligten, auch in Zusammenarbeit mit den Gewerkschaften, die Folgen rechtzeitig offenlegen, so daß die Sachzusammenhänge überzeugend und für den Einzelnen offen sind, damit der Einzelne Technik aus Kompetenz heraus mitgestalten kann.

Auf diese Weise kann man auch die Diskussion wieder für einen völlig anderen dritten Bereich, die Neurobiologie und Neuroinformatik, führen. Hier kann man im einzelnen darstellen, was an neuer Qualität durch eine ständig wachsende Komplexität der Computersysteme auftritt.

Die Arbeitsgruppe für Neurobiologie/Neuroinformatik geht zur Zeit der Frage nach, ob aus der wachsenden Komplexität zunehmende Quantensprünge entstehen können und was sie ggf. bedeuten könnten. Denn natürlich geistert noch in sehr vielen Köpfen die Frage, ob jetzt Computer das Denken übernehmen und der Mensch nur noch Objekt sei. Wenn ja, was bedeutet dieses für die Verantwortung des Menschen. Horrorszenarien, wie sie in dem vor ca. 50 Jahren von Aldous Huxley beschriebenen "The Brave New World" gezeigt wurden, sind zwar denkbar. Hier wurde extrapoliert, was als langfristige Möglichkeiten der Gentechnik für die Menschheit als Gefahr erschien. Da dies jedoch erkannt und gesellschaftlich verarbeitet worden ist, konnte niemals auch nur im Ansatz diese Möglichkeit zur Verwirklichung gelangen und in einer selbstverständlichen ethischen Gegenposition, die sich als prädominant erwies, bewältigt werden.

Ebenso war Orwells Vision "1984" zwar technisch erfüllt, d.h. die technischen Möglichkeiten, die er damals im Jahr 1948 prognostizierte, wie die Überwachung des Menschen durch Verknüpfung verfügbarer Daten, sind durchaus erreicht worden. Dennoch wurde dies politisch bewältigt, indem der Datenschutz als verpflichtend eingesetzt worden ist, die ganzen Prozesse offengelegt und der öffentlichen Diskussion unterworfen worden sind.

Damit läßt sich durchaus zeigen, daß auch Horrorszenarien ihre Funktion dann haben können, wenn man sie nicht nur als Angstbilder verinnerlicht und persipiziert, sondern als eine Herausforderung nimmt, um ein noch gar nicht entwickeltes Problem in seinem Keim zu begreifen und zu gestalten, bevor es zum Problem geworden ist. In dem Maße, wie wir die Fähigkeit gewinnen, recht frühzeitig solche Entwicklungen in ihren Chancen wie auch in ihren Risiken zu erkennen, in dem Maß wird unsere gesellschaftliche Entwicklung zunehmend nicht nur transparenter sondern vor allem menschlicher.

Es ist daher eine ganz wichtige Aufgabe, mit großer Sensibilität schon in einem sehr frühen Entwicklungsstadium einer neuen Fragestellung, einer neuen Technik oder einer neuen Wissenschaft darüber nachzudenken, was daraus entstehen kann. Dies bedeutet nicht etwa, die Prognostizierbarkeit von Wissenschaft, nicht einmal die Prognostizierbarkeit der Umsetzung von Wissenschaft, sondern einen ständigen Dialog zwischen denen, die eine spezielle Wissenschaft entwickeln und denen, die in anderen Bereichen mit Querschnittsfragen befaßt sind. Dies wird hier zu einem entscheidenen Paradigma werden.

Im Hinblick darauf haben wir unsere Arbeitsgruppen angelegt. Dabei entsteht schrittweise eine Kultur, in der der Blick auf die Techniken sich dahingehend ändert, daß nicht mehr punktuell in eine kurzfristige technische oder ökonomische Entwicklung gedacht wird, sondern Gesamtsysteme betrachtet werden. Wenn wir in diesem Kontext von "nachwachsenden Rohstoffen" sprechen, dann stellt sich nicht nur die Frage, ob beispielsweise Rapsöl das beste Öl sei, um Motoren zu betreiben, sondern wir prüfen Alternativen zur Züchtung oder Nutzung.

Es soll festgestellt werden, wann der optimale Erntezeitpunkt und wie die optimale Weiterverarbeitung ist. Welche unterschiedlichen Strategien lassen sich entwickeln?

Soll 20 % Rapsöl vor der Raffination dem Mineralöl zugeführt und erst dann verarbeitet werden, oder kann man Rapsöl kaltgepreßt direkt in entsprechend adaptierte Motoren einsetzen? Wir versuchen, die verschiedenen Motorenstrategien zu verstehen und anzuregen, indem sie sich konkurrierend entwikkeln. Ist eine richtige Strategie, eine Nieschen-Strategie zu betreiben, so daß hier der Hersteller, nämlich der Landwirt, das Rapsöl verbraucht, oder ist es sinnvoller, in zentralen oder in dezentralen Einheiten zu arbeiten? Ist es sinnvoll, nur den Ölertrag zu optimieren oder müssen wir nicht vielmehr das Gesamtsystem so optimieren, daß beispielsweise der ausgepreßte Raps noch als Viehfutter verwendbar ist? Was geschieht mit den Abfällen? Wie werden sie zu nützlichen Produkten? Oder, wenn dies nicht möglich ist, wie werden sie entsorgt und wie wirkt sich dies auf den Gesamtprozeß aus? D.h. es muß eine stoffliche Gesamtbilanzierung gemacht werden.

Dabei ist auch die Frage zu berücksichtigen, wie die Markteinführungsbeihilfen der europäischen Gemeinschaft für dieses neue Industrieprodukt aus der Landwirtschaft gestaltet werden muß. Ein Gespräch über die Disziplin hinweg ist hierbei dringend erforderlich.

So könnte man jetzt in den unterschiedlichen Bereichen die Diskussion führen, wie im Bereich "künstlicher Intelligenz" und "Expertensysteme". Was können diese leisten und wie können sie genutzt werden, was sind ihre Funktionen? Wie hoch ist der Grad der Transparenz dieser Systeme? Wie könnte sich durch die Nutzung von Expertensystemen Verantwortung und Haftung verschieben und was ergibt sich daraus für die Gestaltung der Expertensysteme selbst. Die Frage, ob Informationstechnik dem Bürger helfen kann, öffentliche Verwaltung durchschaubarer zu machen, ist ebenfalls von Bedeutung, indem sie nicht nur schneller und genauer funktioniert, sondern auch Auskünfte bündeln kann, die sonst der Bürger sich mühsam an verschiedenen Stellen suchen muß.

Vergleichbar komplexe Zusammenhänge lassen sich für den Bereich "Hyperschall-Technik" darstellen, die wir eben erst zu entwickeln beginnen. Als ein Ansatz von vielen werden dabei die möglichen Umweltfolgen herausgearbeitet. Weiterhin interessieren uns Antworten auf die Fragen zu ökonomischen und ethischen Aspekten der bemannten gegenüber der unbemannten Raumfahrt.

Die hier aufgeführten Beispiele sind nur ein Teil der Techniken und Technologien, die in dem TA-Referat liegen. Außerordentlich erfreulich ist, daß in die Strategie der Fachreferate selbst zunehmend TA integriert wird. Wenn also über "Transrapid" gesprochen wird, dann nicht nur als ein Verkehrsmittel, das eine Zahl von x Personen von A nach B bringen kann, sondern auch im Kontext der Umweltverträglichkeit, die gefordert werden muß, und wie es sich hier im Vergleich zu anderen Transportsystemen verhält.

Demnach sollten wir mit solchen neuen Technologien erst dann in die Öffentlichkeit treten, wenn wir sinnvolle Perspektiven liefern können. So sollte der Transrapid laut kritischer Zeitungsberichte so laut wie ein Düsenflieger im Tiefflug sein. Bereits durch vorangegangene Messungen verfügbarer Daten konnte dies jedoch widerlegen. Messungen bei den unterschiedlichen Geschwindigkeiten zeigten, daß die schnellsten Schnellzüge lauter als der Transrapid sind. Dies gilt ebenso für den stadtnahen langsamen Verkehr.

Es ist daher außerordentlich wichtig, in solchen technischen Entwicklungsprozessen unsere vorhandenen Daten rechtzeitig in Zwischenbilanzen zu veröffentlichen. Aus der öffentlichen Reaktion darauf entwickeln sich unter Umständen ganz neue

Fragestellungen, die wir vorher nicht genug berücksichtigt haben. Solch eine wechselseitige Diskussion vollzieht sich seit etwa 1 1/2 Jahren beim Transrapid, so daß jetzt tatsächlich eine systematische Abarbeitung der dadurch gewonnenen Daten stattfinden kann.

Was ich Ihnen jetzt dargestellt habe, waren ganz unterschiedliche Bereiche einer technikorientierten TA. Daß dieses nicht nur in die Verantwortung des Staates fällt, kann man an völlig anderen Fällen zeigen.

In der Automobilbranche war die klassische Strategie, ein billiges Automobil anzubieten, das erhebliche Leistungen in unterschiedlichen Aspekten erbringt, die Geschwindigkeit, Beweglichkeit, Reichweite, Bequemlichkeit. Bereits in den 70er Jahren stellte sich zunehmend die Frage nach dem Energiebedarf und seiner Verminderung. Ende der 70er Jahre verhandelte die Regierung mit der Automobilindustrie, um einen niedrigeren Energieverbrauch zu erzwingen. Die Automobilindustrie hat daraufhin erheblich bessere Werte in kürzerer Frist erreicht, als damals vereinbart worden waren. Das heißt also, wenn es gelingt, problemorientierte Fragen so rechtzeitig zu formulieren, daß die Industrie sich auf die Lösung der Probleme einstellen kann, können auch schwierige und sehr kostspielige Probleme gelöst werden.

Die Industrie beginnt inzwischen von sich aus technische Entwicklungen zu antizipieren. So wird bereits bei der Konstruktion eines Automobils an seine Entsorgung gedacht. Bei einem Automobil fallen heute etwa 70 % der Masse als Eisenschrott und etwa 3 % als NE-Metalle an. Etwa 25 % können nicht mehr zu brauchbaren Rohmaterialien aufbereitet werden. Dieser nicht wieder verwendbare Anteil besteht aus Textil, Holz, Glas,

Kunststoffen und Metallen. Entscheidend ist also die Entwicklung eines Autos, dessen Rohmaterial vollständig rückverwandelt werden kann, oder wo dies nicht möglich ist, eines sauberen Konzepts für die Entsorgung des möglichst kleinen Restes.

Es ist ganz offenkundig, daß hier einige sehr dramatische Entwicklungen helfen. So wollen wir z.B. bis 1995 die FCKW-Produktion auf Null zurückführen wollen und damit Ziele und Zeichen setzen, die sehr viel ehrgeiziger sind, als die irgendeines anderen Landes. Bereits in der Zeit vom vergangenen Jahr auf dieses Jahr haben wir die FCKW-Produktion um 30 % gesenkt.

Dies alles zeigt, daß wir uns außerordentlich anspruchsvolle Ziele gesetzt haben, und daß wir die Möglichkeit haben, sie zu erreichen, da die Industrie zunehmend solche Problemlösungen verinnerlicht hat, d.h. bei der Entwicklung und auch bei bestehenden Produkten den stofflichen und energetischen Kreislauf mit berücksichtigt. Die chemische Industrie beispielsweise investiert schon seit einigen Jahren mehr in die Intelligenz, also in Forschung, Entwicklung und Ausbildung, was sich wiederum in der Qualität der Produktion bzw. in den Produkten positiv niederschlägt. Damit wird die Produktion immer intelligenzintensiver nicht aber materialintensiver.

Es ist wichtig, daß man rechtzeitig makrostrukturelle Entwicklungen begreift und prüft, ob Handlungsbedarf besteht. Bei gleicher Betrachtungsweise haben wir schon mehrfach über einen ganz anderen Bereich gesprochen, nämlich welcher Bedeutung kommt z.B. der "Altersforschung" zu, in Hinblick auf die Tasache, daß eine immer größere Zahl von Menschen immer älter, insbesondere mit Kompetenz älter werden. Im Klartext heißt das, die Zahl der Hochbetagten hat sich gegenüber dem Beginn der 50er Jahre verzwanzigfacht. Es zeichnet sich demnach eine dramatische Entwicklung ab.

Wir müssen jetzt erkennen, welche Chancen nach dem Abschluß des Berufslebens uns die dritte Lebensphase eröffnet werden. Wir müssen verstehen, welche Fähigkeiten im Alter noch intakt bleiben, vielleicht sogar erst ganz ausreifen, und welche im Alter zurückgehen, und wie man helfen kann. Das gilt für so einfache Zusammenhänge wie die Teilnahme am Straßenverkehr bis zur Frage der Mitgestaltung von gesellschaftlichen Prozessen. Das gilt für Fragen der Geriatrie ebenso wie für die technischen Hilfsmittel.

Wir sehen von oben her, wie die Gesellschaft sich wandelt, wie auch Verhaltensweisen der Menschen und die Art des Zusammenlebens sich ändert. Wir müssen bei einer großen Zahl von Menschen prüfen, wie sie ihr Leben gestalten und wie dieses gelingt. Aus dem lernen wir dann wieder die Bedingungen des Gelingens zu verstehen und daraus, welche Techniken wir entwickeln können, die die Bewältigung unterstützen oder erst ermöglichen können.

Insofern ist es durchaus kein abstrakter sondern ein ausserordentlich dynamischer Prozeß in einem Dialog mit gesellschaftlichen Entwicklungen. In dem Maße, wie es gelingt, dieses in die Gestaltung miteinzubeziehen, lernen wir, wie das Leben im Alter gelingen und wie man dort helfen kann.

So entsteht ein vernünftiger und intelligenter Dialog, der Freiheit nicht einschränkt sondern eröffnet. So sollen keine Verhaltensmuster oktruiert werden, sondern es soll die Vielfalt der Möglichkeiten angeboten werden, die diesen Lebensabschnitt erweitern und nicht einengen.

Was in einer Gesellschaft wachsender Komplexität die Kreativität und daraus entstehende Innovation bedeutet, ist eine Frage, die wir noch nicht beantworten können. Die Kreativität ist hier nicht im klassischen Sinne zu verstehen.

Es handelt sich dabei nicht nur um die geniale Fähigkeit des Quantensprungs des Denkens, sondern auch um charakterliche Fähigkeiten wie Fleiß und Beharrlichkeit. Darüber hinaus können natürlich die Bedingungen und die Fähigkeiten für Kreativität unterschiedlich sein. So beinhalten sie z.B. Arbeitnehmererfindungen bis hin zur Hochbegabtenförderung. Dabei müssen Fragen zur Gestaltung von Lebensmöglichkeiten sowie zum Bereich Arbeit, Freizeit und Technik berücksichtigt werden, zumal sich in unserer technisch geprägten Welt die Qualität der Arbeit und Freizeit deutlich verändert hat.

Freizeit ist also nicht nur so wie in der ursprünglichen sich industrialisierenden oder altindustrialisierten Gesellschaft zu sehen, sondern als ein Bereich, dessen Qualität zunimmt. Wenn Sie also sehen, wie inzwischen Jugendliche ihre Freizeit gestalten, um beispielsweise Computertechnik zu lernen, aber um sich auch völlig neue Kulturtechniken anzueignen.

Dies ist jedoch aus der Anforderung des Einzelnen an sich selbst entstanden. Damit sind also Wahlfreiheiten gegeben, wenngleich auch hier Fehlentwicklungen durchaus möglich sind. Ohne moralisch zu argumentieren, sind jedoch Möglichkeiten der Fehlentwicklungen gegeben, wenn man beispielsweise den durchschnittlichen Fernsehkonsum von Kindern betrachtet. Ich spreche dabei nicht über die Art und den Inhalt der Programme, sondern über die Absorption von möglicher Zeit für kreative Gestaltungschancen, also dem möglichen Übergang vom rezeptiven auf das aktive Umgehen mit dem Leben.

Wichtig ist also, daß Alternativen des Lebensvollzugs als Angebot vorhanden sind und erkennbar nahegebracht werden. Das geht über ganz verschiedene Bereiche, von einem gelungenen Vereinsleben vor Ort bis zu der Wahl eines intelligenten Hobbys.

Das kann aber auch das vorberufliche Befassen mit Fähigkeiten sein, die man später braucht, wie es etwa durch "Jugend forscht" oder durch "Reporter der Zukunft" gefördert wird.

Wir müssen also begreifen, welche Art von Wandel sich abzeichnet, wo Chancen zuwachsen, wo aber auch die Gefahr besteht, mit beidem nicht vernünftig umzugehen.

Meine sehr verehrten Damen und Herren, es ist eine große Versuchung, in die Fülle der Einzelheiten einzusteigen. Doch das will ich nicht tun, das werden Sie tun. Insofern werde ich auch eine ganze Reihe von Themen, die hier naheliegen, nicht mehr aufgreifen. Aber eines ist an den Beispielen doch deutlich geworden. Wir haben hier große Kompetenz zwischen Politik und Wissenschaft mit erheblichen Wirkungen zusammengefügt.

So befaßt sich die Enquetekommission des Bundestages neben der Technikfolgenabschätzung auch mit Klimaforschung und Aids. Diese umfangreichen Tätigkeiten auf dem TA-Gebiet werden inzwischen auch in unserem Haushalt deutlich. Auf der letzten TA-Tagung vor einigen Jahren nannten wir einen Betrag von 100 Mio. DM. Wir müssen dies jetzt revidieren, denn bereits ein einziger Bereich, der damals schon eine große Rolle gespielt hat, nämlich die Klimaforschung, verschlingt allein schon weit über 100 Mio. DM.

Damit wird es immer schwieriger, den Beitrag zu nennen, der dem TA-Bereich zuzuordnen ist, was jedoch ein außerordentlich positives Ergebnis ist. Denn TA ist inzwischen nicht mehr isoliert neben den anderen Wissensbereichen, sondern integriert sich zunehmend in die einzelnen Wissenschaften. Dennoch muß TA als eigenständige Wissenschaft ihre Methoden und die Art ihrer Fragestellung noch weiterentwickeln. Viel wesentlicher ist aber noch, daß sie als eine selbstverständliche Form des Denkens in die einzelnen Bereiche eingreift, wo sich neue Entwicklungen abzeichnen, sei es in der Politik, Wissenschaft oder Wirtschaft. Wie diese Prozesse im einzelnen anzulegen sind, läßt sich nicht generalisieren. Aber allein aus der Tatsache, daß immer mehr sich mit wachsender Intensität TA-Themen zuwenden und prüfen, was sie für die eigene Strategie in dem eigenen Unternehmen bedeutet oder auch in der eigenen Wissenschaft, ergibt sich eine Veränderung der Qualität der Gesellschaft zum besseren und die Chance zur Dauerhaftigkeit, einer objektiven Verantwortbarkeit dieser Welt, die von Technik zunehmend verändert wird.

Das Paradigma einer Eigendynamik der Technik, das die 70er Jahre durchaus noch geprägt hat, wird so zunehmend überwunden. Und dies bedeutet nichts anderes, als daß Technik als ein Teil der menschlichen Kultur gestaltbar ist und sich gerade deshalb, weil die Fülle der Möglichkeiten so außerordentlich ist, nicht mehr in den Zwängen einer einzelnen attraktiven Entwicklung erschöpft, sondern Wahlfreiheit läßt. Letzteres setzt allerdings die Intelligenz der Wahl voraus. Damit ist auch die Ausbildung von Werten in einem ständig sich wandelnden System von Wirklichkeit möglich. Sie entfalten sich nur auf neue Themen hin.

Dies hat sich in der faszinierenden Weise bei der Frage des Umgangs mit menschlichem Erbgut gezeigt. Von der Länderkommission bis zur Enquetekommission des Bundestages hat sich gezeigt, daß sich mit dem, was wir hier in fast 2500jähriger Diskussion an ethischen Grundsätzen und Werten erarbeitet haben, zur Auseinandersetzung mit völlig neuartigen Fragen durchaus Grundlagen gewinnen lassen.

Meine sehr verehrten Damen und Herren, wir haben hier also eine Fülle von Möglichkeiten, die auch eine Fülle von Aufgaben bedeutet. Sie werden z.Zt. auch insbesondere dadurch erheblich erweitert, daß wir in den neuen Bundesländern eine Tradition von Technikfolgenabschätzung fast nicht haben. Es gab hier in begrenzten Bereichen zwar innerhalb der Technikphilosophie des Marxismus, Leninismus, Ansätze dazu, über den Wert Sie urteilen mögen. Es war aber vor allem als übergeordnetes Paradigma die feste Überzeugung vorhanden, daß durch Planperfektion negative Folgen von Technik auszuschließen sei. Dies war ein Glaube, der dazu führte, daß man, weil nicht sein kann, was nicht sein darf, negative Folgen dennoch zu spüren bekam, ohne bereit zu sein, sie zu sehen. Die katastrophalen Verhältnisse in der Umweltbelastung in den neuen Bundesländern brauche ich in diesem kundigen Kreis nicht darzustellen. Daß wir hier eine große und verantwortungsvolle Aufgabe haben, liegt auf der Hand. Wir müssen die Kollegen aus den neuen Ländern in dieses Gespräch der Technikfolgenabschätzung als Zukunftsstrategie miteinführen, ebenso in die Fähigkeit über die einzelnen Disziplinen hinwegzusehen, ohne daß man ihre Kompetenz mißachtet, und Kooperationen einzugehen. Dies ist etwas, was nicht selbstverständlich zuwächst.

Nach vielen Gesprächen, die ich in den neuen Ländern geführt habe, weiß ich, daß die Bereitschaft und das Engagement, hierbei einzusteigen, erheblich ist. Ich würde in der Strategie dazu raten, daß man vielleicht in einzelnen Bereichen, insbesondere im Bereich der Umweltfragen, Altlasten, prüft, ob man hier sehr schnell zu institutioneller Verfestigung kommt. Denn einen Kern von Instituten wird man auch in den neuen Ländern brauchen. Für die Gesamtstrategie der Technikfolgenabschätzung würde ich jedoch eher empfehlen, überwiegend in Projekten mit unterschiedlicher Besetzung hoher Flexibilität und mit unterschiedlichen Teams zu arbeiten.

Dabei sollten die Teams zusammengesetzt sein aus Wissenschaftlern der alten und neuen Länder, so daß Strategien sehr schnell umsetzbar werden.

Ich kann Sie nur dazu ermutigen: Suchen Sie das Gespräch mit Ihren Kollegen. Wir können hier ggf. auch organisatorische Hilfe leisten. Aber die Dynamik dieser Entwicklung, wie übrigens jede Entwicklung in der Wissenschaft, hängt nicht davon ab, daß der Staat sie organisiert, sondern daß Sie sie wollen und daß Sie auf Ihre Kollegen zugehen und die Probleme aufgreifen.

Als letztes möchte ich noch die Frage aufgreifen, welche globalen TA-Probleme vor uns stehen. Herr Prof. Albach hat eingangs das Stichwort "Regenwälder" eingebracht. Ich möchte das jetzt hier nicht im einzelnen darstellen. Doch nur soviel, daß das natürlich nicht nur unter dem Aspekt Ökologie zu betrachten ist. Wir wissen, daß die Problematik viel weitreichender ist. So ist die Frage zu stellen, welche ökonomische Nutzung ist unter Berücksichtigung der Ökologie dauerhaft machbar und erlaubt, damit ein Kreislauf von Regeneration und Nutzung entstehen kann. Wo liegen die Ursachen für die ökologischen und volkswirtschaftlichen Schäden und was sind die Alternativen, um diese zu vermeiden? Ganz offenkundig sind hier die Problembereiche in der Gesellschaft, der Agrarstruktur, der Eigentumsstruktur, der Gesetzgebung, der steuerlichen Präferenzen und der Subventionen zu suchen.

Wenn also mit direkten Zuschüssen zerstörerische Wirtschaft subventioniert wird, dann ist dies eine gefährliche Fehlleitung von Ressourcen. Die brasilianische Regierung hat dies inzwischen erkannt und schon in einigen wichtigen Bereichen massive Maßnahmen ergriffen.

Die Bundesregierung beabsichtigt entsprechende Hilfe zu leisten, um die Komplexität der Problematik transparenter zu machen und Ursache/Wirkungs-Mechanismen aufzuzeigen. Diese Unterstützung reicht von der Initiative von Bundeskanzler Kohl auf dem Weltwirtschaftsgipfel in Toronto über den letzten Weltwirtschaftsgipfel in Huston mit seinem Beschluß zum Pilotprogramm einschließlich Weltbank und Europäische Gemeinschaft bis hin zur Entscheidung der Bundesregierung, 150 Mio. DM für entsprechende Pilotprojekte und für die Forschung in sehr komplexen Systemen zur Verfügung zu stellen.

Dies alles zeigt, daß wir hier, über das hinaus, was wir in unserem Land zu tun haben, Probleme von außerordentlicher Komplexität weltweit verstehen müssen. Dies kann jedoch nicht in der Weise geschehen, daß wir sozusagen von außen her über andere urteilen. Wir müssen dabei insbesondere die nationalspezifischen Probleme und Kulturen der Menschen dort berücksichtigen. Nur wenn wir verläßliche Partnerschaften aufbauen, können wir globale Probleme lösen.

Meine sehr verehrten Damen und Herren, die Tagung soll Grundsatzfragen der Leistungsfähigkeit von TA und auch die Frage nach möglichen Konzeptdefiziten behandeln. Wir stellen hier drei Ansätze die Sachprobleme zu vertiefen in "Gentechnik" inclusive der Freisetzungsproblematik, "Verkehr" und "Bodensanierung" zur Diskussion.

Ich hoffe, daß dies wieder Kristallisationspunkte für neue Fragen und neue Arbeiten werden, die wiederum in neue Konzepte münden. Solch eine Tagung bietet jedoch auch die Möglichkeit, Kollegen aus anderen Disziplinen kennenzulernen und so Netzwerke aufzubauen, daß sie in einer völlig informellen aber umso wirksameren Weise die Wirklichkeit verändern. So sollte das Gespräch zwischen Politik und Wissenschaft, aber auch zwischen Wissenschaft und Wirtschaft, lebendig werden.

Die Notwendigkeit der individuellen Verantwortung sollte nicht nur abstrakt bleiben, sondern individuell erkennbar werden, damit der Einzelne die Situation selbst beurteilen kann und sie nicht von außen beurteilen läßt und aus seiner Einschätzung seiner Situation die spezifischen Fragen und Aufgaben erkennt.

Was daraus entsteht, ist das, was sich in diesem Monat in einer überwältigenden Weise durchsetzt. Das eigentliche Ereignis der letzten 50 Jahre ist für mich, daß in den letzten zwei Jahren die Diskussion zwischen Freiheit und Sozialismus entschieden worden ist. Es ist nicht mehr die Frage einer Konvergenz der Systeme, nicht mehr die Frage, ob Zukunft ein bißchen weniger Freiheit und ein bißchen Planwirtschaft sei, und dies alles sich irgendwo in der Mitte träfe, sondern es ist eine Zukunft, in der sich Freiheit auf der ganzen Linie durchsetzt, die bei allen akzeptiert ist.

Wir haben heute die einzigartige Möglichkeit, daß das dauerhafte Paradigma der Freiheit sich in der Demokratie, in der Wissenschaft und auch in der Selbstverantwortung des Einzelnen durchsetzt und fest verankert.

Dies bedeutet, in einer Zeit, wo die Fülle der Entwicklungen, die wir zu gestalten haben, beständig weiter zuwächst, Freiheit nur dann überhaupt erreichbar ist, wenn sie mit Verantwortung des Einzelnen aus seiner jeweiligen Situation heraus ausgefüllt wird. Daß dies gelingt, liegt an jedem Einzelnen. Daß hier das Gespräch in diesen Tagen einen kleinen Beitrag dazu leistet, das wünsche ich Ihnen und uns.

2 Die Klugheit, nicht aus Schaden klug werden zu müssen - zur Notwendigkeit und Nützlichkeit der Technikfolgenabschätzung

Franz E. Weinert

Ob wir es wollen oder nicht, ob wir es für vernünftig oder für völlig unvernünftig halten, ob wir selbst darunter leiden oder uns nur darüber ärgern: Es gibt ein verbreitetes Unbehagen an der technisch-zivilisatorischen Welt! Der Mensch als Schöpfer der Technik fühlt sich gegenüber den gewaltigen Schöpfungen eben dieser Technik zunehmend abhängiger, hilfloser und bedrohter. Das gilt gewiß nicht für alle, aber doch für viele, und es werden immer mehr.

Nun kann man einwenden, daß es zu allen Zeiten Kassandraufer gegeben hat, Widerstand gegen das Neue und diffuse Ängste gegenüber dem wissenschaftlich-technischen Fortschritt. Hat sich also in den vergangenen Jahrzehnten nichts verändert? Ist alles beim alten geblieben? Außer vielleicht der Dramatisierung des Üblichen und Alltäglichen durch den Theaterdonner, der auf einer riesigen Medienbühne erzeugt wird? Gegen eine solche Banalisierung und Bagatellisierung der Technik, ihrer Folgewirkungen und den damit verbundenen Sorgen gibt es drei schwerwiegende Einwände:

a) Es gibt eine große Zahl von objektiv registrierbaren Fakten, die auf technisch induzierte Belästigungen, Belastungen und Bedrohungen verweisen. Dabei muß man nicht nur an Katastrophen wie jene von Tschernobyl oder Seveso denken, sondern auch an die alltäglichen Probleme des Straßenverkehrs, der Abfallbeseitigung oder der Reduzierung gefährlicher Schadstoffkonzentrationen.

b) Diese unerwünschten Effekte und Nebeneffekte des wissenschaftlich-technischen Fortschritts haben auch bei Wissenschaftlern und Technikern selbst zu einem verstärkten Bewußtsein gegenüber den Gefahren moderner Technologien geführt. Expertenbefragungen lassen einen vermehrten Wissens-, Entscheidungs-, Handlungs- und Kontrollbedarf bei der Entwicklung, Gestaltung und Nutzung technischer Produkte und Produktionen erkennen.

c) In den Befürchtungen diffuser und in den Kontrollbedürfnissen massiver als bei Experten ist die aktuelle Befindlichkeit der Laien in vielen Industrieländern, speziell in der Bundesrepublik Deutschland. Sie nutzen die Vorteile der Technik zur Erhöhung der privaten Lebensqualität in nie gekanntem Ausmaß; sie tun dies aber mit wachsender abstrakter Skepsis gegenüber der Technik im allgemeinen und mit gestiegener Sensibilität gegenüber den Gefahren großtechnologischer Systeme besonderen.

Zwar sind Zweifel und Skepsis gegenüber der Technik keineswegs so dramatisch, wie es gelegentlich in der öffentlichen Diskussion behauptet wird, doch ist eine Veränderung, zumindest aber eine Verunsicherung traditioneller Wertsysteme und persönlicher Überzeugungsmuster unbestreitbar.

Empirische Grundlage der immer wieder konstatierten und diskutierten Diskrepanz zwischen alltäglicher Bedeutung und prinzipieller Akzeptanz der Technik ist die in einigen Meinungsumfragen regelmäßig gestellte Frage, ob Technik eher ein Segen oder ein Fluch für die Menschheit ist. Dabei verringerte sich die uneingeschränkt positive Bewertung des technischen Fortschritts innerhalb von 20 Jahren, nämlich von 1966 bis 1986, von 72 % auf 32 %, die negativen Einschätzungen stiegen von 3 % auf nicht mehr als 12 % und die teils-teils-Antworten erhöhten sich von 25 % auf 56 % (vgl. Detzer, 1987).

Diese Veränderung in Richtung auf eine in sich mehrdeutige Technikbewertung zeigt sich auch bei der Frage, ob der technische Fortschritt auf lange Sicht dem Menschen helfen oder schaden wird. Die in den Umfrageergebnissen zum Ausdruck kommende Variabilität und Mehrdeutigkeit des öffentlichen Meinungsbildes erweist sich schließlich auch darin, daß selbst geringfügige Variationen in den Themenstellungen und Frageformulierungen zu beachtlichen Differenzen in der Verteilung der Antworten bei repräsentativen Stichproben von Bürgern führen. Man kann aufgrund der vorliegenden Befunde deshalb dem Resümee von Jaufmann et al. zweifellos zustimmen, "daß von einer 'Technikfeindlichkeit' der Bevölkerung, von der spezifischen Sondersituation der Deutschen, oder gar von einer besonders negativen Einstellung der Jugend nicht die Rede sein kann. Der vorbehaltlose Technikoptimismus gerade zu Beginn der 60er Jahre ist zwar einer kritisch abwägenden Haltung gewichen, dennoch, vielleicht sogar deswegen, gibt es keinen Anlaß zu Überreaktionen" (1989, S.336).

So wichtig die Warnung vor einer politischen Dramatisierung der Akzeptanz-, Meinungs- und Willensbildung gegenüber der Technik in der deutschen Gesellschaft auch ist, so gefährlich wäre eine Verharmlosung der gegenwärtigen Situation (Kistler & Jaufmann, 1989). Der ungebremste Glaube an Wissenschaft und Technik als Motoren gesellschaftlicher Entwicklung ist ins Wanken geraten. Die Einstellungen werden kritischer, die subjektiven Erwartungen sind unsicherer geworden, Hoffnungen und Befürchtungen bilden inzwischen vermutlich ein instabiles Gleichgewicht.

Viele neigen dazu, in einer solchen mehrdeutigen, komplexen, sich ständig verändernden und als bedrohlich wahrgenommenen Situation nach dem Staat zu rufen, der durch schärfere Gesetze Sicherheit schaffen oder wiederherstellen soll, ohne den von der Technik abhängigen Wohlstand zu gefährden.

Die Mehrzahl der Bürger in Deutschland meint unabhängig von der persönlichen Präferenz für eine bestimmte politische Partei, daß es nicht genügend oder nicht hinreichend scharfe Gesetze gibt, um die Gefahren der technischen Entwicklung zu reduzieren, die unerwünschten Nebenwirkungen der industriellen Produktionsverhältnisse zu kontrollieren und den Schutz der Umwelt zu verbessern (Weinert, 1988). Aber auch diese verbreitete Haltung ist natürlich eher eine subjektiv entlastende Ausflucht als ein gesicherter Ausweg aus einer Problemsituation. Auch und gerade staatliche Institutionen sind ja im besonderen Maße ökonomischen, sozialen und politischen Zwängen ausgesetzt, so daß von Regierungen und Parlamenten nicht von vorneherein rationale oder gar optimale Problemlösungen erwartet werden können.

Eine kurze Zwischenbilanz verdeutlicht die aktuell gegebenen Schwierigkeiten:

- Die skeptische Haltung gegenüber der Wissenschaft im allgemeinen und der modernen Technik im besonderen hat in den letzten Jahrzehnten zugenommen.
- Insbesondere wachsen in immer größeren Schichten der Bevölkerung die Befürchtungen gegenüber den Bedrohungen der natürlichen Umwelt durch Wirkungen und Nebenwirkungen des technischen Fortschritts und seiner extensiven Nutzung.
- Das Mißtrauen der Menschen gegenüber der freiwilligen Bereitschaft von Unternehmen und Firmen, etwas dagegen zu tun (insbesondere wenn dies mit Kosten verbunden ist), hat inzwischen ein beachtliches Ausmaß angenommen, so daß der Ruf nach schärferen Gesetzen und staatlichen Kontrollen immer lauter wird.

Zwar bewerten auch staatliche Instanzen und wissenschaftlich-technologische Experten die aktuellen Probleme als gravierend, doch sehen sie in Wissenschaft und Technik wesentlich größere Problemlösungspotentiale als Gefährdungsquellen. Dabei versuchen sie, in ihren Urteilen das explosive Wachstum der Weltbevölkerung, die jetzt schon erkennbaren Ernährungs- und Energieprobleme, die durchschnittliche Lebensqualität in modernen Industriegesellschaften sowie die Risiken und Kosten "alternativer" Produktionen zu berücksichtigen.

Eine solche mehrdimensionale und auf multiple Ziele gerichtete Bewertung vollzieht der Laie in der Regel nicht. Die Gefahr kurzschlüssiger und damit für die Gesamtgesellschaft schädlicher Beurteilungen moderner Technologien ist deshalb groß.

So werden zivilisationskritische Rufe nach Umkehr, nach einem Zurück zum natürlichen Leben, nach einer radikalen Beschränkung der technischen Entwicklung laut. Dabei wird häufig und meist stillschweigend ein Gegensatz zwischen dem Natürlichen, dem Biologischen sowie den "wahren" menschlichen Grundbedürfnissen auf der einen und dem Chemischen, dem Wissenschaftlich-Technischen und der zivilisatorischen Verführungen des Menschen auf der anderen Seite konstruiert. Nicht selten wird in diesem Zusammenhang auf angebliche Ergebnisse der Soziobiologie und auf unmittelbar evidente Einsichten der Humanethologie verwiesen. Unerwähnt bleibt dabei, daß es für eine solche Schwarz-Weiß-Malerei und den daraus gezogenen ideologieanfälligen Schlußfolgerungen keine seriöse wissenschaftliche Basis gibt.

Entsprechende rückwärtsgewendete Tendenzen hat kürzlich der Zoologe Neuweiler (1986) angeprangert. Er sieht zwei Gesetzmäßigkeiten in der Evolution walten: Die Selektion, die langfristig nur das Erfolgskriterium des Fortpflanzungsvorteils kennt,

und den evolutiven Fortschritt, definiert durch den Grad der Unabhängigkeit des Organismus von seiner Umwelt.
"Die Geschichte des Lebens auf unserer Erde ist auch eine Geschichte der Emanzipation des Lebens von der Natur, eine Befreiungsgeschichte" (S.5); und an anderer Stelle heißt es: "Da Evolution auch eine Geschichte der Emanzipation von der Natur ist, mußte in der Konsequenz dieses naturgesetzlich ablaufenden Befreiungsprozesses im Laufe der Jahrmilliarden ein Lebewesen entstehen, das die Naturgesetze, einschließlich der der Evolution in die eigene Hand nimmt und zum Vorteil der eigenen Art nutzt. Ein solches Lebewesen ist der Mensch" (S.6).

Aus dieser theoretischen Position ergeben sich für Neuweiler drei Konsequenzen: Mit der Ausbildung des menschlichen Gehirns nimmt zum einen das starre artspezifische Verhalten in seiner lebenspraktischen Bedeutung ab und der Spielraum an Individualität zu. Zum zweiten haben nach seiner Auffassung die Menschen auch in den letzten Jahrhunderten nichts anderes getan als ihre artspezifischen Fähigkeiten - nämlich Verstandeskraft und Handfertigkeit - konsequent zu nutzen. "Die moderne Technik ist so betrachtet ein Naturereignis, deren fortwährende Anwendung und Weiterentwicklung anhalten zu wollen genauso unsinnig wäre, wie einem Vogel das Fliegen zu verbieten" (S.7). Und schließlich ist der Mensch drittens vom Objekt zum Subjekt der Evolution geworden.

Insofern kann es nach dem Verständnis von Neuweiler auch keine biologisch abgeleiteten, sondern nur rational begründete und verantwortete menschliche Werte geben. Diese Sonderstellung zieht allerdings auch eine umfassende Verpflichtung des homo sapiens für die Bewahrung und Pflege der gesamten Natur nach sich. Neuweiler schließt mit einer Warnung: "Die Flucht in die Vergangenheit und die Verherrlichung der Natur als das Gute... ist Ausdruck eines verbreiteten Kulturpessimismus. Ein scheinbar wissenschaftlich begründeter Pessimismus wird von einigen Ethologen verkündet, die angesichts der kompromißlosen Zweckmäßigkeit angeborener Verhaltensweisen das unvernünftige Handeln des freien Menschen besonders schmerzlich empfinden...' der Mensch, ein Genie der Technik, aber mit einer Vernunft, die allenfalls für eine Affengesellschaft ausreiche' (Riedl), eine Mißgeburt der Evolution. Diese weitverbreitete und von einer verunsicherten Öffentlichkeit begierig aufgenommene Auffassung drückt zwar unsere Angst vor der uns von der Evolution aufgebürdeten Verantwortung plastisch aus, ist aber biologisch nicht haltbar..." (Neuweiler, 1986, S.22f).

Was aber bedeutet es, wenn Flucht aus der modernen Technikentwicklung eine ebenso irreale wie atavistische Sackgasse ist; wenn zugleich die nicht unbegründete Sorge wächst, Wissenschaft und Technik könnten die disponiblen Lebensbedingungen des Menschen, d.h. seine materiellen, kulturellen und medizinischen Möglichkeiten stetig verbessern und erweitern, zugleich aber die nicht-disponiblen Lebensbedingungen, etwa die Qualität seiner Umwelt oder die Existenzgrundlagen künftiger Generationen reduzieren und gefährden; und wenn darüber hinaus - wie zur Zeit - das allgemeine Bewußtsein zunimmt, daß alle letztlich Verantwortung für eine Entwicklung und Nutzung von Wissenschaft und Technik tragen, die der Erreichung vernünftiger Ziele und humaner Wertvorstellungen dient, ohne zugleich andere Werte zu gefährden.

Natürlich reicht es nicht aus, über solche Fragen zu räsonieren, zu reflektieren und zu philosophieren (so wichtig das auch ist!); es erscheint vielmehr nötig, die entwickelten Kompetenzen von Wissenschaft und Technik selbst zu nutzen, um die allgemeinen Lebensbedingungen gezielt zu verbessern, die als Nebeneffekte des wissenschaftlich-technischen Fortschritts entstandenen Probleme zu lösen und Belästigungen oder Gefährdungen in der Zukunft so gut wie möglich zu vermeiden.

Damit ist die Notwendigkeit und zugleich eine zentrale Aufgabe von Technikfolgenabschätzung und der dafür erforderlichen Technikfolgenforschung umschrieben. Es gilt, die unmittelbaren und mittelbaren wirtschaftlichen, gesundheitlichen, ökologischen und sozialen Folgen einer bestimmten Technik und möglicher Alternativen abzuschätzen.

Mit dieser Feststellung könnte man es eigentlich bewenden lassen, denn es gibt genügend gelehrte Abhandlungen und einen breiten sozialen Konsensus für die Technikfolgenabschätzung, sieht man von jenen ab, die entweder befürchten, daß man durch solche Aktivitäten die Probleme verharmlosen und die Bevölkerung ungerechtfertigterweise beruhigen will; und von jenen, die umgekehrt befürchten, daß man solche Aktivitäten mißbrauchen könnte, um die technische Entwicklung zu schädigen und deren ökonomische Basis zu beeinträchtigen (vgl. z.B. Bungard & Lenk, 1988; Dierkes et al., 1986; Jungermann et al., 1986; Lutz, 1987; Münch et al., 1982).

Im folgenden soll die Notwendigkeit der Technikfolgenabschätzung aus verschiedenen Perspektiven begründet werden, weil dadurch die Bedeutung dieser Aufgabe verdeutlicht wird und die Furcht vor Mißbrauch sich relativieren läßt. Grundlage dafür ist das Memorandum, das ein Sachverständigenausschuß im Auftrag des Bundesministers für Forschung und Technologie kürzlich erarbeitet hat[1].

----

[1] Memorandum eines vom Bundesminister für Forschung und Technologie berufenen Sachverständigenausschusses zu Grundsatzfragen und Programmperspektiven der Technikfolgenabschätzung, Bonn, Juni 1989.

Als ehemaliger Vorsitzender dieses Ausschusses fällt mir die Aufgabe zu, im Rahmen dieser umfassenden Diskussion relevanter Probleme die Notwendigkeit der Technikfolgenabschätzung zu begründen. Dies soll in Form von 10 Thesen geschehen, wobei psychologische Aspekte etwas stärker als üblich akzentuiert werden.

2.1 Der Fortschritt der Technik ist keineswegs ein geplanter oder planbarer Vorgang, sondern ein evolutiver Prozeß, der in fast undurchschaubarer, oft überraschender und deshalb auch nicht vorhersagbarer Weise verläuft.

Langfristige Prognosen der technischen Entwicklung sind durchwegs gescheitert. Fast immer kam es erstens anders und zweitens als man dachte. Warum ist das so? Wie kommt es, daß sich ebenso rationale wie rationelle, stets von Menschen geschaffene Kreationen so schlecht vorhersagen und damit gezielt beeinflussen lassen?

An vielen Stellen in der Welt wird naturwissenschaftliche Grundlagenforschung betrieben. Welche Entdeckungen und Erfindungen dabei gemacht werden, ist unvorhersehbar. Was davon technologisch nutzbar, was tatsächlich zu einer industriellen Entwicklungsaufgabe und damit zu einem möglichen technischen Produkt wird, läßt sich im voraus noch weniger kalkulieren. Aber auch wenn eine Idee realisierbar erscheint, ist es noch ein langer, komplizierter und von vielfältigen kognitiven, sozialen und ökonomischen Mechanismen gesteuerter Prozeß, bis es zur Entstehung eines konkreten technischen Produkts oder Systems kommt. Welches sind die Vorzüge und Nachteile dieses neuen Angebots gegenüber konkurrierenden Produkten? Kann es sich im Markt durchsetzen?

Wenn ja, wird die Entwicklung für die Gesellschaft wie für die Umwelt endlich kritisch, denn erst bei der Nutzung treten ja Folgen einer Technik auf, können wahrgenommen oder auch ignoriert, in jedem Fall aber erforscht und beurteilt werden.

Technikentwicklung ist also ein oft langfristiger, mehrstufiger, in seiner Genese retrospektiv vielleicht verstehbarer, aber prospektiv nicht gut vorhersagbarer Vorgang. Die Vielzahl und Vielfalt solcher Prozesse führt ständig zu neuen technischen Produkten und Produktionen, deren Wirkungen oder Nebenwirkungen auf die Umwelt, die Menschen und die Qualität des Lebens oft nicht schnell und genau genug erkennbar sind. Für manche Produkte - z.B. Arzneimittel - gibt es deshalb gesetzlich geregelte Auflagen für die frühzeitige Folgenabschätzung. In vielen Bereichen ist das aber nicht der Fall. Daraus ergibt sich die Notwendigkeit, oft auch die Nützlichkeit einer Technikfolgenabschätzung als integraler Teil der Technikentwicklung, weil nachträgliche und separierte Evaluationen leicht zu spät, zu unsystematisch, zu kostspielig und zu wenig effektiv sein könnten.

2.2 Technische Produkte und Systeme haben in vielen Fällen eine Größenordnung erreicht, die beim Betrieb oder bei Betriebsstörungen zu schwerwiegenden Folgen oder Nebenfolgen führen können.

Es liegt auf der Hand, daß Großtechnologien in der Regel sowohl außergewöhnliche Wirkungs- als auch entsprechend große Gefährdungspotentiale darstellen. Technikfolgenforschung ist deshalb eigentlich selbstverständlich, oft auch Voraussetzung für die Erfüllung gesetzlicher oder administrativer Auflagen beim Betrieb der Anlagen. Häufig ist diese Sicherheitsforschung technikzentriert und vernachlässigt die Menschen, die auf solche technische Systeme einwirken oder von ihnen betroffen sind. Die sorgfältige und minutiöse Analyse menschlicher Irrtümer und Fehler bei der Katastrophe von Tschernobyl (Reason, 1987), belegt aber eindringlich die Verpflichtung, in der Technikfolgenforschung auch die handelnden und beteiligten Menschen als wichtige Systembedingungen angemessen zu berücksichtigen. Dabei spielen nicht nur Individuen mit ihren Eigenschaften, Gewohnheiten und subjektiven Überzeugungen eine wichtige Rolle, sondern auch die sozialpsychologische Dynamik innerhalb von Gruppen. Bis zum Vorliegen gegenteiliger theoretischer und empirischer Erkenntnisse scheint dabei die Orientierung an Murphy's Faustregel sehr zweckmäßig zu sein: Alles was schiefgehen kann, geht auch irgendwann schief!

2.3 Technische Produkte und Systeme erzielen in der Regel nicht nur die erwünschten Wirkungen, sondern haben auch oft unerwünschte, nicht selten unbekannte Nebeneffekte.

Zahllose Beispiele aus der Pharmakologie, der Lebensmittelbiologie, des Fahrzeugbaus und vielen anderen wissenschaftlich-technischen Produktionsbereichen belegen die Gültigkeit und forschungsstrategische Wichtigkeit der Erfahrung, daß viele Erzeugnisse mit besonders erwünschten Wirkungen auch unerwünschte oder schädliche Nebeneffekte haben. Diese versteckten Probleme in manchen wissenschaftlichen und technischen Entwicklungen werden enorm verschärft, wenn es zwischen verschiedenen Wirkfaktoren zu kumulativen oder interaktiven Effekten kommt, wenn dadurch gefährliche Intensivierungen und Globalisierungen der (Neben-)Wirkungen eintreten und wenn es langwierig, schwierig oder gar unmöglich ist, unerwünschte Konsequenzen wieder zu beseitigen.

Es spricht für den gesunden Menschenverstand, daß Laien die mit der Unkalkulierbarkeit von Nebeneffekten verbundenen Gefahren besonders hoch einschätzen und entsprechend sensibel darauf reagieren. Für die Technikfolgenforschung wie für die Technikfolgenabschätzung ergeben sich aus der Nebenwirkungsproblematik besonders dringliche Aufgaben, aber auch besonders große Schwierigkeiten. Nicht-lineare Beziehungen zwischen Ursachen und Wirkungen, interaktive Effekte höherer Ordnung und zeitlich verzögerte Manifestationen von Nebenwirkungen sind nur einige Faktoren, die methodisch schwer zu bewältigen sind.

Dabei konzentriert sich die bisherige Forschung in der Regel auf physikalische und biologische Effekte, vernachlässigt aber ökonomische, psychologische und soziologische Nebenwirkungen von wissenschaftlich-technischen Produkten. Auch wenn die Notwendigkeit einer Berücksichtigung dieser Folgen kaum bestritten wird, bleibt diese Einsicht in der Praxis häufig Deklamation, Intuition oder Aufgabe der Public Relations Abteilung.

2.4 Der vernetzte Zusammenhang vielfältiger technischer und sozialer Systeme bewirkt eine große Verletzlichkeit von ökonomischen und gesellschaftlichen Lebensgrundlagen.

Erst wenn in Form von Szenarien die Folgen kritischer oder dramatischer Ereignisse simuliert werden, zeigt sich in aller Eindringlichkeit die Vernetztheit und Verletzlichkeit der komplexen technisch-industriellen Systeme, ihr enger Zusammenhang mit ökonomischen und sozialen Bedingungsgefügen, von denen das Leben und Wohlbefinden der Menschen abhängt, ohne daß sie es merken.

Die Möglichkeiten und Schwierigkeiten der Vermeidung, der Reparatur oder der Kompensierbarkeit gefährlicher und gestörter technischer Systeme mit ihren vielfältigen und nachhaltigen Auswirkungen auf das gesellschaftliche Leben veranschaulichen die Notwendigkeit einer rechtzeitigen Technikfolgenabschätzung in besonders eindringlicher Form. Und um nicht mißverstanden zu werden: Die damit verbundenen wissenschaftlichen, staatlichen, komunalen und betrieblichen Aufgaben gelten nicht nur für Großtechnologien, sondern lassen sich auch und notwendigerweise ins Kleinformatige übertragen.

2.5 Der Mensch ist von Natur aus wenig geeignet, komplexe, dynamische und intransparente Probleme erfolgreich zu lösen, wenn gleichzeitig verschiedene Ziele erreicht und unerwünschte Effekte vermieden werden sollen.

Müssen gleichzeitig verschiedene Ziele angestrebt, mehrere Systemkomponenten gesteuert und unerwünschte Nebenwirkungen vermieden werden, so versagen die meisten Menschen. Das gilt besonders dann, wenn sich die Problemstellungen aufgrund vorausgegangener Entscheidungen dauernd verändern und die Zusammenhänge zwischen Rahmenbedingungen, Handlungen sowie Effekten schwer durchschaubar sind.

Viele Untersuchungen haben das bestätigt (Dörner et al., 1983; Funke, 1986). Ausbildung und Training für das Lösen komplexer technischer und damit verbunden ökonomischer wie sozialer Probleme sind deshalb wichtig, aber nicht ausreichend. Technikfolgenforschung unter realen Bedingungen muß nicht nur Diagnose- und Handlungswissen bereitstellen, sondern auch technische Hilfsmittel entwickeln, um erfolgreiches Funktionieren zu garantieren und die Lösung trotzdem auftretender Probleme zu erleichtern.

2.6 Nur Experten verfügen über das notwendige Wissen und Können, komplizierte technische Systeme zu nutzen und mit deren Hilfe komplexe Probleme zu lösen. Aber Experten sind Spezialisten. Bei der Bewältiqung übergreifender oder neuer technischer Aufgaben ist die subjektive Zuversicht in die Richtigkeit der eigenen Urteile und Entscheidungen auch bei Experten oft größer als die Güte ihrer Problemlösungen.

Expertise ist die wichtigste, häufig unentbehrliche Voraussetzung für die Lösung komplizierter technischer Probleme und für die Meisterung schwieriger Aufgaben mit Hilfe der Technik. Der Erwerb einer solchen Expertise ist sehr zeitaufwendig, und ihr Fehlen ist durch Rückgriff auf allgemeine intellektuelle oder kreative Fähigkeiten in der Regel nicht zu kompensieren.

Expertenwissen ist im allgemeinen sehr spezialisiert, zeichnet sich also durch Qualität, Gründlichkeit und Anwendungssicherheit, nicht selten aber auch durch eine gewisse Enge und Einseitigkeit aus. Bei der Lösung von Problemen außerhalb ihrer speziellen Expertise greifen Experten deshalb ähnlich wie Laien auf plausible Verallgemeinerungen, Analogien und intuitive Urteile zurück, die relativ fehleranfällig sein können. Dabei ist die subjektive Gewißheit in die Richtigkeit der eigenen Urteile oft größer als die objektive Güte der getroffenen Entscheidungen. Das haben inzwischen mehrere Untersuchungen belegt. Technikfolgenforschung ist deshalb eine notwendige Voraussetzung dafür, um jenes spezielle Wissen zu gewinnen, das Experten benötigen, um ihre fehleranfälligen intuitiven Urteile außerhalb des eigentlichen Spezialgebietes zu vermeiden.

2.7 Laien sind häufig die Benutzer technischer Produkte. Sie verfügen in der Regel nicht über das erforderliche Spezialwissen, um die Technik zu durchschauen, sondern verlassen sich auf kognitive Faustregeln und naives Überzeugungswissen, um technische Risiken abzuschätzen, mit der Technik umzugehen und auftretende Probleme zu lösen.

Unter Naturwissenschaftlern und Technikern gilt der Laie im allgemeinen als unwissend und irrational, so daß er nur ernst genommen wird, wenn er Ärger bereitet. Dabei ist der berühmte Mann auf der Straße mit seinem Alltagswissen, seinen "naiven Theorien" und einigen robusten kognitiven Faustregeln gar nicht schlecht ausgestattet, um in einer vorindustriellen Welt recht gut zurechtzukommen. Das gilt aber nur beschränkt für das wissenschaftlich-technische Zeitalter. Die durchschnittliche Wissensbasis und das laienhafte Urteilsvermögen sind z.B. bei der Einschätzung von Risiken technischer Systeme wenig geeignet und führen zu vielen Fehlurteilen. Das zeigt sich, wenn man die subjektiv vermuteten und die objektiv ermittelten Todesfälle beim Autofahren, bei Krankheiten, beim Betreiben von Atomkraftwerken oder bei der Verwendung von Kunstdünger (Jungermann & Slovic, 1988; Renn, 1984) vergleicht.

Technikfolgenforschung und Technikfolgenabschätzung haben deshalb den Laien nicht nur als Handelnden zu berücksichtigen, sondern auch als Betroffenen. Die Ergebnisse müssen ihnen in geeigneter Form und verständlicher Weise vermittelt werden, um das Wissen zu verbessern, die rationale Basis der Urteilsbildung zu erhöhen und zur Aufklärung der öffentlichen Meinung beizutragen (Jungermann et al., 1988).

2.8 Politiker und Verwaltungsfachleute haben die Aufgabe, Wissenschaft und Technik im wohlverstandenen Allgemeininteresse zu fördern und dabei so wenig wie möglich zu reglementieren. Gleichzeitig müssen sie jedoch dafür Sorge tragen, daß notwendige Entwicklungen erfolgen, negative Auswirkungen vermieden, Risiken in vernünftiger Weise begrenzt und Gefahren ausreichend kontrolliert werden. Dafür ist wissenschaftliches Wissen zur zuverlässigen Beurteilung von Technikfolgen eine notwendige Voraussetzung.

Politisches Entscheiden und Verwaltungshandeln sind beim heutigen Stand von Wissenschaft und Technik unerhört schwierig geworden und zum Teil mit kaum überschaubaren Unsicherheiten behaftet. Das gilt vor allem dann, wenn gesichertes wissenschaftliches Wissen über praktisch bedeutsame Technikfolgen nicht verfügbar ist. Politik und Administration sind dann auf Urteile von Fachleuten mit unzureichender Expertise angewiesen, die (deshalb) nicht selten sehr diskrepant sind. Politische Überreaktionen, Fehlkalkulationen oder Unterlassungen können die Konsequenz sein, was die öffentliche Glaubwürdigkeit in die staatliche Technik- und Umweltpolitik notwendigerweise beeinträchtigen muß.

Es ist deshalb ein legitimer Anspruch politischer Entscheidungsträger, daß die Wissenschaft das notwendige Wissen bereitstellt, um die Folgen ihrer eigenen Erkenntnisse und deren technische Nutzung angemessen beurteilen zu können. Je mehr Wissenschaft, Technik, Gesellschaft und Staat wechselseitig voneinander abhängen, um so größer ist die Notwendigkeit der Technikfolgenforschung und der Technikfolgenabschätzung, die Verfügbarmachung der Ergebnisse für staatliche Institutionen und die Nutzung dieser Erkenntnisse durch Parlamente, Regierungen, Behörden und Gerichte (Dierkes et al., 1986; Office of Technology Assessment, 1984).

2.9 Wissenschaft und Technik schaffen nicht nur Probleme, sondern verfügen auch über ein enormes Potential zur Lösung von Problemen, einschließlich der durch Wissenschaft und Technik selbst geschaffenen.

Es wäre völlig einseitig, Technikfolgenforschung auf die Klärung und Lösung technikinduzierter Probleme zu reduzieren. Viele gesellschaftliche Aufgaben - seien sie allgemeinerer Art oder bereits eine Folge der wissenschaftlich-technischen Entwicklung - lassen sich nur (oder besser) lösen, wenn man auf die Möglichkeiten der modernen Technik zurückgreifen kann. Es hat sich deshalb eingebürgert, neben der technikinduzierten auch die probleminduzierte Technikfolgenforschung ausdrücklich zu fordern. Dabei geht es um die Entwicklung neuer und die Anwendung verfügbarer Techniken zur Lösung existierender oder zur Vermeidung vorhersehbarer gesellschaftlicher Probleme.

Die Lösung drängender Verkehrsprobleme, die Beseitigung von Umweltschäden, die Bewältigung von Umschulungs- und Weiterbildungsaufgaben oder die Suche nach umweltschonenden Energien sind beliebige Beispiele für die besondere Wichtigkeit der probleminduzierten Folgenforschung. "Sind im Einzelfall Prioritäten zu setzen, so sollte der probleminduzierten Betrachtung der Vorrang gegeben werden, da (a) Technik eigentlich als Mittel zum Zweck zu konzipieren, zu nutzen und zu bewerten ist und (b) bei frühzeitiger Problemwahrnehmung am ehesten die Chance besteht, Fehlentwicklungen zu korrigieren und geeignete Problemlösungen zu entwickeln" (Memorandum für das BMFT, 1989).

2.10 Mit einer umfassend konzipierten Technikfolgenabschätzung könnten auf längere Sicht nicht nur unerwünschte Effekte der Technik auf ein vernünftiges Maß reduziert werden und gesellschaftliche Probleme durch gezielte Technikentwicklung effektiv zu lösen sein, sondern es ließe sich auf diese Weise auch am ehesten ein begründetes Vertrauen der Bevölkerung in den Nutzen und in die Beherrschbarkeit der modernen Technik wiederherstellen.

Berücksichtigt man das geschwundene Vertrauen vieler Menschen in Wissenschaft, Technik und Technologiepolitik, die zunehmend schwieriger werdende Aufgabe der Regierungen, Parlamente und Behörden bei der gleichzeitigen Förderung und Kontrolle des wissenschaftlich-technischen Fortschritts und die objektiven Gefahren, die aus der weltweiten Verbreitung und intensiven Nutzung vielfältiger (groß-)technischer Systeme herrühren, so erscheint allein die systematische Beschaffung und Nutzung speziellen Wissens über die Vermeidung unerwünschter und die Erzielung erwünschter Folgen der Technik geeignet, jenes Maß an Sicherheit und kalkulierbaren Risiko zu gewährleisten, das als Voraussetzung einer vernünftigen sozialen und politischen Akzeptanz von Wissenschaft und Technik anzusehen ist. Diese Aufgabenstellung enthält zugleich die allgemeinste Begründung und die wichtigste Zielsetzung für die Technikfolgenabschätzung und der dafür erforderlichen Technikfolgenforschung.

Überblickt man abschließend noch einmal die zehn sehr unterschiedlichen, aber miteinander zusammenhängenden Gründe für die Notwendigkeit einer systematisch betriebenen Technikfolgenabschätzung, so wird deutlich, daß diese Aufgabe nicht durch Programmatik oder Rhetorik, sondern nur durch Forschung, durch kritische Bewertung der Forschungsergebnisse und durch praktische Nutzung der daraus ableitbaren Schlußfolgerungen zu bewältigen ist.

Bedenkt man zugleich die unendlich vielen Folgen und möglichen Folgen, die die Technik in all ihrer Vielfalt hat oder haben kann, so gibt es keinen Zweifel, daß die damit verbundenen Forschungsaufgaben weder durch ein großes Projekt noch durch ein umfangreiches Programm, weder durch ein einzelnes Institut noch durch eine besondere Akademie bewältigt werden können.

Erforderlich sind vielmehr

- Programme verschiedenster Art (bei Entwicklung neuer, bei Nutzung verfügbarer, beim Fehlen geeigneter Techniken);
- Einrichtungen unterschiedlicher Organisationen (Forschungseinrichtungen, Betriebe, eigene Institute);
- Kompetenzen aus mehreren wissenschaftlichen Disziplinen (naturwissenschaftliche, technologische, sozialwissenschaftliche, psychologische und ökonomische Expertise);
- Problemlösungen in "maßgeschneiderter" Form (fachspezifische und fachübergreifende Lösungen für Mikro- wie für Makroprobleme).

Auf diese Weise könnten Technikfolgenforschung und Technikfolgenabschätzung ein vielfältig einsetzbares Instrumentarium zur Beschaffung des notwendigen Wissens für zuverlässige technische, ökonomische, soziale und politische Urteile werden, - weder ein Alibi für fehlende oder falsche Technologie - und Umweltpolitik noch ein Vehikel zum Mißbrauch der Wissenschaft im Dienste ideologischer Zwecke.

Technikfolgenforschung so verstanden, wäre eine Bedingung der Möglichkeit zur Aufklärung des Menschen über neue Wahlmöglichkeiten, die die Technik erschließt, über Umgangsstrategien, die die Technik erfordert und über vernünftige Reaktionsformen auf Risiken, die die Technik mit sich bringt.

Dafür ist ein gesellschaftlicher Diskurs erforderlich und keine utopischen Harmonisierungshoffnungen. Unterschiedliche Wertorientierungen, verschiedene Interessenslagen und gesellschaftliche Konflikte können auf der Grundlage möglichst objektiver wissenschaftlicher Forschung und darauf gründender rationaler Urteilsbildung am ehesten zu einer Meinungs- und Willensbildung führen, die den Kriterien der praktischen Vernunft möglichst nahekommt.

Literatur:

1 Bundesminister für Forschung und Technologie. (1989). Grundsatzfragen und Programmperspektiven der Technikfolgenabschätzung. Bonn.

2 Bungard, W. & Lenk, H. (Hrsg.). (1988). Technikbewertung - Philosophische und psychologische Perspektiven. Frankfurt/Main.

3 Detzer, K.A. (1987). Technikkritik im Widerstreit. Gegen Vereinfachungen, Vorurteile und Ideologien. Düsseldorf.

4 Dierkes, M., Petermann, T., & von Thienen, V. (1986). Technik und Parlament - Technikfolgenabschätzung: Konzepte, Erfahrungen, Chancen. Berlin.

5 Dörner, D., Kreuzig, H., Reither, F., & Stäudel, T. (1983). Lohhausen. Vom Umgang mit Komplexität. Bern.

6 Funke, J. (1986). Komplexes Problemlösen. Bestandsaufnahme und Perspektiven. Berlin, Heidelberg, New York.

7 Jaufmann, D., Kistler, E., & Jänsch, G. (1989). Jugend und Technik. Frankfurt.

8 Jungermann, H., Kasperson, R.E., & Wiedemann, P.M. (Hrsg.). (1988). Risk communication. Jülich.

9 Jungermann, H., Pfaffenberger, W., Schäfer, G.F., & Wild, W. (Hrsg.). (1986). Die Analyse der Sozialverträglichkeit für Technikfolgenpolitik. München.

10 Jungermann, H. & Slovic, P. (1988). Die Psychologie der Kognition und Evaluation von Risiko. In G. Bachmann (Hrsg.), Risiko und Gesellschaft. Opladen.

11 Kistler, E. & Jaufmann, D. (Hrsg.). (1989). Mensch - Gesellschaft - Technik. Opladen.

12 Lutz, B. (Hrsg.). (1987). Technik und sozialer Wandel. Frankfurt.

13 Münch, E., Renn, O., & Roser, T. (Hrsg.). (1982). Technik auf dem Prüfstand. Essen.

14 Neuweiler, G. (1986). Evolution und Verantwortung. In Sitzungsberichte der mathematisch-naturwissenschaftlichen Klasse der Bayerischen Akademie der Wissenschaften (Hrsg.), München.

15 Office of Technology Assessment. (1984). Nuclear power in an age of uncertaintv. Washington, D.C..

16 Reason, J. (1987). The Chernobyl errors. Bulletin of The British Psychological Society, 40, 201-206.

17 Renn, O. (1984). Risikowahrnehmung der Kernenergie. Frankfurt.

18 Weinert, F.E. (1988). Der Laie als "Chemie-Experte"? - Das Bild einer Wissenschaft im Lichte alltäglichen Wissens und Wertens. 125 Jahre Hoechst - Wissenschaftliches Symposium. Frankfurt.

3 Politische Steuerung und Eigengesetzlichkeiten technischer Entwicklung - zu den Wirkungen von Technikfolgenabschätzung

Renate Mayntz

Wer TA betreibt oder TA fordert, muß zwangsläufig der Meinung sein, daß die Technikentwicklung sich steuern läßt - denn sonst wäre TA ja zumindest in praktischer Hinsicht sinnlos. Das mag nach einer banalen Feststellung, einer Binsenwahrheit klingen. Tatsächlich ist jedoch diese Prämisse von TA keineswegs immer unumstritten gewesen, ja die Frage nach der sozialen Gestaltbarkeit von technischen Innovationen war noch vor kurzem Gegenstand heftiger Auseinandersetzungen. Dabei waren es durchaus nicht nur Ingenieure, die - explizit oder noch häufiger implizit - die Position des Technikdeterminismus vertraten; auch Sozialwissenschaftler vertraten die Meinung, daß die Technikentwicklung zwar nicht im Detail, aber im wesentlichen einer autonomen Logik, einer technischen Eigendynamik folgt. Die Menschen hätten dann allenfalls die Option, eine neue Technik zu nutzen oder abzulehnen, doch die Technikgenese selbst ließe sich nicht steuern. Andere Sozialwissenschaftler - und hier sind vor allem auch Betriebssoziologen zu nennen - betonten demgegenüber, daß, wenn schon nicht die Erfindung neuer Basistechnologien, so doch zumindest technische Anwendungssysteme sozial geprägt sind, sei es, daß bestimmte technische Artefakte planvoll als Instrumente zur Lösung spezifischer Probleme entwickelt werden, oder sei es, daß Technikentwicklung grundsätzlich als Prozeß sozialer Konstruktionen erscheint.

Die programmatische Kontroverse darüber, ob die Technikentwicklung wissenschaftlich-technisch determiniert oder sozial gestaltbar ist, kann heute grundsätzlich als überwunden gelten. Heute wird generell akzeptiert, daß Technikentwicklung ökonomisch, politisch, kulturell und rechtlich beeinflußt wird. Wir wissen, mit anderen Worten, aufgrund der bisherigen Forschungen, daß bei spezifischen Prozessen der Technikgenese wissenschaftlich-technische, ökonomische, politische, rechtliche und kulturelle Chancen und Restriktionen einen Raum begrenzter Opportunitäten definieren. Heute geht es nicht mehr darum, die bloße Existenz von Handlungsspielräumen in der Technikentwicklung nachzuweisen, sondern um die Frage, welche Spielräume bestehen und wovon es abhängt, wie sie genutzt werden. Mit dieser Frage - der Frage nach den Wahlhandlungen, die im Prozeß der Technikentwicklung möglich werden, und der politischen Beeinflußbarkeit dieser Wahlhandlungen - will ich mich in meinem Referat zunächst beschäftigen, um abschließend zu skizzieren, was das für die Wirkung von TA bedeutet.

Fragen wir zunächst danach, wo die Spielräume für Wahlhandlungen in der Technikentwicklung liegen. Diese Spielräume sind wissenschaftlich-technisch bestimmt; es ist ihre Existenz, die die Zurückweisung einer deterministischen Sicht der Technikentwicklung rechtfertigt.

Lassen Sie mich das verdeutlichen. Wenn wir von bestimmten technischen Anwendungen ausgehen, also z.B. von Laserchirurgie, Kernkraftwerken oder Fernsehsatelliten und nach ihren wissenschaftlich-technischen Voraussetzungen fragen, dann ergibt sich leicht das folgende, von rechts nach links zu lesende Bild:

Wissen -> Technologie -> technische Anwendungen

Dabei handelt es sich hier zunächst um eine logische und nicht notwendigerweise um eine zeitliche Sequenz - schon weil in Wirklichkeit - und insbesondere in früheren Epochen der Technikentwicklung - technische Anwendungen oft auf alltäglichem Erfahrungswissen und praktischem Ausprobieren fußten. Betrachtet man das Schema jedoch prospektiv statt retrospektiv, also von links nach rechts, dann wird daraus eine deterministische Prozeßvorstellung. Diese Vorstellung ist insofern falsch, als tatsächlich an den Übergängen in aller Regel Alternativen existieren: ein bestimmtes Grundlagenwissen (z.B. der Optik, Genetik, Kernphysik) kann mehr als eine Technologie begründen; eine bestimmte Basistechnologie erlaubt mehr als eine technische Anwendung (z.B. die verschiedenen Anwendungen der Isotopentechnik, Lasertechnik, Mikroelektronik). Graphisch verdeutlicht:

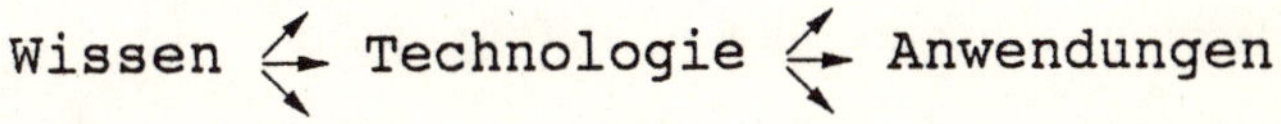

Diese Spielräume sind natürlich grundsätzlich begrenzt: eine bestimmte Basistechnologie erlaubt zwar mehrere verschiedene, aber nicht beliebige Anwendungen.

Wenn wir den Prozeß weiterverfolgen, kommen wir zur Nutzung der technischen Anwendungen und den Nutzungsfolgen. Technikfolgen ergeben sich nur vermittelt über die je spezifische Art der Nutzung bestimmter Artefakte. Dabei ist die Nutzung sowohl in quantitativer wie in qualitativer Hinsicht, also nach Art und Intensität, variabel, d.h. es gibt fast immer alternative Nutzungsarten. Das gilt schon für den Schraubenzieher, mit dem man eben nicht nur Schrauben ein- und ausdrehen, sondern auch Dosen öffnen, Nägel reinigen und Menschen umbringen kann, es galt für das Telefon, in dem man anfänglich ein Instrument für die Übertragung von Musiksendungen sah, für das Auto, das nicht nur als Vielzwecktransportmittel, sondern auch als Liebeslaube und Hotelersatz dient, ja selbst für Kanonen, die Salut schießen oder töten können.

Wissen ← Technologie ← Anwendungen ← Nutzung ← Folgen

Technische Artefakte eröffnen Nutzungsmöglichkeiten und damit einen Spielraum für Wahlhandlungen, wobei dieser Spielraum selbstverständlich begrenzt, wenn auch meist größer ist, als die Ingenieure im Konstruktionsbüro antizipieren. Bei Bildschirmtext haben die Konstrukteure erwartet, daß sie ein Instrument zur schnellen Beschaffung von Informationen zur Rationalisierung alltäglicher Verrichtungen schaffen würden; es ließ sich aber auch als Spielzeug und als anonymes Dialogsystem für intime Kommunikationen nutzen, und als solches hat es in Frankreich spektakulären Erfolg gehabt.1) Die instrumentelle Plastizität von Artefakten ist technisch konstruktiv bedingt, dabei aber von Technik zu Technik verschieden. Was die Bandbreite des Nutzungsspielraums einer gegebenen Technik bestimmt, läßt sich wohl noch nicht in Form allgemeiner Aussagen fassen, obwohl dies sicher eine Frage ist, deren Beantwortung den Schweiß des Edlen lohnte.

Auch bei der Nutzung gibt es also einen objektiv gegebenen Möglichkeitsraum, während die Wahl unter den Alternativen sozial bestimmt ist. Lediglich zwischen Nutzung und Nutzungsfolgen scheint es keine entsprechenden Spielräume für soziale Selektion zu geben. Das gilt jedenfalls, soweit diese Folgen naturgesetzlicher Kausalität unterworfen sind; man kann sozusagen nicht wählen, ob bestimmte giftige Substanzen im Fluß die Fische töten oder nicht. Aber es gibt sowohl Möglichkeiten der zufälligen Neutralisierung wie der absichtsvollen Kompensation unerwünschter Folgen, und wenigstens insofern ist zwar nicht der Output, aber immerhin der Outcome der Techniknutzung in Grenzen variabel - um eine aus der Implementationsforschung bekannte Unterscheidung zu benutzen.

Was in dem Schema unter "Folgen" zusammengefaßt ist, bedarf jedoch der weiteren Differenzierung. Grob kann man trennen zwischen

- Folgen normaler Nutzung
- Nebenfolgen normaler Nutzung
- Unfallrisiko und
- Ausfallrisiko.

Nun kann ein bestimmter Nutzungszweck in der Regel nicht nur durch ein ganz bestimmtes Artefakt erfüllt werden. Auch hier gibt es Spielräume für Wahlhandlungen, die technisch bestimmt und sicherlich begrenzt sind, aber doch Alternativen bieten - umso mehr, je genereller wir den Zweck formulieren. Der Zweck "Stromgewinnung" etwa kann u.a. durch Kohle-, Wasser- oder Kernkraftwerke, auch durch Solartechnik erfüllt werden, wobei es für jeden Typ der äquifunktionalen Systeme noch einmal Gestaltungsalternativen gibt. Dabei müssen die äquifunktionalen Systeme keineswegs alle auf derselben Basistechnologie fußen. Bei der Technikfolgenabschätzung werden oft technische Alternativen miteinander hinsichtlich ihrer Folgen verglichen. Berücksichtigt man die Existenz technischer Alternativen in dem bisherigen Prozeßmodell, ergibt sich schließlich das folgende Schema:

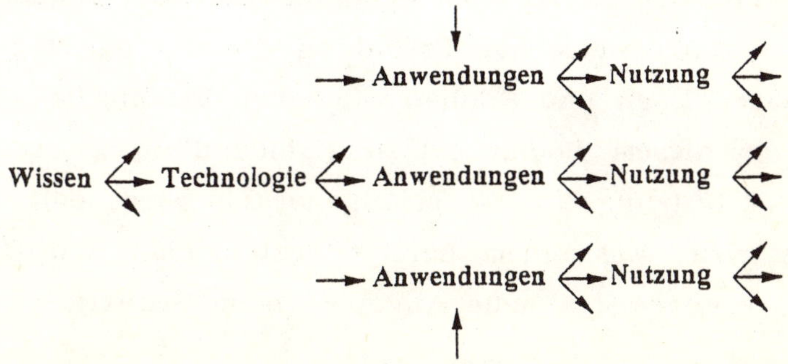

So kompliziert das jetzt schon scheint, ist auch dieses Schema immer noch eine grobe Vereinfachung, da z.B. vernachlässigt wird, daß moderne technische Systeme oft auf einer Kombination mehrerer Basistechnologien fußen.

Reale Technikentwicklungen sind also Prozesse, die einem Pfad innerhalb eines vieldimensionalen und mehrstufigen Möglichkeitsraums folgen - und dieser Pfad wird durch (im weitesten Sinne) soziale Faktoren bestimmt: durch ökonomisch, kulturell und möglicherweise eben auch politisch begründete Selektionen. Vermutlich wachsen dabei die Spielräume von links nach rechts. Aber was treibt den Prozeß eigentlich an? Eine umfassende Theorie, die die Triebkräfte der Technikentwicklung, die Faktoren der konkreten Gestaltung technischer Artefakte und Systeme, ihre Diffusion und Nutzung erklären könnte, existiert heute noch nicht. Vielmehr gibt es unterschiedliche Erklärungsansätze, die technische, ökonomische, politische oder auch kulturelle Faktoren in den Mittelpunkt stellen. Dabei lassen sich grob zwei gegensätzliche Thesen unterscheiden: die eine sieht die Technikentwicklung grundsätzlich von der Nachfrage nach technischen Problemlösungen oder Instrumenten angetrieben, die andere dagegen vom Angebot an technologischem Basiswissen und technischen Artefakten, die sich am Ende ihre "Nachfrage" schaffen. Bei dem zweiten, auch unter dem Etikett des "technology push" laufenden Ansatzes wird auf die Eigendynamik der Forschung verwiesen, die - von wissenschaftlicher Neugier und dem faustischen Schöpferdrang der Ingenieure getrieben - schrittweise zur Erfindung der auf einem gegebenen Stand von Wissen und Können möglichen technischen Artefakte führt. In diesem Modell setzen Wahlhandlungen erst in der Phase der Nutzung ein, wobei angenommen wird, daß nicht nur genutzt wird, was einem bereits bestehenden Bedürfnis entspricht, sondern daß neue Angebote neue Bedürfnisse wecken.

Insofern treibt in diesem Modell die Technikentwicklung auch noch die Techniknutzung an.

Wo politische oder ökonomische Faktoren für die Erklärung der Technikentwicklung als entscheidend angesehen werden, steht dagegen die Nachfrage im Zentrum des Interesses. Dabei neigen nicht nur Ökonomen, sondern jeder, der in technischen Artefakten Instrumente zur Bedürfnisbefriedigung bzw. rationale Problemlösungen sieht, zur Nachfrage-Theorie der Technikgenese. Eine Richtung stellt dabei auf ökonomische Kalküle von Individuen, Haushalten und Unternehmen als Antriebsfaktoren ab; der Wettbewerb führt hier zu einem "Prozeß der schöpferischen Zerstörung", der die Technikentwicklung vorantreibt.2) Andere konzentrieren sich auf die Politik als dominanten "Nachfrager", wobei entsprechend politische Kalküle im Vordergrund stehen. Diese politische Erklärung der Technikgenese bezieht sich zunächst insbesondere auf die Militärtechnik, sodann auf technische Infrastruktursysteme in den Bereichen Energieversorgung, Verkehr und Telekommunikation und in einer dritten Phase schließlich auf alle wachstumsrelevanten Technologien.

So wichtig zweifellos Nachfragefaktoren für die Technikentwicklung sind, darf man dennoch mit dem Technikdeterminismus nicht zugleich alle Angebotserklärungen zurückweisen und bewußte Bedürfnisse, also eine artikulationsfähige Nachfrage für den allein entscheidenden Selektionsmechanismus halten. Die Erklärungskraft ökonomischer wie politischer "Nachfrage"-Theorien nimmt in dem Maße ab, wie wir in dem Phasenschema rückwärts gehen: faktische Nutzung ist am stärksten zweck- oder bedürfnisbestimmt, die Produktion von Grundlagenwissen am wenigsten. Aber nicht einmal konkrete technische Anwendungen wie Bildschirmtext oder großtechnische Systeme (GTS) werden durchweg zur Befriedigung bestimmter Bedürfnisse entwickelt. Vielmehr wirken hier Nachfragefaktoren und Angebotsdruck zusammen, wie historische und sozialwissenschaftliche Forschungen zur GTS-Entwicklung gezeigt haben.3)

Neue GTS entstehen nicht unmittelbar als Folge neuer technischer Erfindungen. Elektrizitätsnetzwerke entstanden nicht mit der Entdeckung von Elektrizität und Eisenbahnsysteme nicht mit der Erfindung der Dampfmaschine. In beiden Fällen war eine Kombination mehrerer technischer Innovationen die Voraussetzung der Systementwicklung. Diese Kombinationen kommen weder zufällig noch automatisch zustande, sondern werden in der Regel von kreativen und oft von einer Vision getriebenen Individuen vorgenommen.

Dabei ist eine artikulierte Nachfrage keineswegs die wichtigste Triebkraft. In aller Regel wird die jeweilige Nachfrage nach bestimmten Infrastrukturleistungen - nach Beleuchtung, Transportmöglichkeiten oder Kommunikationsmöglichkeiten - im Rahmen der bereits existierenden Infrastruktursysteme erfüllt, die die betreffenden Dienstleistungen meist auch billiger und sicherer zur Verfügung stellen können, als die neuen technischen Erfindungen mit ihren unvermeidbaren Anfangsdefekten und Risiken. In der Anfangsphase der Systementwicklung ist es auch oft nicht sicher, daß diese Schwächen in absehbarer Zeit zu überwinden sind, und gerade weil die künftige Entwicklung nicht genau abzusehen ist, werden anfangs häufig auch die später dominanten (und wachstumsträchtigen) Nutzungsformen verkannt; vielmehr wird eine neue Technik in der Anfangsphase oft nur als Mittel angesehen, bereits bestehende großtechnische Systeme auszubauen und zu verbessern. So wurde etwa die Eisenbahn zunächst als Mittel gesehen, fehlende Kanalverbindungen zu ersetzen; das Telefon wurde zuerst genutzt, um das Telegrafennetz an seinen Endpunkten zu erweitern. Gerade in der Anfangsphase der Systementwicklung wird viel experimentiert, gibt es alternative Entwicklungspfade.

Wachstum und Ausbau von GTS verlangt zunächst einmal aktive Systembauer. Als solche treten vor allem Unternehmer und politische Instanzen auf. Gleichzeitig wird jedoch in der Wachstumsphase - und erst hier! - die Existenz einer ausreichend großen potentiellen Nachfrage entscheidend. Eine ebenso wichtige Wachstumsvoraussetzung ist allerdings die Lösung der technischen und organisatorischen Probleme, die jetzt charakteristischerweise auftauchen und die man häufig technisch zu lösen versucht; man denke nur an den frühen Gebrauch des Telegrafen zur Organisation des Eisenbahnverkehrs. Sobald der jeweilige Stand der Technik sich als Engpaßfaktor erweist, wie es etwa die Brüchigkeit der Eisenschienen für die Entwicklung des Eisenbahnsystems oder die Handvermittlung für die Ausweitung des Telefonsystems waren, wird bei - im übrigen günstigen Bedingungen für das Systemwachstum - der technische Innovationsprozeß von derartigen Schwierigkeiten nachhaltig angeregt. Speziell in späteren Phasen der GTS-Entwicklung motivieren Probleme und Engpässe die Entwicklung mehr als Visionen.

Was folgt aus den geschilderten Eigenheiten des technischen Entwicklungsprozesses für die Möglichkeit, diesen Prozeß politisch zu steuern? Zunächst wird deutlich, daß es grundsätzlich eine Vielzahl möglicher Ansatzpunkte für eine politische Steuerung des Prozesses gibt. Zugleich zeigt die Phasengliederung, daß viele Ressorts damit befaßt sein können: nicht nur die Forschungs- und Technologiepolitik, sondern alle Ressorts, deren Klientel als Nutznießer oder potentiell Geschädigte von der Technikentwicklung berührt werden: die Wirtschaft und der Umweltschutz, Transport und Verkehr, Telekommunikation und Gesundheit. Die Motive der politischen Intervention liegen dabei im wesentlichen bei den antizipierten Folgen der Technikentwicklung, seien diese nun erwünscht, also erhoffte positive Folgen, oder unerwünscht. Im ersten Fall geht es um Förderung, im zweiten um Verhinderung. Betrachten wir kurz die Praktikabilität dieser beiden Optionen.4)

Gerade im Zusammenhang mit TA, bei der es ganz wesentlich um das Erkennen und Verhindern von Fehlentwicklungen geht, interessieren hier vielleicht in erster Linie die Möglichkeiten der negativen Selektion. Hierzu ist zunächst festzustellen, daß sich mit den Mitteln der Forschungspolitik wenig zur gezielten Verhinderung unerwünschter Technikanwendungen beitragen läßt. Angesichts der vielfältigen Verzweigungen im Prozeß der Technikentwicklung ist es praktisch unmöglich - von der Akzeptabilität eines solchen Vorgehens einmal ganz abgesehen - das Auftreten bestimmter unerwünschter Folgen ein für allemal zu verhindern, indem man bestimmte Forschungsrichtungen unterbindet. Ex ante ist nämlich kaum zu sagen, zu welchen technischen Anwendungen ein bestimmtes Grundlagenwissen eines Tages führt. So ließ sich die mikroelektronische Revolution, die uns heute durchaus auch mit einer Reihe unerwünschter Folgen konfrontiert, nicht vorhersehen, als man 1912 die Atomstruktur von Kristallen erkannte, ja noch nicht einmal, als in den 40er Jahren die Arbeit am Transistor begann. Außerdem gibt es hier schwierige Wertungsfragen: selbst wenn, um ein anderes Beispiel zu nehmen, die Forscher, die die Wissensgrundlagen für die spätere Gentechnik schufen, alle Anwendungen hätten vorhersehen können, wie hätte man die Chancen erhöhter Nahrungsmittelproduktion gegen die Gefahren genetischer Manipulation abwägen wollen?

Unter diesen Umständen könnte es erfolgversprechender scheinen, einen späteren Ansatzpunkt im Phasenschema für die Steuerung zu wählen und direkt bei der Herstellung und Nutzung von Artefakten anzusetzen, die man unterbinden möchte. Es ist allerdings aus vielen Gründen unwahrscheinlich, daß die praktische Nutzung eines verfügbaren technischen Wissens gegen den Willen interessierter Nutzer politisch unter Kontrolle zu halten ist. Angesichts der Interaktions- und Kommunikationsdichte in der heutigen Weltgesellschaft ist praktisch weder die Verbreitung technischen Wissens, das bestimmte unerwünschte Anwendungen erlaubt zu verhindern, noch läßt sich die Herstellung der unerwünschten Artefakte selbst unterbinden. Die Tatsache, daß Otto Hahn und seine Mitarbeiter die Entdeckung der Kernspaltung nicht für die Konstruktion einer deutschen Atombombe nutzten, hat Hiroshima nicht verhindert. Unter den gegenwärtigen Bedingungen weltweiten Wettbewerbs, nicht nur zwischen Unternehmen, sondern auch zwischen Nationen und Militärbündnissen, wird es keiner einzelnen Regierung gelingen, die Weiterentwicklung einer politisch unerwünschten Technik zu verhindern, solange diese Wettbewerbsvorteile verspricht. Selbst internationale Übereinkünfte bleiben in einer solchen Situation prekär. Hier hilft dann auch keine Technikfolgenabschätzung mehr, die zwar auf schädliche Folgen hinweisen, aber keine Interessenlagen verändern kann.

Eine politische Strategie der selektiven Verhinderung von anwendungsbezogener Forschung und technischen Anwendungen mit schädlicher Wirkung ist also, gleichgültig, welchen Ansatzpunkt man wählt, in den meisten Fällen kaum praktikabel und wird allenfalls bei einem weltweiten Konsens in der negativen Bewertung bestimmter technischer Anwendungen erfolgreich sein - eine Bedingung, die extrem selten erfüllbar sein dürfte.

Deshalb ist eine Strategie der selektiven Förderung praktikabler, die sich die Tatsache zunutze macht, daß ein gegebenes Bedürfnis, ein bestimmter Nutzungszweck selten nur auf eine Weise erfüllt werden kann. Es gibt alternative Formen der Energieversorgung, des Waren- und Personentransports, der Telekommunikation, der Verpackung von Produkten usw.; ein gegebenes Bedürfnis verlangt nicht nach einer bestimmten Technik für seine Erfüllung, wie umgekehrt eine gegebene Technik nicht ihre Nutzung - und damit erst die Nutzungsfolgen - determiniert. Und wenn man auch kaum mit Verbotsnormen erreichen kann, daß bestimmte Artefakte nicht für bestimmte Nutzungszwecke eingesetzt werden, läßt sich doch mittels positiver Anreize, d.h. durch die gezielte Veränderung der Nutzenkalküle der Anwender dazu beitragen, daß die für besser - oder weniger schädlich - gehaltenen Technikanwendungen anderen vorgezogen werden.

Dieselbe Strategie der positiven Selektion läßt sich auch weiter links im obigen Prozeßschema, also im Bereich der Forschungspolitik einsetzen. Hier ginge es um die gezielte Förderung von Forschung zum Zweck der Lösung spezifischer Probleme. Denn wenn auch der Pfad vom Grundlagenwissen zur Basistechnologie und von dort zur praktischen Anwendung nicht gradlinig und in jedem Schritt voll determiniert ist, dann gilt doch umgekehrt, daß bestimmte (wünschenswerte) technische Anwendungen nur möglich sind, wenn der 'technology pool', der Bestand des verfügbaren Wissens, ihre Konstruktion erlaubt. Das Ziel einer solchen Forschungspolitik wäre die Erweiterung von Anwendungsoptionen durch die Schaffung ihrer wissenschaftlichen und technologischen Voraussetzungen.

Während man die Forschungs- und Entwicklungstätigkeit in den Anfangsphasen des Prozesses vor allem über positive finanzielle Anreize zu steuern versucht, werden die konkrete Ausgestaltung technischer Systeme und das Verhalten im Umgang mit ihnen oft zum Gegenstand normativer Regulierung.5) Produktnormen regeln dabei die Beschaffenheit technischer Artefakte - und zwar sehr oft ausdrücklich aus der Folgeperspektive: sei es positiv im Interesse ihrer Funktionstüchtigkeit (einschließlich Kompatibilität) und Effizienz, sei es zur Verhütung von Unfällen oder negativen Wirkungen der Techniknutzung für die Nutzer selbst oder für Dritte. Denselben Zielen dienen Sicherheitsnormen, Arbeitsschutzregeln, Emissionsgrenzwerte, Unfallverhütungsvorschriften oder Produktionsstandards, die die verwendeten Rohmaterialien oder die Herstellungsverfahren regeln. Charakteristisch für das dominierende Denken von den Folgen her ist es, daß in vielen Bereichen mit Qualitäts- oder mit Immissionsstandards gearbeitet wird, die maximale Belastungen festlegen - Lärmgrenzen, bestimmte Konzentrationen von Schadstoffen in Wasser, Luft und Lebensmitteln, Obergrenzen für Radioaktivität usw.. Es ist klar, daß derartige Standards nicht unmittelbar verhaltensrelevant sind, sondern eher einen Signalcharakter haben, da immer noch festzulegen bleibt, wie das Überschreiten einer bestimmten Schadstoffkonzentration usw. verhindert werden soll bzw. wie, wenn es geschieht, darauf zu reagieren ist. Derartige Qualitätsstandards werden praktisch also nur wirksam, wenn sie mit technischen Standards und Verhaltensstandards gekoppelt werden.

Fassen wir das Pro und Contra zusammen, dann gilt erstens generell, daß Verhindern schwerer ist als Fördern. Politische Steuerung greift, zweitens, umso eher, je weiter wir in dem ganzen Prozeß fortschreiten: So ist die Produktion von Grundlagenwissen, das die Voraussetzung für bestimmte praktische Problemlösungen ist, selbst durch massierten Mitteleinsatz in vielen Fällen nicht nennenswert zu beschleunigen, während andererseits folgenträchtige Durchbrüche ganz ohne forschungspolitische Geburtshilfe auftreten mögen.

Angewandte Forschung und die Entwicklung technischer Anwendungen lassen sich leichter gezielt beeinflussen, wobei eine kaufkräftige Nachfrage, die natürlich politisch induziert sein kann, sich oft als besonders wirkungsvoll erweist. Im Bereich des Umweltschutzes z.B. ist die technische Entwicklung zweifellos nachhaltig von der Nachfrage beeinflußt worden, die von stringenten Umweltschutznormen und finanziellen Sanktionen erzeugt wurde. Ähnliches gilt in vielen anderen Bereichen. Nachfrageseitige Steuerung gelingt insofern besser als angebotsseitige, auch wenn es politische, ökonomische und kulturelle Grenzen für die Wirksamkeit der Steuerung auf der Nachfrageseite gibt.

Damit kommen wir zur letzten hier anzusprechenden Frage, nämlich welche Rolle TA unter den geschilderten Bedingungen einer politischen Steuerung der Technikentwicklung spielen kann. Dazu ist es nötig, klar zwischen TA und Technikfolgenforschung zu unterscheiden. TA erzeugt kein neues Wissen über naturwissenschaftlich-technische Zusammenhänge, es kalkuliert nur Aggregatfolgen und eventuelle Fernfolgen auf der Basis grundsätzlich bekannter Kausalzusammenhänge. Hier liegen jedoch entscheidende Defizite, die die Aussagefähigkeit von TA von vornherein begrenzen. Es besteht ein gravierendes Mißverhältnis zwischen der Vielfalt technisch möglicher menschlicher Einwirkungen auf die soziale und natürliche Umwelt einerseits und unserer Fähigkeit, die dadurch über lange Kausalketten vermittelten Folgen vorherzusehen. Allzu oft fehlt uns sogar das Wissen über die Existenz von Wirkungsbeziehungen, die, wenn wir sie auch nur vermuteten, schon Bemühungen zur Schadensbegrenzung auslösen würden. Was hier nottut, ist nicht TA, deren Reichweite nicht über den Horizont unseres grundsätzlichen Wissens über faktische Ursache-Wirkungszusammenhänge hinausgeht, sondern Technikfolgenforschung.

Staatliche Forschungspolitik, die (selektiv) fördern will, kann sich sowohl das Ziel setzen, die Hervorbringung von Wissen und technischen Anwendungen zu fördern, mit denen man erkannte Bedürfnisse befriedigen kann; sie kann aber auch dazu beitragen, daß wir mehr über unerwünschte Fern- und Nebenwirkungen gegenwärtig genutzter und neuer Technik wissen und lernen, wie schädliche Nebenwirkungen minimiert und bereits eingetretene Schäden behoben werden können. Eine solche Unterscheidung in der Zielrichtung der Förderung wird in der Forschungspolitik sicher nicht systematisch gemacht, weshalb sich auch kaum sagen läßt, welche dieser beiden Richtungen dominiert. Eine Forschungspolitik, die primär von ökonomischen Wachstumszielen und dem Wunsch nach internationaler Wettbewerbsfähigkeit inspiriert wird, wird hier jedoch ohne Zweifel die Akzente anders setzen als eine Forschungspolitik, die etwa im Dienste des Umwelt- und Gesundheitsschutzes steht. Es ist offensichtlich, daß eine Technikfolgenforschung, die die Möglichkeiten von TA erhöht, eher von der zweiten Art sein muß.

Normativ gesprochen ist es die Funktion von TA, die Rationalität von politischen Entscheidungen zu erhöhen. Faktisch werden TA-Ergebnisse jedoch nur im Rahmen der finanziellen und politischen Restriktionen wirksam, die für politische Entscheidungen prägend sind. Das Ideal rationaler Politikentscheidungen wird in der Realität nicht primär aus Ignoranz verfehlt, d.h. weil die Politiker nicht wüßten, wie sich bestimmte Probleme lösen, bestimmte negative Folgen verhindern ließen, sondern weil die Konsensfähigkeit von Entscheidungen und finanzielle Zwänge in der Politik eine zentrale Rolle spielen. Das heißt dann aber auch, daß es oft nicht primär an fehlenden Informationen über die Folgen des Gebrauchs bestimmter Techniken - auch im Vergleich zu den Folgen möglicher Alternativen - liegt, wenn Mögliches unterbleibt.

Tendenziell wird TA deshalb oft politisch instrumentalisiert, d.h. daß sie, anstatt Grundlage für Entscheidungen zu sein, zur Rechtfertigung von Entscheidungen oder auch Nicht-Entscheidungen genutzt wird. Dabei treten bei der Umsetzung von TA-Ergebnissen einige besondere Schwierigkeiten auf, die sie von anderen Formen der nicht auf Technik bezogenen Politikberatung unterscheiden.

Technologiepolitische Entscheidungen sind, jedenfalls heute, oft stark politisiert, weil sie kontrovers sind und diese Kontroversen mit fundamentalen Wertentscheidungen verbunden sind. Mit der wachsenden Politisierung (und Ideologisierung) einer Entscheidung sinkt die Bereitschaft, mit Hilfe von TA-Ergebnissen die Diskussion auf eine rationale Basis zu stellen. Der Hinweis auf die methodischen Unsicherheiten und Schwächen von TA dient dann leicht dazu, die ideologisch motivierte Ablehnung ihrer Ergebnisse und Empfehlungen zu rechtfertigen.

So mag die wichtigste Rolle von TA am Ende nicht die sachliche Begründung von Entscheidungen, sondern ihre Legitimation sein - ob es sich nun um Eingriffe regulativer Art oder um die finanzielle Förderung handelt. Vor allem können TA-Ergebnisse die gesellschaftlichen Akteure motivieren - was bei der gegebenen Verteilung der Möglichkeiten legitimer Einwirkung auf Forschung und Entwicklung, die am Ende eben doch überwiegend bei privaten, gesellschaftlichen Akteuren liegt, ausgesprochen wichtig ist. Je beschränkter die Möglichkeiten politischer Steuerung der Technikentwicklung sind, umso wichtiger wird es, daß TA-Ergebnisse denjenigen Akteuren zugänglich und bekannt gemacht werden, die den Prozeß der Technikentwicklung durch ihre Wahlhandlungen vorantreiben.

Anmerkungen:

1) Vgl. hierzu Schneider, V.: Technikentwicklung zwischen Politik und Markt: Der Fall Bildschirmtext. Frankfurt/ Main: Campus 1989.

2) Diese Denkrichtung wird durch Schumpeter repräsentiert, von dem auch die Metapher stammt; vgl. Hagedoorn, J.: The Dynamic Analysis of Innovation and Diffusion: A Study in Process Control. London/New York: Pinter Publishers 1989.

3) Vgl. hierzu die einzelnen Studien in dem von Renate Mayntz und Thomas P. Hughes herausgegebenen Band: The Development of Large Technical Systems, Frankfurt/ Main: Campus 1988; die folgenden Ausführungen stützen sich auf Mayntz, R.: Zur Entwicklung technischer Infrastruktursysteme. In: dies., Bernd Rosewitz, Uwe Schimank, Rudolf Stichweh: Differenzierung und Verselbständigung, Frankfurt/New York: Campus 1988, 233-259.

4) Die folgenden Ausführungen und zumal die nächsten drei Abschnitte basieren auf Mayntz, R. und 8charpf, F.W.: Chances and Problems in the Political Guidance of Research Systems. In: Krupp, H. (Hrsg.): Technikpolitik angesichts der Umweltkatastrophe. Physica: Heidelberg 1990, 61-83.

5) Vgl. hierzu Mayntz, R.: Entscheidungsprozesse bei der Entwicklung von Umweltstandards. In: Die Verwaltung 23 (2) 1990, 137-151.

Teil B
Konzept

1 Was sind Defizite von TA-Forschung? Drei einleitende Überlegungen

Burkart Lutz

1. TA-Forschung, was immer man sich hierunter im einzelnen vorstellen mag, ist kein Selbstzweck, keine zweckfreie Veranstaltung der reinen Wahrheitsfindung. Sie hat vielmehr einem klar definierten Zweck zu dienen, nämlich der Reduzierung von Unsicherheit bei Entscheidungen, die in einem weiten Sinne technologie- oder, wem dieser Begriff zutreffender erscheint, technikpolitischer Art sind. Defizite von TA-Forschung ergeben sich in dieser Perspektive also aus Unsicherheiten über die Folgen technikpolitischer Entscheidungen, die von einem nennenswerten Kreis der Beteiligten und Betroffenen als nicht tragbar betrachtet werden.

Dies hat nun wiederum zur Folge, daß TA-Forschungsdefizite keine ein für allemal eindeutig eingrenzbare Sachverhalte sind, sondern daß sie - trotz aller Anstrengungen zu zulässiger Reduktion von Komplexität - tendenziell umso größer werden, je intensiver an ihrer Überwindung gearbeitet wird. Dies aus zwei Gründen:

Einmal sind TA-Forschungsdefizite nahezu unmittelbare Funktion des technikpolitischen Diskussionsprozesses und seiner Ergebnisse. Je mehr sich also (wie zweifellos seit geraumer Zeit in den meisten großen Industrienationen) in der öffentlichen Diskussion über die Richtigkeit vergangener oder anstehender technologiepolitischer Entscheidungen das Bewußtsein, der mit diesen Entscheidungen eingegangenen Verantwortung für mögliche Folgewirkungen verschärft, desto größer werden die politisch definierten Anforderungen an Treffsicherheit und

Reichweite von Ergebnissen der TA-Forschung. Und sofern nicht glücklicherweise - womit Forschungspolitik eigentlich nie rechnen darf - bereits ausreichende und rasch mobilisierbare Wissensbestände verfügbar sind, bedeutet dies auch, daß entsprechend große Defizite von TA-Forschung aktuell aufbrechen.

Zum anderen produziert gerade erfolgreiche Forschung in vielen Bereichen auf fast zwangsläufige Weise neue Forschungsdefizite im hier definierten Sinne: Je mehr Forschung neue, differenziertere Einsichten in die komplexe Struktur der Wirkungsketten eröffnet, die von Einsatz und Nutzung bestimmter Techniken in Gang gesetzt werden, desto deutlicher tritt auch - bei gegebenem Niveau der Verantwortlichkeit technikpolitischer Entscheidungen für ihre Folgewirkungen - zutage, welche Kenntnisse und Erkenntnisse aus der TA-Forschung der Technikpolitik zur Verfügung stehen müßte, damit diese ihre Verantwortung wahrnehmen kann.

2. Die Dynamik und Problematik dessen, was als - zu überwindendes - Defizit von TA-Forschung zu verstehen ist, muß im Zusammenhang mit einer Unterscheidung gesehen werden, die sich in dem Memorandum über Grundsatzfragen und Programmperspektiven der Technikfolgenabschätzung vom Juni 1989 findet:[1] Forschungsdefizite bei TA, so heißt es dort, können grundsätzlich zweifacher Art sein:

"Zum einen gibt es Defizite, die man als Anwendungsdefizite bezeichnen könnte. Hier liegen an sich die benötigten wissenschaftlichen Kenntnisse und Erkenntnisse vor oder könnten

----

[1] BMFT (Hrsg.): Memorandum eines vom Bundesminister für Forschung und Technologie berufenen Sachverständigenausschusses zu Grundsatzfragen und Programmperspektiven der Technikfolgenabschätzung vom Juni 1989, S. 13.

doch unter Anwendung unbestrittener Theorien und erprobter Methoden schnell produziert werden. Es fehlt jedoch an ihrer zielgerichteten Zusammenführung, Kombination und Integration, um eine solide Grundlage für TA zu schaffen."

"Eine andere Art von Defiziten kann man als Grundlagendefizite bezeichnen: diese liegen vor, wenn Strukturen, Entwicklungsprozesse und Wirkungszusammenhänge, die für eine realistische Abschätzung technischer Entwicklungspfade, ihrer Voraussetzungen und ihrer Konsequenzen offenkundig bedeutsam sind, in der jeweils einschlägigen Forschung vernachlässigt wurden und deshalb theoretisch und/oder empirisch unzureichend geklärt sind."
Während es bei "Anwendungsdefiziten" ausreicht, vorhandene Wissensbestände und Forschungskapazitäten in der für TA notwendigen speziellen Perspektive zu mobilisieren und zu integrieren, was im Regelfall relativ schnell geschehen kann, verlangt die Überwindung von "Grundlagendefiziten" forschungspolitische Maßnahmen, die bereits weit im Vorfeld konkreten technologiepolitischen Entscheidungs- und Handlungsbedarfs wirksam sein müssen.

Sehr vieles spricht dafür, daß neu aufbrechende bzw. erstmals als solche wahrgenommene Forschungsdefizite sehr viel häufiger den Charakter von Grundlagen-Defiziten als von Anwendungs-Defiziten tragen. Solchen Defiziten und den Voraussetzungen ihrer Überwindung ist demzufolge ganz besondere Aufmerksamkeit zu schenken, wohingegen heute immer noch die Tendenz weit verbreitet ist, unter akutem Entscheidungs- und Handlungsdruck allenfalls schnell zu überwindende Anwendungsdefizite zuzulassen und alle Unsicherheiten über mögliche Folgewirkungen mit grundlegenderem Charakter gewissermaßen "unter den Teppich zu kehren".

3. Aus diesen Überlegungen erklärt sich auch, warum ich nicht - wie der Titel meines Vortrages im Tagungsprogramm suggeriert - den Ehrgeiz haben kann, Ihnen nunmehr "Forschungsstrategien zur Überwindung der besonderen Forschungsdefizite bei technikpolitischen Entscheidungen in technisch, ökologisch und ökonomisch vernetzten Systemen" vorzustellen. Ich werde mich vielmehr damit begnügen, Ihnen anhand von vier Beispielen zu zeigen, welcher Art die Probleme sind, die bei erfolgreicher TA-Forschung gelöst sein müssen; man möge mir nachsehen, daß ich hierbei als alter Fuhrmann der Technik-Forschung vor allem Probleme in den Vordergrund rücke, die Ergebnis neuer Erkenntnisse und Einsichten über die Wirkungsweise und Genese von Technik sind und die nicht minder wichtige Kategorie von Problemen, die als Folge erhöhter Sensibilität des öffentlichen Bewußtseins für mögliche Technikfolgen aufbrechen, etwas stiefmütterlich behandle. Abschließend möchte ich einige Überlegungen dazu skizzieren, was forschungspolitisch (und Forschungspolitik ist ja gerade in unserem Lande sehr eng mit Technologiepolitik verbunden) getan werden könnte und sollte, um die Lösung solcher Probleme zu erleichtern.

1.1 Die Bedeutung wirkungsfeld-spezifischer Faktoren

Lange Zeit hindurch galt als nachgerade evident, daß sich die Wirkungen einer bestimmten Technik, eines technischen Systems oder auch eines technologischen Prinzips vor allem aus seinen immanenten technischen Merkmalen und Eigenschaften ergeben. Die Folgen des verbreiteten Einsatzes einer Technik müßten sich also, so wurde weiter geschlußfolgert, mit ausreichender Genauigkeit aus ihren technischen Eigenschaften ableiten lassen, wenn diese erst einmal einen ausreichenden Ausreifungsgrad erreicht hätten, auch wenn der tatsächliche Verbreitungsgrad noch gering ist. Zumindest aber müßte es möglich sein, Erfahrungen mit der Nutzung dieser Technik, sobald sie irgendwo gemacht wurden, ohne große Schwierigkeiten zu generalisieren.

Viele frühere TA-Studien und auf ihnen fußende Aussagen mit oft sehr hohem Geltungsanspruch wurden, wie sich rückblikkend erweist, Opfer dieser verkürzten Sichtweise. Die Einführung von mikroelektronischen Komponenten in Fertigungstechnik kann beispielsweise, so wissen wir heute, in unterschiedlichen technischen und betrieblichen Kontexten mit massiven Erhöhungen oder Verminderungen der von den Arbeitskräften abgeforderten Qualifikation einhergehen. Der Einsatz von Fernsehen und Video hat etwa bei der Verkehrsüberwachung grundlegend andere Wirkungen als im Unterricht oder im Privatbereich. Die Automobilisierung hat ganz andere Folgewirkungen in dünn besiedelten Regionen, wo sie z.B. bestehende Siedlungsstrukturen und Wirtschaftsweisen, die andernfalls der Verstädterung zum Opfer gefallen wären, dauerhaft stabilisieren kann, als in großen Städten, in denen die Massierung des Individualverkehrs vorhandene, traditionsreiche Nutzungsstrukturen zerstört. U.s.f..

Das, was sich einer naiven Sicht als deterministische "Folgen" von Technik darstellt, also beispielsweise die Verlagerung wesentlicher Teile des Einzelhandels an die mit dem Auto leicht zugänglichen Stadtränder, erweist sich bei näherer Analyse als Ergebnis eines oft sehr komplizierten Prozesses. Solche Prozesse lassen sich ex post nur dann verstehen und umso mehr ex ante nur dann prognostizieren, wenn man neben der jeweils implementierten eindringenden Technik eine Fülle anderer Fakten und Faktoren ins Spiel bringt, andere technische Systeme (wie in unserem Beispiel der Verlagerung des Einzelhandels-

Standorts etwa neue Haushaltstechniken der Frischhaltung und Zubereitung), vor allem aber nicht-technische, sozio-ökonomische, biologische oder psycho-physische Strukturen und Prozesse (wiederum in unserem Beispiel also: Freizeitverhalten der Bürger, Konzentration im Einzelhandel u.ä.). Diese Fakten und Faktoren sind jedoch in aller Regel - als solche oder in ihrer jeweils besonderen Kombinatorik - feldspezifisch, an die Besonderheit eines bestimmten Einsatz- und Wirkungsfeldes voll Technik gebunden.

Fehlen bei einem konkreten Technisierungsprozeß in einem bestimmten Einsatzfeld wichtige dieser Faktoren ganz oder wirken sie zumindest in anderer Weise, so kann eine gleiche Technik in ganz anderer Weise genutzt werden und bei den Betroffenen ganz andere Reaktionen auslösen, also ganz andere "Folgen" zeitigen. Dies erklärt auch, warum teilweise zwischen verschiedenen Nationen mit vergleichbarem Entwicklungsgrad markante Unterschiede in den Wirkungen gleicher Techniken zu beobachten sind.

Will man eine realistische Vorstellung davon gewinnen, welche Wirkungen mit dem Eindringen (Übergreifen) einer neuen Technik in (bzw. auf) ein bestimmtes Feld verbunden sein werden, so ist es von entscheidender Bedeutung, die dieses Feld prägenden Strukturzusammenhänge und Einflußgrößen zu kennen und zu wissen, wie sie vermutlich die Nutzung der Technik konditionieren werden, welchen Veränderungen sie hierbei selbst unterliegen werden, welche Reaktionen sie bei den verschiedenen Gruppen von Betroffenen und Beteiligten (also in unserem eben genannten Beispiel vor allem bei Einzelhändlern und Kunden) auslösen oder nahelegen können, usw.. Die Qualität von TA-Forschung ist also in hohem Maße Funktion des Niveaus der wissenschaftlichen Erschließung und Durchdringung des jeweiligen Feldes.

Defizite - und zwar zumeist solche mit Grundlagen-Charakter - von TA-Forschung treten deshalb immer dann auf, wenn für die Bewertung der Folgewirkungen technikpolitischer Einscheidungen Einsatzfelder von Technik wichtig werden, die in den relevanten Dimensionen und Perspektiven bisher nicht oder nur unzureichend empirisch beschrieben und konzeptionell gefaßt sind; dies ist vor allem bei solchen Realitätsfeldern gegeben, die bisher als Domäne "weicher" und wenig forschungsintensiver Disziplinen galten, die bisher in politischer Perspektive wenig problemhaltig waren und/ oder zu deren Kenntnis bisher die einfache Lebenserfahrung als ausreichend gelten durfte.

1.2 Der "reflexive" Charakter von Technik-Entwicklung

Die herkömmliche Vorstellung, an der sich auch eine ganze Generation von TA-Studien orientierte, unterstellt, daß technische Entwicklungen:

- ihrer immanenten Eigenlogik folgen,
- in der praktischen Anwendung weitgehend prädeterminierte, passive Anpassung bei den Betroffenen erzwingen.

Neuere Forschungen zeigen, daß bei den meisten technischen Entwicklungslinien weder die eine, noch die andere Unterstellung realistisch ist. Der eben erwähnte feldspezifische Charakter von Technik-Wirkungen ergibt sich nicht zuletzt daraus, daß technische Komponenten, Aggregate, Prinzipien oder Systeme, die neu in ein bestimmtes Einsatzfeld (seien es nun industrielle Produktion, öffentliche Verwaltung, Gesundheitswesen oder privater Haushalt) eindringen, dort Wirkungen erst in dem Maße entfalten können, in dem sie von den wesentlichen (individuellen oder kollektiven) Akteuren dieses Feldes aufgenommen, "verarbeitet", "angeeignet" werden.

Die hierbei ablaufenden Prozesse können offenkundig ihrerseits auf die Stoßrichtung und Schwerpunkte der technischen Entwicklung zurückwirken und diese in einem Maße beeinflussen, das ursprünglich nicht vorhersehbar war.

Ein besonders eindringliches Beispiel hierfür ist die Entwicklung der NC-Technologie der Werkzeugmaschinen-Steuerung. Diese Technologie wurde ursprünglich in der US-Rüstungsindustrie explizit als Ersatz für die immer knapper werdenden und zunehmend als unzuverlässig geltenden Facharbeiter und als Mittel vertiefter Arbeitsteilung zwischen planender und ausführender Arbeit im Kontext einer strikt hierarchisch-zentralistischen Betriebsorganisation entwickelt. Ihr Eindringen in die deutsche Industrie mit ihren ganz anderen Qualifikations- und Betriebsstrukturen verlief zunächst sehr zögerlich und gewann erst dann rasch zunehmende Dynamik, als deutsche Hersteller tiefgreifende Veränderungen in wesentlichen technischen Strukturparametern vornahmen, für die vor allem das Prinzip der Werkstattprogrammierung charakteristisch ist. Dies wiederum hat zur Folge, daß mit verbreitetem Einsatz von NC-Maschinen in der deutschen Industrie soziale, personelle, qualifikatorische und organisatorische Wirkungen verbunden sind, die den ursprünglich auf der Grundlage der US-amerikanischen Technikentwicklung erwarteten bzw. in der dortigen Industrie empirisch beschriebenen Folgen zum Teil diametral entgegengesetzt sind.

Es scheint mir unmittelbar evident, daß solche reflexiven Prozesse, in deren Gefolge die ursprünglichen Parameter einer neuen Technik als Ergebnis ihrer Aneignung durch wichtige Gruppen von Nutzern (in unserem NC-Beispiel also vor allem auch die kleineren Betriebe der deutschen Industrie und ihre Facharbeiter) recht grundlegend modifiziert werden können, für jede ernsthafte Technikfolgen-Abschätzung von zentraler Bedeutung sind.

Leider ist der einschlägige Forschungsstand - der systematisch nur Feld für Feld bilanziert werden könnte - vermutlich so unzureichend, daß hier wohl die Annahme eines generalisierten Forschungsdefizits mit allenfalls einzelnen insularen Gewißheiten weitaus am realistischsten erscheint.

1.3 Vielgliedrige Wirkungsketten

Im Zentrum von TA-Diskussion und TA-Forschung standen lange Zeit hindurch spektakuläre Großtechnologien vom Typ der Kernenergie. Solche Großtechnologien charakterisieren sich nicht zuletzt dadurch, daß die zukünftigen Nutzungsformen einer Technik schon bei der Entscheidung über ihre Entwicklung eine wesentliche Rolle spielen. Bei den meisten anderen Techniken hingegen ist der Weg von der Basisinnovation zur praktischen Anwendung länger, komplizierter und zieloffener und führt über eine ganze Reihe von Stufen, von öffentlichen oder öffentlich geförderten Forschungsinstituten über die Entwicklungsabteilungen, Konstruktionsbüros und technischen Verkaufsdienststellen der Hersteller von Komponenten und dann der Hersteller von fertigen Geräten, Maschinen, Anlagen und Systemen bis zu den Stellen oder Unternehmen, die im Falle von Produktionstechnik beim Anwender oder für den Anwender technische Neuinvestitionen planen oder die bei Gütern des privaten Verbrauchs Marketing und Kundendienst übernehmen.

Zwischen diesen Stufen im Prozeß technischer Entwicklung und den für sie jeweils verantwortlichen Organisationen bestehen Beziehungen, die in erheblichem Maße marktmäßig strukturiert sind. So führt der Weg zu einer fertigen technischen Lösung, einer einsatzbereiten Maschine oder einem funktionsfähigen technischen System zumeist über mehrere, gewissermaßen hintereinander geschaltete Märkte: Märkte für technologische Ideen und Prinzipien, Märkte für Komponenten, Märkte für Einzelaggregate und schließlich Märkte für schlüsselfertige Gesamtsysteme. Trotz Unternehmenskonzentration nimmt im Zeitablauf als Folge zunehmender Industrialisierung der Technikentwicklung die Zahl und Vielfalt dieser Technikmärkte offenkundig deutlich zu.

Als wesentliche Konsequenz der Stufigkeit technischer Entwicklung und der zunehmenden Bedeutung marktförmiger Vermittlungen zwischen den einzelnen Stufen sind technologische und technische Entwicklungsprozesse in zunehmendem Maße durch redundante Anwendungspotentiale geprägt. Vor allem auf frühen Stufen der technologischen Entwicklung - und dies sind im allgemeinen die Stufen, die technologiepolitisch besonders wichtig sind - fallen zahlreiche Zwischenergebnisse an, die aktuell nicht gebraucht, jedoch für spätere Verwendung abrufbar gehalten werden. Solche überschüssigen Ergebnisse - Komponenten, Problemlösungsansätze oder Konstruktionsprinzipien - lassen sich dann entweder im Rahmen einer offensiven Vermarktungsstrategie nutzen, um neue Anwendungsgebiete und Absatzmärkte zu erschließen oder sie machen es zumindest möglich, beim Auftreten neuer Probleme und Anforderungen auf bereits existierende, mehr oder minder ausgereifte Vorleistungen zurückzugreifen und ggf. in kurzer Zeit neue Lösungen mit gegenüber den bestehenden Lösungen hohem Innovationsgrad anzubieten.

Notwendiges Komplement des überschüssigen Anwendungspotentials technischer Entwicklung ist die Selektivität ihrer Nutzung auf den jeweils folgenden, stärker anwendungsbezogenen Stufen. Auf dem Weg wichtiger und typischer Innovationen lassen sich zumeist zahlreiche nicht genutzte Verzweigungen und nicht verfolgte Seitenlinien identifizieren.

Zugleich besteht Technikentwicklung, je mehr sie sich konkreter Anwendung und marktgängigen Ergebnissen nähert, nicht nur in der Ausarbeitung und Konkretisierung bestimmter neuer Prinzipien, sondern auch in neuen Verknüpfungen verschiedener, bisher nur getrennt voneinander eingesetzter Technologien.

Für TA-Forschung stellt dieses komplexe Feld zwischen Basisinnovationen und konkreten Anwendungen, die ihrerseits dann rechtzeitig und realistisch abzuschätzende Wirkungen zeitigen können, eine nicht leicht zu bewältigende und weitgehend neue Herausforderung dar, die umso größer ist, je mehr es nicht nur um retrospektive, sondern vor allem um prospektive Ergebnisse geht. Während Technikforschung sich bisher im wesentlichen auf die letzte Stufe der unmittelbaren Anwendung technischer Lösungen beschränken konnte, rückt der dieser Stufe vorgeschaltete Prozeß der Genese solcher ausgereifter Lösungen erst in neuerer Zeit zunehmend ins Blickfeld der Wissenschaft. Auch wenn die konkreten Abläufe, die hierbei wesentlich sind, den beteiligten Wissenschaftlern und Ingenieuren im konkreten Detail natürlich aufs Beste vertraut sind, fehlt es doch bisher weithin an einer systematischen Konzeptualisierung und empirischen Beschreibung der übergreifenden Zusammenhänge, ohne deren Kenntnis jedoch Technologiepolitik gänzlich außer Stande ist, mögliche Folgewirkungen der Förderung oder auch Nichtförderung von Schlüsseltechnologien und Basisinnovationen vorherrschen und zu bewerten.

1.4 Ein doppeltes Zeitproblem

Die Analyse der - feldspezifischen, zumeist durch retroaktive Momente beeinflußten und über mehrere Stufen und mehr oder minder lange Ketten verlaufenden - Wirkungen, die von der breiten Nutzung einer bestimmten technologischen Innovation ausgehen können, muß sich einem doppelten Zeitproblem stellen:

Einmal spricht sehr vieles dafür, daß die zu untersuchenden Wirkungsmechanismen eine recht komplizierte, bisher kaum irgendwo systematisch erforschte Zeitstruktur aufweisen: längeren Warte- und Ausreifungszeiten auf bestimmten Stufen technischer Entwicklung können beschleunigte Diffusionsprozesse folgen; die Ausbreitung neuer Techniken verläuft oftmals nicht stetig, sondern in Schüben; das Implementationstempo kann je nach Einsatzfeld stark variieren; u.s.f..

Für TA-Forschung sind hiermit erhebliche Schwierigkeiten mit jeweils entsprechenden Forschungsdefiziten verbunden. So ist TA-Forschung z.B. verbreitet dem Risiko ausgesetzt, wegen unzureichender Berücksichtigung des Zeitfaktors Korrelativität vorschnell in Kausalität umzudeuten, also anzunehmen, daß zwischen zwei Erscheinungen (wie die Ausbreitung einer bestimmten Technik und die Zunahme einer bestimmten Form sozialen Verhaltens) deshalb eine Wirkungsbeziehung bestehen muß, weil sie zeitgleich auftreten. Die Zuordnung von Wirkungen zu Ursachen verlangt also besondere Sorgfalt. Überdies sind offenkundig, um einigermaßen empirisch abgesicherte Aussagen machen zu können, Beobachtungszeiten unvermeidlich, die weit jenseits dessen liegen, was heute als akzeptabel gilt.

Zum anderen entstehen - angesichts der eben angedeuteten komplexen Zeitstruktur von Wirkungsverläufen neuer Techniken - Defizite von TA-Forschung daraus, daß viele Einsatzfelder neuer Techniken selbst einer raschen endogenen Entwicklung unterliegen. Erkenntnisse über feldspezifische Prozesse der Verarbeitung und Aneignung, die am Beispiel vergangener "neuer" Techniken gewonnen wurden, lassen sich vielleicht nur mit sehr großer Vorsicht auf zu erwartende Implementationsprozesse und Folgewirkungen einer nunmehr neuen Technik übertragen. Radio versus Fernsehen in Familie und Kindererziehung seien hierfür als Beispiel benannt.

Mit anderen Worten: TA-relevante Wissensbestände veralten nicht nur aufgrund schneller technischer Entwicklung; TA-Forschung ist unter anderem auch abhängig von einer permanenten Erneuerung und Aktualisierung des Wissens über die wichtigsten Einsatzfelder neuer Techniken.

1.5 Elemente und Prinzipien der (forschungsstrategischen) Problemlösung

Abschließend möchte ich zumindest andeuten, was Forschungs- und Technologiepolitik tun könnten und sollten, um die Fähigkeit der einschlägigen Forschung nachhaltig zu erhöhen, die Probleme der skizzierten Art zu lösen und die aus ihnen resultierenden Defizite von TA-Forschung schrittweise zu verringern. Drei Punkte möchte ich hierbei nennen:

1. Eine Kette ist, so wissen wir, nicht stärker als ihr schwächstes Glied. Schwächstes Glied in der TA-Forschung und Technik-Bewertung sind heute ohne Zweifel die "weichen" und vielfach in der Sicht der etablierten, "harten", seriösen Wissenschaften nicht besonders angesehenen Fachrichtungen, in deren Zuständigkeit die Beschreibung und Analyse wesentlicher und vermutlich rasch an technologiepolitischer Bedeutung gewinnender Teile der Wirkungsfelder und -mechanismen neuer Techniken fällt. Dies sind vor allem die Gesellschaftswissenschaften in einem weit verstandenen Sinne. Die Forschungs-Kapazität dieser Disziplinen auf breiter Grundlage zu stärken scheint hier - und glauben Sie mir, ich habe es in meinem

Alter nicht mehr nötig, Lobbying für mein Fach zu betreiben - eine elementare Voraussetzung für eine bessere TA-Forschung zu sein, auch dann, wenn die Erträge von Investitionen dieser Art erst mit erheblicher Zeitverzögerung fließen werden.

2. Raschere Wirkungen sind von einer zweiten Stoßrichtung der Förderung von TA-Forschung zu erwarten, nämlich der möglichst kontinuierlichen Beobachtung von Technisierungsprozessen, ihren Voraussetzungen und ihren Folgewirkungen in all den Feldern und Bereichen, in denen heute neue Techniken mit besonderem Nachdruck vordringen, seien es nun industrielle Produktion und moderne Verwaltung, sei es das Gesundheitswesen, seien es Alltag und Familie, sei es das gesamte Feld der interpersonalen Kommunikation. Hier jeweils auf ein bestimmtes Feld spezialisierte, die wichtigsten einschlägigen Disziplinen kombinierende (oder noch besser, aber dies geht nur in kleinen Schritten: integrierende) Forschungs- und Beobachtungskapazitäten - zum Beispiel in Netzwerk-Form und unter bewußter Einbeziehung der gegenwärtig schon bestehenden Einrichtungen - aufzubauen, könnte wohl in den meisten Fällen schnelle Erfolge bringen.

3. Als letzten Punkt möchte ich die systematische Stärkung der Fähigkeit zur disziplinenübergreifenden Kooperation nennen. Es gab eine Zeit, in der Interdisziplinarität in erster Linie als eine moralische Angelegenheit behandelt wurde. Wir wissen inzwischen, daß es nicht genügt, die Forscher aufzurufen, über die Grenzen ihres Faches hinauszuschauen, wenn man ihnen nicht die hierfür notwendigen Ressourcen zur Verfügung stellt und vor allem, wenn man nicht die mächtigen Faktoren neutralisiert, die heute immer noch ernsthafte disziplinenübergreifende Zusammenarbeit massiv erschweren, von den Grundmustern der Heranbildung des Forschernachwuchses über Berufungsinteressen und Berufungspolitik der Universitäten

bis zu den vermeintlichen oder tatsächlichen Überlebensnotwendigkeiten vieler Forschungsinstitute. Interdisziplinarität müßte eine natürliche Folge richtiger forschungspolitischer Entscheidungen sein, die spürbare positive Anreize für die in interdisziplinärer Kooperation engagierten Forscher und Forschungsinstitute setzen, wobei es nicht zuletzt wiederum darauf ankommen wird, den schwächeren Disziplinen (die sonst immer Gefahr laufen, von den stärkeren Fächern überrollt zu werden) einigermaßen gleiche Start- und Erfolgschancen zu sichern.

2 Ethische Aspekte der Bewertung technischer Risiken

Dieter Birnbacher

2.1 Einleitung

Alvin Weinberg hat einmal gesagt, wir seien "eine Gesellschaft von sehr gesunden Hypochondern geworden" (Fritzsche 125). In der Tat: dank der Fortschritte von Wissenschaft und Technik ist zumindest in den westlichen Industrieländern die Bedrohung durch vielerlei Lebensrisiken heute geringer, als sie es je war. Die Seuchen und Infektionskrankheiten, die Leben und Gesundheit früherer Generationen bedrohten, sind zum größeren Teil besiegt, die Lebenserwartung steigt auf hohem Niveau weiter an, und auch die Risiken des Arbeitslebens - in manchen Bereichen auch heute noch beträchtlich - dürften im Durchschnitt gegenwärtig geringer sein als in allen früheren Generationen.

Auf der anderen Seite darf man sich wundern, daß das zitierte Diktum ausgerechnet von demselbem Atomphysiker kommt, der vor allem dadurch bekannt geworden ist, daß er die Nutzung der Kernenergie in großem Maßstab als einen "faustischen Pakt" bezeichnet hat: einen Pakt, dessen Pferdefuß lange verborgen bleiben kann und sich eventuell erst dann in seinem ganzen Ausmaß zeigt, wenn gerade das mittelfristig problemlose Funktionieren zur psychischen Verdrängung von Risikopotentialen und zur Nachlässigkeit im realen Umgang mit dieser Technik geführt hat.

Aber gleichgültig, wie die Bilanz von technischer Risikovermeidung und zusätzlichen durch die Technik eingebrachten Risiken aussehen mag: Das Gefühl, durch Risiken - und insbesondere durch Risiken, die direkt oder indirekt von Wissenschaft und Technik ausgehen - bedroht zu sein, nimmt nicht ab, sondern zu. Noch so viele Fortschritte in Wissenschaft und Technik können, so scheint es, mit dem Wachstum des Bedürfnisses nach Sicherheit nicht Schritt halten.

In dieser Situation wird von einer Disziplin wie der Philosophie, die Wissenschaft und Technik herkömmlich mit einer gewissen Distanz gegenübersteht, leicht zuviel erwartet. Sie soll Sicherheiten wie verläßliche weltanschauliche und ethische Orientierungen bieten, wo die Wissenschaften und die technischen Disziplinen notwendig unverbindlich bleiben müssen. In umstrittenen Bereichen technischer Innovationen wie der Kernenergienutzung, der Gentechnologie oder der Reproduktionsmedizin wird der Philosoph - von Befürwortern und Gegnern gleichermaßen - in die Rolle desjenigen gedrängt, der die Wertvoraussetzungen, die bei den Argumentationen Pro und Kontra gewissermaßen "in der Luft hängen" bleiben, möglichst verbindlich begründen und mit der Autorität seines Fachs absichern soll. Diese Erwartung ist nicht erfüllbar. Was die Philosophie beizutragen vermag, sind keine verläßlichen Orientierungen im Sinne "ewiger Werte" oder eines unumstößlichen Kanons ethischer Prinzipien, sondern etwas viel Bescheideneres: die Identifikation und Analyse der zu lösenden Probleme, die Identifikation und Analyse möglicher Lösungen und die Erarbeitung eigener Lösungsvorschläge, die gegenüber ihren Konkurrenten gewisse Vorteile an Explizitheit und Transparenz haben mögen, keinesfalls aber einen Anspruch auf Letztgültigkeit erheben können.

Technische Risiken sind ein besonders fruchtbares Feld für derartige analytische Bemühungen. Denn zwischen der Abschätzung der Eintrittswahrscheinlichkeit durch Technik bedingter oder mitbedingter Schäden und der politischen, rechtlichen oder unternehmerischeren Entscheidung, eine risikobehaftete Technik einzuführen, beizubehalten oder aufzugeben, liegen eine Reihe von Zwischenschritten der Risikoidentifikation, Risikoabschätzung und Risikobewertung, in denen deskriptive und normative Beurteilungselemente in einer oft schwer zu entwirrenden Weise ineinander verflochten sind und regelmäßig Anlaß zu Fehldeutungen geben. So erwecken nicht nur zahlreiche Risiko-Nutzen-Analysen den Anschein, sie seien ausschließlich das Produkt streng wissenschaftlicher Expertise - obwohl sie doch regelmäßig in Werturteilen, wenn nicht sogar Handlungsempfehlungen resultieren -, sondern auch in der Öffentlichkeit wird vielfach an wissenschaftliche Risikobeurteilungen die Erwartung gerichtet, Urteile darüber abzugeben, was "gefährlich", "unbedenklich", "zumutbar" usw. sei - allesamt normative Beurteilungen, für die wissenschaftlicher Sachverstand eine notwendige, aber keine hinreichende Bedingung ist. Wie immer verständlich diese Erwartung sein mag angesichts der Chance, sich durch Berufung auf wissenschaftliche Autorität von der kaum zu bewältigenden Aufgabe einer eigenen, bewußt wertenden Beurteilung zu entlasten, so verfehlt ist sie: Die Frage, ob man seine Kinder unmittelbar nach Tschernobyl im Sandkasten spielen lassen sollte, ist ebensowenig eine rein wissenschaftlich zu beantwortende Frage wie die, ob man seine Kinder allein die Straße überqueren lassen soll.

Die Aufgabe des Philosophen kann angesichts dieser Sachlage nur darin bestehen - in den Worten der amerikanischen Technikphilosophin Kerstin Shrader-Frechette -, "die impliziten ethischen und methodologischen Annahmen, die in Risikobewertungen eingehen, aufzudecken und sie expliziter Analyse zu unterwerfen" (Shrader-Frechette 48). Eine solche Analyse ist zudem keine rein akademische Fingerübung, sondern hat direkte und indirekte Konsequenzen für die Praxis, etwa für die

Praxis der rechtlichen Beurteilung von Sachverständigengutachten. Viele Risikoanalysen durch Sachverständige gehen über die Identifikation von Schadensmöglichkeiten und die Schätzung von Eintrittswahrscheinlichkeiten hinaus und geben Empfehlungen darüber ab, welche Gesundheits- oder Umweltrisiken, insbesondere im Bereich ungewisser, "hypothetischer" Risiken (Häfele 1974) vertretbar und unvertretbar sind. Solche Empfehlungen sind zu Recht umstritten, da es zweifelhaft ist, ob sie durch die wissenschaftliche Kompetenz der beteiligten Experten abgedeckt sind und nicht vielmehr politisch, d. h. durch letztlich parlamentarische Entscheidungsprozesse legitimiert werden müssen. So hat etwa der Verwaltungsgerichtshof Mannheim in einem Urteil von 1980 Regelungen der TA (Technischen Anleitung) Luft, die den sogenannten Bereich der Risikovorsorge (den Bereich der Ungewißheit) betreffen, die Aussagekraft als antizipiertes Sachverständigengutachten ausdrücklich abgesprochen (vgl. Nicklisch 105).

2.2 Ethische Probleme der Risikoschätzung: Schadensbewertung

Risiken haben eine Schadens- und eine Wahrscheinlichkeitskomponente. Während die Schätzung der Eintrittswahrscheinlichkeit möglicher Schadensfolgen der Anwendung einer Technik im wesentlichen methodologische Probleme aufwirft - insbesondere dann, wenn mangels objektiver Daten auf subjektive Wahrscheinlichkeiten zurückgegriffen werden muß oder bestimmte Risikokomponenten im Ungewißheitsbereich liegen - wirft die Bewertung der Schadensfolgen eine Reihe von ethischen Problemen auf.

Ein erstes Problem wird durch die Frage aufgeworfen, inwieweit bei der Schadensbewertung auch solche subjektiven Betroffenheiten berücksichtigt werden müssen, die der Bewerter aus guten Gründen für irregeleitet, abwegig oder irrational hält. Diese Frage wird immer dann akut, wenn eine Technik Verunsicherungen, Ängste, eventuell sogar Panikgefühle auslöst - die latent zum Teil bereits aus anderen Gründen bestehen mögen - die nach dem einhelligen Urteil der Sachkenner als übertrieben oder "hysterisch" gelten müssen. Ich halte es für evident, daß solche Ängste, als wie immer "irrational" sie beurteilt werden, als Negativposten in eine Nutzen-Schadenskalkulation eingehen müssen - auch dann, wenn aufgrund historischer Erfahrungen anzunehmen ist, daß die ihnen zugrundeliegenden Wahrnehmungen und Präferenzen nur kurzfristig Bestand haben und mittelfristig Gewöhnungseffekten Platz machen. In keinem Fall darf der Bewerter - in kurzsichtiger Anwendung der Goldenen Regel gewissermaßen - den aktuellen oder potentiellen Betroffenen seine eigenen Rationalitätsstandards unterlegen. In der technikwissenschaftlichen Literatur zur vergleichenden Risikobewertung findet man gelegentlich Bedauern ausgedrückt darüber, daß bei Allokationen von Sicherheitsinvestitionen vielfach eine erhebliche Zahl statistischer Todesfälle in Kauf genommen werden, nur um die unberechtigten Ängste einer durch die Medien aufgeputschten Öffentlichkeit zu beschwichtigen. (Zugespitzt gesagt: Bei den Sicherheitsinvestitionen in Kernkraftwerken werden Milliarden vergeudet, die für Verbesserungen in der Notfallmedizin fehlen). Aber selbstverständlich sind Ängste, Vertrauensverlust, existentielle Verunsicherung reale, wenn auch rein psychische und entsprechend schwer meßbare Schäden, die in einer Risikobewertung nicht weniger ernst genommen werden müssen als Todes- und Krankheitsfälle. Die Angst, die die Fehlwahrnehmung eines statistisch sehr kleinen Risikos auslöst, ist nicht weniger real als die Angst vor einer Situation, die tatsächlich bedrohlich ist (vgl. Otway/Pahner 123).

Dies läßt sich verallgemeinern: Anspruch auf Adäquatheit kann eine Risikobewertung nur dann erheben, wenn sie alle relevanten Schadensdimensionen berücksichtigt, d.h. auch die "weichen" Werte, die sich nicht in derselben unproblematischen Weise quantifizieren oder in Geldwerten ausdrücken lassen, wie Vermögensschäden oder Einkommensverluste. Zu diesen "weichen" Werten, den "intangibles", gehören mindestens die folgenden drei Wertdimensionen:

1. Inhärente Werte. Daß wir gewöhnlich nur dann von einem "Schaden" sprechen, wenn dieser direkt oder indirekt die Befriedigung oder Nicht-Befriedigung menschlicher Interessen betrifft, bedeutet nicht, daß diese Interessen auf Nutzungsinteressen reduziert werden dürfen. An natürlichen wie an kulturellen Objekten bestehen neben Nutzungsinteressen vielfach auch kontemplative Interessen ästhetischer, religiöser oder wissenschaftlicher Art, bzw. Interessen an der bloßen Existenz solcher Objekte. Zahlungsbereitschaftsanalysen für Umweltgüter haben eindrucksvoll gezeigt, daß solche Güter für zahlreiche Menschen nicht nur einen nutzungsunabhängigen Existenzwert, sondern auch einen Optionswert haben (die Möglichkeit, in den Wald zu gehen, auch wenn man nicht hingeht) und sogar einen "Vermächtniswert", die Möglichkeit, den Wald nachkommenden Generationen zu hinterlassen.

Man muß der Methode der Zahlungsbereitschaftsanalyse dankbar sein, daß es ihr gelungen ist, diese Bewertungen auch quantitativ zu erfassen. Auf diese Weise lassen sie sich auch von "Zahlenfetischisten" unter den Wirtschafts- und Umweltpolitikern nicht mehr übersehen. Daß sie nicht übersehen werden, ist aber um so wichtiger, als Existenz-, Options- und Vermächtniswerte einen beträchtlichen Anteil an der Präferenz für öffentliche Güter im Umweltbereich auszumachen scheinen:

bei der Befragung nach der Wasserqualität und der Vergrößerung und anschließenden Erhaltung von Naturschutzgebieten in Colorado etwa 50 % der gesamten Präferenz (Pommerehne 178).

2. Freiwilligkeit oder Unfreiwilligkeiten der risikobehafteten Tätigkeiten. Die Realisierung eines Risikos, das man unfreiwillig (z.B. aufgrund nicht vermeidbarer Unwissenheit) eingegangen ist, hat den Charakter eines Oktrois, eines Zwangs. Dieser fehlt bei einem freiwillig eingegangen Risiko. Der Tod eines sich korrekt verhaltenden Fußgängers infolge eines angetrunkenen Autofahrers wiegt insoweit schwerer als der Tod eines Autofahrers durch überhöhte Geschwindigkeit, als der Schaden im ersten Fall - abgesehen von ihrem höheren Bedrohungspotential für potentiell Betroffene - den Charakter einer Zumutung hat, der im zweiten Fall fehlt. Beide Male handelt es sich um "Kosten", die mit bestimmten nutzenbringenden Tätigkeiten verknüpft sind. Aber einmal werden die Kosten bewußt in Kauf genommen, das andere Mal nicht.

Daß freiwillige und unfreiwillig eingegangene Risiken unterschiedlich gewichtet werden müssen - und in Risikovergleichen nicht ohne weiteres miteinander verglichen werden dürfen - wird auch durch die erheblichen Unterschiede in der faktischen Akzeptanz nahegelegt. Die Akzeptanz freiwilliger Risiken ist bedeutend höher als die unfreiwilliger. Starr hat Ende der 60er Jahre die vorliegenden historischen und aktuellen Daten über die Akzeptanz verschiedener Typen von Risiken sogar so gedeutet, daß die freiwillig eingegangenen Risiken etwa 1000mal so groß sein dürfen wie unfreiwillige Risiken, um als gleichermaßen akzeptabel beurteilt zu werden (Starr 1237).

3. Irreversibilität von Schäden. Irreversible Schäden wiegen nicht nur deshalb schwerer als reversible, weil sie ihre Schadenswirkung über einen ausgedehnteren Zeitraum entfalten, sondern auch wegen der Anpassungsleistungen, die sie denen

aufzwingen, die den Sekundärfolgen dieser Schäden entgehen wollen. Das ist zu berücksichtigen bei dem Vergleich zwischen den Risiken aus der Freisetzung gentechnisch veränderter Nutzpflanzen und Nutztieren einerseits und den Risiken aus der Freisetzung gentechnisch veränderter Mikroorganismen. Die Rückholbarkeit gentechnisch veränderter Mikroorganismen ist im Katastrophenfall bedeutend weniger gesichert als die von Nutzpflanzen und Nutztieren.

2.3. Sind alle Schadensdimensionen miteinander kommensurabel?

Die unerläßliche Einbeziehung immaterieller Schadensdimensionen wirft ihrerseits schwierige Fragen auf, darunter die Frage nach der Kommensurabilität der Schadensdimensionen untereinander. Insbesondere die Frage nach dem "Todesfalläquivalent", dem Nutzen oder monetären Wert eines Menschenlebens, hat zusätzlich zu der methodologischen offenkundig auch eine ethische Dimension. Ist jede Bewertung von Menschenleben in Nutzen- oder Geldeinheiten - die ja unweigerlich Erinnerungen an Praktiken wie Menschenhandel oder Beseitigung "unnützer Esser" weckt - inhärent unmoralisch und deshalb unstatthaft? Oder müssen wir, wie vorgeschlagen worden ist, jedes Menschenleben mit einem Wert von Unendlich belegen, so daß Schadensabwägungen in jedem denkbaren Fall zugunsten der Erhaltung von Menschenleben ausfallen? Beide Vorschläge sind nicht nur mit der faktisch bestehenden Praxis, etwa in der Verkehrssicherheitspolitik oder der Gesundheitspolitik, unvereinbar, in der Menschenleben gegen Güter wie Lebensqualität oder Kostenreduktion zumindest implizit aufgewogen werden, sondern auch für sich genommen wenig plausibel.

Eine Bewertung des Menschenlebens ist sicher dann moralisch zu verwerfen, wenn ein zu geringer Wert angesetzt wird, etwa der monetäre Wert der rechtlich erzwingbaren Entschädigungszahlung im Todesfall, wie beim berüchtigten Ford Pinto, bei dem das Unternehmen kühl kalkulierte, daß es für sie billiger würde, die Entschädigungen zu zahlen als das hochriskante Automodell zu ändern. Im übrigen haben wir gar nicht die Wahl, Menschenleben zu bewerten oder nicht zu bewerten. Wir haben nur die Wahl zwischen einer impliziten, verdeckten Bewertung und einer offenen, ausgewiesenen und begründeten Bewertung - nicht notwendig in Geldgrößen, aber doch immerhin in Gestalt von Trade-offs mit anderen Werten wie der Lust am Schneller-als-100-Fahren oder einer Promille-Grenze über 0,0.

Damit ist das lästige Problem, das "Todesfalläquivalent" im einzelnen zu bestimmen, freilich erst aufgeworfen und nicht gelöst. Wir können es m.E. nicht dadurch zu beseitigen hoffen, daß wir uns, wie es Nicholas Rescher vorgeschlagen hat (Rescher 171 ff.), auf die faktischen gesellschaftlichen Bewertungen zurückziehen, die sich in Allokationsentscheidungen, etwa im Medizinsystem, manifestieren. Denn dann müßten wir voraussetzen, daß diese Bewertungen sowohl rational als auch untereinander kohärent sind. Zumindest die letztere Bedingung ist aber keineswegs erfüllt. Das legen die zahlreichen empirischen Analysen nahe, die eine enorme Spannbreite der impliziten Bewertungen von geretteten Menschenleben in unterschiedlichen Bereichen erkennen lassen, ohne daß sich diese Unterschiede durch plausible Differenzierungsgründe rekonstruieren ließen. (Eine englische Studie kam auf Werte zwischen 10.000 und 20 Millionen Pfund.) Ein derartiger Wildwuchs rein intuitiv angesetzter impliziter Todesfalläquivalente ist aber ethisch und politisch kaum zu rechtfertigen.

Voraussetzung einer rationalen Allokation von Sicherheitsinvestitionen wäre vielmehr eine kontrollierte - und möglichst demokratisch abgesicherte - Festlegung von Todesfalläquivalenten, bei der unter anderem die folgenden drei Faktoren Berücksichtigung finden müßten:

1. das Ausmaß, in dem ein Leben durch den Todesfall verkürzt wird (die verbleibende Lebenserwartung),
2. das psychologische Bedrohungspotential der Todesart und
3. die verbleibende voraussichtliche Lebensqualität.

Diese drei Faktoren dürften einen großen Teil der Varianz in unseren "intuitiven", vortheoretischen Urteilen über den Wert von Menschenleben erklären. Wäre die verbleibende voraussichtliche Lebenserwartung (das erste Kriterium) das einzige Kriterium der Schadensbewertung, müßte die Beendigung des Lebens eines potentiell lebensfähigen Embryos schwerer wiegen als die Beendigung des Lebens eines Erwachsenen. Durch das zweite Kriterium, das Bedrohungspotential, wird diese Implausibilität korrigiert: Der Embryo ist im Unterschied zum Erwachsenen kein Subjekt, das sich durch einen möglichen Tod durch Krankheit, Unfall oder Tötung bedroht fühlen könnte.

Darüber hinaus ist er nicht, wie der Erwachsene, in soziale Beziehungen eingebunden. (Das unterschiedliche Bedrohungspotential dürfte übrigens zumindest eine Teilerklärung dafür liefern, warum ein Tod infolge eines unfreiwillig eingegangenen Risikos so viel schwerer wiegt als ein Tod infolge einer freiwillig eingegangenen Tätigkeit.) Das dritte Kriterium ist unabweisbar vor allem bei Forschungs- und Entwicklungsentscheidungen, in der Gesundheitspolitik. Ob die Kosten der Entwicklung des "Kunstherzens" den Nutzen aufwiegen, sollte sich nicht nur nach der voraussichtlichen Anzahl der Tage richten, sondie der Patient nach einer möglichen Implantation überlebt, sondern auch nach der Lebensqualität, die ihm dadurch ermöglicht wird. Die Operationalisierung des Begriffs der Lebensqualität ist eine der großen Herausforderungen für eine - auch aus anderen Gründen wünschenswerte - künftige interdisziplinäre Zusammenarbeit von Medizin, Psychologie und Philosophie.

2.4 Schadensverteilung

Eines der schwierigsten ethischen Probleme im Zusammenhang mit der Bewertung von Schäden - und eins der von Risikoanalysen am meisten vernachlässigten - ist die Bewertung der Schadensverteilung. Zusätzlich zum Schadensausmaß interessiert uns an einem technisch bedingten Risiko gewöhnlich auch, wer von einem möglichen Schaden betroffen ist:

- diejenigen, die von der Anwendung der Technik profitieren oder diejenigen, die durch sie im wesentlichen nur belastet werden?
- diejenigen, die dem Einsatz der Technik zugestimmt haben oder diejenigen, die dem Einsatz der Technik nicht zugestimmt haben?
- diejenigen, die den Einsatz der Technik akzeptieren oder diejenigen, die ihn nicht akzeptieren?

Viele der hier notwendigen Differenzierungen in der Schadensbewertung werden bereits durch die qualitative Unterscheidung von Schäden aus freiwilligen und Schäden aus unfreiwilligen Risiken abgedeckt, aber keineswegs alle. Besonders schwer zu bewältigende Verteilungsfragen stellen sich insbesondere bei unfreiwilligen Risiken, bei denen wenige Geschädigte vielen Nutznießern "aufgeopfert" werden. Grell beleuchtet wird das Problem durch die fiktive "Überlebenslotterie" des englischen Bioethikers John Harris, bei der durch Losentscheid ermittelte

Organspender getötet und durch Transplantation ihrer Organe zwei oder mehr Todkranke gerettet werden. Müßte nicht ein Risikoanalytiker, der Risiken und Chancen abwägt, zu der Überzeugung kommen, daß die Einführung einer solchen Lotterie nicht nur moralisch erlaubt, sondern auch moralisch geboten ist, da alles in allem mehr Leben gerettet als geopfert werden und das Risiko, infolge der Nichteinführung der Lotterie sterben zu müssen, mindestens doppelt so groß ist wie das Risiko, infolge der Einführung der Lotterie sterben zu müssen?

Den weitreichenden ethischen Fragen, im Zusammenhang mit Tun und Unterlassen, und der Zulässigkeit, einen Menschen zugunsten anderer zu instrumentalisieren, die dieses fiktive Beispiel (aber auch realistischere Beispiele aus militärischen Konfliktsituationen) aufwirft, kann ich hier nicht weiter nachgehen. Ich möchte nur die Vermutung äußern, daß es, um einen solchen Horrorfall extremer Unfairness in der Schadens- und Nutzensverteilung adäquat zu bewerten, nicht notwendig ist, einen eigenständigen Verteilungsparameter in die Bewertung einzuführen, sondern daß dazu bereits die Berücksichtigung der sozialen und psychischen Nebenwirkungen einer derartigen Praxis hinreichend scheint. Die Anstößigkeit der "Überlebenslotterie" hängt ja u. a. davon ab, daß natürliche Todesrisiken faktisch in weit höherem Maße akzeptiert werden als anthropogene und die Rettung eines Lebens vor einem schicksalhaften Tod als weniger vordringlich gilt als die Vermeidung eines menschlich verschuldeten, vorsätzlich gewollten Todes. Zudem würde eine institutionelle "Überlebenslotterie" - anders als die "natürliche Lotterie" - erhebliches Mißtrauen, Angst vor Mißbrauch und Furcht vor ähnlichen Akten der Instrumentalisierung von Menschen wachrufen.

2.5 Die "Diskontierung" zukünftiger Schäden

Viele der augenblicklich umstrittensten innovativen Technologien sind durch Risiken gekennzeichnet, die sich über sehr lange Zeiträume erstrecken. Man denke etwa an die Endlagerung strahlender Rückstände aus der Kernenergienutzung oder an die mögliche Lebensdauer freigesetzter gentechnisch veränderter Mikroorganismen, die sich wider Erwarten als außerhalb ihres angezielten Wirkungsbereichs überlebensfähig erweisen. Dürfen in Zukunft anfallende Schäden - wie in den Wirtschaftswissenschaften üblich - in ihrem Wert gemindert, "diskontiert" werden, so daß zukünftige Schäden leichter wiegen als in allen anderen Hinsichten vergleichbare gegenwärtige Schäden? Ist das Vorgehen der Risikoanalytiker Levine und Kinchin zu rechtfertigen, den zeitlich verzögert eintretenden Todesfällen aus Kernkraftunfällen ein dreißigmal kleineres Gewicht zuzuordnen als akuten Todesfällen? (Vgl. Fritzsche 95) - Das ist auch dann fraglich, wenn man in Rechnung stellt, daß ein akuter unfallbedingter Todesfall mit bekanntem Opfer weitergehende psychologische und soziale Sekundärfolgen hat als ein zeitlich verzögerter Todesfall mit aus heutiger Sicht bloß statistischem Opfer.

Die Frage, ob und inwieweit in Zukunft anfallende Schäden "diskontiert" werden dürfen, ist unter Risikoanalytikern umstritten. Das entbindet jeden einzelnen Risikoanalytiker aber nicht davon, zu dieser Frage in der einen oder anderen Weise Stellung zu nehmen. Es ist nicht akzeptabel, sich die Sache leicht zu machen und den Weg zu gehen, den Lathrop und Watson in ihrer Studie über das Gefahrenpotential der langlebigen Kernkraftrückstände zu gehen versuchen, indem sie sich schlicht auf die Zeit- und Risikopräferenzen befragter gegenwärtiger Personen berufen, u. a. mit der Begründung, daß über die Bewertung langfristiger Gesundheitsschäden unter den Experten kein Konsens bestehe (Lathrop/Watson 403). Diese Begründung kann nicht befriedigen. Da es sich bei der Frage der Zukunftsdiskontierung um eine ethische Frage handelt, ist der Expertenstatus der Beurteiler gar nicht relevant. Eine adäquate Risikoanalyse muß hier vielmehr Farbe bekennen. Sie darf ihre nicht-deskriptiven Anteile nicht verleugnen. Inhaltlich wird durch die Berufung auf die expressed preferences Gegenwärtiger jedoch ein Bias zu Lasten der Zukunft etabliert und das langfristige Gefahrenpotential unterschätzt.

Vertretbar? Dafür, in Zukunft eintretende Schäden und Gefahren geringer zu gewichten als in der Gegenwart eintretende Schäden und Gefahren, werden vielfach zwei Argumente angeführt:

1. Mit den Angehörigen späterer Generationen verbindet uns weniger als mit den Zeitgenossen und den unmittelbaren Nachkommen. Spontane Sympathiegefühle reichen kaum über zwei Generationen hinaus. Wir können aber kaum verpflichtet sein, Vorsorge für Menschen zu treffen, deren Bedürfnisse und Wertvorstellungen uns eventuell ganz fremd sind.

2. Zukünftige Schäden, die durch in Geldgrößen bewertete Leistungen ausgeglichen werden können, fallen aus heutiger Perspektive weniger ins Gewicht als zum Zeitpunkt ihres Eintretens. Um einen zukünftigen Schaden von 1000 Mark auszugleichen, bedarf es einer heutigen Spareinlage von - je nach Zinssatz und zeitlicher Ferne des Schadenseintritts - weit weniger als 1000 Mark.

Zum ersten Argument: Die Existenz oder Nichtexistenz natürlicher Sympathiebeziehungen ist sicher kein besonders schlagkräftiges Argument für oder gegen das Bestehen moralischer Verpflichtungen. Vieles mag gegen eine strikte Entgegensetzung von Pflicht und Neigung sprechen. Aber wir müssen doch daran festhalten, daß moralische Verpflichtungsbeziehungen in der Regel weiter reichen als spontane Sympathien. Eine der Funktionen moralischer Normen, Einstellungen und Handlungsbereitschaften ist gerade die, fehlende anderweitige innere und äußere Handlungsanreize zu ersetzen. Pflichten der Hilfeleistung etwa bestehen unabhängig davon, ob uns mit dem Hilfsbedürftigen irgendwelche persönlichen Beziehungen verbinden. Das potentielle Opfer einer Gefährdung verdient auch dann Schutz, wenn es bis zum tatsächlichen Eintritt eines Schadens nicht identifizierbar ist und besondere Beziehungen zu ihm vorher gar nicht bestanden haben können.

Dasselbe muß aber auch für Individuen gelten, mit denen wir schon aufgrund ihrer zeitlichen Position keinen Kontakt aufnehmen können, die aber gleichwohl in ihren Lebensmöglichkeiten durch gegenwärtiges Handeln oder Unterlassen betroffen sein können. Die Zukünftigen befinden sich gegenüber gegenwärtigem Handeln und Unterlassen in einer besonders hilflosen Position, denn sie können denen, die ihre Existenzgrundlagen irreversibel schädigen, nicht einmal ihren Protest entgegensetzen. Daher sind sie in besonderer Weise auf eine advokatorische, moralisch motivierte Interessenvertretung angewiesen.

Nietzsche hat der christlichen Ethik vorgeworfen, mit dem Gebot der "Nächstenliebe" den "Nächsten" gegenüber dem räumlich und zeitlich Ferneren zu bevorzugen und polemisch von der Notwendigkeit der "Fernstenliebe" gesprochen. Die Frage ist freilich, wie weit die Verpflichtung zu einer derartigen "Fernstenliebe" über die Generationen hinweg reicht und ob etwa gelten soll, was Kant in die Form einer anthropologischen Feststellung gebracht hat, nämlich daß es "die menschliche Natur so mit sich bringe, selbst in Ansehung der allerentferntesten Epoche, die unsere Gattung treffen soll, nicht gleichgültig zu sein, wenn sie nur mit Sicherheit erwartet werden kann". Daß wir nicht berechtigt sind, zukünftig existierende Menschen lediglich um ihrer zeitlichen Position willen zu diskriminieren, hat vor einigen Jahren der englische Ethiker Hare mit einem elementaren metaethischen Argument zu zeigen versucht. Nach Hare ist eine ethische Privilegierung der Gegenwart bzw. der nahen Zukunft bereits mit dem weithin akzeptierten Prinzip der Universalisierbarkeit unvereinbar. Dies besagt, daß jeder, der einen bestimmten einzelnen Sachverhalt moralisch beurteilt, alle Sachverhalte mit denselben relevanten Merkmalen ebenso beurteilen muß. Wenn ich eine Handlung A billige oder mißbillige, muß ich auch eine Handlung B, die in allen wesentlichen Merkmalen mit A übereinstimmt, billigen oder mißbilligen. Die zeitliche Position zweier Sachverhalte ist jedoch kein Merkmal, das es erlaubt, den einen Sachverhalt anders zu beurteilen als den anderen. So gesehen, verbiete es bereits der Universalisierungsgrundsatz, die Verpflichtungen gegenüber der ferneren Zukunft geringer zu bemessen als die gegenüber der Gegenwart oder der näheren Zukunft.

Ist aber die zeitliche Position eines Sachverhalts wirklich kein Merkmal, das es erlaubt, den einen Sachverhalt anders zu beurteilen als den anderen? Hares zunächst so überzeugend scheinendes Argument wird fragwürdig, wenn wir daran denken, daß wir die zeitliche Position eines Sachverhalts nicht nur durch ein Datum, sondern auch durch seine zeitliche Beziehung zu einer Handlung oder Person beschreiben können, z.B. dadurch, daß wir von der Generation der Kinder, der Generation der Enkel usw. sprechen. Warum sollten nicht gegenüber der Generation der Kinder weitergehende moralische Verpflichtungen bestehen können als gegenüber der Generation der Enkel?

Wer tatsächlich dieser Auffassung ist, kommt nicht notwendig mit dem Grundsatz der Universalisierbarkeit in Konflikt. Er muß nur bereit sein, jedem - einschließlich seiner eigenen

Eltern und Großeltern - das Recht einzuräumen, lediglich für die Generation der Kinder, nicht aber für die Generation der Enkel Vorsorge zu treffen. Dieses Recht zuzugestehen wird ihm freilich um so leichter fallen, je älter er selber ist und je weniger ihm die Generation seiner Großeltern schaden kann. Der Grundsatz der Universalisierung kann ihn jedenfalls nicht dazu zwingen, die Privilegierung seiner und der unmittelbar nachfolgenden Generation auf Kosten der späteren Generationen aufzugeben.

Natürlich ist dies ein etwas konstruiertes Beispiel. In der Mehrzahl enthalten moralische Urteile und Prinzipien keine Begriffe zeitlicher Relationen wie "Kinder" und "Enkel", sondern Begriffe, die in bezug auf die Zukunft offen sind. Wer es sich zum Prinzip macht, keinem Menschen zu schaden, verpflichtet sich damit auch, keinem zukünftigen Menschen zu schaden. Beim Wort genommen, schützen auch die Grundrechtsbestimmungen des Grundgesetzes, die mit den Worten "Jeder hat das Recht auf..." beginnen, nicht nur die gegenwärtigen, sondern auch die zukünftigen Bürger der Bundesrepublik. In allen diesen Fällen beruht die Einbeziehung der Zukünftigen nicht auf einem besonderen Universalisierungsprinzip, sondern schlicht auf der Tatsache, daß der jeweilige Allgemeinbegriff zeitlich nicht eingeschränkt ist.

Dennoch meine ich, daß Hares Idee, eine Diskriminierung der Zukunft sei bereits mit dem Begriff der Moral unvereinbar, einiges abzugewinnen ist: Während nicht-moralische Beurteilungen rein individuelle Interessen und Vorlieben widerspiegeln können, ist es für moralische Beurteilungen charakteristisch, daß sie von einem Standpunkt der Unparteilichkeit aus formuliert werden. Nur Bewertungen, die von diesem unparteilichen Standpunkt der Moral aus abgegeben werden, haben eine

Chance, den für moralische Urteile charakteristischen Anspruch auf allgemeine Gültigkeit einzulösen. Begibt man sich jedoch einmal auf diesen Standpunkt, muß man sich fragen, wie sich von dort aus eine Privilegierung der Gegenwart oder der unmittelbaren Zukunft rechtfertigen lassen soll. Wäre es nicht ein krasser Fall von Parteilichkeit, die Gegenwart gegenüber der Zukunft zu bevorzugen und damit gegebenenfalls die von gegenwärtigem Handeln und Unterlassen am stärksten Betroffenen zu vernachlässigen?

Das zweite Argument für eine Diskontierung zukünftiger Schäden war das wirtschaftswissenschaftliche Argument, daß zukünftige Wertverluste aus heutiger Sicht weniger gravierend sind als gegenwärtige, da sie durch Ansparen entsprechender Beträge ausgeglichen werden können. Zukünftige materielle und immaterielle Schäden "schlagen" jedoch nur dann weniger "zu Buche" als gegenwärtige, wenn zwei Bedingungen erfüllt sind: erstens, daß gewährleistet ist, daß sich der spätere Schaden überhaupt durch geldwerte Güter und Leistungen kompensieren läßt; zweitens, daß über den gesamten Zeitraum bis zum Schadenseintritt ein entsprechender Zinssatz existiert. Vermutlich läßt sich die erste Bedingung rechtfertigen: Auch immaterielle Schäden lassen sich im Prinzip durch geldwerte Güter und Leistungen kompensieren. Problematischer ist die zweite Bedingung. Wenn ein positiver Zinssatz erfordert, daß es auf Dauer zu einem realen Wirtschaftswachstum kommt, dann ist diese Bedingung keineswegs garantiert. In den Industrieländern werden große Umstellungs- und Anpassungskosten aufgebracht werden müssen, um den drohenden Klimaeffekten zu begegnen. In den Entwicklungsländern ist die Wachstumsperspektive noch ungewisser.

2.6 Das Problem der Risikostrategie

Soweit einige der Punkte, an denen ethische Entscheidungen in Methodologie und Inhalt der mit Risikoanalysen verknüpften Schadensbewertungen eingehen. Weitere und andersartige ethische Fragen stellen sich, sobald Risikoanalysen ihrem vorrangigen Zweck zugeführt und zur Grundlage von forschungs-, wirtschaftstechnologie- und gesundheitspolitischen Entscheidungen gemacht werden. Mit dem Übergang von der Technologiefolgenabschätzung zur Technologiepolitik - und entsprechend vom risk assessment zum risk management - ergeben sich vor allem zwei letztlich nur ethisch zu beantwortende Fragen:

1. Welche Risikostrategie soll der Entscheidung zugrundegelegt werden?
2. Soll die Entscheidung für oder gegen die Entwicklung, Einführung oder Beibehaltung einer Technik überhaupt von Risikobeurteilungen abhängen?

In fachwissenschaftlichen Risikoanalysen wird vielfach quasi axiomatisch davon ausgegangen, daß rationale Entscheidungen über risikobehaftete Unternehmungen der Risikostrategie der Maximierung des Erwartungswertes folgen müssen, d.h. der Maximierung der Summe der Produkte aus (positiven oder negativen) Nutzenwerten und Eintrittswahrscheinlichkeiten sämtlicher möglicher Handlungsfolgen. Dabei wird meist übersehen, daß die <u>risikoneutrale</u> Haltung, die der Wahl dieser Risikostrategie zugrundeliegt, ethisch durchaus nicht unproblematisch ist, sobald zwischen Risiken gewählt wird, von denen man nicht selbst, sondern andere betroffen sind.

Die Debatte um die ethisch vertretbare Risikostrategie ist in Philosophie und Entscheidungstheorie erst in Ansätzen geführt worden. Soviel läßt sich aber immerhin sagen, daß bei Risiken mit sehr hohem möglichem Schadensausmaß eine Überlegung wichtig wird, die ein risikoscheues Vorgehen nahelegt, nämlich die Bedrohungswirkung, die von dem Bestehen dieser Risiken und unabhängig von einem möglichen Schadenseintritt ausgeht. Zu den Folgen der Einführung einer Technik gehören nicht nur die Folgen und Sekundärfolgen aus dem Eintritt eines möglichen Schadens, sondern auch die Folgen davon, daß diese Möglichkeit überhaupt besteht. So wird ja auch eine Versicherung nicht nur nach den zu erwartenden Ersatzleistungen bei Eintritt des Versicherungsfalls bewertet, sondern auch nach dem Nutzen der Sicherheit, bei Eintritt eines Schadens Versicherungsleistungen in Anspruch nehmen zu können.

Auf diesem Hintergrund erscheint die wiederholt erhobene Forderung, das Schadensausmaß (das Katastrophenpotential) als eigenständigen Beurteilungsfaktor in Risikobewertungen eingehen zu lassen oder eine Schadensobergrenze normativ festzulegen (vgl. z.B. Baumann 221 ff.), durchaus legitim. Als Basis für politische Entscheidungen kommt nur eine komplexe Risikobewertung in Frage - wie sie sich mit der "prospect theory" von Kahneman und Tversky (vgl. Kahneman und Tversky 1979), im übrigen auch in der deskriptiven Risikotheorie ergeben hat, bei der, neben den Risiken aus der Existenz einer Technik, die Risiken aus der Existenz der Risiken der Technik berücksichtigt werden.

Ein zusätzliches Argument für ein risikoscheues Vorgehen sind die Ungewißheitselemente, die in Risikoschätzungen im Zusammenhang mit Neulandtechnologien bzw. mit Technologien mit komplexen Sekundär- und Tertiärfolgen eingehen. Beim Klimaproblem sind nicht nur die genauen Formen der möglichen Schäden, sondern auch die Wahrscheinlichkeiten ihres Eintretens nicht mit Sicherheit anzugeben. Mit dem Übergang von den möglichen klimatischen zu den möglichen wirtschaftlichen und von diesen zu den möglichen sozialen Folgen des Treibhauseffekts nehmen die Unsicherheiten jeweils drastisch zu. Im übrigen ist das Ergebnis einer Risikoanalyse immer nur so zuverlässig, wie die betrachteten Gefahrenpotentiale die tatsächlich bestehenden Gefahrenpotentiale ausschöpfen. Bei Neulandtechnologien, wie etwa der Freisetzung gentechnisch synthetisierter Mikroorganismen ist diese Annahme jedoch unsicher. Sie kann allenfalls ihrerseits mit einer Wahrscheinlichkeit belegt werden, wobei diese bei neuartigen Technologien jedoch immer nur die subjektive Wahrscheinlichkeit des "engineering judgment" sein kann.

Ist jedoch nicht auszuschließen, daß eine Technik weitere und andere signifikante Risiken birgt, als in einer Risikoanalyse aus nomologischen, epistemischen oder moralischen Gründen erfaßt werden können, empfiehlt sich ein risikoscheues Vorgehen, weil es immerhin einen gewissen Sicherheitsnutzen gewährt, während der zusätzliche Nutzen, den ein risikofreudiges Vorgehen verspricht, dagegen vernachlässigbar ist. Die Neugier, die Erde dem "Experiment" fortgesetzter CO_2- und anderer Treibhausgas-Emissionen auszusetzen und zu sehen, welche Klimavoraussagen am Ende recht behalten, dürfte kaum ins Gewicht fallen gegen die Angst, es durch ein Festhalten an den gegenwärtigen Verhaltensmustern zu irreversiblen Veränderungen kommen zu lassen.

2.7 Sind Risikobeurteilungen entscheidungsrelevant?

Risikoüberlegungen sind ihrer Natur nach konsequentialistisch. Sie legen eine Beurteilung der risikobehafteten Technik nahe, die die Richtigkeit und Falschheit der Entscheidung für oder gegen die Technik von den prospektiven Folgen des Einsatzes dieser Technik abhängig macht. Zwar sind Entscheidungstheorie und Risiko-Nutzen-Analyse, als formale Instrumente betrachtet, hinreichend flexibel, um auch nicht-konsequentialistische Normen zu inkorporieren (Keeney (1984) spricht deshalb statt von den "Konsequenzen" von den "Implikationen" einer Entscheidung), aber das ändert nichts an der vorherrschenden Verknüpfung zwischen Risikoüberlegungen und ethischer Folgenorientierung.

Es ist allerdings nicht zu verkennen, daß die Diskussion um innovative Techniken - vor allem um die neuen Biotechniken - auf philosophischer und theologischer Seite, wie auch in der Öffentlichkeit seit einiger Zeit zunehmend durch nicht-konsequenzenorientierte Erwägungen bestimmt ist. Biotechniken, wie genetic engineering und Reproduktionsmedizin werden nicht nur um ihrer möglichen oder wahrscheinlichen Folgen abgelehnt, sondern auch an sich, unter Rückgriff auf quasi "naturrechtliche" Prinzipien wie der "Unantastbarkeit der Gattungsgrenzen" oder der Respektierung "der basalen Naturwüchsigkeit des Menschen" (Spaemann 76). Vielleicht sind derartige Prinzipien letztlich nur auf dem Hintergrund theologischer Annahmen verständlich zu machen. Aber das heißt nicht, daß alle jene, die sich etwa im Zusammenhang mit der Gentechnik ursprünglich theologischer Begriffe wie "Hybris" oder "Frevel" bedienen, diese theologischen Voraussetzungen teilen oder konsequenterweise teilen müßten. Die verbreitete Ablehnung vieler der neuen Möglichkeiten als "frevelhaft" oder "naturwidrig" scheint vielmehr oft einem weder theologischen noch überhaupt theorievermittelten Gefühl der Bedrohtheit heute noch bestehender Grenzen zu entspringen, die durch einige der in nicht zu ferner Zukunft verfügbaren Techniken durchbrochen werden. Was sich hier zu Wort meldet, ist ein quasi kindliches Erschrecken über das eigene Machtpotential, das sich nicht mehr durch die von der "Mutter" Natur verbürgten Grenzen in Schach gehalten weiß.

Ich selbst halte eine rein konsequentialistische Ethik für die plausibelste Option. Im Gegensatz zum heutigen Trend einer partiell folgenunabhängigen Technikbewertung vermag ich zwischen einer Risiko-Nutzen-Analyse und einer ethischen Technikbewertung keinen grundsätzlichen Gegensatz zu sehen. Vorausgesetzt, die Risiko-Nutzen-Analyse ist wahrhaft umfassend, fallen beide eher zusammen. Das heißt nicht, daß die Überzeugungen derer, die einige der neuen Techniken unabhängig von Folgenerwägungen für bedenklich halten, bei einer rein konsequentialistischen Risikobetrachtung vernachlässigt werden dürfen. Im Gegenteil muß die zum Teil erhebliche persönliche Betroffenheit der Vertreter dieser Prinzipien - wie im übrigen jede einigermaßen stabile Nichtakzeptanz - als ein gravierender Negativposten in die Beurteilung dieser Technik eingehen. Ein sogenannter "moralitydependent harm" ist darum, weil er von bestimmten moralischen Wertungen abhängig ist, um nichts weniger ein ernstzunehmender Schaden als andere negative Auswirkungen einer Technik auf den Menschen auch.

Literatur:

1 Baumann, Wolfgang: Risikobewertung und Schadensobergrenze bei technischen Großvorhaben. In: Rainer Kümmel/ Monika Suhrcke (Hrsg.): Energie und Gerechtigkeit. München 1984, 213-225.

2 Birnbacher, Dieter: Verantwortung für zukünftige Generationen, Stuttgart 1988.

3 Fritzsche, Andreas F.: Wie sicher leben wir? Köln 1986.

4 Griffin, James: Are there incommensurable values? Philosophy and Public Affairs 7 (1977) 39-59.

5 Häfele, Wolf: Hypotheticality and the new challenges: The pathfinder role of nuclear energy. Minerva 12 (1974) 303-322.

6 Harris, John: The survival lottery. Philosophy 50 (1975) 81-87.

7 Kahneman, Daniel/Amos Tversky: Prospect theory: an analysis of decision under risk. Econometrica 47 (1979) 263-291.

8 Keeney, Ralph L.: Ethics, decision analysis, and public policy. Risk Analysis 4 (1984) 117-129.

9 Lathrop, John W./Stephen R. Watson: Decision analysis for the evaluation of risk in nuclear waste management. In: H. Kunreuther (Hrsg.): Risk. a seminar series. IIASA Collaborative Proceedings Series CP-82-52, 1982.

10 Nicklisch, Fritz: Grenzwerte und technische Regeln aus rechtlicher Sicht. In: F. Nicklisch (Hrsg.): Prävention im Umweltrecht. Heidelberg 1988, 95-107.

11 Otway, Harry/Philip D. Pahner: Risk assessment. Futures April 1979, 122-134.

12 Pommerehne, Werner W.: Präferenzen für öffentliche Güter. Ansätze zu ihrer Erfassung. Tübingen 1987.

13 Rescher, Nicholas: Risk. Lanham 1983.

14 Shrader-Frechette, Kerstin: Risk analysis and scientific method. Dordrecht 1985.

15 Spaemann, Robert: Die Aktualität des Naturrechts. In R. Spaemann: Philosophische Essays. Stuttgart 1983, 60-79.

16 Starr, Chauncey: Social benefit versus technological risk. Science 165 (1969) 1232-1238.

3 Organisationsdefizite: Technikfolgenabschätzung als ein zu ordnender oder ein sich selbst organisierender Prozeß

Horst Albach

3.1 Definitionen

Organisation von Technikfolgenabschätzung (TFA) heißt, eine zeitlich-inhaltliche Ordnung der Aufgabenabwicklung festzulegen und die relevanten Teilaufgaben bestimmten Aufgabenträgern zuzuordnen. Die Wahl der Organisationsform hat dabei stets instrumentellen Charakter im Hinblick auf die zu erreichenden Sachziele der zugrundeliegenden Aufgabenstellungen. Organisationsdefizite sind demnach dadurch gekennzeichnet, daß bestimmte inhaltliche Zielvorstellungen durch das vorhandene Organisationssystem nicht, oder nicht im gewünschten Ausmaß erreicht werden. Die inhaltlichen Ziele der TFA sind vor allem folgende: rechtzeitiges Erkennen positiver und negativer Wirkungen der Technikanwendung auf Mensch und Umwelt und deren Verstärkung oder Vermeidung - zumindestens Verringerung. Weiter soll TFA dazu dienen, Felder für nutzbringende Zukunftstechniken zu identifizieren und ihre Entwicklung voranzubringen.

TFA läßt sich idealtypisch in drei aufeinanderfolgende Phasen einteilen:

- Auswahl und Abgrenzung der zu untersuchenden Technikfolgen (Unterscheidung: Technik- oder probleminduzierter Ansatz)
- interdisziplinäre Themenbearbeitung
- Ergebnisbewertung.

Jede Phase hat dabei ihre spezifischen Organisationsprobleme und bedarf unterschiedlicher organisatorischer Regelungen. Ziel jeder Organisationsform muß es sein, ein stabiles Regelungssystem zu implementieren, das ohne ständige Eingriffe von außen die bestmögliche Erfüllung der jeweiligen Aufgabenstellung gewährleistet.

3.2 Problemstellung

Mit Blick auf die TFA stellt sich die Frage, ob die Forschungs- und Förderstrukturen in der Bundesrepublik Deutschland bereits so angelegt sind, daß die gesellschaftlichen Selbststeuerungskräfte auf die beteiligten Akteure zielgerecht wirken können. Zur Untersuchung dieser Fragestellung werde ich entlang der aufgezeigten Phasen des TFA-Prozesses versuchen, ausgehend von einer Analyse des jeweiligen Ist-Zustandes, organisatorische Verbesserungsvorschläge zu entwikkeln, die diesem Ziel näherkommen. Grundlage meiner Ausführungen sind dabei die im Sachverständigenausschuß des Bundesministers für Forschung und Technologie im Jahre 1989 erarbeiteten Empfehlungen, an deren Entwicklung ich auch beteiligt war.

3.3 Themenauswahl

In der Bundesrepublik Deutschland herrscht heute bei der Auswahl und Abgrenzung von TFA-Themen als typisches Organisationsmuster die gezielte Vergabe abgegrenzter Aufgabenstellungen durch einen Auftraggeber vor. Dies betrifft auch das Bundesministerium für Forschung und Technologie mit seiner an bestimmten Förderbereichen orientierten Vorhabenförderung. Themenausrichtung, inhaltliche Schwerpunktsetzung und Festlegung des Finanzierungsumfangs werden dabei letztlich vom staatlichen Förderungsinteressenten entschieden.

Das hierbei wirksam werdende Organisationsprinzip spiegelt die vorherrschende Angebots- und Nachfragestruktur auf dem "TFA-Markt" wider. Sie ist durch eine erkennbare Nachfragekonzentration auf staatliche Stellen gekennzeichnet. Diese Nachfrage trifft auf eine relativ große Anzahl unverbunden nebeneinander stehender Anbieter. Die Folge davon ist eine nachfrageorientierte Ausrichtung der TFA-Produzenten auf die staatlichen Finanzgeber mit der Gefahr der Einschränkung des Blickwinkels auf die jeweilig vermuteten oder erkennbaren Auftraggeber-Interessen. Das mag zu einer Einengung des Aufgabenspektrums der TFA-Forschung führen, etwa im Hinblick auf die Ausgrenzung wichtiger Forschungsbereiche oder die Vernachlässigung methodischer Grundlagenforschung.

Wie kann man hier organisatorisch gegensteuern? Lassen Sie mich an dieser Stelle auf zwei Aspekte eingehen. Ein Weg bestände darin, daß vermehrt auch andere Interessengruppen außerhalb des Staatssektors TFA-Leistungen nachfragen. Daß hier ein Bedarf besteht, dürfte unbestritten sein. So hat sich beispielsweise die Industrie eine Verstärkung ihrer TFA-Anstrengungen auf ihre Fahnen geschrieben. Dies wurde unter anderem auf dem dritten Technologiegespräch des BDI im Februar 1989 deutlich. TFA ist dort als ein zentraler Faktor für strategische Unternehmensentscheidungen benannt worden. Auch von Gewerkschaftsseite ist eine Verstärkung der TFA-Forschung wiederholt gefordert worden. Nach Aussagen namhafter Gewerkschaftsvertreter fehlen in vielen Bereichen belastbare Erkenntnisse über die Wirkungen des Einsatzes technischer Systeme, vor allem auch in Bezug auf die Arbeitsplatzsituation der Arbeitnehmer.

Bei einer derartigen Verbreiterung der Nachfrage nach TFA-Leistungen ist auch mit einer fachlichen Vermehrung und Differenzierung des Angebotspotentials zu rechnen.

Die öffentliche Hand kann hierbei helfen. Denkbar wäre etwa, bei der Förderung größerer und sensibler Vorhaben, Aspekte der Technikfolgenabschätzung prinzipiell miteinzubeziehen. Die Förderempfänger, die ja allen gesellschaftlichen Sektoren angehören können, würden so zusätzlich angeregt werden, durch ihr Verhalten die Forschungsanstrengungen auf dem Gebiet TFA zu intensivieren. Sie hätten gleichzeitig den Vorteil einer umfassenderen Sicht ihrer Vorhaben. So könnten zum Beispiel möglicherweise auftretende Akzeptanzprobleme rechtzeitiger erkannt und mögliche Gegenmaßnahmen ergriffen werden.

In der Bundesrepublik Deutschland sind eine Vielzahl von Institutionen mit TFA befaßt. Die Datenbank "TA" der Abteilung für angewandte Systemanalyse des Kernforschungszentrums Karlsruhe weist etwa einhundert Organisationen in der Bundesrepublik Deutschland aus. (Angaben mit Stand vom 10. Oktober 1990). Die tatsächliche Anzahl dürfte noch weit höher liegen. Ihr Verhältnis zueinander wird wesentlich durch die bereits geschilderte nachfragezentrierte Ausrichtung geprägt. Ein regelmäßiger Gedankenaustausch, eine übergreifende Koordination oder eine kritische wechselseitige Analyse der Arbeitsergebnisse findet kaum statt.

Gerade aber aus einem offenen und kontinuierlichen Diskurs über die Wechselwirkungen zwischen TFA-Forschung und den dabei erzielten Ergebnissen, über Themenabgrenzung und -strukturierung können sich wertvolle Hinweise für die Weiterentwicklung des methodischen Rüstzeugs - die TFA-Metaforschung generell - ergeben. Losgelöst von konkreten Auftragszwängen ließen sich dabei Bedingungen und Auswirkungen der

Technikentwicklung im gesamtgesellschaftlichen Kontext untersuchen. Auch grundsätzlichere Analysen zum Entstehungsprozeß von Technik, zu Folgerungen aus Fehlern der Vergangenheit in bezug auf den Technikeinsatz wären lohnende Forschungsfelder. Im Ergebnis ließe sich so ein gemeinsam erarbeitetes und zugängliches Wissenspotential entwickeln, auf das auch bei konkreten Fragestellungen zurückgegriffen werden kann.

Die Verstärkung des wechselseitigen Informationsflusses setzt zunächst die Intensivierung der entsprechenden Kommunikationsbeziehungen voraus, die auch internationale TFA-Anbieter miteinbeziehen sollte. Hierzu bedarf es des Aufbaus und der Koordinierung eines umfassenden TFA-Netzwerkes. Der bereits benannte Sachverständigenausschuß hat dies dem BMFT empfohlen. Ihm erscheint es zweckmäßig, auf der Basis einer begrenzten Ausschreibung, diese Aufgabe einer bereits bestehenden Institution mit entsprechender Kapazität und wissenschaftlicher Reputation längerfristig zu übertragen. Die Integrationskraft einer solchen Einrichtung wird wesentlich von der Qualität und der Neutralität ihrer Träger abhängen. Nur so läßt sich ein Höchstmaß an gesellschaftlicher Akzeptanz erreichen. In diesem Zusammenhang kommt auch der Zusammenarbeit mit den Hochschulen, in denen die Defizite der TA-Grundlagenforschung behoben werden müßten, eine besondere Bedeutung zu.

Parallel zum Aufbau eines übergreifenden TFA-Forschungsnetzes sind auch institutionelle Maßnahmen zu ergreifen mit dem Ziel, die vorhandenen TFA-Kapazitäten weiter auszubauen. Besonders mit Blick auf die neuen Bundesländer und die dort auftretenden Probleme, besteht hier noch ein großer Nachholbedarf. TFA könnte somit auch als Mittel dienen, freie Forschungskapazitäten zu binden und den Integrationsprozeß im wissenschaftlichen Bereich zu beschleunigen.

3.4 Themenbearbeitung

Die Bearbeitung von TFA-Themen ist eine interdisziplinäre Aufgabenstellung. Sie erfordert das Zusammenwirken der verschiedensten Fachdisziplinen. Ziel dabei ist das Zusammenführen der unterschiedlichen Fachaspekte zu einem bewertenden Abschlußergebnis. Unterstützt die herkömmliche traditionelle Organisation der Wissenschaftslandschaft, wie sie bei uns und in anderen europäischen Ländern vorherrscht, diesen inhaltlichen Fusionsprozeß? Sie scheint ihn eher zu erschweren. Auch hier ist organisatorische Hilfestellung vonnöten. Wissenschaft ist heute ein arbeitsteiliger Produktionsprozeß. Die Arbeitsteilung zwischen und innerhalb der Fachdisziplinen ist außerordentlich weit fortgeschritten. Wissenschaftlicher Erfolg und wissenschaftliche Karriere hängen heute von enger disziplinärer Ausrichtung ab. Dies beginnt bei den Ausbildungsprofilen der Studenten an den Hochschulen und endet bei den Berufungsverfahren für Hochschullehrer. Dies ist nicht zu kritisieren - nur so ist wissenschaftlicher Fortschritt möglich. Aber es bedarf gerade in der TA dann organisatorischer Formen der Integration von Spezialisten. Dazu ist es auch erforderlich, Anreizsysteme zu schaffen, die das Gespräch über die Fachgrenzen hinweg vermehrt in Gang bringen. Auf der Ebene der Nachwuchswissenschaftler kann dies zum Beispiel durch entsprechende Stipendienprogramme oder die Vergabe von Preisen für exzellente interdisziplinäre Forschungsarbeiten erfolgen. Bei den Senior-Scientists ist an die Formulierung fachübergreifender Forschungsprojekte zu denken oder an die Institutionalisierung von Foren für die interdisziplinäre Diskussion. In der Akademie der Wissenschaften zu Berlin organisieren wir seit 1987 interdisziplinäre Arbeit in Arbeitsgruppen. Wir haben unsere ersten Erfahrungen gemacht. Sie zeigen, daß die Integration von Fachkompetenz und Generalisten erhebliche

Hürden zu überwinden hat. Experte fürs Allgemeine ist kein Individuum, aber auch interdisziplinäre Arbeitsgruppen bedürfen längerer Einarbeitung und einer Evaluation ihrer Arbeit durch andere Wissenschaftler.

3.5 Ergebnisbewertung

Konsens und Akzeptanz sind in Zeiten einer immer sensibler werdenden Gesellschaft wesentliche Faktoren für die erfolgreiche Umsetzung von TFA-Ergebnissen. Die heute vorherrschende Einstellung der Öffentlichkeit in bezug auf viele kritische Technikbereiche ist eher durch Orientierungslosigkeit als durch sachgerechte Urteile geprägt. Zwar ist das Interesse weiter Bevölkerungskreise für die sozialen und ökologischen Folgen des Technikeinsatzes in den vergangenen Jahren deutlich gestiegen, jedoch kann eine Überforderung des einzelnen wegen der vielfach komplizierten Erzeugungs- und Verwendungszusammenhänge des Technikprozesses nicht ausgeschlossen werden, besonders dann, wenn interessengefärbte Beeinflussungen durch Technikpromotoren oder deren Gegner nicht genügend hinterfragt werden können. Symptomatisch für diese Situation ist die Gutachtenflut in bezug auf vermeintliche oder auch tatsächliche technische Problemfälle. Mit der Kette von Gutachten und Gegengutachten leidet auch der Ruf wissenschaftlicher Verläßlichkeit. Die Wissenschaft gerät in den Verdacht interessenkonformer Forschung. Leider spielen in diesem Zusammenhang die Medien nicht immer eine aufklärende oder beruhigende Rolle.

In der Öffentlichkeit verlieren wissenschaftliche Gutachten zur TA auch dann an Glaubwürdigkeit, wenn die Gutachter im Laufe der Zeit ihre Meinung ändern. Nun gehört aber gerade das zur wissenschaftlichen Arbeit, daß neue Erkenntnisse ältere Ergebnisse fragwürdig erscheinen lassen und neue Zielgewichtungen alte Antworten als falsch erscheinen lassen. Gegenwärtig vollzieht sich bei manchem prominenten Gutachter eine Revision von Aussagen über den Ausstieg aus der Kernenergie unter dem Eindruck des CO_2-Problems.

Die Organisation des Entscheidungsprozesses auf der Grundlage von TA-Informationen sollte daher offen sein für neue Forschungsergebnisse und neue Zielgewichtungen.

Verlorenes Vertrauen der TFA-Konsumenten ließe sich zurückgewinnen, wenn die Produzenten von TFA-Ergebnissen sich bereitfänden, ihre Erkenntnisse einem breiteren Bewertungsprozeß zu unterziehen; wenn sie bereit wären, ihre - möglicherweise auch kontroversen Lösungsvorschläge - einer offenen und kritischen Fachdiskussion auszusetzen, bevor sie den jeweiligen Entscheidungsträgern zur Verfügung gestellt werden. Dies setzt aber voraus, daß auch Spezialisten Präsentationsformen finden, die es dem interdisziplinär interessierten Fachmann einer ganz anderen Disziplin gestatten, den Lösungsweg und das Ergebnis eines TFA-Projektes rational nachzuvollziehen. Die zielgruppenentsprechende Aufbereitung der Ergebnisse in verständlicher Form ist dabei eine wesentliche Voraussetzung. Verfahren der Parallel-Bearbeitung von TFA-Themen oder die moderierte kontroverse Diskussion gewinnen für die Öffnung des Bewertungsprozesses eine besondere Bedeutung. Dabei empfiehlt sich, solche Aufgabenträger mit der Moderation und der Begutachtung zu betrauen, die einen ausgewiesenen wissenschaftlichen Sachverstand, weitestgehende Unabhängigkeit und damit eine breite gesellschaftliche Akzeptanz besitzen. Die Institutionalisierung entsprechender Diskussionsforen könnte dann neben der Informations- und Evaluationsfunktion für die TFA-Akteure auch ein neues Wirkungsfeld für den wissenschaftlichen Selbststeuerungsprozeß eröffnen.

Die Öffnung des gesellschaftlichen und wissenschaftlichen Bewertungsprozesses gibt TFA-Anbietern und -Nachfragern zudem ein zusätzliches Maß an Gewißheit, was Qualität, Objektivität und Akzeptanzfähigkeit der Ergebnisse von TFA-Prozessen betrifft.

Ich fasse zusammen:

1. TA ist ein wichtiges, aber im politischen Entscheidungsprozeß und im gesellschaftlichen Dialog noch nicht effizient organisiertes Analyseinstrument.

2. Organisationsdefizite sind:

   - eine zu einseitig beim Staat konzentrierte Nachfrage nach TA-Gutachten
   - ein zu stark zersplittertes Angebot an TA-Studien
   - eine zu geringe Beteiligung der Hochschulen an der TA-Grundlagenforschung
   - eine zu enge fachliche Ausrichtung vieler TA-Untersuchungen
   - ein ungenügendes Verständnis der Öffentlichkeit für die Vorläufigkeit wissenschaftlicher Aussagen auch im Bereich der TA.

3. Prinzipien der Organisation des TA-Prozesses sind:

   - Dezentralisation der Nachfrage nach TA-Studien
   - Arbeitsteilung unter TA-Anbietern
   - Wettbewerb unter TA-Anbietern
   - Koordination des Angebots an TA-Leistungen
   - Lernfähigkeit des TA-Systems.

4. Maßnahmen zur Beseitigung der Organisationsdefizite auf der Basis der genannten Organisationsprinzipien sind u.a.:

1) Beteiligung von Industrie und Gewerkschaften an der Nachfrage nach TA.

2) Verstärkung der Arbeitsteilung im Bereich der TA durch Aufnahme von
   * Technikfolgenprüfungen (TFP) und
   * Umweltverträglichkeitsprüfungen (UVP)
   in den Leistungskatalog staatlicher Forschungs- und Entwicklungsprojekte.

3) Schaffung eines TA-Netzwerkes, sowohl national als auch international. Management des Netzwerkes, durch eine unabhängige Einrichtung der angewandten Forschung.

4) Verstärkung der interdisziplinären Grundlagenforschung über Technikfolgen an den Hochschulen.

5) Institutionalisierung der Diskussion zwischen Ingenieuren und Sozialwissenschaftlern in Arbeitsgruppen, wie denen der Akademie der Wissenschaften zu Berlin.

6) Förderung des wissenschaftlichen Nachwuchses durch Förderung der Teilnahme an Forschungsprogrammen und Kollegs für die interdisziplinäre Arbeit an TA-Studien.

7) Technikgeschichte muß als ex-post Technikfolgenforschung verstanden und zum besseren Verständnis von gesellschaftlichen Prozessen der Technikakzeptanz eingesetzt werden. Daher ist Förderung der Technikgeschichte als ex post-TA notwendig.

8) Vergabe von Parallelaufträgen zur TA an verschiedene Anbieter mit gegenseitiger Ergebnis-Evaluierung.

9) Institutionalisierung eines öffentlichen Evaluierungsprozesses von TA, unter Beteiligung verschiedener gesellschaftlicher Gruppen.

10) Der gesellschaftliche und der staatliche TA-Prozeß muß sowohl bottom-up (einschließlich des Ernstnehmens von Ängsten in der Bevölkerung) als auch top-down (als staatlicher und parlamentarischer Entscheidungsprozeß) gestaltet werden.

11) Schaffung eines Informationssystems zur systematischen Überwachung der Obsoleszenz von TA-Ergebnissen.

12) Institutionalisierung des TA-Dialogs mit den Medien.

Teil C
Anwendungen: Die Problematik des Einsatzes von gentechnisch veränderten Organismen im Freiland

1 Das Potential der Gentechnik für Erkenntnisgewinn und Praxis - Versuch einer Nutzen-Risikobilanz

Ernst-L. Winnacker

In bin von den Veranstaltern um eine Nutzen/Risikoanalyse der Gentechnik gebeten worden. Der Wunsch ist verständlich. Denn während auf der einen Seite der BMFT gemäß seinem Programm Biotechnologie 2000 insgesamt in diesem Jahr 164 Millionen in die Förderung der Biowissenschaften investiert, genießt das Fach auf der anderen Seite keinen guten Ruf. Vom "gläsernen Menschen" ist da die Rede, von Andromeda-Stämmen, die in Science-fiction-Manier den Globus überziehen, und selbst von seriösen Kommentatoren wird die Gentechnik mit dem Waldsterben, den Leihmüttern und Tschernobyl in einen Topf geworfen. Dabei die die Frage letztlich schon falsch, denn was ist schon Gentechnik?

Es ist die Summe aller Methoden zur Isolierung, zur Charakterisierung und zur gezielten Veränderung des Erbmaterials lebender Zellen. Das Erbmaterial selbst steht dabei wohl kaum im Zentrum der Kritik. Die Gene als informationstragende Abschnitte auf dem Erbmaterial sind in jeder lebenden Zelle vorhanden, sie sind Teil unserer Anatomie wie auch der Anatomie anderer Lebewesen. Auch die Veränderungen und Manipulationen des Erbmaterials wurden nie in Frage gestellt, solange man in der Tier- und Pflanzenzüchtung die natürlich Reihenfolge der Ereignisse von der Mutation über die Replikation zur Selektion einbehielt und allenfalls der Geschwindigkeit des bekannten, evolutionären Prozesses ein wenig nachhalf. Meine These ist es nun, daß selbst die gezielten und artübergreifenden Veränderungsmöglichkeiten, wie sie die Gentechnik heute gestattet, auf der einen Seite nicht einfach pauschal verworfen und verdammt oder auf der anderen Seite uneingeschränkt befürwortet werden dürfen, sondern daß einzelne Anwendungen gezielt und fallweise auf ihre Chancen und Risiken, Nutzen und Anwendung hin untersucht werden müssen. Zur Disposition darf, meiner Ansicht nach, nicht die Gentechnologie als solche stehen, sondern zur Disposition stehen allenfalls einzelne Anwendungen. Denn gerade wegen der Universalität des Erbmaterials, das allen Lebewesen gemeinsam ist, sowohl in seiner chemischen Zusammensetzung als auch in der Art der Informationsspeicherung, würde eine pauschale Analyse der Addition von Äpfeln und Birnen gleichkommen, im wahrsten Sinne des Wortes. Dies ist an einigen Beispielen leicht einzusehen.

Die Produktion eines menschlichen Hormons in einem Bakterium, der Einbau eines Pilzresistenz-verleihenden Gens in eine Weinrebe und deren anschließende Freisetzung sowie die pränatale Diagnostik einer schweren Erbkrankheit verlangen extrem variable Bewertungen. Da geht es von der Entwicklung von Sicherheitsstämmen und der Frage nach ihrer Überlebensfähigkeit außerhalb geschlossener Systeme über die Übertragung von Erbmaterial von Nutzpflanzen auf ihre Wildformen bis hin zur Problematik der humangenetischen Beratung mit der Konsequenz eines Schwangerschaftsabbruchs. Die Techniken und Hilfsmittel aber, die im einen wie im anderen Fall eingesetzt werden oder als Entscheidungsgrundlage dienen, sind dieselben. Die Frage ist also nicht, Gentechnik gut oder schlecht, Gentechnik ja oder nein, sondern die Frage ist die nach dem Sinn und Unsinn einzelner Anwendungen.

Die Enquetekommission des Deutschen Bundestages "Chancen und Risiken der Gentechnologie", in der ich Mitglied war, hat sich diesem Konzept einer differenzierenden Betrachtungsweise angeschlossen, nicht aber die Öffentlichkeit, zumindest nicht der Teil der Öffentlichkeit, der sich zu artikulieren vermag. Die Ursachen für diese Schwierigkeiten sind vielfältig und reichen von mangelndem Wissen um die schwierige Materie bis hin zu irrationalen Ängsten vor einer Technik, die für viele an das Leben selbst zu führen scheint. Viele dieser Schwierigkeiten haben wir als Wissenschaftler selbst zu verantworten, indem wir z.B. im Eifer des Gefechts gelegentlich Versprechungen abgegeben haben, die dann nicht einzuhalten waren. Im Grunde aber stellt die Entwicklung der Gentechnik, wenn nicht schon einen Paradefall moderner Technikbewertung, so doch immerhin den Versuch einer verantwortungsvollen Bewältigung dieser Technik durch die Wissenschaft dar.

In der Diskussion zur Technikfolgenabschätzung unterscheidet man reaktive und innovative Technikfolgenbewertung. Reaktive Technikfolgenbewertung setzt post factum nach vollzogener Innovation ein und rettet dann, was zu retten ist, während die innovative Bewertung in einer sehr frühen Phase der technischen Entwicklung einsetzt, in der die Weichen noch nicht unwiderruflich gestellt sind und so der Innovationsprozeß noch gestaltend und bewertend beeinflußt werden kann. So ist es im Grunde im Bereich der Gentechnik gelaufen. Schon sehr früh, kaum zwei Jahre nach der Demonstration der grundsätzlichen wissenschaftlichen Möglichkeiten, kam es nicht nur zu einer wissenschaftsinternen sondern auch zu einer öffentlichen Diskussion, vor allem in den USA, aber auch in Europa. Ein Moratorium wurde für die Dauer eines Jahres vorgeschlagen, wieder aufgehoben und durch in Richtlinien niedergelegte Auflagen ersetzt, die zwar zunächst nicht Gesetzeskraft erlangten, aber doch bindenden Charakter hatten. Diese Richtlinien basierten im wesentlichen auf der Entwicklung eines Konzepts der "biologischen Sicherheit", das die aus der klassischen Mikrobiologie im Umgang mit krankheitserregenden Mikroorganismen entwickelten technischen Sicherheitsmaßnahmen ergänzte. Danach wurden bei der Vermehrung rekombinierter DNA Moleküle nicht nur nicht-krankheitserregende Mikroorganismen sondern sogenannte Sicherheitsstämme eingesetzt, die dank genetischer Modifikationen außerhalb ihres unmittelbaren Lebensraums nicht lebensfähig sind.

Von der deutschen Öffentlichkeit blieben diese Entwicklungen unbemerkt und wurden erst gut 10 Jahre später aktiv und bewußt wiederentdeckt, zu einem Zeitpunkt, als die wissenschaftlichen Bemühungen und Entwicklungen sich schon längst nicht mehr mit den Anwendungen befaßten, die Ausgangspunkte der Richtlinien waren, sondern als sie sich von den Bakterien schon abgewandt und an die Analyse der Genome höherer Organismen gemacht hatte. Onkogene, transgene Tiere, springende Gene in Pflanzen, Freisetzungsversuche standen zu einem Zeitpunkt plötzlich auf dem Tapet, als die deutsche Öffentlichkeit erst die Versuche entdeckte, die wir bezüglich ihrer Sicherheitsproblematik schon längst als ausdiskutiert und verstanden abgetan hatten. Der innovative Ansatz einer Technikbewertung schien in den Augen vieler Kritiker verloren, so wie man es traditionell aus anderen Technikbereichen leider gewohnt war und daher nur allzu gern und vorschnell auf die Gentechnik zu übertragen bereit war. Dabei war und ist dies keineswegs der Fall.

Die Arbeit der Enquetekommission hat die Karten offen auf den Tisch gelegt. Das Arbeiten mit Mikroorganismen und Viren in geschlossenen Systemen haben wir nun ausdiskutiert und sicherheitstechnisch ad acta gelegt. Ich will mir hier eine Darstellung des Konzepts der biologischen Sicherheit und der Entwicklung der bakteriellen Sicherheitsstämme für den Forschungs- und Produktionsbereich ersparen. Übrig bleibt hier allenfalls die Frage nach Sinn und Unsinn der Produkte, die in diesen Systemen produziert werden. Werden sie wirklich das Zeitalter der "molekularen Medizin" einläuten, das die Protagonisten dieser Technik so begeistert apostrophieren? Ich glaube schon.

Einmal wird hier sicherlich der Markt entscheiden, und die voreiligen Schlüsse vieler unserer Gegner, wonach etwa die Interferone nichts als Arzneimittel auf der Suche nach einer Krankheit seien, sind auch längst überholt. Natürlich fragt man sich nicht zu unrecht, ob es denn nicht viel besser sei, einen Herzinfarkt, AIDS oder eine kranke Niere erst gar nicht zu bekommen, so daß diese Krankheiten dann nicht mit gentechnisch hergestellten Produkten behandelt werden müssen. Das ist sicher richtig. Diese Frage stellt sich aber für einen Arzt nicht, der einen kranken Patienten vor sich hat.

Vielmehr legitimiert sie, wie kaum eine andere Frage, die Gentechnik selbst, wird sie doch erstmals die Medizin in die Lage versetzen, nicht nur Symptome von Krankheiten zu behandeln, sondern auch ihre Ursachen kennenzulernen und zu verstehen. Zwei neue Beispiele seien hier kurz erwähnt. Im Falle des HIV-Virus, des Erregers von AIDS, gelang in den vergangenen Jahren nicht nur die Aufklärung der Struktur des Genoms, sondern damit auch die Analyse der Funktion seiner Gene. So konnte etwa gefunden werden, daß das Virus zu seiner Vermehrung ein Eiweißmolekül benötigt, eine sog. Protease, die andere Eiweißmoleküle spalten kann. Um dem Virus dessen Vermehrung zu ermöglichen, muß diese Protease aktiv und in der Lage sein, einige andere für die Virusmehrung wichtige Eiweißmoleküle zu spalten. Man hat nun in den vergangenen Monaten die räumliche Struktur dieses Enzyms aufgeklärt und gefunden, daß es aus zwei Teilen besteht, die jede für sich inaktiv sind, gemeinsam aber, wenn sie sich wie Magdeburger

Halbkugeln zusammenlagern, die gewünschte Eigenschaft aufweisen. Inzwischen konnten Verbindungen synthetisiert werden, die das Zusammenlagern dieser beiden Teile spezifisch verhindern, die Protease inaktivieren und damit die Vermehrung des Virus verunmöglichen. Hier ergeben sich konzeptionell neue Ansätze für eine AIDS-Therapie.

Oder der Fall der sog. Anti-Onkogene, einer Klasse von Genen, deren Produkte die Aktivität anderer Gene beeinflussen können. Wenn diese anderen Gene für Wachstumshormone kodieren, dann würden diese, allein wirksam, zum ungesteuerten, zum Tumorwachstum führen. Das Anti-Onkogen kann nun auf die Bildung dieser Genprodukte Einfluß nehmen und damit das Wachstum der betreffenden Zellen steuern. Zu maßlosem Wachstum kann es also in Gegenwart der Produkte der Anti-Onkogene nicht kommen. Leider gibt es aber Situationen, die zum Verlust dieser Anti-Onkogene führen, wie z.B. bestimmte Mutationen, die etwa durch kosmische Strahlung oder bestimmte Chemikalien ausgelöst werden. In diesen Fällen werden die Wachstumshormone ungehindert wirksam; es kommt zum Tumorwachstum. Konkrete Beispiele für diese Entwicklungen sind bestimmte Tumore des Auges und z.B. das weit verbreitete Dickdarmcarcinom.

Diese molekularbiologischen Entdeckungen weisen exemplarisch nicht nur den Weg zu neuen Behandlungsmöglichkeiten, sondern auch zu den Ursachen der Krankheitsentstehung. Damit eröffnen sie auch, in einem bisher nicht gekannten Ausmaß, die so wünschenswerte Option der Prävention. Ob wir diese dann auch wahrnehmen oder nicht, dies steht auf einem anderen Blatt.

Was nun die anderen, neueren Anwendungen der Gentechnik, die der 2. und 3. Generation angeht, wie die Freisetzung von Mikroorganismen und Pflanzen oder den Einsatz gentechnischer

Methoden an Menschen, von denen die deutsche Öffentlichkeit wohl ein wenig überrascht wurde, so hat auch hier die Biologie nun ihre Unschuld verloren, ist schuldfähig, aber längst nicht schuldig geworden.

In der Bundesrepublik gibt es keinen Fall einer Freisetzung von gentechnisch-veränderten Mikroorganismen, einen einzigen Fall einer Freisetzung von Pflanzen und auch von Gentherapie an Menschen kann keine Rede sein. Dabei sind die Sachzwänge enorm. Der Einsatz von Mikroorganismen zur Beseitigung von Umweltschäden wäre durchaus realistisch, z.B. angesichts der ökologischen Misere in Mitteldeutschland; und wollen wir denn wirklich die Anbaufläche von Weizen in der Bundesrepublik, die jetzt schon die Fläche Nordrhein-Westfalens erreicht, durch Anbau von ertragsarmem "Bioweizen" noch vergrößern, von dem Problem des weltweiten Bevölkerungswachstums ganz zu schweigen? Wären wir denn nicht gerade an einer Reduktion der landwirtschaftlichen Kulturflächen zugunsten naturnaher Flächen interessiert, um so der Erhaltung der Vielfalt biologischer Arten auch bei uns noch eine Chance zu geben? Und was spricht denn in unserem Lande gegen den Einsatz neuer Formen der Krebstherapie durch z.B. Gentherapie, wenn doch die Grenzen der Möglichkeiten chirurgischer Eingriffe und die der Chemotherapie nur allzu deutlich bekannt sind.

Trotz dieses Drucks wird auch weltweit keineswegs blind gehandelt - nach Art der Lemminge - sondern wird diskutiert und bewertet. Das Gengesetz, das seit einigen Monaten die Richtlinien ersetzt, ist nun verbindlich in Kraft, und auch EG-weit werden die Dinge entsprechend geregelt werden. Im Sinne der Befürworter einer innovativen Technikbewertung müßte dieser Zustand durchaus befriedigend sein. Das Gesetz zwingt den Anwender zur Rücksicht nicht nur auf sich selbst, sondern auch auf andere und auch auf die nicht-menschliche

Umwelt. Die Abkehr vom reinen Anthropozentrismus, die im Zusammenhang mit der Einführung des Umweltschutzgedankens in das Grundgesetz immer noch diskutiert wird, ist hier längst vollzogen. Das Gesetz zwingt auch zur Aufklärung der Öffentlichkeit, was immer heilsam und lehrreich ist und verlangt in bestimmten Bereichen sogar deren Beteiligung am Genehmigungsverfahren. Dies ist gut so.

Schließlich sensibilisiert es die Öffentlichkeit auch für bestimmte biologische Zusammenhänge. Indem es etwa für den Einsatz von Mikroorganismen vier unterschiedliche Sicherheitsstufen vorsieht, macht es auf die an sich triviale Tatsache aufmerksam, daß es nicht nur krankheitserregende Mikroorganismen gibt, wie uns die Horrorautoren und professionellen Bedenkenträger von Herrn Simmel bis hin zum gen-ethischen Netzwerk so gerne Glauben machen möchten, sondern auch nicht-krankheitserregende Organismen von der Art der Bäckerhefe und daß diese nicht nur die große Mehrzahl der Mikroorganismen insgesamt ausmachen, sondern daß wir selbst sogar von diesen in unserer Existenz abhängig sind, also ohne sie gar nicht leben könnten.

Der berühmte Mikrobiologe Kluyver bemerkte zu diesem Thema in seiner Leeuwenhoeck Vorlesung vor der Royal Society aus dem Jahr 1953: "Unter 30.000 Bakterienspezies ist nur ein einziges menschen-, tier- oder pflanzenpathogen, während im Jahr 1953 jeder 17.000ste amerikanische Staatsbürger des Mordes überführt wurde."

Daß schließlich das Gengesetz rein juristisch in einem demokratischen Gemeinwesen wie dem unsrigen natürliche und notwendige Voraussetzungen für die Erteilung von Betriebsgenehmigungen schafft, dies ist fast selbstverständlich. So weit also so gut.

Übertriebenen Sicherheitsbedürfnissen wird natürlich auch diese Situation nicht gerecht. Wenn man aber den Einsatz der Technik nicht insgesamt ablehnt - und davon kann ja bei einem Blick durch die Lande nicht die Rede sein - dann muß man sich wohl damit abfinden, daß es nach H. Plessner "Gesetz ist, daß im letzten die Menschen nicht wissen, was sie tun, sondern es erst durch die Geschichte erfahren". Diese Erkenntnis einerseits und das Bemühen um eine dennoch möglichst umfassende Analyse der Zusammenhänge andererseits wird sicher nicht Einstimmigkeit erzeugen, wie in der Enquetekommission, aber vielleicht doch zu einer gewissen Konsensbildung beitragen. Dennoch kann ich mich nun nicht ruhig zurücklehnen und feststellen, dem Mechanismen einer möglichst korrekten Nutzen/Risiko-Analyse in der Anwendung gentechnischer Verfahren sei wirklich Rechnung getragen.

Zum einen reduziert nämlich jedes Gesetz - und damit auch das Gengesetz - verantwortliches Handeln auf das Einhalten von gesetzlichen Vorschriften. Dies kann aber doch wohl im Bereich globaler Technologien nicht allein und ausschließlich gemeint sein; die bitteren Erfahrungen mit dem Außenhandelsgesetz z.B. sprechen hier wohl für sich. Sollten also auch in Zukunft neue, bislang unbekannte Organismen mit der in der Mikrobiologie üblichen Vorsicht behandelt und nicht einfach beliebig eingesetzt werden, weil sie das Gesetz (noch) nicht erwähnt? Und auch ein in einer bestimmten Sicherheitsstufe eingeordneter Organismus ist nie nur deshalb sicher, weil es schwarz auf weiß so geschrieben steht und weil man dies in der Vergangenheit einmal für geboten hielt, sondern weil es eben wissenschaftlich immer in Frage gestellt und gut begründet wird. Die schnelle Anpassung der Rechtsverordnungen an den Stand der Wissenschaft und Technik also wird sicherlich ein Problem werden, denn die Gesetzgebungsmaschinerie hat sich an dessen schnellen Fortschritt bisher selten oder nie anpassen können. Hier mache ich mir keine Illusionen.

Oder wie regeln wir denn den Fall, in welchem ein Organismus sowohl klassisch-genetisch als auch gentechnisch zum selben Zustand hin verändert wird? Der eine kann dann entsprechend frei, zumindest ohne die Auflagen des Gengesetzes eingesetzt werden, der andere fällt unter seine Jurisdiktion. Entscheidend ist letztlich das Produkt der genetischen Veränderung. Ob dieses Produkt für Mensch und Umwelt schädlich oder unschädlich ist, wie es § 1 des Gesetzes selbst festhält, kann aber doch allen Ernstes nicht die Art und Weise der Herstellung des Organismus sein. In denjenigen Fällen, in denen es diese Alternativen gibt, wird man in der Praxis diesen Weg des geringsten Widerstandes wohl auch gelegentlich gehen, auch wenn er teurer ist, wenn er länger dauert und damit die Ressourcen unserer Gesellschaft schädigt. Hier haben wir dann die Rechnung dafür präsentiert, daß man eine Sicherheitsstufe 1 definiert hat, eine Sicherheitsstufe, in die Organismen eingestuft werden, deren Umgang risikolos ist, denn dies sind gerade diejenigen, die man oft auch klassisch-genetisch manipulieren kann.

Man wird übrigens in diesem Punkte auch die Juristen beruhigen müssen, die hier juristisch einen inneren Widerspruch des Gesetzes erkennen. Gibt es denn einen Zustand, der noch sicherer ist als risikolos? Wir Naturwissenschaftler kennen ihn natürlich. Selbst der risikolose Fall resultiert in dieser Einschätzung rein aus der Erfahrung. Wir wissen letztlich nicht, warum die Bäckerhefe für uns nicht krankheitserregend ist und können daher auch nicht mit letzter Sicherheit ausschließen, daß sie es niemals werden wird. Deshalb haben wir das Konzept der biologischen Sicherheit eingeführt; ob dieses aber vor dem Verfassungsgericht Bestand hat? Wenn nicht, dann müßten wir ja wieder ganz von vorne anfangen.

Und dann regelt das Gesetz noch etwas, was ich bislang noch gar nicht erwähnte, d.h. den Bereich der Forschung. Indem das Gentechnikgesetz ein Instrument der Technikfolgenabschätzung ist, wird in diesem Fall also auch die Forschung reguliert, wenn nicht gar eingeschränkt. Dies ist ein quantitatives und ein qualtitatives Problem. Quantitativ, weil der Einsatz gentechnischer Methoden aus dem gesamten Bereich der biomedizinischen Forschung nicht mehr wegzudenken ist. Überspitzt könnte man sagen, daß zwischen Anthropologie und Zoologie nichts mehr ohne Gentechnik geht. Tatsächlich tragen mit Einführung des Gentechnikgesetzes gut 40 % der von der DFG zu diesen Bereichen geförderten Vorhaben den Vermerk, daß sie die Verwendung dieser Techniken einschließen. Einschränkungen in diesen Bereichen würde also nicht irgendwelche esoteren Lehrstühle, sondern große Teile der biomedizinischen Forschung in unserem Lande tangieren. Diese wiederum ist außerordentlich erfolgreich. Es ist sicher nicht falsch, festzustellen, daß gerade im Bereich der Grundlagenforschung der Einsatz der Gentechnik bislang die allergrößten Erfolge erzielt hat.

Qualitativ, weil Artikel V, Abs. 3, Grundgesetz die Forschungsfreiheit garantiert und weil dies natürlich nicht aus Spaß an der Freude sondern aus gutem Grund geschieht. Nun war und ist die Forschungsfreiheit natürlich nie absolut; ihre Meßlatten sind immer die Würde des Menschen und das Grundrecht auf körperliche Unversehrtheit gewesen oder sollten es zumindest immer sein. In einer Erklärung zur Gentechnik, die Anfang Januar dieses Jahres der Öffentlichkeit vorgestellt wurde und die bislang von rund 3000 Kollegen unterschrieben wurde, wurde diesen Punkten noch die Erhaltung der lebenden

Umwelt in größtmöglicher genetischer Vielfalt, sowie das uneingeschränkte Verbot der Menschenzüchtung hinzugefügt.

Die Wissenschaft ist also durchaus vertraut damit, sich normative Grenzen zu setzen und auch mit ihnen zu leben. In Sachen des Gengesetzes werden die großen Institute mit den bürokratischen Auflagen leben können; man hat die nötigen Stellen oder kann sie umwidmen. Aber wie ist wohl die sechsmonatige Diplomarbeit zu einem biologischen Thema mit einer dreimonatigen Wartezeit bei Projekten der Sicherheitsstufe 2 vereinbar? Wie konnte man hier die im Risiko so unterschiedlichen Sicherheitsstufen 2, 3 und 4 mit den gleichen bürokratischen Auflagen belasten? Muß nicht eine anerkannt unterschiedliche Risikolage auch mit unterschiedlichen Sicherheitsauflagen belastet werden?

Oder können Sie sich wirklich ein Gymnasium vorstellen, das sich als gentechnische Einrichtung klassifizieren läßt? Und dabei wäre es für den Biologieunterricht doch unerläßlich, daß z.B. das Wesen der Antibiotikaresistenzen allgemein bekannt und verstanden würde. Oder was ist von der Tatsache zu halten, daß sich zur Zeit jeder deutsche Wissenschaftler, der seine mit gentechnischen Methoden durchgeführten Arbeiten publiziert, strafbar macht. Mit der Publikation nämlich stellt er automatisch die für die Durchführung der Arbeit benötigten Stämme allen Interessenten zur Verfügung; nach dem Gengesetz und den Vorschriften über das Inverkehrbringen ist dies aber nur für den Geltungsbereich des Gesetzes und nicht einmal für die anderen EG-Länder, geschweige denn für die USA oder Japan, zulässig. Schließlich denke ich an den gentherapeutisch behandelten Patienten, der vielleicht gesund geworden, aber nun zum gentechnisch veränderten Organismus, zum GVO geworden ist und natürlich keineswegs automatisch "freigesetzt" werden darf.

Leider ist all dies weniger anekdotisch, als es auf den ersten Blick klingt. Es scheint auch geradezu häretisch, zu diesem Zeitpunkt bereits von einer Novellierung des Gentechnikgesetzes zu sprechen; aber sie wird wohl auf die Dauer unvermeidlich sein. Tatsächlich ist es wohl heute dazu noch ein wenig früh, denn über die Verordnungen wird einiges an Schwierigkeiten aufzufangen sein. Testfall werden nicht zuletzt die Themen sein, die Gegenstand dieses Symposiums sind, d.h. die Bewertung und Genehmigung von Freisetzungsversuchen. Auch hier gilt es zu differenzieren. Die Enquetekommission hatte für die Freisetzung von Mikroorganismen ein Moratorium von fünf Jahren vorgesehen. Ich selbst hätte damals eine Fall-zu-Fall Entscheidung bevorzugt, sowie sie jetzt der Gesetzgeber vorsieht. Die Frage ist natürlich, ob es uns gelingt, für diese Fälle Sicherheitskriterien zu entwickeln. Das Konzept der biologischen Sicherheit, dem für Arbeiten in geschlossenen Systemen so große Bedeutung zukommt, wird nicht ohne weiteres auf die Freisetzungsproblematik auszudehnen sein. Anders nämlich als in geschlossenen Systemen sollen ja hier die Mikroorganismen gerade überleben um die von ihnen erwartete Arbeit zu leisten. Dennoch kann man sich Mechanismen vorstellen, die diesem Problem gerecht werden könnten; der Mangel an Substrat z.B. könnte als Signal für das Anschalten von "Suizidgenen" führen, von Genen also, deren Funktionen nach getaner Arbeit die Organismen zerstören. Es ist auch festzuhalten, daß bestimmte Mikroorganismen bereits in großem Stil im Bereich der Lebensmittelproduktion, der Landwirtschaft und der Abfallbeseitigung in biologischen Stufen von Kläranlagen eingesetzt werden. Hier liegen natürlich beträchtliche Erfahrungen vor. Genetische Modifikationen in solchen vertrauten Mikroorganismen werden sich sicherlich sehr viel leichter vertreten lassen, als die Freisetzung gänzlich unbekannter Mikroorganismen in einer fremden Umgebung.

Dennoch wissen wir insgesamt sicherlich viel zu wenig über die Interaktion von Mikroorganismen mit der Umgebung, in die sie eingesetzt werden, so daß ich hier nachdrücklich einer Ausweitung wissenschaftlicher Arbeiten zur mikrobiellen Ökologie das Wort reden möchte. Auch diese Mikrobiologie des Bodens ist aber letztlich eine experimentelle Wissenschaft deren Voraussagen sich nicht zuletzt und gerade in der Praxis zu bestätigen haben. Forschungsmoratorien machen denn auch hier im Grunde wenig Sinn.

Einfacher scheint mir insgesamt die Situation bei den Pflanzen zu sein. Pflanzenzüchter haben jahrzehntelange Erfahrung im Umgang mit genetisch veränderten Pflanzen und ihrer sicheren Einführung in die Umwelt. Nicht zu Unrecht haben allein die US-Behörden in diesem Jahr über 100 Freisetzungsexperimente mit Pflanzen genehmigt. Als Hauptproblem wird hier immer wieder die Möglichkeit und die Gefahr beschworen, daß eine Pflanze durch die Einführung eines Gens den Charakter einer Wildpflanze gewinnt oder daß durch Übertragung von gentechnischen Veränderungen existierenden Wildpflanzen ein unerwünschter Phänotyp verliehen wird. Drei Kriterien scheinen mir hier von Bedeutung zu sein:

- Die Eigenschaften, sich als Pflanze unkontrolliert und ohne menschliches Zutun auszuweiten, beruhen erwiesenermaßen auf der Gegenwart nicht nur eines, sondern vieler Gene. In dem über Jahrhunderte andauernden Prozeß der züchterischen Optimierung unserer Nutzpflanzen sind diese meist herausgezüchtet worden. Durch die gezielte Einführung einzelner Gene ist der ursprüngliche Zustand daher sicher sehr viel weniger leicht zu erreichen, als durch das klassische Kreuzen von Nutzpflanzen mit Wildsorten.
- Um neu eingeführte Gene, z.B. zur Herbizidresistenz, von Nutzpflanzen auf Wildkräuter übertragen zu können, müßten

beide miteinander verwandt sein. Viele unserer Nutzpflanzen sind jedoch in Europa nicht heimisch, so daß die entsprechende Wildform nicht existiert und genetisches Material dementsprechend auf sie auch nicht übertragen werden kann. In denjenigen Fällen, wo derartige Übertragungen möglich sind - denn Herbizid-Resistenzen konnten in der Vergangenheit natürlich auch durch klassische Methoden eingekreuzt werden - in all diesen Fällen hat es niemals Probleme gegeben. Dennoch bin ich persönlich der Meinung, daß Versuche zur Übertragung von Herbizidresistenzen nur mit Herbiziden der 3. Generation, d.h. mit solchen durchgeführt werden sollten, die kurze Halbwertzeiten im Boden aufweisen.

- Schließlich wurden von Gegnern der Materie oft auch rein wirtschaftliche Argumente ins Feld geführt. Die Einführung von Herbizid-Resistenzen mache die Züchter von den entsprechenden Chemiefirmen abhängig, die diese produzieren. In den entwickelten Länder halte ich diese Probleme für wenig relevant; in der Bundesrepublik gibt es an die dreihundert Saatgutfirmen; ebenso intensiv ist der Wettbewerb bei den Herbizidproduzenten. Die wenigen Entwicklungsländer sind in vielen technischen Bereichen kaum mehr Entwicklungsländer. Indien, Indonesien oder auch China sind heute Lebensmittelexporteure und haben offensichtlich gewisse befriedigende Lösungen für eine Vielzahl wissenschaftlicher, organisatorischer und sozialer Probleme im Ernährungsbereich gefunden. Den internationalen Forschungszzentren auf diesem Gebiet, z.B. dem internationalen Reis-Institut in Manila, aber auch anderen, kommt hier große Bedeutung zu und sie verdienen, auch im Sinne einer Nutzen/Risikoanalyse der modernen Pflanzenwelt, unser aller Respekt und Unterstützung.

All dies steht jedoch erst am Anfang. Von großer Bedeutung wird es nicht nur sein, ob die Risikoeinschätzungen korrekt sind, sondern auch, ob sich die Versprechungen über den Nutzen und Erfolg des Einsatzes gentechnischer Methoden bewahrheiten werden. Dies bedeutet nicht nur wirtschaftlichen Erfolg; es wird auch letztlich über die Risikoakzeptanz in der Öffentlichkeit entscheiden. Insgesamt ist festzuhalten, daß bislang der wirtschafliche Erfolg des Einsatzes der Gentechnik noch eher gering war; man spricht von 1-2 Milliarden Dollar Umsatz im Bereich gentechnischer Arzneimittel. Der deutsche Anteil an diesen Beträgen ist nicht bekannt, aber sicherlich gering. Die wissenschaftlichen, personellen und auch die rechtlichen Randbedingungen für eine Verbesserung dieser Situation sind jedenfalls heute vorhanden. Daß und warum deutsche Industrieunternehmen dennoch nicht endlich mehr, und auswärtige Industrieuntemehmen hier praktisch überhaupt nicht, in die biowissenschaftliche Grundlagenforschung investieren, dies wäre sicherlich einmal wert in einem getrennten Symposium untersucht zu werden.

Wir werden uns auch darüber klar werden müssen, wen oder was wir bei den Risikobewertungen im Bereich der Biowissenschaften schützen wollen. Bei seiner Amtseinführung hat der neue Präsident der Max-Planck-Gesellschaft, Prof. Zacher, dies auf den folgenden Punkt gebracht: "Schutz der natürlichen Lebensbedingungen heißt nicht einfach Schutz vor Veränderungen. Das Paradies ist längst verlassen. Die Natur ist verändert. Die verhinderte Natur ist Lebensbedingung des Menschen". Natürlich sind und waren diese Veränderungen in der Vergangenheit oft nicht nur unzumutbar, sie werden auch nie richtig kalkuliert. Wir haben zwar mit der Erfindung und dem Einsatz des Automobils unsere Mobilität erhöht, aber niemals ausgerechnet, wie groß der in unserer Umwelt durch den satten Regen angerichtete Schaden ist. Wir wollten dies nicht nur, wir konnten es oft auch nicht wissen. Mangelndes und unzulängliches Wissen hätte uns sicherlich vor vielen Fehlern unserer Lebensführung bewahren können.

"Das Reich der Zukunft ist das Reich des Geistes". Dieses Churchill'sche Plädoyer für die Grundlagenforschung rechtfertigt nicht nur die Forschungsbemühungen im Bereich der Technikfolgenabschätzung, es verleiht ihnen meiner Meinung nach auch den ihr zukommenden Rang. Dabei ist die Art und Weise, in der dieses Thema in unserem Lande behandelt wird, oft mißverständlich. Auf der einen Seite sieht man Politiker, Regierungen und Parlamente, auf den opportunistischen Zug der Sicherheitsforschung springen. Dabei suggerieren sie pauschale Gefahren, ohne diese aber im Detail definieren zu können. Auf der anderen Seite müssen sie dann die Arroganz vieler Naturwissenschaftler erleben, die nach dem Motto "Es ist Krieg und keiner geht hin" das Thema völlig ignorieren. Damit überlassen diese dann nicht nur leichtfertig das Feld den selbsternannten Experten und Instituten, sie leisten letztlich, wie diese, einer pauschalen Bewertung des Faches Vorschub, wenn auch hier im umgekehrten Sinne, wonach eben hier alles sicher sei. Ungeschickter könnte man kaum handeln. Haben wir denn nicht immer und zu Recht darauf hingewiesen, daß jedes gentechnische Experiment letztlich auch einen Beitrag zur Sicherheitsforschung leistet, auch wenn einer Reihe von Kollegen dies gar nicht immer bewußt ist und sie verständlicherweise lieber an die ihnen näherstehenden Aspekte der Arbeit denken?

Und gibt es nicht doch Defizite unseres Wissen, die durchaus auch im Grundlagenbereich angesiedelt sind und schließenswert sind? Ich habe die Mikrobiologie des Lebensraums "Boden" bereits erwähnt. Oder denken Sie an die Fragen zur Struktur und Funktion von Chromosomen. Durch genetische Manipulationen, ob nun klassisch-genetisch oder gentechnologisch, werden sie oft - nicht immer - in ihrer Größe verändert. Hat dies vielleicht langfristig Einfluß auf ihre diversen biologische Aktivitäten, auf ihre Stabilität, ihre Übertragbarkeit, ihre Vermehrbarkeit und vieles andere mehr? Auch die Frage nach den Positionseffekten, der Frage also danach, ob es wichtig ist, daß bestimmte Gene sich auf bestimmten Chromosomen in der Nachbarschaft bestimmter anderer Gene befinden, ist nicht geklärt.

Ein letztes Beispiel sind die Retroviren. Sie werden einerseits als ideale Vektoren für gentherapeuthische Versuche angesehen und auch schon eingesetzt; andererseits stellen sie zweifellos ein Sicherheitsrisiko dar, da eben gerade die als so nützlich und wichtig angesehene Eigenschaft ihrer Wechselwirkungen mit dem Erbmaterial dies auch in unerwünschter Weise verändern kann. Kann man diese Effekte vielleicht minimieren, ohne auf die entscheidenen Vorzüge dieser Vektoren verzichten zu müssen? Ich habe es immer schade gefunden, daß in unserem Lande so wenig über Retroviren gearbeitet wird, wenn man einmal von der HIV-Forschung absieht.

Natürlich könnten die genannten Fragen vielfach auch in anderen Etatposten untergebracht und gefördert werden. Das Stichwort "Sicherheitsforschung" zwingt aber dazu, diesen Aspekt niemals aus den Augen zu verlieren. Außerdem kann und wird es Arbeitsbereiche zusammenführen, die sonst nie zusammenfinden und so vielleicht zu integrierenden Konzepten führen, die ohne daß wir es jetzt schon wissen, zu mehr führen als es die Summe der einzelnen Teilaspekte darstellt. Der wissenschaftliche Charakter darf dabei aber nie aus dem Auge verloren gehen, auch dann nicht, wenn die Ergebnisse der öffentlichen Meinung widersprechen sollten.

Die biomedizinische Forschung hat im Grunde in der Sicherheitsforschung immer - auch in der Vergangenheit - eine Chance gesehen. An dieser Einschätzung wird sich auch in Znkunft nichts ändern. Wo immer Risiken erkennbar werden, werden ihre Ursachen erforscht werden müssen, ob dies nun gesetzlich festgelegt ist oder nicht. Ein Null-Risiko wird aber nicht erreichbar und auch nicht zu erzwingen sein; angesichts der Globalität der Risiken, auch und gerade nicht durch nationale Forschungsverzicht-Alleingänge. So deutlich wie heutzutage die Öffentlichkeit von der Wissenschaft Verantwortungsbewußtsein und Offenheit zu Recht einfordert, so muß diese wiederum auf eine Öffentlichkeit bauen können, die nichts Sinnloses und Unmögliches verlangt. Die Diskussion um das Gengesetz zeigt mir, daß bei allen Schwierigkeiten, die dieser Beitrag nicht verschweigt, auch in unserem Lande durchaus die Konsensfindung möglich ist, so schwer dies auch im Einzelfall erscheinen mag.

2 "Sicherheitsforschung" in bezug auf Freisetzung und Risikoabschätzung: die Notwendigkeit, eine langfristige Strategie für eine koordinierte interdisziplinäre Grundlagenforschung zu entwickeln.

Kenneth N. Timmis

2.1 Einleitung

Methoden zur Kombination von Genen in Röhrchen wurden erstmals 1973 beschrieben. Seitdem wurde eine enorme Anzahl von Hybrid-DNA-Molekülen konstruiert, in erster Linie mit dem Ziel, neue wissenschaftliche Erkenntnisse zu gewinnen. Nur wenige dieser Hybride wurden für biotechnologische Zwecke konstruiert, und nur ein verschwindent geringer Anteil dieser spezifischen Hybride erfordert einen Einsatz in der Umwelt, um ihre Zwecke erfüllen zu können. Die Anwendungsgebiete von Mikroorganismen, die freigesetzt werden sollen, liegen hauptsächlich im Bereich Umweltschutz/Entsorgung von Umweltschadstoffen und der Landwirtschaft, obwohl es durchaus weitere wichtige Anwendungen zu nennen sei hier z.B. die Immunisierung von Mensch und Tier gegen Infektionskrankheiten gibt.

Bedenken über Risiken die möglicherweise mit der Freisetzung von genetisch-veränderten Mikroorganismen (GEM) verbunden sind, haben ihren Ursprung in der Idee, daß GEM irgendwie eigenartige, nicht natürliche Wesen sind, welche als Mikro-Frankensteine bezeichnet werden könnten. Ein solches fiktives Angstgefühl ist seit frühester Kindheit in unserer Psyche als echte Angst verankert und kann, obwohl sie fast immer schlummert, sehr schnell durch bestimmte äußere Einwirkungen bzw. äußere Einflüsse aus ihrem Tiefschlaf gerissen werden.

Nach 17 Jahren intensiver gentechnischer Forschung und sorgfältiger Analyse möglicher Risiken, in erster Linie die Entwicklung unerwarteter pathogener Eigenschaften der GEM für den Menschen betreffend, ist kein einziger dokumentierter Fall von unvorhergesehener Gefahr dokumentiert worden. Darüber hinaus haben wachsende Kenntisse über die Genübertragung und die Genaustauschmechanismen von Mikroorganismen, vor allem aber über die Genrekombinationsmechanismen, die keine phylogenetische Verwandtschaft zwischen Donor und Rezipient benötigen, die Tatsache hervorgehoben, daß GEM keine Besonderheiten darstellen, und daß die Kombination von Genen nichtverwandter Organismen selbst in der Natur im Verlauf natürlicher Prozesse stattfindet. Dieses Verständnis hat zu einer deutlichen Reduktion früherer Einschränkungen bei der Neukombination von Genen im Röhrchen geführt. Es gibt jetzt überall ein logisches Verhältnis zwischen der "Sicherheitsstufe" die verlangt wird und der bekannten Gefahr (im Gegensatz zum mutmaßlichen Risiko) durch den Spender bzw. Rezipienten der Gene die kombiniert werden sollen.

2.2 Warum brauchen wir Sicherheitsforschung?

Obwohl der größte Teil der Personen, welche Grundkenntnisse im Bereich Medizin oder Biologie besitzen, die Neukombination von Genen für unbedenklich halten, ist die alte Angst wohl nicht völlig verschwunden und taucht sehr schnell wieder auf, bei der Vorstellung einer möglichen Freisetzung von GEM in die Umwelt. Warum ist dies so, und was kann gegen diese unterschwelligen, ewig existierenden Ängste unternommen werden?

1.: Maßnahmen zur Minimierung der mutmaßlichen Risiken von GEM wurden ergriffen, d.h. spezielle Labors und Arbeitsweisen wurden entwickelt, um eine ungewollte Freisetzung zu verhindern. Die Freisetzung von GEM steht also in direktem Gegensatz zu den früheren Sicherheitsmaßnahmen bzw. der Sicherheitsphilosophie. Die Schlußfolgerung für viele ist natürlich, daß eine Freisetzung grundsätzlich gefährlich ist. Diese Schlußfolgerung ist aber nur dann zulässig, wenn von GEM von vornherein eine Gefahr ausginge; dies ist nicht der Fall. Diese Aussage bedeutet andererseits aber nicht, daß alle GEM ungefährlich sind: GEM sind Mikroorganismen, und da bestimmte Mikroorganismen ein Gefahrenpotential beinhalten, können GEM, die von solchen Organismen entwickelt wurden, auch gefährlich sein. Das mögliche Gefahrenpotential von GEM hat aber in keiner Weise etwas mit dem Verlauf ihrer Konstruktion zu tun, sondern vielmehr mit den ursprünglichen Eigenschaften der Donor- und Rezipientstämme, dessen Gene zu Kombinationen herangezogen wurden. Die Risikoabschätzung muß somit auf der Basis dieser Eigenschaften, welche vorab zu ermitteln sind, erfolgen.

2.: Es wird sehr oft angedeutet, daß GEM gefährliche Auswirkungen auf die Umwelt haben könnten. Hier erwacht erneut die tief verankerte Frankenstein-Angst, welche wiederum in tiefen Schlaf fällt, sobald genügend Erfahrungen, gesammelt durch Freisetzungen von GEM, bei denen keinerlei unerwartete Komplikationen aufgetreten sind, gewonnen werden.

3.: Manche werden von dem unbehaglichen Gefühl befallen, daß die Freisetzung von Mikroorganismen etwas vollkommen Neues, nicht Natürliches ist und somit einen radikalen Eingriff in den Ablauf natürlicher Prozesse darstellt. In der Tat, setzen wir jeden Tag nicht nur enorme Mengen an Mikroorganismen via Abwasser und via Düngung unserer Felder mit Gülle frei, sondern enorme Mengen pathogener Mikroorganismen werden vor allem auch durch die Abwässer von Krankenhäusern in die Umwelt abgeben. Letzteres stellt natürlich eine wirkliche Gefahr dar, und wir haben die Konsequenzen zu tragen, wie z.B. Infektionen nach dem Schwimmen in verunreinigten Gewässern oder aber als Folge des Genusses von kontaminierten Lebensmitteln, insbesondere in Ländern mit geringem hygienischen Niveau. Trotz der Freisetzung großer Mengen pathogener Mikroorganismen durch Menschenhand über einen Zeitraum von Jahrhunderten hat dies nicht zu einer Umweltkatastrophe geführt. Dies liegt sicherlich darin begründet, daß wir bereits sehr früh gelernt haben, unsere persönliche Hygiene, welche unserem persönlichen Schutz dient, auf die jeweiligen Umweltbedingungen abzustimmen und damit nicht nur einen individuellen Schutz, sondern auch einen Schutz der Gemeinschaft zu erwirken.

Es steht außer Frage, daß kein Mikroorganismus ohne detaillierte Bestimmung aller mit seiner Freisetzung verbundenen Risiken in die Umwelt abgegeben werden kann; so liegt die Gefahr biologischer Hilfen in einer echten Gefahr bestimmter Mikroorganismen begründet. Hervorzuheben ist aber, daß die Freisetzung als solches nicht gefährlich ist, sondern sich eine mögliche Gefahr nur aus den Eigenschaften der Mikroorganismen ergibt. Mit anderen Worten: die Freisetzung bestimmter Mikroorganismen mag mit Risiken verbunden sein, aber ob solche Organismen GEM sind oder nicht spielt dabei keine Rolle.

Zusammenfassend bleibt festzuhalten, daß es auf der einen Seite den wissenschaftlichen Bedarf einer Risikoabschätzung/ Sicherheitsforschung gibt. Eine solche gilt es bei der Freisetzung von Mikroorganismen (nicht nur GEM) ganz allgemein durchzuführen, da gewisse offene Fragen beantwortet werden müssen, um die Konsequenzen (und z.B. die mögliche Dosis-

Abhängigkeit von Konsequenzen) bei einer Einführung von Mikroorganismen in die Umwelt, über welche bisher noch keine Erfahrungswerte vorliegen, zu erfassen. Auf der anderen Seite gibt es auch in der Öffentlichkeit einen wachsenden Bedarf, solche Forschung zu betreiben, um ihr die Möglichkeit zu geben, zwischen realen Gefahren und Fiktionen unterscheiden zu können.

2.3 Was ist Sicherheitsforschung?

Diese Überlegungen führen uns zu dem Konzept der Sicherheitsforschung, welche meiner Meinung nach die Bereitstellung und Förderung wachsender Kenntnisse zum Ziel haben muß, um somit eine solide und logische Beurteilung von Risiken bei der Freisetzung zu ermöglichen. Der Begriff "Sicherheitsforschung" findet oft Anwendung. Was aber ist seine eigentliche Bedeutung? Aus der Logik lassen sich folgende Bedeutungen für den Begriff "Sicherheitsforschung" ableiten.

(a) Identifizierung von echten Gefahren
(b) Analyse ihres Ursprungs
(c) Aufklärung ihres Wirkungsmechanismus
(d) Auswertung der Konsequenzen
(e) Entwicklung von Strategien von Minimierung der Gefahren und Konsequenzen.

Ein entscheidendes Charakteristikum der Sicherheitsforschung ist die Berücksichtigung künstlich geschaffener Situationen extremer Gefahren, um kurzfristig eine Analyse von "Worst Case"-Situationen zu ermöglichen. Weiterhin sollten Situationen einer minimalen Gefahrenstufe in die Untersuchungen einbezogen werden, um langfristige Einflüsse geringer Gefahrenquellen dokumentieren zu können. Als mögliche Beispiele sind zu nennen die toxikologischen Studien von Umweltschadstoffen; Studien des Traumas, welche aus Autounfällen erwachsen, u.s.w.. Als mögliche Maßnahmen zur erfolgreichen Reduzierung von Gefahren bei Autounfällen seien an dieser Stelle z.B. die Entwicklung des Antiblockiersystems sowie die Konstruktion des "Air bag" angeführt. Sicherheitsforschung in bezug auf die Freisetzung von GEM ist davon aber völlig zu differenzieren und ist von seinem Konzept gleichzeitig eindeutig ebenso deutlich zu unterscheiden von der klassischen Sicherheitsforschung anderer Disziplinen, in denen es um die mutmaßlichen Gefahren von Mikroorganismen mit unbekannten Gefahrenpotential geht. In diesem Sinne ist sie schwieriger als die Suche nach der berühmten Nadel im Heuhaufen, da wir wissen, daß diese Nadel bei hinreichend intensivem Suchen gefunden werden könnte. Im Falle der Sicherheitsforschung von GEM aber ist nicht einmal bekannt, ob diese Nadel überhaupt existiert.

Da gegenwärtig noch keine echte Gefahr, ausgehend von GEM, entdeckt werden konnte, hat sich die Sicherheitsforschung bisher die Charakterisierung einer breiten Palette von möglichen Parametern - welche möglicherweise einen Einfluß auf das Potential möglicher Risiken haben könnten, falls solche überhaupt existieren - zur Hauptaufgabe gemacht. An dieser Stelle ist festzuhalten, daß sämtliche Hauptaussagen des letzten Satzes auf Vermutungen basieren. Ich stelle hiermit die These auf, daß Sicherheitsforschung in der Biotechnologie - wenn sie gut konzipiert ist - als Forschung auf die Erweiterung unserer Basiskenntnisse von Wirkungsmechanismen in der Umwelt gerichtet sein muß und als weitere Zielsetzung eine zuverlässigere Vorhersagbarkeit der Verhaltensweisen der für biotechnologische Zwecke konstruierten Mikroorganismen haben muß.

Sicherheitsforschung in der Biotechnologie steht somit im krassen Gegensatz zur herkömmlichen klassischen Sicherheitsforschung, die sich mit der Minimierung bekannter, gut charakterisierter, d.h. vorhersagbarer Gefahren/Eigenschaften (beispielsweise beim Autofahren, Fliegen) beschäftigt.

Da es aber sehr oft an klar definierten Anhaltspunkten fehlt, d.h. sich ausgehend von bekannten Gefahren konkrete Fragestellungen ergeben sollten, die wiederum zu gut konzipierten Versuchen führen, war bislang noch keine kritische Fokussierung, optimale Konzipierung und Koordinierung der Sicherheitsforschung in der Biotechnologie möglich. Diese Forschung hat zwar zur Erfassung einer großen Anzahl an Daten geführt, die Nützlichkeit dieser Informationen aber in bezug auf die Sicherheit ist, im Gegensatz zu ihrer Bedeutung für andere Interessen, wie erwartet, sehr niedrig. An dieser Stelle möchte ich deshalb einen sehr wichtigen Aspekt wissenschaftlicher Bestrebungen und der Förderung solcher Arbeiten betonen, nämlich die Qualität der Informationen welche gesucht und gewonnen werden.

Rigorose Forschung kann nur dann zustande kommen, wenn sie von nützlichen und und gleichzeitig konkreten Fragestellungen ausgeht. Eine experimentelle Gestaltung, welche entscheidende Kontrollversuche miteinschließt, trägt wesentlich zur Qualität der gelieferten Informationen bei und muß von präzisen Problemstellungen ausgehen. Sinnvolle Fragen können aber nur dann gestellt werden, wenn eine adäquate Kenntnisbasis vorhanden ist. Ich bin davon überzeugt, daß sich eine sehr gezielte Forschung in der Biotechnologie auf der Basis von Sicherheitsaspekten als weniger nützlich erweist als normalerweise angenommen. Unbedingt erforderlich sind vielmehr langfristige Forschungsprogramme innerhalb relevanter Fachgebiete, um den Aufbau der benötigten Kenntnisbasis zu sichern.

Ferner meine ich, daß in der Tat ein großer Bedarf für eine wesentliche kritischere Analyse von neuen Schwerpunktprogrammen, vor allem derjenigen, die sich aus dem politischen Umfeld ergeben, vorhanden ist. Diese sind unbedingt zu verwirklichen, so daß eine vernünftige Zielsetzung und eine darauf abgestimmte Struktuierung und Finanzierung von Forschungsprogrammen möglich ist.

2.4 Die Probleme der gegenwärtigen Sicherheitsforschung

Der größte Teil der Sicherheitsforschung in westlichen Ländern wird ähnlich wie andere Forschungsprogramme strukturiert, und die Finanzierung der einzelnen Projekte erfolgt nur über sehr begrenzte Zeiträume (2 - 3 Jahre). Hieraus ergeben sich zwangsläufig nur sehr kurzfristige Forschungsziele, welches wiederum die Qualität und infolgedessen auch die Nützlichkeit der gewonnenen Informationen deutlich minimiert. Welche Inhalte umfaßt eine "sehr gezielte Forschung", die nicht immer nützliche Informationen liefert? Typische Inhalte und Fragen der aktuellen Sicherheitsforschung sind:

(a) Wie sehen das Schicksal und die Sterberaten der GEM im Mikrokosmus der jeweiligen Zielökosysteme aus? Hinter dieser Frage verbirgt sich die Annahme, daß ein gut überlebender GEM eine weitaus größere Gefahr darstellt als ein GEM mit hoher Sterberate. In der Realität aber ist von einem GEM eine hohe Überlebensrate zu fordern, um die Erfüllung seiner biotechnologischen Aufgaben sicherzustellen. In der Tat ist es in den meisten Fällen so, daß GEM über einen längeren Zeitraum mit sehr geringer Anzahl persistieren. Ob die Population eines mit einer anfänglichen Konzentration von 10^7/Gram Erde in die Umwelt eingebrachten Mikroorganismusses innerhalb 1, 3 oder 5 Tagen auf 10^6G. oder 10^5/G. oder 10^4/G. abfällt, könnte einen deutlichen Einfluß auf den erfolgreichen Verlauf seiner biotechnologischen Anwendung haben. Welche Konsequenzen sich hieraus aber für die Sicherheit ergeben, ist bisher noch völlig unklar. Darüber hinaus weisen die ermittelten Daten eine große Schwankungsbreite auf, da sie von Organismus zu Organismus, von Ökosystem zu Ökosystem und von Jahreszeit zu Jahreszeit variieren und somit keine Allgemeingültigkeit besitzen. Eine unverzichtbare Anforderung an die Sicherheitsforschung ist daher ein deutlich besseres Verständnis der Populationsdynamik typischer Mitglieder einer Population an biotechnologisch wichtigen Standorten und die Erfassung des Einflusses biologischer (einschießlich einer künstlichen Zunahme der Zahl eines der Mitglieder, welches mit einer Freisetzung gleichzusetzen wäre) und nichtbiologischer Parameter auf die Population.

(b) Wie sehen das Schicksal und die Verlustkinetik der neuen genetischen Information der GEM (einschließlich seiner Übertragung auf einheimische Mikroorganismen aus)? Diese Frage ergibt sich zwangsläufig aus der Annahme, daß die gefährlichen Eigenschaften der GEM aus der unnatürlichen Kombination von heterologen, neu erworbenen Genen mit den homologen Genen des GEMs resultieren. Eine logische Weiterführung dieser Gedankengänge führt unausweichlich zu der Schlußfolgerung, daß die Aufnahme heterologer Gene durch nicht charakterisierte standortgebundene Mikroorganismen zur Entstehung noch wesentlich gefährlicherer Kombinationen führen könnte. Eine weitere häufig auftretende Sorge ist, daß ein geringfügig pathogener Mikroorganismus durch Genkombination sehr schnell zu einem hochpathogenen Mikroorganismus werden könnte. Es darf dabei aber keinesfalls vergessen werden, daß für den Gentransfer zwischen Mikroorganismus sehr effektive Mechanismen vorhanden sind und Gene, die Pathogenitätseigenschaften kodieren, sehr oft auf Plasmiden, welche sich durch hohe Übertragungsraten auszeichnen, liegen. Festzuhalten bleibt, daß die Fälligkeit einer beliebigen Mischung und Kombination von Pathogenitätsfaktoren bereits längst vor der Entwicklung der Gentechnologie auftrat. In der Tat hebt die Argumentation mancher Wissenschafler ein langfristiges Überleben der genetischen Informationen nach ihrer Freisetzung durch Zell-Lysis von toten Organismen - vom Bakterium bis hin zum Menschen - durch Absorption an Bodenpartikeln oder freies Vorkommen im Wasser hervor. Falls sich diese Annahme bestätigt, kann davon ausgegangen werden, daß ein sehr großer Teil der existierenden genetischen Information effizient in bestimmte aufnahmefähige Mikroorganismen eingeführt wird. Unter dieser Vorraussetzung ist anzunehmen, daß effektive Gentransfermechanismen die Übertragung der meisten Gene dieses globalen Genpools auf eine große Anzahl an Mikroorganismen mit einer bestimmten Frequenz garantieren. Hieraus ergibt sich die logische Schlußfolgerung, daß kein GEM unnatürlich ist und die Genübertragung für die Sicherheit keinerlei Relevanz besitzt. Unabhängig davon, ob diese Schlußfolgerung nun zulässig ist oder nicht, ist es doch völlig unklar, welche Bedeutung die ermittelten Übertragungsfrequenzen von 10^{-5}/ 10^{-6}/ 10^{-7}/ 10^{-8} pro Donor- bzw. Rezipientenzelle und Verdoppelung für die Sicherheit haben. Weiterhin kann ebenfalls keinesfalls außer acht gelassen werden, daß die geschätzten Verdoppelungszeiten von Mikroorganismen im Boden von 1 - 2/Tag bis 1 - 2/Jahr reichen.

Bereits die Bestimmung der Übertragungsfrequenzen selbst könnte sich als irrelevant herausstellen. Fast immer, wenn von den Risiken der Übertragung von neuen Genen die Rede ist, schließt dies den Erwerb neuer biologischer Eigenschaften des einheimischen Rezipienten ein. Ohne darauf näher eingehen zu wollen, bedeutet dies wiederum, daß die Genübertragung nur das erste von mehreren notwendigen genetischen Ereignissen ist, um eine stabile Expression neuerworbener Gene in dem neuen Wert zu garantieren. Als weitere erforderliche genetischen Schritte schließen sich in den meisten Fällen (a) die stabile Integration der Gene ins Chromosom des Wirtes meistens durch homologene Rekombination (erfordert üblicherweise Homologie zwischen den neuerworbenen Genen und dem Wirtschromosom), (b) effiziente Transkription der Gene (erfordert eine Kompatibilität zwischen den Promotoren der neuen Gene und dem Transkriptionsapparat des Wirtes), (c) und eine effiziente Translation der m-RNA (erfordert eine Kompatibilität zwischen den Translationsstartsignalen der neuen Gene und dem Translationsapparat des Wirtes) an, (d) in bestimmten Fällen den Einbau von Genprodukten in subzelluläre Organellen, wie z.B. in die Zellmembran unter Erhaltung ihrer vollen Funktionsfähigkeit und ohne Verlust ihrer Resistenz gegenüber zellulären proteolytischen Enzymen, und (e) muß die aktive Expression der neuerworbenen Gene jegliches Auftreten einer Störung der Zellphysiologie, und somit gegebenenfalls einen Selektionsdruck auf die Inaktivierung der neu erworbenen Gene, ausschließen. Ganz allgemein gilt, je höher die Verwandschaft zwischen dem Donor GEM und dem Rezipienten, desto weniger Probleme treten bei der Expression der übertragenen Gene auf. Dies wird aber auch von einer Abnahme der Wahrscheinlichkeit des Auftretens von unerwarteten neuen Aktivitäten des Wirtes begleitet. Eine große phylogenetische Entfernung zwischen Donor und Rezipient dagegen führt zu einer Erhöhung der Wahrscheinlichkeit möglicher auftretender Probleme bei der stabilen Expression der übertragenen Gene.

(c) Kann der GEM, als Folge der neu eingeführten Information, eine unerwartete Aktivität (z.B. pathogenes Potential) aufweisen? Diese Frage, welche sehr wahrscheinlich deutlich verneint werden kann, verdient unsere Aufmerksamkeit nicht nur aus wissenschaftlichen Überlegungen heraus, sondern weil sie im Blickpunkt der öffentlichen Sorgen und der Frankenstein-Angst steht. Leider wird die Beantwortung dieser Frage gegenwärtig nicht mit großem Enthusiasmus angegangen. Das liegt sicherlich zum Teil auch darin begründet, daß Wissenschafler, die ansonsten für diese Arbeit in Frage kommen würden, ihre Bereitschaft zeigen, sich einer Arbeit zu widmen, welche mit sehr hoher Wahrscheinlichkeit nur zu negativen Ergebnissen führt. Als Folge dieser Betrachtung meine ich, daß die aktuelle Sicherheitsforschung größtenteils an ihrer eigentlichen Aufgabenstellung, nämlich kritische Informationen über mögliche Gefahren zu liefern, bzw. ihre Erfassung oder Minimierung sicherzustellen, vorbeigeht.

Für die Mehrzahl der aktuellen und geplanten Freisetzungen kommen Mikroorganismen zum Einsatz, für die keinerlei Pathogenitätspotential nachgewiesen wurde, z.B. Pseudomonas putida zum biologischen Abbau von Umweltschadstoffen, Pseudomonas Stämme der Pflanzenrhizosphäre zur Simulierung des Pflanzenwachstums bzw. zur Hemmung von Pilzen, die für Pflanzenwurzeln pathogen sind, usw.. Solche Mikroorganismen weisen nur sehr geringfügige genetische Veränderungen auf, die oftmals durch Integration von neuen Genen engverwandter Organismen entstanden sind, die sowieso in einem ständigen genetischen Austausch miteinander stehen. Die Risikoabschätzung solcher GEM basiert auf einer adäquaten Kenntnisbasis und ist direkt möglich und erfordert kaum neue Informationen. Zukünftige Anwendungsbereiche können aber auch weniger gut charakterisierte Mikroorganismen sein, die sich durch neuartige Eigenschaften auszeichnen. In diesem Fall wird die Risikoabschätzung schwieriger und umfassendere Kenntnisse als die gegenwärtig vorhandenen, sind erforderlich. Eine schrittweise Erweiterung unserer aktuellen Kenntnisbasis - und zwar ausgehend von neuen an sie gerichteten Anforderungen - ist somit unverzichtbar.

2.5 Was sollte Sicherheitsforschung einschließen?

Neben dem Wissen ob ein Mikroorganismus über einen längeren Zeitraum persistieren wird und ob er unerwartete Eigenschaften besitzt, sind folgende Fragen zu beantworten:

(a) Führen GEMs zu der Verdrängung eines oder mehrerer einheimischer Mikroorganismen die zu der Gemeinschaft gehören, in die es eingebracht wird? Wenn dies der Fall sein sollte, ergeben sich hieraus nicht unbedingt unausweichliche Konsequenzen, weil 1. das eigentliche Ziel eines solchen Einsatzes der Austausch eines unerwünschten Organismus gegen einen besser geeigneten Organismus sein könnte (Austausch eines schlechten N_2-Fixierers gegen einen guten N_2-Fixierers); 2. da in der Mikrobenwelt ohnehin eine Fülle von verschiedenen Mikroorganismen mit übergreifenden Fähigkeiten existieren, führt dies zu einer funktionellen Überfülle in der Mikrobenwelt, so daß der Verlust einer Spezies in einem Habitat normalerweise keine negativen Konsequenzen hat. Dies ist natürlich nicht der Fall bei einer vollständigen Eleminierung einer Art von der Biosphäre: diese Möglichkeit aber ist nahezu auszuschließen.

(b) Kann ein GEM zu großen Veränderungen in der Artenstruktur einer mikrobiellen Gemeinschaft führen? Das Auftreten solcher Veränderungen könnte ernste Folgen haben, aber aufgrund der mikrobiellen Vielfalt und der daraus resultierenden Fülle überlappender Funktionen einzelner Arten ist dies normalerweise nahezu auszuschließen.

(c) Beeinträchtigt der GEM das normale Funktionieren einer mikrobiellen Gemeinschaft (z.B. Energieflux, Kohlenstoff-Stickstoffkreislauf, usw.)? Eine solche Beeinträchtigung wäre sehr ernst zu nehmen, vor allem dann, wenn der GEM in der Lage wäre, sich schnell auszubreiten und als Folge davon auch zu einer Beeinflussung anderer Ökosysteme führen würde.

Ein entscheidendes Problem bei der Beantwortung der aufgeworfenen Fragestellung ist ein vorhandenes Informationsdefizit der mikrobiellen Wechselbeziehungen und auch der Populationsdynamik, d.h. die mikrobielle Ökologie betreffend; hierüber liegen gegenwärtig nur sehr wenige fundierte Kenntnisse vor. Hauptursache hierfür ist sicherlich die enorme Artenvielfalt und die funktionelle Überlappung innerhalb einer mikrobiellen Gemeinschaft. Nach allgemeinen Einschätzungen sind bisher nur 10 % der gesamten mikrobiellen Arten der Biosphäre isoliert und charakterisiert worden. Darüber hinaus sind wir in der Lage, nur etwa 10 % der lebensfähigen Mikroorganismen in Standortproben auf üblichen Labormedien zu kultivieren. Dies wiederum führt zu einer Unkenntnis der tatsächlichen Artenzusammensetzung typischer mikrobieller Gemeinschaften. Diese Tatsache spiegelt eine Situation wider, in der Wissenschaftler ein Fußballspiel beobachten mit der Absicht, die Vorgänge auf dem Feld zu erfassen, wobei aber 20 der 22 Spieler unsichtbar sind und zusätzlich nur einer der zwei sichtbaren Spieler ein Hemd trägt! Dieses ist der gegenwärtige Stand der Dinge im Bereich der mikrobiellen Ökologie.

Ich wiederhole nochmals: diese Situation gibt aber keinen Anlaß zur Beunruhigung in bezug auf aktuelle Freisetzung, da die Verläßlichkeit eine Vorhersagbarkeit ihres Ablaufes sehr hoch ist. Bei zukünftigen Freisetzungen, die auch eine Vielfalt bisher wenig untersuchter Mikroorganismen einschließen, ist aber durchaus eine detaillierte Analyse aller möglichen Folgen erforderlich. Mit anderen Worten, die Grundlagenforschung in der mikrobiellen Ökologie muß eine wesentliche Komponente der Sicherheitsforschung sein, wobei vor allem die Entwicklung neuer empfindlicher Methoden, die eine Analyse der Struktur mikrobieller Populationen, ebenso auch eine Analyse ihre Funktion und auch die Bestimmung auftretender Störungen ermöglichen, in den Vordergrund rücken müssen.

Ein zweiter Aspekt der Sicherheitsforschung ist die Genübertragung. Die Analyse, ob und in welchen Maße eine Übertragung der neuen Gene in Mikroorganismen bestimmter Standorte stattfindet und von noch größerer Bedeutung, ob eine stabile Integration sowie eine funktionelle Expression erfolgt, erfordert detaillierte Studien des Genaustausches an natürlichen Standorten oder aber in Modellhabitaten, welche unter natürlichen Bedingungen gehalten werden. Hochgereinigte DNA, Rezipienten, die einer besonderen Behandlung unterzogen wurden, so daß sie eine signifikant erhöhte Kompetenz aufweisen und Donorbakterien, welche sich durch hochkonjunktionsfähige Systeme auszeichnen, sind nicht Teil solcher Versuche. Statt dessen sollen Mikroorganismen, die unter natürlichen Bedingungen an verschiedenen Standorten auftreten, als Rezepienten dienen, um die tatsächlichen Aufnahmeraten und stabile funktionelle Expression der neuen Gene verfolgen und bestimmen zu können.

Ein dritter Aspekt der Sicherheitsforschung ist die Aufklärung der Umweltprozesse ganz allgemein. Die Freisetzung von Organismen hat in der Regel eine positive Beeinflussung der Abläufe in der Umgebung zum Ziel (Entsorgung von Umweltschadstoffen, Reduktion von Pflanzenkrankheiten, Verbesserung des Pflanzenwachstums ohne zusätzliche Düngung, usw.). Die Risikoabschätzung muß sich deshalb in erster Linie auf die Erfassung unerwarteter unzuträglicher Konsequenzen für die Umwelt konzentrieren. Dies wiederum erfordert ein grundlegendes Verständnis der Umweltprozesse, vor allem der mikrobiellen Wechselbeziehungen und Aktivitäten, aber auch der nichtbiologischer Abläufe. In Abwesenheit bekannter Gefahren von GEM muß die Risikoabschätzung sich ebenfalls mit der Vorhersage von möglichen Verhaltensweisen der GEM befassen. Hieraus ergibt sich ein weiterer wichtiger Aspekt der Sicherheitsforschung, und zwar die Entwicklung von Strategien mit dem Ziel, die Wirkungsweise von GEM besser abschätzen zu können. Einige dieser Strategien schließen die Hemmung des Gentransfers und das Aussterben der GEM nach ihrem erfolgreichen biotechnologischen Einsatz ein. Dies führt zu einer wesentlichen Einschätzung der Risikoabschätzung.

2.6 Zusammenfassende Bemerkungen

1. Wissenschaft als solches ist ein Prozeß, welcher einer natürlichen Evolution unterliegt. Jeder neue Impuls erwacht dabei aus bereits vorhandener Kenntnisbasis und wird von ihr geformt und limitiert. Da die Grundlagenforschung größtenteils über Steuergelder finanziert wird und aktuelle Forschung mit einem großen Kostenaufwand verbunden ist, ergibt sich hieraus für die Wissenschaftler eine - wenn auch begrenzte so doch zu erfüllende - Verpflichtung, die Forderungen der Steuerzahler, vertreten durch die Politiker, in Form von Forschungsschwerpunkten, im Bereich des öffentlichen Interesses (z.B. Umweltschutz) zu berücksichtigen. Das Problem mit Forschungsprioritäten die politisch inspiriert und von oben initiiert sind, statt von unten aus der Kenntnisbasis zu entspringen, ist, daß es oft an bestimmten, natürlich gewachsene Voraussetzungen, wie z.B. wesentlichen Basisinformationen einer Infrastruktur, oder aber einer kritischen Masse von Experten

fehlt. Dies aber ist unbedingt notwendig für die Durchführung geplanter Forschungsprogramme, da sie ansonsten von vornherein aufgrund zu langer Anlaufphasen und einer den Projektträgern nicht möglichen optimalen Gestaltung neuer Forschungsprogramme zum Scheitern verurteilt sind. Infolgedessen wird oft nur unzureichendes Interesse an den neuen Programmen bei sehr wenigen guten Forschungsgruppen geweckt, und somit sind Projektträger nicht selten gezwungen unerfahrene bzw. weniger qualifizierte Gruppen zu fördern, um die neuen Programme starten zu können.

2. Zur Vermeidung möglicher Nachteile, welche sich beim Start von Forschungsprogrammen aufgrund unzureichender Basiskenntnisse ergeben könnten und um der Gefahr einer anfänglichen Überfinanzierung bestimmter Forschungsprogramme durch Bereitstellen entscheidender Ressourcen für wenig erfahrene Arbeitsgruppen vorzubeugen, ist die Gründung entsprechender Sonderberatungsgremien, welche sich aus hochqualifizierten Wissenschaftlern zusammensetzen, notwendig. Hauptaufgabe eines solchen Gremiums sollte die Beurteilung der Umsetzbarkeit und der Realisierung eines neuen politisch inspirierten Forschungsschwerpunktes sein, wobei die Berücksichtigung der existierenden Kenntnisbasis, die bestehende technische Expertise, sowie der geplante Zeitraum und die vorhandenen Ressourcen zu berücksichtigen sind. Gleichzeitig wäre die Identifizierung von hochqualifizierten Forschungsteams und die Bestimmung ihrer jeweiligen Interessen unter Einsatz solchen Gremiums möglich, welches gleichzeitig auch die Verantwortung für die Unterbreitung von Vorschlägen, adressiert an die jeweils fördernde Organisation, wie z.B. das BMFT, tragen müßte. Für das Sonderberatungsgremium sollen weiterhin die Verfolgung einer optimalen Realisierung des Programmes, die Anpassung anfänglicher Durchführungsarbeiten, sowie die

Erhaltung der Förderungsdynamik über den gesamten Förderungszeitraum im Vordergrund stehen. Vorschläge, um den gesamten Bedarf für den Fortschritt in anderen Themenbereichen - welche eine Schlüsselposition für die Garantie des Erfolges der eigentlichen Forschungsschwerpunkte einnehmen - zu garantieren, fallen daher selbstverständlich ebenfalls in den Aufgabenbereich des Gremiums. Solche Beratungssysteme haben ihre gute Funktionsfähigkeit bereits in den USA und auch in anderen Ländern bewiesen und operieren ebenfalls erfolgreich in Deutschland, wenn es um neue Forschungsprioritäten geht, die den wissenschaftlichen Bereichen entstammen. Dieses scheint gegenwärtig eine geringere Anwendung der Effektivität im Bereich der Forschungsprogramme zu finden, wenn Sie ihren Ursprung im politischen Bereich haben.

3. Anstatt sehr empirische Fragestellungen von sehr kurzlebiger Natur aufzustellen, ist es notwendig, die Kenntnisbasis, auf der ein Forschungsprogramm basiert, zu analysieren, wichtige Lücken im Bereich der Grundkenntnisse aufzudecken und einen wesentlichen Teil des Forschungsetats für die langfristige Förderung der Grundlagenforschung in diesem Bereich zu investieren, so daß mit der gleichzeitigen Vergrößerung der Kenntnisbasis auch die Entwicklung neuer Forschungsprioritäten Zug um Zug einhergeht.

4. Die Freisetzung von GEM stellt einen bewußten Versuch dar, die Umwelt (wenn auch nur geringfügig) zu modifizieren. Die Risikoabschätzung muß sich somit auf mögliche negative Konsequenzen für die Umwelt konzentrieren. Sicherheitsforschung hat daher in erster Linie die Aufgabe, nötige Informationen über Mechanismen des normalen bzw. gestörten Funktionierens der Umwelt zu liefern. Obwohl es sich hier um ein nahezu unbegrenztes Aufgabenfeld handelt, muß doch betont werden, daß z.B. bei einer Abschätzung einer möglichen Ver-

änderung einer mikrobiellen Gemeinschaftsstruktur und -funktion mittels eines GEM, wir in der Lage sein müssen, den Einfluß einer solchen Veränderung auf die Umwelt zu interpretieren. Es ist aber an dieser Stelle hervorzuheben, daß sogar bei einer absoluten Kenntnis aller Vorgänge in unserer Umwelt, welche die uns in die Lage versetzen würde, eine Risikoabschätzung mit sehr hoher Wahrscheinlichkeit vorzunehmen, eine 100 %ige Zuverlässigkeit bei der Vorhersage von möglichen Konsequenzen für die Umwelt, und auch eine 100 %ige Sicherheitsgarantie, nie gewährt werden kann. Wenn wir aber uns z.B. mit unserem Auto auf der Straße bewegen, können wir auch nicht vorhersagen, ob wir in einen Unfall verwickelt werden oder nicht. Das Anlegen von zweierlei Maßstäben ist hier nicht erlaubt: wenn wir aus freien Stücken Gefahr als Bestandteil unseres täglichen Lebens akzeptieren, können wir kein Nullrisiko neuer technologischer Entwicklungen verlangen. Unsere Aufgabe ist es, (a) das Risiko abzuschätzen und entsprechende Entscheidungen über Maßnahmen, die das geschätzte Risiko minimieren, zu fällen, und (b) Maßnahmen zu ergreifen, die langfristig zu einer stufenweisen Herabsetzung der Risiken führen.

5. "Risiken" in bezug auf einen GEM, welche keine bekannten gefährlichen Eigenschaften besitzen, sind eigentlich eine Frage der Vorhersagbarkeit von Verhaltensweisen, d.h. könnten diese offensichtlich unbedenklichen Mikroorganismen unerwartete Auswirkungen haben? In anderen Worten: wie würden sich die freigesetzten Mikroorganismen in und an dem Zielökosystem verhalten? Da diese Frage in direktem kausalem Zusammenhang zu den Wechselwirkungen der GEM mit den Mikroorganismen eines jeweiligen Ökosystems steht, ist das grundsätzlich eine Frage der mikrobiellen Ökologie.

Die technischen Probleme der mikrobiellen Ökologie, sowohl bezüglich der Notwendigkeit der Technologie, die noch entwikkelt werden muß, als auch in bezug auf die Fülle an Daten, die benötigt werden, um einen konkreten Überlick zu gewinnen, sind enorm. Mikrobielle Ökologie benötigt deshalb eine langfristig angelegte finanzielle Förderung, den Aufbau multidisziplinärer Forschergruppen, ausreichende Größe, grundlegende Investitionen (sowohl bezüglich hochauflösender analytischer Geräte, wie auch für den Bau von hochtechnisierten Versuchshäusern, die eine Stufe zwischen Laborversuchen und Freilandversuchen überbrücken) und die Entwicklung von kollaborativer Netzwerker, nicht nur auf nationaler Ebene, sondern aufgrund der diversen Dimension nötige Forschungsbestrebungen auch international. In der Tat haben die meisten westlichen Länder dies sehr wohl erkannt und als Folge davon neue, bedeutende Forschungsprogramme im Bereich der mikrobiellen Ökologie ins Leben gerufen. Trotzdem sind die meisten dieser Programme relativ kurzfristig angelegt und unterliegen einer begrenzten finanziellen Förderung. In Deutschland sind die Etablierung zwei neuer MPIs und neuer Forschergruppen an der GBF, sowie das BMFT Förderkonzept "Mikrobielle Ökologie" als notwendige erste Schritte in die richtige Richtung sehr begrüßenswert. Es bleibt aber die Notwendigkeit, diese Basis zu erweitern und auch die erforderliche Vernetzung zwischen den besten Forschergruppen national bzw. international zu fördern.

Zusammenfassend meine ich, daß ein ausführlicher Dialog zwischen Politikern im Bereich der Wissenschaft, welche neue Forschungsprioritäten initiieren und den führenden Köpfen der Wissenschaft unbedingt notwendig sind, um sicherzustellen, daß neue Forschungsprogramme darauf basieren, was durchführbar und nicht nur was wünschenswert ist.

Dies wiederum würde zu einer deutlichen Verbesserung der Forschungsqualität; einer rationalen Expansion unserer Kenntnisbasis, sowohl in bezug auf wissenschaftlichen als auch politischen Bedarf; einer effektiveren Anwendung von Steuergeldern und - nicht unwichtig - als Folge dessen, zu einer Verbesserung des öffentlichen Vertrauens gegenüber Wissenschaftlern und Politikern führen. Im Bezug auf die Sicherheitsforschung, meine ich, daß wir auf der einen Seite bei der zukünftigen gezielten Freisetzung von Mikroorganismen in unsere Umwelt zwar schrittweise vorgehen müssen, um somit ausreichend Zeit zur Verfügung haben, Erfahrungen im Verlauf des Einsatzes unbedenklicher Organismen zu sammeln. Auf der anderen Seite aber müssen wir unsere bisher vorhandene Kenntnisbasis, den Ablauf von Umweltprozessen und die mikrobielle Ökologie betreffend, deutlich erweitern, um in der Zukunft eine bessere Vorhersage für die Konsequenzen von Freisetzungen nicht so gut charakterisierter Mikroorganismen zu ermöglichen.

Ich bin Beate Averhoff für Ihre großzügige Hilfsbereitschaft bei der wörtlichen Verbesserung der deutschen Formulierungen und meiner Sekretärin Sandra Ludwig für ihren ausgezeichneten Beitrag sehr dankbar.

Fazit Teil C:
Bericht aus der Arbeitsgruppe 1

Ernst-L. Winnacker

Ich möchte im folgenden das zusammenzufassen, was in unserer Arbeitsgruppe in zwei halben Tagen diskutiert wurde. Es ging um die Problematik des Einsatzes von gentechnisch veränderten Organismen im Freiland. Aber, wie meist in diesen Fällen, ging es um das Problem der Gentechnik insgesamt. Im Zusammenhang mit Technikfolgenabschätzung wurde zunächst angeführt, daß die Gentechnik eine einigermaßen erfolgreiche Übung in innovativer Technikfolgenabschätzung bietet. Gentechnik ist ein neues Arbeitsgebiet, das erst seit Anfang der 70er Jahre existiert. Sehr früh, etwa ein halbes Jahr nach der Durchführung erster Experimente in den USA, haben sich Wissenschaftler zusammengetan, um auf die damit verbundene Problematik aufmerksam zu machen, dies zunächst wissenschaftsintern. Doch schon sehr bald, im Februar 1975, fand die bekannte Konferenz statt, auf der Konzepte entwickelt wurden um Risikofragen dieses Fachgebietes zu analysieren, zumindest solche Risikofragen, die vor 15, 16 Jahren anstanden. Es gab anschließend eine beachtliche öffentliche Diskussion, besonders in den USA, mit Anhörungen und großen Fernsehauftritten und ähnlichem. Diese Diskussion führte dazu, daß in den USA Richtlinien eingeführt wurden, die zunächst bindend für die Forschung in diesem Bereich waren, später auch für die Industrie. Diese Richtlinien wurden immer wieder an den Stand von Forschung und Technik angepaßt. Auch bei uns in der Bundesrepublik sind interessanterweise sehr früh diese Richtlinien vom Bundesminister für Forschung und Technologie aufgegriffen worden.

Eine öffentliche Diskussion allerdings hat, obwohl sie in Holland, in der Schweiz und in Amerika sehr heftig geführt wurde, in der BRD aus Gründen, die wir gestern diskutieren haben, nicht stattgefunden. Stattdessen wurde erst 1984 eine öffentliche Diskussion mit der Etablierung einer Enquete-Kommission des Deutschen Bundestages begonnen. Diese hat nach 2 1/2jähriger Arbeit über dieses Thema vorgeschlagen, ein Gesetz vorzubereiten und zu verabschieden. Dieses Gesetz ist seit dem 1. Juli 1990, samt einigen Rechtsverordnungen, die dazu gehören, in Kraft. Wir haben also hier einen Weg von der wissenschaftsinternen zur öffentlichen Diskussion, die über das Medium der Enquete-Kommission schließlich in die Etablierung eines Gesetzes mündete. Die Frage, die in unserer Arbeitsgruppe diskutiert wurde, war: Wie kann und soll die Risikodiskussion geführt werden? Dazu ist zunächst zu sagen, was besonders in der Öffentlichkeit oft noch zu Verwechslungen führt, daß Gentechnik nicht einfach Gentechnik ist. Sie stellt einen sehr komplexen Sachverhalt dar mit verschiedenartigen Aspekten, die kaum unter einen Hut gebracht werden können. Sie werden nachher über Verkehr sprechen, über Mobilität. Das ist ein vergleichsweise einfacher Gegenstand. Personen müssen transportiert werden. Das können Sie zwar auf verschiedene Art und Weise tun, aber Sie müssen irgendwie bewegt werden und das ist zweifelsohne der Hauptgegenstand. Wie Sie das auch immer tun, schon das ist schwierig genug. Ich will Ihnen Beispiele aus dem Bereich der Gentechnik geben, die die Vielfalt der Komplexität deutlich machen: Sie müssen zum Beispiel eine Sicherheitsdiskussion führen, ob die Produktion von Bakterien in einer Kläranlage oder in einem Fermenter, also in einem geschlossenen Gefäß, Risiken beinhaltet. Sie müssen darüber reden, ob die Arbeiter oder die Umwelt gefährdet sind, wenn das Gerät undicht wird und auch, ob das erhaltene Produkt sauber ist.

Es müssen sämtliche Arzneimittelfragestellungen des Arzneimittelrechts beachtet werden. Oder nehmen wir an, Sie machen eine Weinrebe, einen Weizen oder eine Baumwolle, die krankheits- oder pilzresistent ist oder gegen Insekten resistent ist. Hier haben Sie ganz andere Fragestellungen, die von der Struktur der Landwirtschaft reichen, die dadurch vielleicht beeinflußt wird, bis hin zu Fragen, ob diese Baumwolle die Gene an benachbarte Pflanzen weitergibt oder nicht. Oder Sie wollen eine genetische Beratung durchführen. Sie haben eine Frau, eine Familie mit genetischem Defekt und müssen darüber nachdenken, was da geschieht - Problematik des Schwangerschaftsabbruches und ähnliches. Dies ist, trotz der Vielfalt, alles Gentechnik. Jedoch ergeben sich völlig andere Risiko-, Nutzenfragen und Probleme und deswegen meinte ich, daß wir hier eine ganz andere Situation vorliegen haben als in der Verkehrstechnik.

Wegen dieser so unterschiedlichen Sicherheitslagen und damit auch so unterschiedlichen Übungen in Technikfolgenabschätzung, müssen diese Fragen voneinander getrennt behandelt werden. Man kann also nicht einfach sagen, Gentechnik ja oder nein, sondern Sie müssen immer sagen, moderne Anwendung in der Humanmedizin oder moderne Anwendung in der Landwirtschaft, und wenn ja, welche. Da ist das Rinderwachstumshormon sicher etwas völlig anderes als eine Weinrebe, die irgendwo eingesetzt wird. Wir haben die Frage der Technikfolgenabschätzung auf zwei Ebenen diskutiert. Wir haben zunächst diskutiert, obwohl natürlich nur wenige Fachkollegen dabei waren, was die unmittelbaren Sicherheitsfragen und die unmittelbare Sicherheitsforschung betreffen könnte. Das haben wir dann konzentriert auf die beiden Themen, die hier anstanden, nämlich die Freisetzung von Mikroorganismen und die Freisetzung von Pflanzen. Bei den Mikroorganismen z.B. ist es wichtig, sich auf solche festzulegen, die gut bekannt sind.

Z.B., weil man sie aus Kläranlagen oder aus der Lebensmittelindustrie, z.B. durch die Joghurtherstellung oder aus der Bierbrauerei gut kennt. Das zweite ist, daß man sich darüber klar wird, daß man eigentlich über die Flora der Mikroorganismen nichts oder viel zu wenig weiß. Die mehreren hunderttausend Spezies an verschiedenen Bakterien machen ja ca. 90 % der Masse des Gewichts an Leben auf diesem Planeten aus. Da gibt es also unendlich viel und wir kennen sehr wenig davon. Es ist klar, daß, sofern man sie in Unabsicht oder in Absicht freisetzt, wissen muß, ob sie überleben und mit wem sie interagieren können, welche Mikroorganismen oder Pflanzen sie verdrängen oder nicht und ob sie ungewollte Produkte erzeugen. All diese Fragen kann man zusammenfassen unter dem Stichwort "Mikrobielle Ökologie" oder "Bodenmikrobiologie". Das war das wichtigste Ergebnis unserer Arbeitsgruppe, die Empfehlung nämlich, Forschungsförderungsansätze für diesen Bereich zu finden und zu finanzieren.

Eines der Ergebnisse oder Anregungen war also, daß man sich im BMFT, aber sicher auch anderswo, Gedanken darüber machen sollte, wie man die mikrobielle Ökologie fördert, welche Bereiche man fördert. Dies, um Nachweismethoden für Mikroorganismen, für genetische Stabilität zu erhalten, wodurch eine Grundlage für Entscheidungen im Bereich der Freisetzung von Mikroorganismen erhalten werden könnte. Dies wurde als wesentlicher Punkt und als Voraussetzung für weitere Versuche auf diesem Arbeitsgebiet gesehen. Ein Arbeitsgebiet übrigens, für das es bisher nur wenige Beispiele gibt: In Amerika ein, zwei bakterielle Freisetzungen, in der Bundesrepublik keine. Und auch in anderen europäischen Ländern ist bezüglich der Freisetzung von Mikroorganismen und der Analyse der zugrundeliegenden wissenschaftlichen Grundlagen bisher wenig geschehen.

Wir sind also in einer frühen Phase der Möglichkeit, die Folgen zu überdenken. Ein Aspekt war also der Punkt, daß man sagt, wir müssen etwas für unser Verständnis der Mikroorganismen im Boden tun. Weiterhin wurde vorgeschlagen, man solle sich bitte nicht nur auf die unmittelbaren Sicherheitsfragen konzentrieren, sondern es müßten auch übergeordnete Gesichtspunkte und vielleicht Alternativen diskutiert werden. Ebenso die Frage, wie man Ergebnisse der Technikfolgenabschätzung, sei es nun aus dem unmittelbaren Sicherheitsbereich, Risikofragen, sei es auch aus übergeordneten Gesichtspunkten, in den Entscheidungsprozeß, das Gesetzgebungsverfahren und Genehmigungsverfahren etc. einbringen könnte. Die übergeordneten Gesichtspunkte sind, wie vom Auditorium im wesentlichen vertreten, Fragen der sozialen, juristischen und ethischen Aspekte. Nun, meiner persönlichen Meinung nach ist es ganz klar, daß diese Fragen diskutiert werden müssen. Sie werden zum Teil diskutiert, aber natürlich nicht in dem Ausmaß, wie es einige Kollegen gerne in noch erweiterterer Form sehen möchten. Ich erinnere daran, daß man natürlich bei dieser Diskussion über soziale Aspekte nicht einfach über Gentechnik reden kann, sondern auch diesbezüglich verschiedene Gesichtspunkte sehen muß. Man muß z.B. die Fragen der juristischen, sozialen und ethischen Aspekte der Humangenetik, mögliche Eingriffe am Menschen, ganz anders diskutieren als die, wie man mit Baumwolle umgehen solle. Dort wiederum müssen ganz andere Fragen aufgeworfen werden. Wie ändert das die Struktur der Landwirtschaft? Will man sie ändern? Wie wird sie geändert? Gibt es vielleicht Alternativen? Kann man vielleicht die Insektenresistenz der Baumwolle besser dadurch erreichen, daß man sie anderenorts anpflanzt oder mit anderen Methoden anpflanzt?

Es wurde bemängelt, daß solche Dinge in unserem Land und vielleicht auch weltweit zu wenig diskutiert werden. Weiterhin wurde aus dem Kreise der Zuhörer hervorgehoben, daß man Technikfolgenabschätzung in diesem, aber auch in anderen Bereichen dann besser machen könnte, wenn man ohne Entscheidungszwang wäre, d.h. wenn man nicht vor der Alternative stünde, hier und heute einen Herzinfarktpatienten zu behandeln und entscheiden zu müssen, ob er ein gentechnisches Produkt zur Heilung bekommt oder nicht. Besser wäre es, wenn man an bestimmten Fallbeispielen analysieren könnte und dabei in Ruhe wissenschaftliche Methoden entwickeln könnte, die vielleicht Allgemeingültigkeiten ergäben, die zur Entscheidungsfindung beitragen könnten. Es wurde bemängelt, daß der Druck zur Entscheidung eine wirkliche Folgenabschätzung mit erweitertem Umfang stark behindere. Es müssen also Formen gefunden werden, um das zu verbessern. Welche die sein könnten, konnte in den wenigen Stunden, die wir Zeit hatten, natürlich nicht herausgefunden werden. Dies ist etwas, was - nicht nur heute, sondern für die Zukunft - weiter diskutiert werden muß.

Zusammenfassend kann ich mit Ernst-Ulrich von Weizsäcker schließen, um auf mein Fachgebiet, die Genetik, zurückzukommen: "Unser Problem ist der Erfolg". Die ganze Diskussion um Sicherheitsfragen wird auch dadurch nicht erleichtert, daß es Anwendungen in diesem Fach gibt, die außerordentlich nützlich und wertvoll sind. Es wird daher immer gesagt, daß sich die Genetiker Mühe geben müssen, diese übergeordneten Fragen zu diskutieren. Dies waren die Ergebnisse unserer Diskussion in meinen Worten.

Teil D
Anwendungen: Mobilität – Ein Grundbedürfnis in einer modernen Industriegesellschaft

1 Die Bedeutung des Verkehrs in einer arbeitsteiligen Industriegesellschaft: Anforderungen, Probleme und Perspektiven

D. Eberlein

1.1 Mobilität

Seit Anfang des letzten Jahrhunderts hat die Nachfrage nach Verkehrsleistungen außerordentlich stürmisch zugenommen. Das war Ausdruck tiefgreifender Veränderungen der Wirtschafts- und Lebensformen, die wiederum in mancherlei Hinsicht erst durch die veränderten Transportformen ermöglicht wurden. Die zunehmende wirtschaftliche Sicherheit und die Änderungen der Lebens- und Verhaltensweisen, die zusammen mit den steigenden Nationaleinkommen eintraten, haben die räumlichen Horizonte für die Lebensaktivitäten ausgedehnt, das Reisen aus Vergnügen in weiten Schichten populär gemacht und in dem Maße, wie Distanzen bewußter wurden, schnellere und bequemere Entfernungsüberbrückungen gefördert.

Die ungeheure Dynamik dieser Entwicklung wird durch das Diagramm in Bild 1 sehr anschaulich verdeutlicht. Dargestellt sind - in einer logarithmischen Skala - die jährlich pro Einwohner im Mittel mit Verkehrsmitteln zurückgelegten Entfernungen in einer Zeitreihe, welche die vergangenen 150 Jahre überdeckt. Demnach wurden im Durchschnitt um 1840 jährlich rund 5 km pro Einwohner mit Verkehrsmitteln zurückgelegt - inzwischen sind es 11.000 km, d.h. mehr als 2000mal so viel. Wachsende Mobilität ist ein wesentliches Element der gesellschaftlichen und industriellen Veränderungen gewesen.

Bild 1

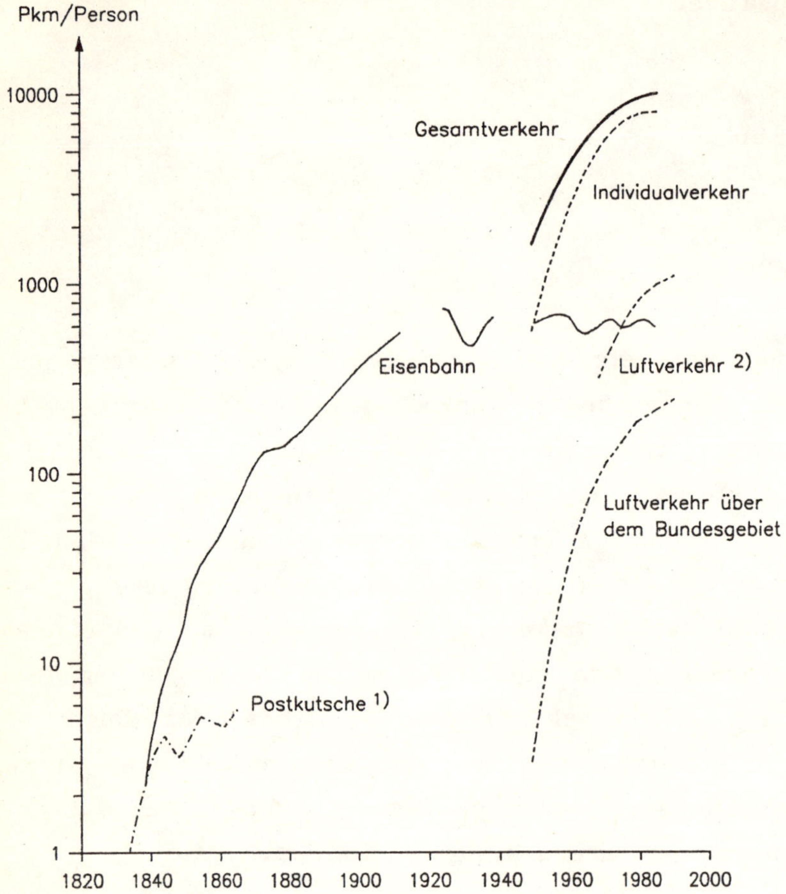

Die Angaben beziehen sich auf Verkehrsleistungen innerhalb der jeweiligen Staatsgrenzen (Bundesrepublik Deutschland, Deutsches Reich, vor 1871: in den Grenzen von 1871) mit Ausnahmen:

1) Preußen

2) insgesamt nachgefragte Luftverkehrsleistungen der deutschen Wohnbevölkerung im Quell- und Zielverkehr der deutschen Verkehrsflughäfen.

Quelle: Eberlein, Huber

DLR

Entwicklung der jährlichen Verkehrsleistungen pro Einwohner

Technologisch ist die Entwicklung anfänglich von der Eisenbahn getragen worden, deren Nachfrage aber jetzt seit langem stagniert. In jüngerer Zeit ist die Entwicklung vom Kraftfahrzeug fortgesetzt worden, auf das nun weit mehr als 80 % aller Verkehrsleistungen im Personenverkehr und fast 60 % im Güterverkehr entfallen.

Besonders hohe Zuwachsraten verzeichnet in den letzten Jahren insbesondere der Luftverkehr. Die Nachfrage nach Luftverkehrsleistungen hat bereits diejenige nach Eisenbahnverkehrsleistungen überschritten. (In den Statistiken sind gewöhnlich nur Verkehrsleistungen über dem Bundesgebiet ausgewiesen, was für die im wesentlichen international ausgerichtete Luftfahrt bei Vergleichen einen unzutreffenden Eindruck vermitteln kann.)

Empirisch läßt sich ein Zusammenhang zwischen Wirtschaftswachstum und Verkehrsnachfrage nachweisen. In Bild 2 sind die Verkehrsleistungen der (alten) Bundesrepublik in Abhängigkeit vom Bruttoinlandsprodukt dargestellt. Demnach bestand über den gesamten Wertebereich eine eindeutige, sehr ausgeprägte lineare Korrelation sowohl im Personen- als auch im Güterverkehr. Zum Vergleich sind auch, soweit verfügbar, Daten für Japan ausgewertet worden, die ein ganz ähnliches Bild ergeben.

Man wird sich folglich kaum der Einsicht verschließen können, daß eine höhere wirtschaftliche Wertschöpfung auch mehr Verkehr bedeutet. Ob der Zusammenhang genau in der Form verlaufen muß wie in der Vergangenheit, ob z.B. für ein Bruttoinlandsprodukt von einem Ecu ein Drittel tkm erbracht werden müssen, ist sicherlich eine andere Frage. Vermutlich ist die Steigung der Kurven durch Veränderung der Rahmenbedingungen des Verkehrs durchaus beeinflußbar.

Bild 2

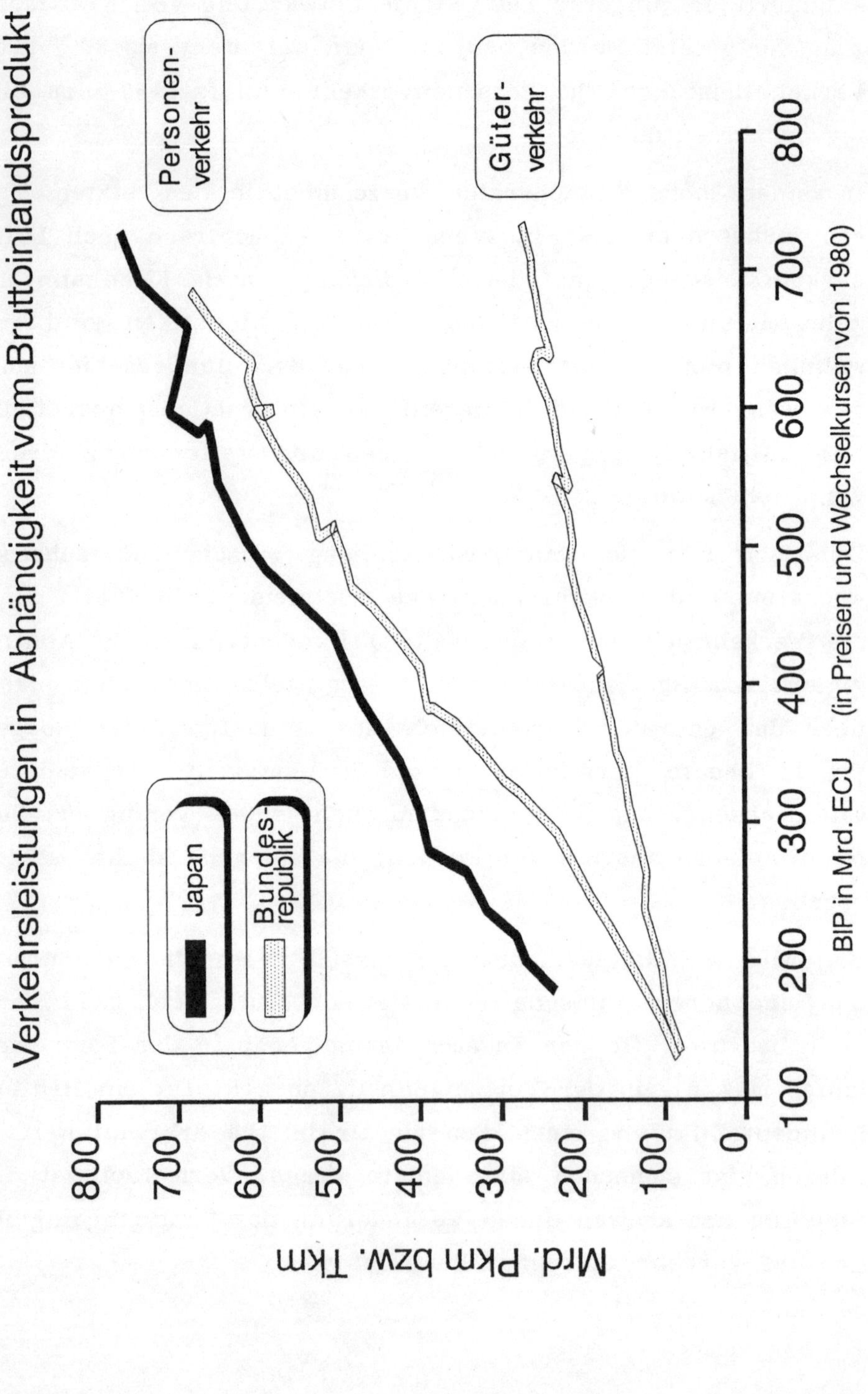
Verkehrsleistungen in Abhängigkeit vom Bruttoinlandsprodukt
Japan
Bundes-
republik
Personen-
verkehr
Güter-
verkehr
Mrd. Pkm bzw. Tkm
0
100
200
300
400
500
600
700
800
100
200
300
400
500
600
700
800
BIP in Mrd. ECU (in Preisen und Wechselkursen von 1980)

Den aus dem wirtschaftlichen Wachstum resultierenden Verkehrsgestaltungsproblemen werden wir auch sehr bald in den neuen Bundesländern gegenüberstehen, die ja voraussichtlich am Anfang eines kräftigen wirtschaftlichen Aufschwungs stehen.

Eine ausgeprägte Abhängigkeit von der wirtschaftlichen Wertschöpfung zeigt auch die Motorisierung. Der funktionale Zusammenhang ist in Bild 3 für verschiedene Industrieländer angegeben. Die geschilderten Zusammenhänge beziehen sich auf die Makroebene. Wie stellt sich die Mobilität auf der Mikroebene dar, also der Ebene des Individuums?

Einige Kenndaten für die Mobilität an einem durchschnittlichen Wochentag sind in Bild 4 festgehalten. Demnach geht an einem solchen Tag jeder zweite Bundesbürger durchschnittlich einmal, jeder dritte mehrfach, und jeder vierte überhaupt nicht aus dem Haus. Dabei werden zwei aushäusige Aktivitäten erledigt und knapp vier Wege zurückgelegt. Von diesen Wegen wird die Hälfte mit dem Auto zurückgelegt, die andere Hälfte zu Fuß oder mit dem Fahrrad. Die Unterwegszeit beträgt - seit vielen Jahren konstant - ziemlich genau eine Stunde.

Wie groß sind die Distanzen, die dabei zurückgelegt werden? Jeder vierte Weg bleibt unter einem Kilometer, jeder zweite Weg unter drei Kilometer. Vier Fünftel der Wege sind kürzer als zehn Kilometer. Nur etwa 3 % der Distanzen übersteigen 50 km. Selten, aber problematisch, sind Reisen über sehr große Entfernungen, etwa im Urlaubsreiseverkehr, bei denen ähnlich große Distanzen zurückgelegt werden können wie in der Summe aller Kurzreisen zusammen.

Dennoch: Von einer "Mobilmanie" der deutschen Bevölkerung, wie gelegentlich behauptet wird, zu sprechen, erscheint so nicht gerechtfertigt.

Bild 3

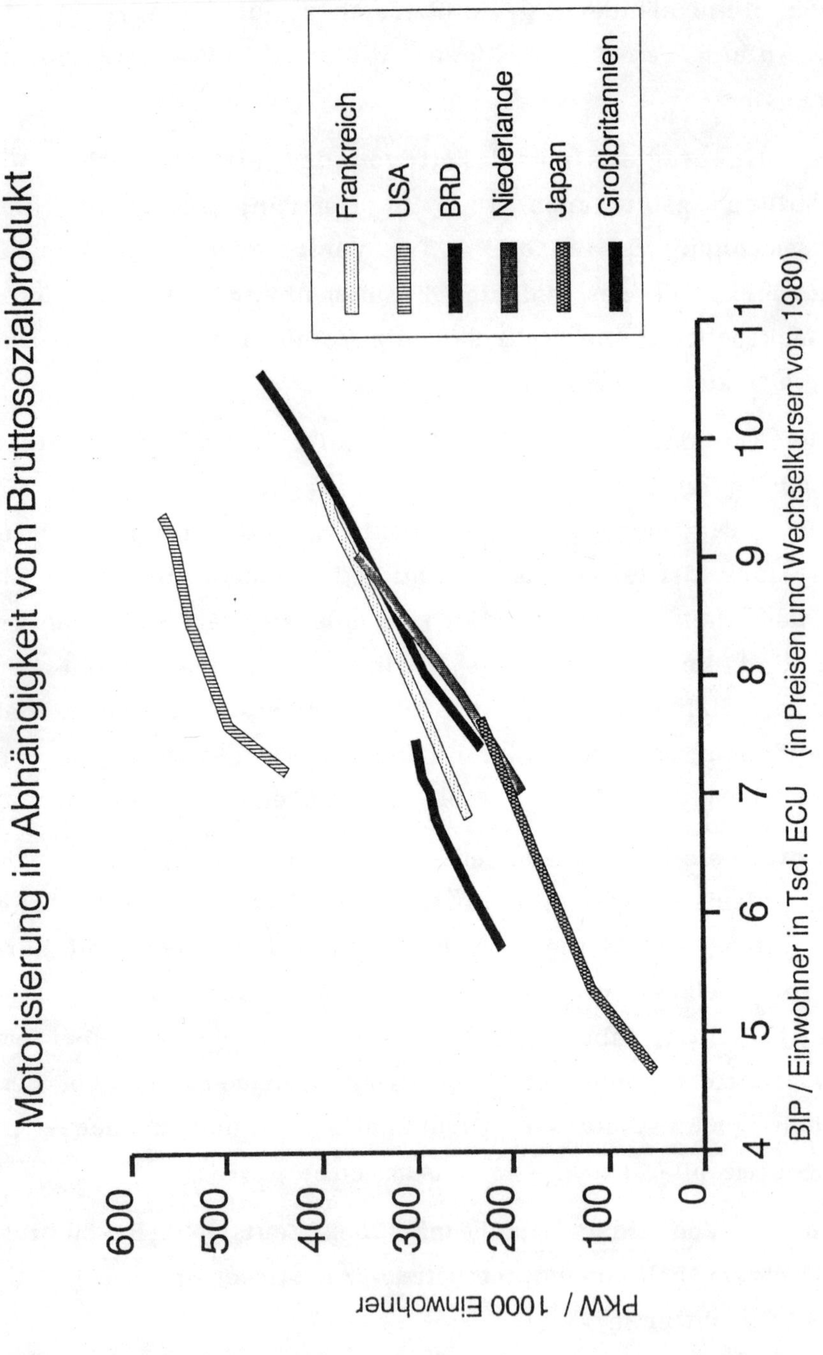
Motorisierung in Abhängigkeit vom Bruttosozialprodukt
Frankreich
USA
BRD
Niederlande
Japan
Großbritannien
PKW / 1000 Einwohner
600
500
400
300
200
100
0
4
5
6
7
8
9
10
11
BIP / Einwohner in Tsd. ECU (in Preisen und Wechselkursen von 1980)

Bild 4

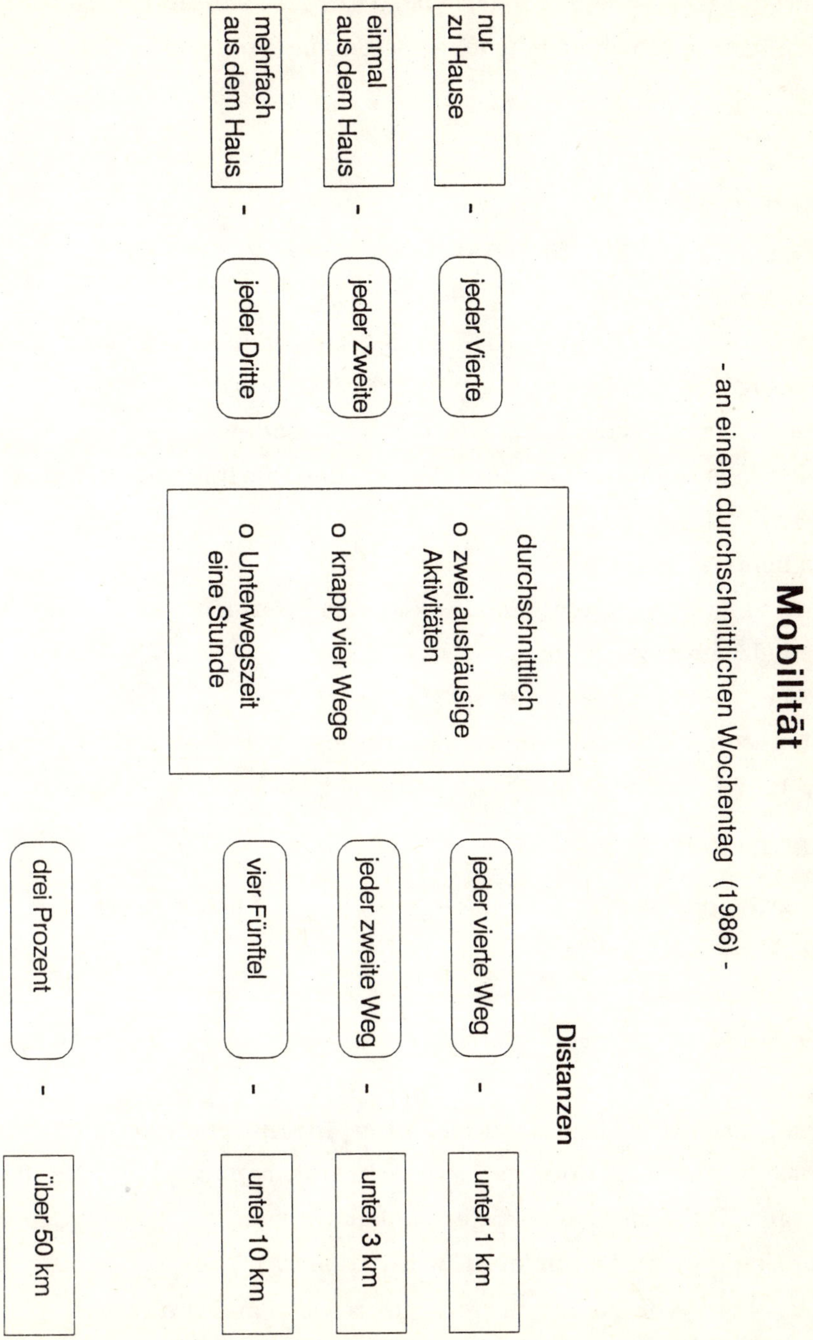
Mobilität
- an einem durchschnittlichen Wochentag (1986) -
nur zu Hause
jeder Vierte
einmal aus dem Haus
jeder Zweite
mehrfach aus dem Haus
jeder Dritte
durchschnittlich
o zwei aushäusige Aktivitäten
o knapp vier Wege
o Unterwegszeit eine Stunde
Distanzen
jeder vierte Weg
unter 1 km
jeder zweite Weg
unter 3 km
vier Fünftel
unter 10 km
drei Prozent
über 50 km

1.2 Verkehrsprobleme

Gleichwohl sind die Probleme im Verkehr schier erdrückend. Als wichtigste Problembereiche seien im folgenden herausgegriffen:

ALTPROBLEME

- Sicherheit
  (in Europa jährlich 50.000 Tote; 1,5 Mio Verletzte),
- Energieverbrauch
  (Anteil des Verkehrs ca. 20 %; zu über 80 % vom Erdöl abhängig),
- Verschmutzung von Luft, Wasser und Boden
  (besonders erhebliche Anteile bei den Luftschadstoffen C0, $N0_x$),
- Lärmbelästigungen
  (von Verkehrsmitteln gehen die bei weitem gravierendsten Lärmbelästigungen aus),
- Kosten
  (entsprechend rund einem Fünftel des Bruttoinlandsproduktes; hinzu kommen erhebliche unbezifferte externe Kosten).

NEUPROBLEME

- Kapazitätsengpässe
  ("Verkehrskollaps"),
- Treibhauseffekt
  (Klimaänderung durch globale Erwärmung, i.w. durch $C0_2$).

Die Probleme sind in der Auflistung in Altprobleme und Neuprobleme unterteilt worden. Mit Altproblemen sind solche Probleme gemeint, die seit längerem bekannt und für die Gegenmaßnahmen bereits eingeleitet worden sind. Bei der Diskussion wird es hier vor allem darauf ankommen zu analysieren, wie wirksam die Gegenmaßnahmen gewesen sind. Bei den Neuproblemen handelt es sich dagegen um Probleme, die erst seit kurzem entstanden, bzw. erkannt worden sind, bei denen es folglich noch darum geht, geeignete Gegenmaßnahmen zu konzipieren.

1.2.1 Altprobleme

Die Verkehrssicherheit konnte ganz erheblich verbessert werden. Insbesondere konnte die Zahl der Verkehrstoten pro Fahrzeugkilometer beträchtlich gesenkt werden. Sie ist in der Bundesrepublik inzwischen niedriger als ein Viertel des Wertes von 1970. Vergleichbare Erfolge wurden in den meisten Industrieländern erzielt (Bild 5). Das ist zweifellos eine beachtliche Leistung aller Beteiligten: der Verkehrsplaner, der Industrie und nicht zuletzt der Verkehrsteilnehmer selbst.

Doch sterben auf deutschen Straßen immer noch jährlich 11.000 Menschen und mehr als 100.000 werden schwer verletzt. Weltweit sind es schätzungsweise 400.000, resp. mehrere Millionen. Angesichts dieser Situation wird man sich sehr wohl die Frage stellen müssen, ob bzw. wer in unserer Gesellschaft hierfür die moralische Verantwortung übernimmt.

Energieverbrauch:
Seit der ersten Energiekrise 1973 sind bei allen Verkehrsmitteln wesentliche technische Effizienzsteigerungen erfolgt. So ist z.B. der DIN-Verbrauch für PKW um rund ein Drittel reduziert worden.
Doch beträgt der Durchschnittsverbrauch der gesamten Fahrzeugflotte seit 20 Jahren faktisch unverändert rund 10,5 Liter pro 100 km. Ursächlich hierfür sind mehrere Faktoren, unter anderem größere und leistungsstärkere Fahrzeuge sowie höhere

Bild 5

Verkehrstote pro Fahrzeugkilometer

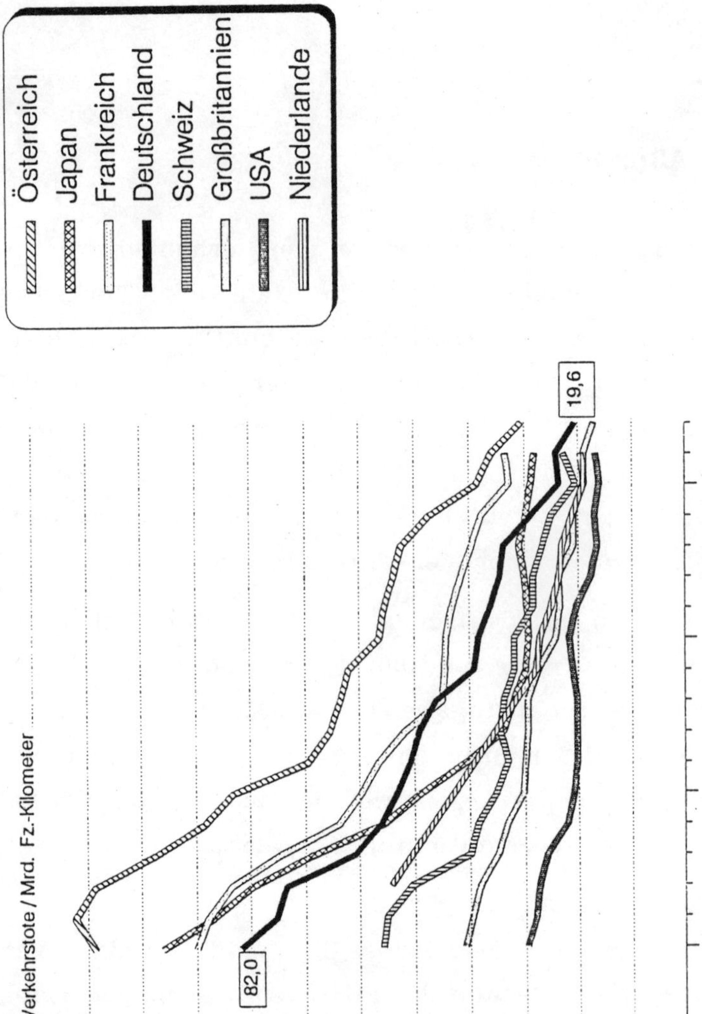

Geschwindigkeiten, größerer Aufwand für die Parkplatzsuche, häufigerer stop-and-go-Verkehr etc. Niedrigere CW-Werte z.B. können einerseits für Energieeinsparungen, andererseits aber auch für höhere Geschwindigkeiten verwendet werden.
Mit Blick auf den Energieverbrauch von Lastkraftwagen ist zu bemängeln, daß die beträchtliche Anzahl von rund 30 % aller Touren Leerfahrten sind.

Umweltproblematik:
Die Schadstoffemissionen im Verkehrssektor sind erfreulicherweise rückläufig. Insbesondere bei Kohlenmonoxid, Stickoxiden und Kohlenwasserstoffen, bei denen der Verkehrssektor überwiegender Emitent ist, sind deutliche Minderungen eingetreten, bzw. werden in naher Zukunft eintreten (Bild 6). Das ist vor allem der Einführung des Katalysators zuzuschreiben. Es wäre aber wünschenswert, wenn noch mehr Fahrzeuge mit dem geregelten Katalysator nach der strengen US-Norm anstatt des Eurokats eingesetzt würden. Bei der Staubemission ist der Verkehrssektor, vorwiegend durch Dieselfahrzeuge, zwar nur mit einem kleinen Anteil von 13 % an der Gesamtemission beteiligt, dennoch ist die Situation bedenklich, weil sich an die Staubpartikel Stoffe anlagern, die vermutlich kanzerogen sind. Es kann aber auch hier angenommen werden, daß auf EG-Ebene künftig Abgasgrenzwerte für Partikel vorgeschrieben werden, die, von moderaten Vorschriften ausgehend, stufenweise verschärft werden und so, zumindest in längerfristiger Perspektive, zu einer Verminderung der Problematik führen.
Ingesamt gesehen ergibt sich für die Schadstoffemissionen somit ein recht günstiges Bild, dessen künftige Entwicklung verhältnismäßig optimistisch eingeschätzt werden kann.

Lärmemission:
Bei der Lärmbelästigung ergibt sich ein anderes, nicht zufriedenstellendes Bild. Es scheint manchem Verantwortlichen noch

Bild 6

Schadstoffemissionen im Verkehrssektor
1966 bis 1986 mit Prognose 1998

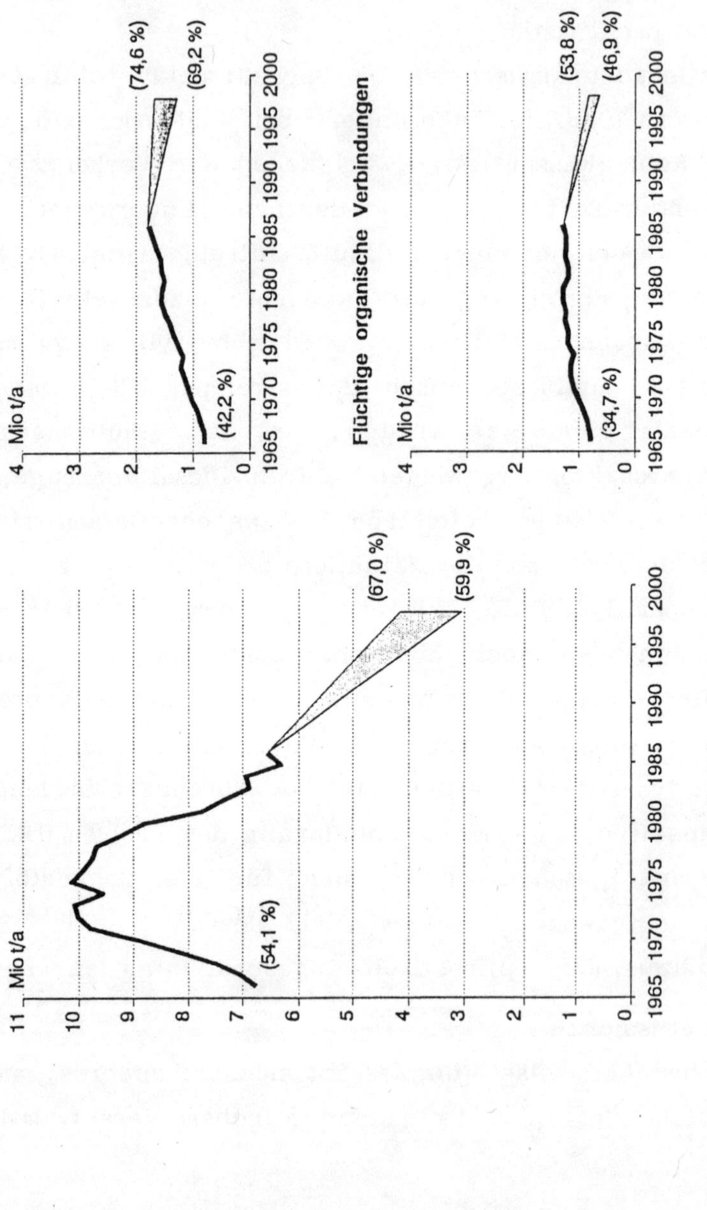

Werte in Klammern: Anteil des Verkehrs an der Gesamtemission

nachrichtlich (1986): SO_2 0,10 Mio t (5 %)
Staub ~ 0,05 Mio t (13 %)

nicht bewußt geworden zu sein, daß die Lärmbelästigung von der Bevölkerung als negativster Umweltfaktor überhaupt empfunden wird: noch vor dem Straßenverkehr generell, der Luftverschmutzung, Abfallbeseitigung usw.. Mehr als die Hälfte der Bevölkerung fühlt sich durch Lärm unmittelbar betroffen.

Hauptlärmquelle im Verkehrssektor ist der Straßenverkehr. Gravierende Lärmbelästigungen gehen aber auch vom Luftverkehr aus. Die Bundesrepublik hat eine große Anzahl von Flugplätzen: Neben den 12 internationalen Verkehrsflughäfen gibt es fast 400 militärische und zivile Flugplätze. Darüber hinaus verursachen die militärischen Tieffluggebiete erhebliche Belastungen.

Vorwiegend nachts führt auch der Schienenverkehr zu erheblichen Lärmbelästigungen. Die Problematik ist beispielsweise im Rheintal besonders evident.

Die an Personenkraftwagen ansetzenden Gegenmaßnahmen sind bisher unbefriedigend: Erst mit Wirkung 1970 hat sich die EG erstmals auf eine Begrenzung der zulässigen Fahrgeräusche von Personenkraftwagen verständigen können, und zwar auf bescheidene 82 dBA. 1980 wurde der Grenzwert auf 80 dBA gesenkt, 1989 auf 77 dBA. 1995 soll er auf 75 dBA fallen.

Das bedeutet eine Lärmreduktion von lediglich 7 dBA in der langen Zeitspanne von 25 Jahren. Für das menschliche Ohr wirklich deutlich vernehmbare Änderungen des Schallpegels liegen in der Größenordnung 10 dBA.

Bezieht man noch mit ein, daß neue Grenzwerte aufgrund der Fahrzeuglebensdauer erst nahezu eine Dekade später vollständig wirksam werden, so ist es nicht verwunderlich, daß die Vorbeifahrgeräusche von Personenkraftwagen, nach Beobachtungen des Umweltbundesamtes, nicht signifikant gesunken sind.

Die technischen Möglichkeiten zur Lärmminderung sind bisher nicht oder doch zumindest zu langsam ausgeschöpft worden. Es gibt weitergehende Möglichkeiten: z.B. verstärkte Motorkapselung, Vergrößerung des Schalldämpfervolumens, "Flüster"-asphalt usw.

Für LKW sind die technischen Möglichkeiten der Lärmbegrenzung eher noch weniger umgesetzt worden. Eine EG-weite Einigung, die Vorschriften zur Lärmbegrenzung nach den Kriterien für lärmarme Fahrzeuge für alle neuen LKW verbindlich anzuwenden, ist bisher nicht erfolgt (entspräche Anlage XXI der StVZO mit Fahrgeräuschgrenzwerten zwischen 77 und 80 dBA, je nach Fahrzeugklasse).
Die spezifische Lärmbelastung im Schienenverkehr ist wesentlich niedriger als im Straßenverkehr. Eine Rechtsverordnung über die Begrenzung der Geräuschemissionen von Schienenfahrzeugen gibt es aber nicht. Durch eine solche Verordnung könnte der Gesetzgeber Anreize schaffen, die technischen Möglichkeiten zur Lärmbegrenzung noch stärker zu nutzen.

Bei Verkehrsflugzeugen werden die Lärmemissionen durch internationale Konventionen begrenzt. Darüber hinaus sind marktwirtschaftliche Anreize geschaffen worden, z.B. ermäßigte Landegebühren für lärmarme Flugzeuge. Dieses Vorgehen hat sich insgesamt als sehr wirkungsvoll erwiesen. Die erzielten Lärmreduktionen betragen bis zu 25 EPNdP (im Vergleich zu den früheren "Kapitel 1" - Flugzeugen nach ICAO, Anhang 16).

1.2.2 Neuprobleme

Kapazitätsengpässe:
Bei allen Verkehrsträgern hat die Erweiterung der Infrastruktur mit dem Verkehrswachstum nicht Schritt gehalten. Die

Staus auf den Straßen werden ständig häufiger und ausgedehnter; nicht selten sind die Verkehrsfunkdurchsagen bereits länger als die Nachrichten. Flugzeuge müssen vor der Landung häufiger Warteschleifen fliegen; zahlreiche Flughäfen weltweit können den wachsenden Luftverkehr bald nicht mehr aufnehmen.

Auch auf den Hauptstrecken der Eisenbahnen gibt es kaum noch freie Kapazitäten, so daß die eigentlich sinnvolle Forderung "Mehr Güter auf die Schiene" gar nicht umgesetzt werden kann - zumindest nicht ohne völlig neue kapazitätserweiternde Betriebskonzepte. Dies ist in jüngster Zeit besonders beim alpenquerenden Güterverkehr deutlich geworden: Die dort geforderten Verlagerungen des Güterverkehrs von der Straße zur Schiene sind kurzfristig wegen der Kapazitätsgrenzen der bestehenden Schienenwege nur sehr begrenzt möglich; der notwendige Bau neuer Trassen nicht vor dem nächsten Jahrzehnt realisierbar.

Die Investitionen in Bundesverkehrswege waren rückläufig: sie sind seit 1980 real um 30 % gesunken. Erst 1990 ist wieder eine Trendwende zu erkennen. Rund die Hälfte der Investitionen ist zudem für Erhaltungsmaßnahmen aufzuwenden und steht damit für Neubaumaßnahmen nicht zur Verfügung. Der Verkehrsetat ist nicht zuletzt auch durch die hohen Zuwendungen an die Deutsche Bundesbahn stark belastet.

Den Verkehr einfach an sich selbst ersticken zu lassen, nach dem Motto "Der beste Verkehr ist der, der gar nicht erst stattfindet", ist keine Lösung: die volkswirtschaftlichen Kosten wären hoch. Auch die Umweltkosten wären eher höher durch zusätzlich induzierte Extrarunden von Kraftfahrzeugen auf Parkplatzsuche, vermehrten stop-and-go-Verkehr, weitere Warteschleifen im Luftraum....

Verkehrspolitisch werden integrierte Konzepte angestrebt, im Grundsatz

- Ausbau, wo möglich und verantwortbar,
- Kooperation der Verkehrsträger,
- Präferierung umweltschonender Verkehrsträger,
- Verschiebung der Kapazitätsgrenzen durch intelligente Leit- und Informationssysteme.

Angesichts der schwierigen Finanzlage der öffentlichen Hände und der Grundsatzproblematik privater Investitionen erscheint eine baldige Lösung der Kapazitätsprobleme wenig wahrscheinlich. Im Gegenteil: Es muß in den nächsten Jahren noch mit einer weiteren Verschärfung der Situation gerechnet werden, vor allem auch in der Ex-DDR. Signifikante Lösungsbeiträge dürften am ehesten noch von technischen Konzepten zur Kapazitätserhöhung bestehender Verkehrswege ausgehen, vor allem von den intelligenten elektronischen Leit- und Informationssystemen, die zur Zeit in überwiegend europäischer Kooperation entwickelt werden.

Lösungsbeiträge:

Als Zwischenergebnis des Versuchs einer Problemanalyse ist insbesondere zu konstatieren, daß den Verkehrsproblemen in der Vergangenheit in vielen Fällen einerseits mit zum Teil eindrucksvollen technischen und administrativen Maßnahmen begegnet werden konnte, doch andererseits deren Effekte häufig durch die erhebliche Verkehrszunahme wieder kompensiert, nicht selten sogar überkompensiert wurden. Man wird künftig wohl nicht umhinkommen, auch rigorosere Gestaltungsmaßnahmen zu ergreifen.

Verkehrsprobleme sind häufig Dichteprobleme: Ein oder wenige Fahrzeuge sind in der Regel unkritisch, die Probleme entstehen vielmehr durch den räumlich massierten Einsatz von

Fahrzeugen. Dichteprobleme sind typischerweise die Lärmbelastung, die Luftverschmutzung, Kapazitätsengpässe. Auch Sicherheitsprobleme und hoher Energieverbrauch sind zum Teil Dichteprobleme - zumindest in dem Sinne, daß die Probleme durch hohe Verkehrsdichten erheblich vergrößert werden.

Man wird also Gegenmaßnahmen dort anzusetzen haben, wo hohe Verkehrsdichten auftreten. Das ist vor allem in den Stadtkernen und auf einigen hochfrequentierten Fernverkehrskorridoren der Fall.

Besonders in den städtischen Verdichtungsgebieten wird die Verkehrssituation zunehmend unerträglich. Zur notwendigen Verlagerung von Teilen des Individualverkehrs auf den öffentlichen Verkehr gibt es keine Alternative. In diesem Zusammenhang wird gern die Stadt Zürich als Beispiel genannt. Dort ist es gelungen, durch Förderung des öffentlichen Verkehrs einerseits und die Reduzierung des Parkplatzangebotes andererseits, die Zahl der Fahrten, die mit öffentlichen Verkehrsmitteln statt mit Individualverkehrsmitteln durchgeführt werden, erheblich zu erhöhen. Es werden mittlerweile je Einwohner jährlich durchschnittlich 560 Fahrten mit öffentlichen Verkehrsmitteln durchgeführt. Zum Vergleich: in Bonn sind es 150 und in Köln 170.

In Tokyo z.B. wird seit langem die Motorisierung dadurch niedrig gehalten, daß einerseits ein dichtes Nahverkehrsnetz unterhalten und andererseits Parkraum drastisch bewirtschaftet wird. Vor allem ist für die Zulassung eines PKWs der Nachweis eines eigenen Parkplatzes erforderlich. Der Modal-Split konnte so zugunsten des öffentlichen Verkehrs beeinflußt werden - ohne daß dadurch aber eine auch nur halbwegs zufriedenstellende Verkehrsbedienung entstanden wäre.

Attraktivitätssteigerungen des öffentlichen Personennahverkehrs (ÖPNV) gehören zu den langjährigen Schwerpunktzielen des BMFT-Verkehrstechnologieprogramms. Wichtig ist, daß der Technologieeinsatz durch Kombination mit anderen Maßnahmen flankiert wird: Die Steigerung der Attraktivität des ÖPNV allein reicht in der Regel nicht aus, um größere Nachfrageverschiebungen zu erzielen, sondern es müssen parallel hierzu auch Beschränkungen des Kraftfahrzeugverkehrs vorgenommen werden.

Das Deutsche Institut für Wirtschaftsforschung (DIW) hat kürzlich im Rahmen des Generalverkehrsplans Nordrhein-Westfalen ein sog. "Ökologieszenario 2000" durchgerechnet, das interessante und aufschlußreiche Ergebnisse über die vermutlichen Wirkungen von Maßnahmekombinationen zur Stützung des öffentlichen Verkehrs enthält. In dieser Szenario-Variante sind einschneidende Maßnahmen zur Begünstigung des nichtmotorisierten Individualverkehrs (NMIV) und des öffentlichen Verkehrs (ÖV) bei gleichzeitiger Erschwerung des motorisierten Individualverkehrs (MIV) unterstellt worden, u.a.

- 20 % bis 25 % höhere Anschaffungskosten für PKW aufgrund ökologisch höherer Anforderungen,
- Verdoppelung der Kraftstoffpreise,
- reduzierte Parkplatzzahl mit umfassender Parkraumbewirtschaftung,
- Ausbau des ÖV:
  Beschleunigung, Taktverdichtung, Netzerweiterung, Fahrgastinformationssysteme,
- Ausbau und verbesserte Gestaltung der Fuß- und Radwege.

Auf eine Diskussion der unterstellten Maßnahmen sei hier verzichtet, ebenso auf die Erörterung anderer Maßnahmen (wie etwa die in Singapur beispielhaft erfolgreich praktizierte Regelung einer Mindestbesetzungszahl für PKW in der Innenstadt). Wichtig ist an dieser Stelle allein, daß die DIW-Abschätzungen es ermöglichen, die Größenordnung der zu erwartenden Effekte eines umfänglichen Maßnahmepakets im Stadtverkehr wissenschaftlich fundiert zu beziffern.

Nach den DIW-Rechnungen könnte der motorisierte Individualverkehr im Jahr 2000 im Vergleich zu 1985 in Groß- und Oberzentren um 29 %, resp. 24 % reduziert werden (Bild 7). Das ergäbe Größenordnungen, die in der Regel noch stadtverträglich sind. In den kleineren Gemeinden werden geringere Effekte erwartet. Das ist jedoch nicht verwunderlich, da die untersuchten Maßnahmen gezielt so gewählt wurden, daß sie vor allem in den großen städtischen Verdichtungsgebieten wirksam sind.

Eine Aufschlüsselung der erwarteten Veränderungen in Großzentren, aufgeschlüsselt nach Verkehrsmitteln, zeigt Bild 8. Danach sind die größten relativen Zuwächse für die Eisenbahn und den öffentlichen Straßenpersonenverkehr zu erwarten. NMIV und ÖV würden rund zwei Drittel, der MIV lediglich ein Drittel des gesamten Verkehrsaufkommens ausmachen.

Angesichts der sich zuspitzenden Verkehrslage in den Ballungsgebieten und vor dem Hintergrund der gegenwärtigen öffentlichen Diskussion zugunsten alternativer Lösungen kann vermutet werden, daß Vorschläge dieser Art im demokratischen Willensbildungsprozeß künftig durchsetzbar sind. Welche Maßnahmen bzw. Maßnahmekombinationen am angemessensten sind, bzw. die Frage der Alternativen im einzelnen, bedürfte selbstverständlich einer vertieften wissenschaftlichen Aufbereitung und politischen Abwägung.

Bild 7

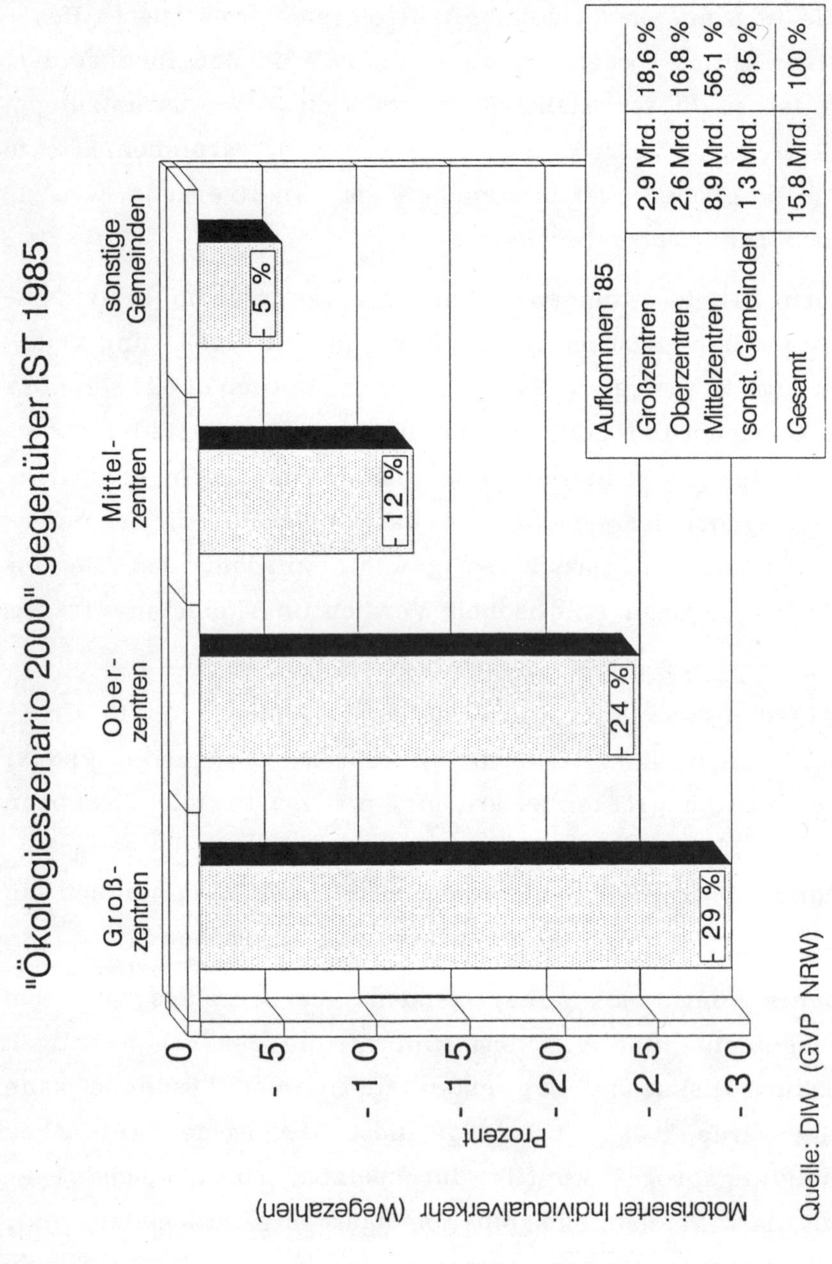
"Ökologieszenario 2000" gegenüber IST 1985
Motorisierter Individualverkehr (Wegezahlen)
Prozent
0
- 5
- 1 0
- 1 5
- 2 0
- 2 5
- 3 0
Groß-zentren
Ober-zentren
Mittel-zentren
sonstige Gemeinden
- 29 %
- 24 %
- 12 %
- 5 %
Aufkommen '85
Großzentren 2,9 Mrd. 18,6 %
Oberzentren 2,6 Mrd. 16,8 %
Mittelzentren 8,9 Mrd. 56,1 %
sonst. Gemeinden 1,3 Mrd. 8,5 %
Gesamt 15,8 Mrd. 100 %
Quelle: DIW (GVP NRW)

Bild 8

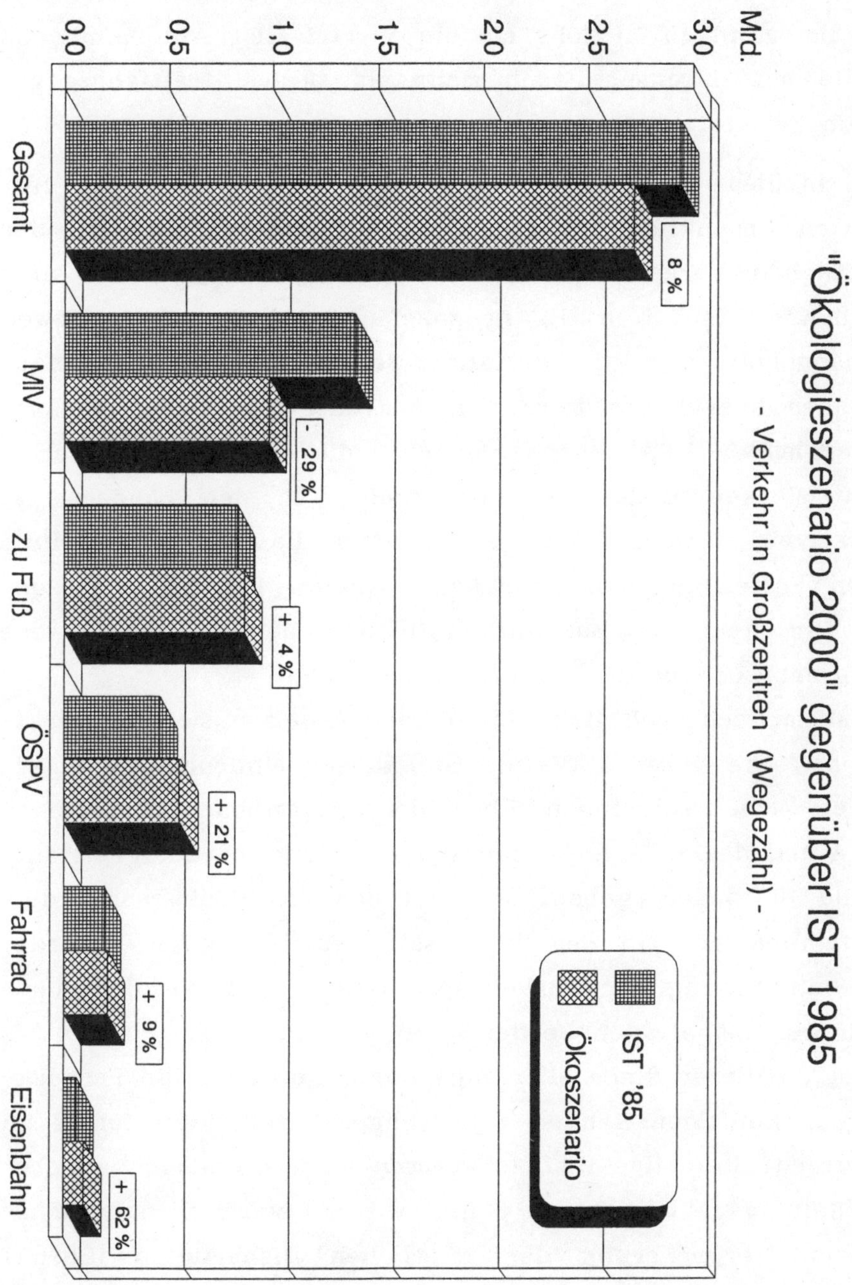
"Ökologieszenario 2000" gegenüber IST 1985
- Verkehr in Großzentren (Wegezahl) -
Mrd.
3,0
2,5
2,0
1,5
1,0
0,5
0,0
Gesamt
MIV
zu Fuß
ÖSPV
Fahrrad
Eisenbahn
- 8 %
- 29 %
+ 4 %
+ 21 %
+ 9 %
+ 62 %
IST '85
Ökoszenario

Erhebliche Dichteprobleme gibt es mittlerweile auch in etlichen Fernverkehrskorridoren. Vor allem auf den Bundesautobahnen haben die Fahrleistungen erheblich zugenommen - allein seit 1983 um rund 50 %. Mehr als ein Viertel aller Autobahnen ist bereits mit durchschnittlich mehr als 40.000 Kraftfahrzeugen täglich belastet.

Auch in diesen Korridoren ist keine Alternative zu einer verstärkten Umlenkung der künftigen Verkehrszuwächse auf den öffentlichen Verkehr erkennbar. In Frage kommen vor allem Fernbahnen (auf i. d. R. neuzuschaffenden Trassen). Soweit Bahnangebote attraktiv gestaltet werden, werden sie erfahrungsgemäß auch vom Markt angenommen. Bild 9 zeigt im Ländervergleich - USA, Europa, Japan - die Anteile der verschiedenen Verkehrsmittel im Fernverkehr. In den Ländern mit attraktiven Bahnangeboten verzeichnen die Bahnen in einem weiten Entfernungsband merkliche Anteile. Das gilt insbesondere für Japan, wo bekanntlich Investitionen in Schienenwege präferiert wurden.
Vor allem Hochgeschwindigkeitsbahnen erweisen sich als marktwirksam, wie durch TGV und Shinkansen eindrucksvoll belegt wurde. Modellrechnungen über den Zusammenhang zwischen dem Anteil des Bahnverkers und der Bahngeschwindigkeit sind in Bild 10 wiedergegeben. Mit dem Bau von Hochgeschwindigkeitsbahnnetzen, mit dem im Ansatz bereits begonnen wurde, kann zur Lösung der Verkehrsprobleme in den Verdichtungskorridoren beigetragen werden.
Es sei an dieser Stelle allerdings davor gewarnt, die Perspektive der künftigen Bahnen auf Hochgeschwindigkeitsdienste zu verkürzen. Derartige Dienste kommen allzusehr allein den großen Ballungsgebieten zugute und würden vermutlich zu einer weiteren Vergrößerung der räumlichen Disparitäten führen. Das Angebot von Hochgeschwindigkeitszügen muß durch hochqualitative Regionaldienste ergänzt werden.

Bild 9

Modal Split nach Reisedistanz

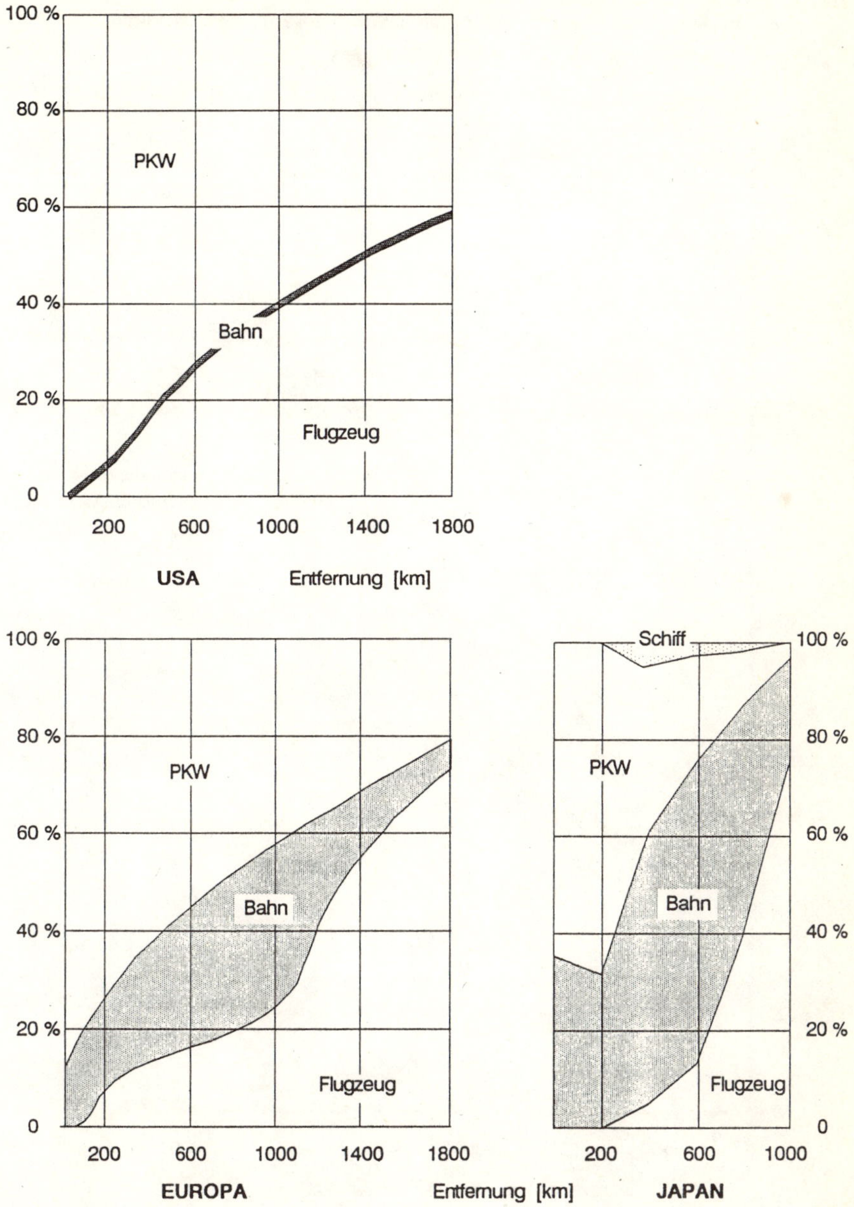

Bild 10

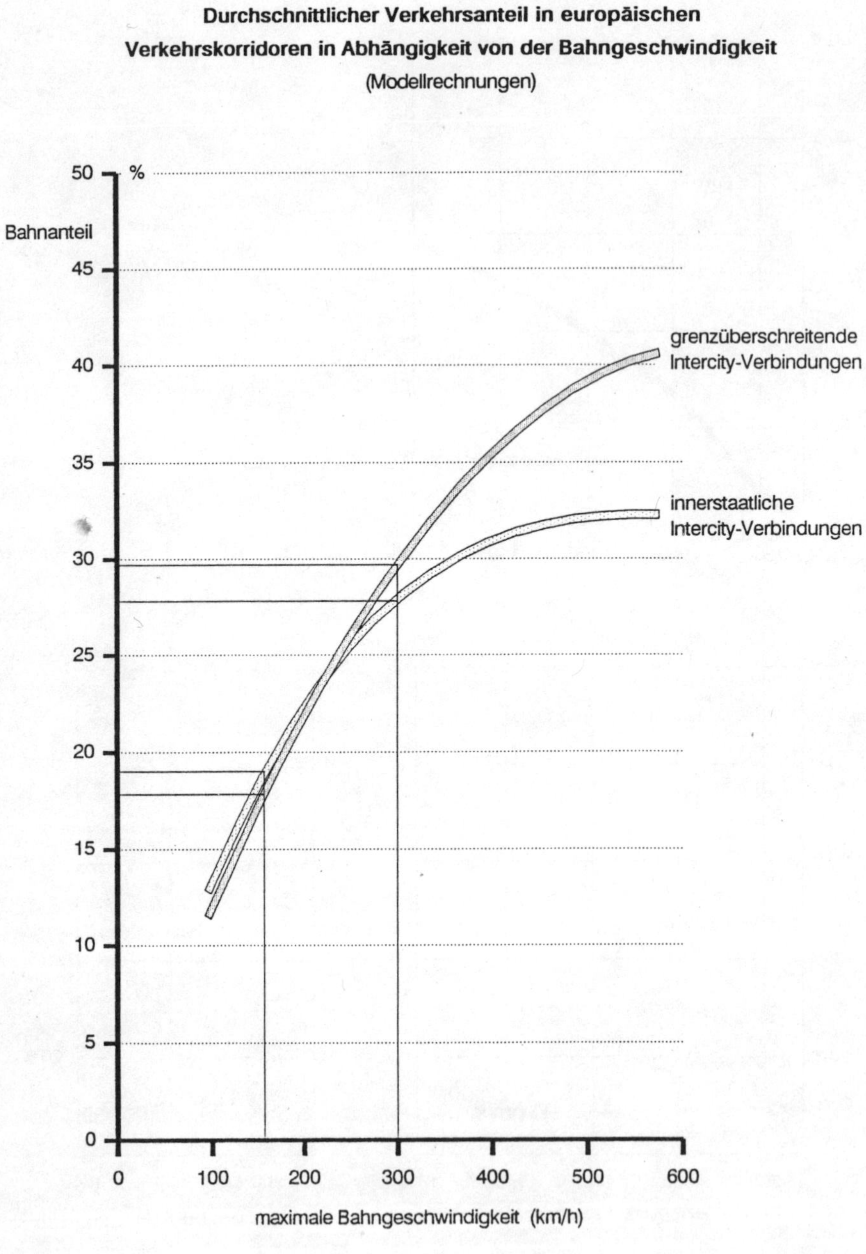
Durchschnittlicher Verkehrsanteil in europäischen
Verkehrskorridoren in Abhängigkeit von der Bahngeschwindigkeit
(Modellrechnungen)
%
Bahnanteil
50
45
40
35
30
25
20
15
10
5
0
grenzüberschreitende
Intercity-Verbindungen
innerstaatliche
Intercity-Verbindungen
0
100
200
300
400
500
600
maximale Bahngeschwindigkeit (km/h)

Treibhauseffekt:

Seit einigen Jahren ist ein neuer, zusätzlicher Problemkreis in den Mittelpunkt der Aufmerksamkeit geraten: Durch die Anreicherung von Kohlendioxid in der oberen Atmosphäre aufgrund der stark zunehmenden Verbrennung fossiler Rohstoffe zur Energiebedarfsdeckung wird langwellige Wärmestrahlung der Erde teilweise zurückgeworfen ("Treibhaus") und führt so zu einer globalen Erwärmung der Erde. Es handelt sich hierbei im wesentlichen um theoretische Überlegungen. Ein zweifelsfreier empirischer Beleg des Treibhauseffektes ist bisher nicht möglich gewesen, es gibt lediglich Indizien. Die Klimamodelle haben inzwischen aber einen so hohen Komplexitätsgrad und eine derartige wissenschaftliche Fundiertheit erlangt, daß das Klimaproblem sehr wohl ernst genommen werden muß.

Damit erhält Kohlendioxid im Ergebnis (neben einigen anderen Spurengasen, wie etwa Methan) den Charakter eines Schadstoffes. Das große Problem dabei ist, daß CO_2 nicht einfach ausgefiltert werden kann und somit nur eine Verringerung der anthropogenen CO_2-Erzeugung als einzig wirksame Gegenmaßnahme verbleibt.

Der mögliche Beitrag, den der Verkehr zur Minderung der CO_2-Emission leisten kann, ist allerdings sehr begrenzt. Der Anteil der Bundesrepublik an der weltweiten (anthropogenen) CO_2-Emission beträgt lediglich 3,6 %, und davon hat der Verkehr wiederum einen Anteil von nur 18 % (Bild 11), so daß selbst die vollständige Stillegung aller Verkehrsmittel in der Bundesrepublik nur zu einer Verminderung der weltweiten CO_2-Emission von 0,6 % führen würde.

Bild 11

CO_2 - Emissionen Bundesrepublik (1984) nach Sektoren

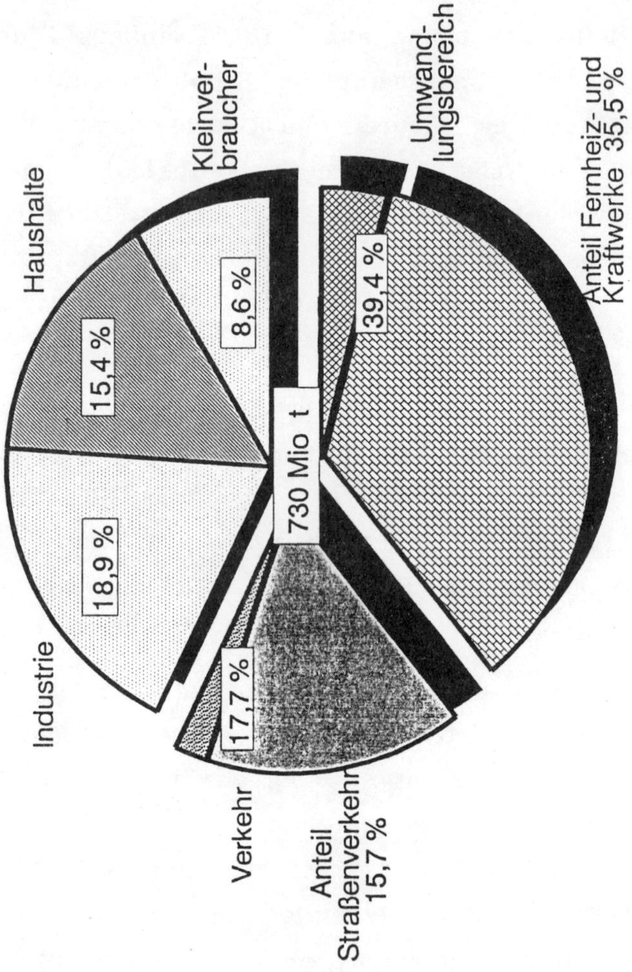

Überwiegender CO_2-Emittent im Verkehrssektor ist das Kraftfahrzeug. Als emissionsmindernde Maßnahmen kommen grundsätzlich in Frage:

	geschätzte Wirksamkeit
A) Technische Maßnahmen	
- Neue sparsame Motorkonzepte	sehr hoch (~ 30 %)
- Konventionelle Maßnahmen (Reibungsverminderung, Reifen etc.)	(3 %)
- Alternativkraftstoffe	+ bis -
- Verkehrssteuerung	
- Stromerzeugung (Emissionsminderung, Kernkraft)	(3 %)
B) Auslastung	
- Höhere Besetzungsgrade	hoch (bis 10 %)
- Weniger LKW-Leerfahrten	hoch (~ 8 %)
C) Verkehrsumlenkung	
- Nahverkehr in den Städten komb. Maßnahmen wie etwa in Zürich	hoch (bis ~10 %)
- Fernverkehr	
Schnellbahnen	(< 2 %)
Ausbau kombinierter Ladungsverkehr	(~ 1 %)
D) Verbote	
- Geschwindigkeitsbegrenzung 100/80/30 km/h	(5 %)
- Sonntagsfahrverbot	?
- Parkplatznachweis des PKW-Halters	hoch (10 %?)
E) Fiskalische Maßnahmen	
- "Ökosteuer"	?
- Verdoppelung des Kraftstoffpreises	hoch (10 %)
- Verkehrsraumbewirtschaftung	?

Demnach wären also deutliche Minderungen durchaus möglich. Zwar liegen die Effekte häufig nur in der Größenordnung weniger Prozente, doch sind Kumulierungen möglich. Eine quantitativ herausragende Bedeutung bei der Ausschöpfung noch bestehender technischer Potentiale der Energieverbrauchsminderung kommt dabei dem Motorenbau zu, etwa mit Blick auf den direkt-einspritzenden PKW-Dieselmotor oder die Weiterentwicklung des Magermotors.

Als Fazit ist festzuhalten, daß die Einsparmöglichkeiten bei der CO_2-Emission durch Verkehrsmittel etwa in derselben Größenordnung wie die erwarteten Zuwächse der Nachfrage nach Verkehrsleistungen liegen (siehe folgendes Kapitel) und daher die Möglichkeit besteht, den CO_2-Ausstoß etwa auf dem gegenwärtigen Niveau zu halten.

Je nach Sichtweise kann darin aber auch ein Dilemma gesehen werden, das im Verkehrssektor oft zu beobachten ist, nämlich daß eigentlich wirkungsvolle problemmindernde Maßnahmen durch das anhaltende Verkehrswachstum wieder kompensiert werden. Eine Umsetzung der von der Bundesregierung beschlossenen 25 %igen Minderung der CO_2-Emission bis zum Jahr 2005 ist jedenfalls im Verkehrssektor problematisch.

Sollten weitergehende Reduzierungen erforderlich werden, müßten sehr restriktive ordnungspolitische Maßnahmen ergriffen werden und/oder der Einstieg in die Wasserstoffwirtschaft erfolgen (auf Basis Solar- oder evtl. Kernenergie). Das ist im demokratischen Willensbildungsprozeß vermutlich nicht durchsetzbar bevor der Treibhauseffekt in seiner errechneten Größenordnung auch empirisch gesichert und eine fundierte Güterabwägung zwischen Folgen und vermiedenem Schaden erfolgt ist.

Es würde vor allem auch den vergleichenden Einbezug von Einsparpotentialen außerhalb des Verkehrssektors in die Überlegungen erfordern. Beispielsweise ist der Energieverbrauch der privaten Haushalte für Raumheizung weit höher als der für Verkehrszwecke. Und er birgt vor allem noch Einsparpotentiale, die mit vergleichsweise moderaten Einschränkungen realisiert werden könnten.

1.3 Die künftige Verkehrsentwicklung

Der erwartete künftige Zuwachs (in den alten Bundesländern) beträgt im Personenverkehr ca. 15 % bis 2000 und ca. 20 % bis 2010 (bezogen auf die Verkehrsleistungen), mit Unterschieden bei den einzelnen Verkehrsarten und -zwecken.

Das ist, verglichen mit der vergangenen Entwicklung, ein verhältnismäßig geringer Zuwachs, welcher mit der Erwartung einer geringen Bevölkerungszunahme, einem mäßigen BSP-Wachstum und einer Sättigung in der Motorisierung begründet wird.

Im Güterverkehr wird eine Zunahme von ca. 20 % bis 2000 und ca. 35 % bis 2010 erwartet (ebenfalls auf Verkehrsleistungen bezogen). Die, verglichen mit dem Personenverkehr, höheren Zuwachserwartungen hängen vor allem mit Veränderungen in Logistik und Distribution zusammen, im einzelnen sind zu nennen

- neue logistische Konzepte, die auf flexiblere Produktions-Organisation und damit -Kostensenkungen abzielen,
- engere Kopplung der Güter- bzw. Warenströme mit den Bereichen Beschaffung, Produktion, Absatz,
- Präferenz von schnellen, flexiblen und zuverlässigen Transportformen,
- häufigere Auslieferung mit kleinerer Partiengröße.

Alle Angaben beziehen sich auf die alten Bundesländer. In den neuen Bundesländern ist von viel höheren Wachstumsraten auszugehen, insbesondere im Straßenverkehr. Ähnlich fundierte Prognosen wie für die alten Bundesländer liegen bisher nicht vor. Doch wird davon auszugehen sein, daß der ostdeutsche Motorisierungsgrad, als ein wichtiger Indikator des Verkehrsvolumens, rasant zunehmen und schon in rund zehn Jahren in die Nähe des westdeutschen Niveaus kommen wird. Auch der Güterverkehr wird parallel zur wirtschaftlichen Entwicklung wachsen, mit zusätzlichen Verlagerungen von der Schiene zur Straße. (In 1990 ist das Güterverkehrsaufkommen gegenüber dem Vorjahr, bedingt durch den wirtschaftlichen Einbruch, allerdings um 40 % gesunken.)

In der Bundesrepublik insgesamt sind die erwarteten Verkehrszuwächse nach diesen Einschätzungen also geringer als in der Vergangenheit, so daß mehr Gestaltungsraum bestehen wird.

Erfahrungsgemäß tut man aber gut daran, die Konsequenzen aus solchen Einschätzungen mit großer Vorsicht zu ziehen. Jedenfalls wurde die Verkehrsentwicklung in der Vergangenheit regelmäßig unterschätzt.

Das sei anhand des letzten, noch gültigen Bundesverkehrswegeplans BVWP 85 aufgezeigt, der die Planungsbasis für alle Verkehrsinfrastrukturmaßnahmen - soweit sie in die Zuständigkeit der Bundesregierung fallen - darstellt.

Die den Verkehrsinfrastruktur-Entscheidungen zugrundeliegende Prognose des Personenverkehrs ist in der folgenden Tabelle der tatsächlichen Entwicklung gegenübergestellt.

Personenverkehr (Mrd. Pkm)

Ist 1984	Prognose 1990 untere Variante	Prognose 1990 obere Variante	Prognose 2000 untere Variante	Prognose 2000 obere Variante	Ist 1988	Ist 1989
606	608	647	622	661	677	687

Die Prognosen waren auf Datenbasis 1983 erstellt worden.

Demnach ist schon 1988, d.h. nur drei Jahre nach Inkrafttreten des Planes, die Prognose für das Jahr 2000, selbst in der oberen Variante, von der tatsächlichen Entwicklung überholt worden.
Ähnliches gilt auch, wenngleich nicht so eklatant, für den Güterverkehr.

Hauptursache für diese Fehleinschätzungen ist, zumindest in vereinfachter Betrachtungsweise, die in der Regel krasse Unterschätzung der Motorisierungsentwicklung.

Von Bild 12 kann das sehr anschaulich abgelesen werden. Dort sind Prognosen der realen Entwicklung gegenübergestellt: bisher ist jeder Prognosewert von der realen Entwicklung überholt worden. Alle Prognosen lagen systematisch zu niedrig. Je jünger die Prognose, desto höher die Prognosewerte.

Bild 12

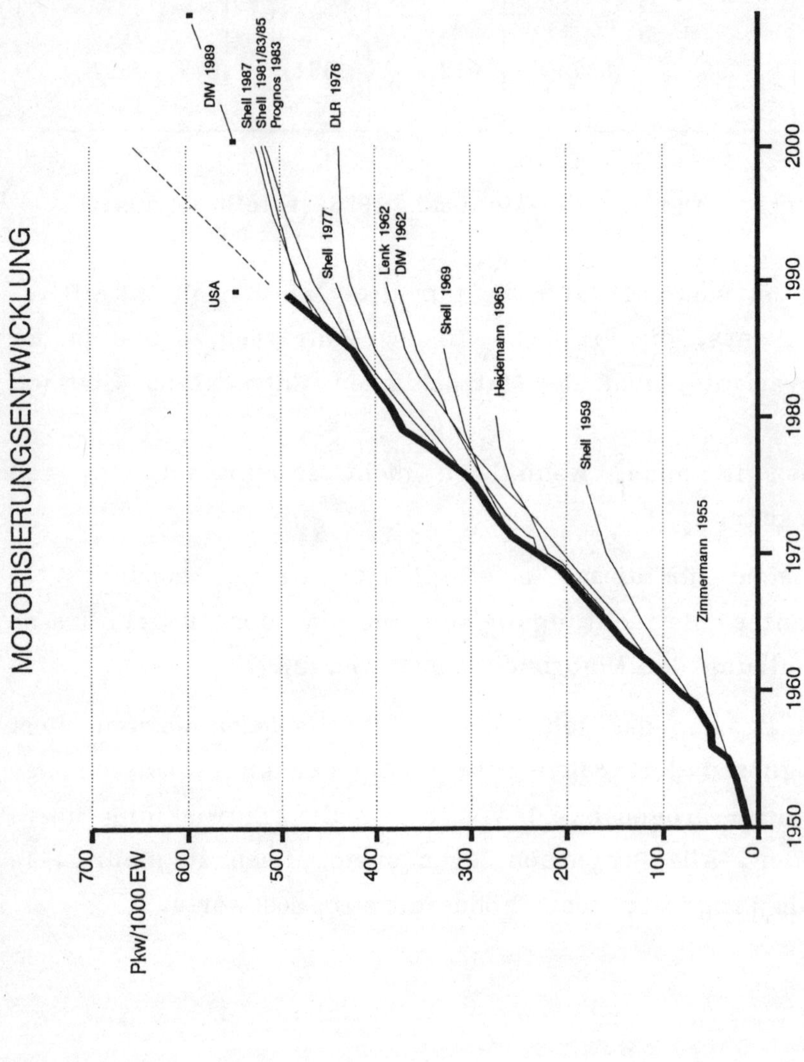
MOTORISIERUNGSENTWICKLUNG
Pkw/1000 EW
700
600
500
400
300
200
100
0
1950
1960
1970
1980
1990
2000
USA
DW 1989
Shell 1987
Shell 1981/83/85
Prognos 1983
DLR 1976
Shell 1977
Lenk 1962
DW 1962
Shell 1969
Heidemann 1965
Shell 1959
Zimmermann 1955

1.4 TA-Aufgaben

Im folgenden sind Themen aufgelistet, die wichtige Arbeitsfelder für künftige Technikfolgenabschätzungen markieren sollen. Sie sind als Anregung für die Arbeitsgruppendiskussion gedacht.

1. Themenfeld: Megatrends

Wesentliche Trends sind u.a.

- o weiterhin anhaltender Anstieg der Verkehrsnachfrage,
- o veränderte Muster der Mobilität und des Freizeitverhaltens (Wertewandel, Veränderungen der Altersstruktur, abnehmende Arbeitszeiten),
- o stärkeres Bewußtsein bzw. Betonung von Umwelt, Natur und Gesundheit,
- o Zusammenwachsen des europäischen Marktes und der Wandel in Osteuropa.

Trend-induzierte Themen

- o Verkehrsvermeidung und Beeinflussung des Modal-Split durch die verstärkte Koordinierung von Raum- und Verkehrsplanung,
- o Berücksichtigung der Mobilitätsbedürfnisse älterer Menschen,
- o Vermeidung von Sicherheitsrisiken für und durch ältere Autofahrer,
- o verstärkte Anwendung des Verursacherprinzips im Verkehr.

2. Themenfeld: Verbesserung der Organisation und Integration des Verkehrs durch "Systemmanagement"

- o Chancen und Risiken von Verkehrsleittechnologien im Straßenverkehr,

- o Chancen und Risiken des Einsatzes von Informations- und Kommunikationstechnologien sowie künstlicher Intelligenz im ÖPNV,
- o optimierte Betriebsleittechnik für Planung, Disposition und Steuerung der Betriebsabläufe bei der Bahn,
- o Integration von Boden- und Luftverkehr zur Entlastung des Kurzstreckenluftverkehrs,
- o Verknüpfung der Güterverkehrsträger hinsichtlich Infrastruktur, Technik und Organisation,
- o Chancen und Risiken neuer logistischer Konzepte im Güterverkehr (wie z.B. "Just-in-Time"),
- o Bereitstellung und Nutzung der Verkehrsinfrastruktur für den EG-Güterverkehr und ihre Bindung an europäische Marktmechanismen.

3. Themenfeld: Umwelt- und Ressourcenschonung

- o künftiger Beitrag des Verkehrs zur Energieeinsparung und zum Klimaschutz,
- o Wertstoff-Recycling von Altfahrzeugen,
- o integrierte Lärmminderungskonzepte,
- o stadtverträgliche Gestaltung des Güterverkehrs,
- o technische Optionen für einen "ökologischen LKW" und ihre vergleichende Bewertung,
- o Schadstoffemissionen von Luftfahrzeugen
  - klimatische Wirkung und Prävention -,
- o Risiken eines etwaigen zukünftigen Hyperschall-Luftverkehrs für die stratosphärische Ozonschicht.

4. Themenfeld: Chancen und Risiken neuer Technologien

- o optimierte Bau- und Wartungsstrategien für die Verkehrswege,

- o Wirkung von Hochgeschwindigkeitsbahnen auf räumliche Disparitäten und Gegenstrategien,
- o Modernisierungskonzepte für den Verkehr in/zur ehemaligen DDR unter Einbezug modernster, in der Bundesrepublik entwickelter Technologien,
- o laufende Aktualisierung von Studien- und Testergebnissen zum "Transrapid" und ggf. Neubewertung des definitiven Einsatzes dieser Technik,
- o Abschätzung der Einsatzfolgen neuer Transportbehälter und deren Behandlung in der Transportkette (z.B. Cargo 2000 als evtl. neues Subsystem im Güterverkehr),
- o Folgen des Einsatzes neuer Güterverkehrsmittel wie Road-Railer oder schnelle ferngesteuerte Frachtschiffe.

(siehe auch IuK-Technologien im Themenfeld 2)

5. Themenfeld: Rahmenbedingungen der Verkehrsgestaltung

- o Internalisierung externer Kosten des Verkehrs und Strategien zu ihrer Verminderung,
- o Bewirtschaftung des Verkehrsraums als Strategie zur Überwindung von Kapazitätsengpässen,
- o Möglichkeiten und Grenzen der Beeinflussung individuellen Verkehrsverhaltens durch Öffentlichkeitsarbeit,
- o Anforderungen an sichere Gefahrguttransporte zu Wasser und zu Lande.

6. Themenfeld: Sozialwissenschaftliche Untersuchungen

- o Leitbilder einer zukünftigen human- und umweltverträglichen Verkehrsgestaltung und ihre verkehrsplanerische Umsetzung.

7. Themenfeld: TA-Grundlagenforschung

- o Ermittlung und Quantifizierung der externen ökologischen und sozialen Kosten des Verkehrs.

2 Die intelligente Bahn

Rolf Kracke

2.1 Einführung

Eine der großen Herausforderungen unserer Zeit ist es, das Phänomen der ständig wachsenden Mobilität unserer Gesellschaft zu bewältigen, ohne dabei unsere Umwelt, d.h. unseren Lebensraum zu zerstören. Dabei ist unstrittig, daß in den arbeitsteiligen Volkswirtschaften, insbesondere der Hochindustrieländer, ein sehr gut ausgebautes Gesamtverkehrssystem für die Erhaltung des erreichten Lebensstandards, bzw. für weiteres Wirtschaftswachstum unbedingte Voraussetzung, ja geradezu unverzichtbar ist.

Die gegenwärtige Situation im Verkehrsbereich ist hinreichend bekannt: Straßen- und Luftverkehr in den Hauptkorridoren und Ballungsräumen in der Bundesrepublik, ebenso wie in unseren Nachbarländern, stoßen an deutlich erkennbare Kapazitätsgrenzen und belasten unsere Umwelt in beängstigendem Maße: CO_2-Ausstoß der Fahrzeuge mit Verbrennungsmotoren, Treibhauseffekt und Ozonloch sind die Schlagworte, die jedermann geläufig sind und die jeden verantwortlich denkenden Bürger in immer stärkerem Maße beunruhigen. Dabei kann und will natürlich niemand auf das Auto verzichten, nur sind die negativen Auswirkungen gerade dieses allseits beliebten und allgegenwärtigen Verkehrsmittels besonders hoch anzusetzen. Hier muß man sich in der Tat jetzt ernsthafte Gedanken über die "Technikfolgenabschätzung" machen.

Es gilt, um es noch einmal zu wiederholen: einerseits die Mobilität zu erhalten, aber andererseits die schädlichen Auswirkungen der Verkehrsmittel zu begrenzen. Dazu wird in zunehmendem Maße der Ausbau und die intensivere Nutzung der Eisenbahn gefordert, da dieses Verkehrsmittel in bezug auf Abgasemission, Lärmentwicklung und Flächenverbrauch deutliche Vorteile gegenüber dem Kfz hat.

Nun sind in der Tat in letzter Zeit große Fortschritte beim Ausbau des Verkehrssystems Eisenbahn zu verzeichnen. Niemand hätte Ende der 60er Jahre die Vorhersage gewagt, daß in knapp zwei Jahrzehnten in der Bundesrepublik die gewaltige Investitionssumme von rd. 20 Mrd DM für Streckenneubau- und -ausbauten aufgebracht und ab 1991 eine völlig neue Fahrzeuggeneration für den Hochgeschwindigkeits-Personenverkehr eingesetzt werden würden.

So läßt sich die gegenwärtige Situation als Renaissance der Bahn bezeichnen, zumal auch in anderen westeuropäischen Ländern (Frankreich, Italien, Spanien) derzeit mit großen Anstrengungen die "schnelle" Bahn gebaut wird. Geschwindigkeit ist Trumpf, seit der französische TGV auf den neuen Strecken von Paris nach Lyon und zum Atlantik fahrplanmäßig 270 km/h - und seit einem Jahr sogar 300 km/h - fährt. Der ebenfalls von den Französischen Staatsbahnen im Mai 1990 erreichte Weltrekord von 515 km/h zeigt dabei, welche Reserven in dem fast 170 Jahre alten Rad/Schiene-System stecken.

2.2 Anforderungen an die Bahn

Andererseits muß man deutlich hervorheben: die Geschwindigkeit allein reicht nicht aus, um mehr Verkehr von der Straße auf die Schiene zu verlagern und damit unsere Umwelt zu entlasten. Weitere Attraktivitäts- und Leistungssteigerungen beim Verkehrsmittel Eisenbahn müssen hinzukommen.

Die Bahn der Zukunft muß

- informativer werden, um allen potentiellen Kunden das Leistungsangebot marktgerecht offerieren zu können;
- leistungsfähiger werden, um auf den Hauptkorridoren die Nachfrage verzögerungsfrei bedienen zu können;
- flexibler werden, um die Kundenwünsche besonders im Güterverkehr besser zu befriedigen;
- schneller werden im gesamten Beförderungsangebot, und nicht nur auf den Hauptstrecken;
- wirtschaftlicher werden durch bessere Ausnutzung der Produktionsmittel.

Um diese Ziele erreichen zu können, ist es u.a. erforderlich, innovative Technik konsequent in das Rad/Schiene-System zu integrieren. Letztlich müssen die einzelnen Verkehrssysteme Schiene, Straße und Luft miteinander vernetzt werden, um den Übergang von einem zum anderen System zu erleichtern und zu beschleunigen und die jeweiligen systemspezifischen Vorteile vor allem bei der Bahn wesentlich mehr als bisher zu nutzen. Hier sind die Möglichkeiten moderner Kommunikations- und Informationstechnologien noch längst nicht ausgeschöpft.

Das inzwischen vielfach gebrauchte Stichwort zur Charakterisierung dieser Möglichkeiten heißt "Die Intelligente Bahn". Dieser Begriff läßt sich aus den Systemmerkmalen der Bahn ableiten: Das Rad/Schiene-System zeichnet sich dadurch aus, daß die Fahrzeuge spurgeführt auf festgelegten Fahrwegen (Gleisen) laufen. Damit sind alle Fahrzeugbewegungen nach Ort und Zeit, d.h. durch Fahrweg und Fahrplan genau definiert. Dieser technisch-physikalisch relativ einfache Sachverhalt verschafft der Bahn mehrere systemspezifische Vorteile, von denen hier nur die Möglichkeit zur Automatisierung des Betriebsablaufes besonders hervorgehoben werden soll. Die zwangsgeführten und damit exakt definierbaren Bewegungen fordern eine computergesteuerte Betriebsführung geradezu heraus.

Wenn auch neuerdings in den großen Betriebsknoten der DB rechnergestützte Zugüberwachungen eingerichtet werden, so sind dennoch wesentlich weitergehende Möglichkeiten denkbar, die im Rahmen eines großangelegten Forschungsprogramms für die Rad/Schiene-Technik entwickelt und realisiert werden könnten. Ein derartiges Forschungsprogramm müßte bezüglich inhaltlicher Breite und des finanziellen Umfangs etwa gleichgesetzt werden dem Projekt PROMETHEUS, mit dem die europäische Automobilindustrie derzeit das Verkehrssystem Kfz und Straße auf eine wesentlich höhere Intelligenzstufe zu bringen hofft.

Das bisherige Rad/Schiene-Forschungsprogramm hatte bisher als wesentliches Ziel die Entwicklung des Hochgeschwindigkeitszuges ICE, die mit der jetzt laufenden Serienfertigung von 42 kompletten Zuggarnituren durchaus erfolgreich abgeschlossen wurde. Für den sehr schnellen Personenfernverkehr auf den Neu- und Ausbaustrecken steht damit ab Juni 1991 eine neue und innovative Fahrzeuggeneration zur Verfügung.

2.3 Die Streckenleistung

Jetzt muß es darum gehen, die sehr teure Eisenbahn-Infrastruktur - 1 km Neubaustrecke kostet immerhin 40 Mio DM und ist damit ungefähr doppelt so teuer wie 1 km Autobahn - in höchstmöglichem Maße zu nutzen. Dies betrifft insbesondere die Zugdichte auf den verkehrsstarken Relationen zwischen den großen Siedlungs- und Wirtschaftszentren in Deutschland und Europa.

Hier zeigt eine nähere Untersuchung, daß das Hauptstreckennetz der DB einschließlich der großen Knoten weitgehend ausgelastet ist und mit den vorhandenen technischen Einrichtungen zur Sicherung der Zugfolge nur sehr geringe Kapazitätsreserven besitzt. Hier wird die Problemstellung für die Eisenbahn der Zukunft deutlich, die sich - überspitzt formuliert - mit einem Satz charakterisieren läßt:
Auf der mit großem finanziellen Aufwand neu- und ausgebauten Infrastruktur wird ein konventioneller Bahnbetrieb wie vor etwa 30 Jahren abgewickelt. Die modernen Informationstechnologien werden noch viel zu wenig zu dringend notwendigen Leistungssteigerungen genutzt.

Gemessen an den außerordentlich hohen Baukosten für neue Eisenbahnstrecken ist allein schon aus Rentabilitätsgründen deren Leistungsfähigkeit gegenüber heute von etwa 150 Zügen/24 h je Richtungsgleis einer zweigleisigen Strecke deutlich zu steigern. Hier muß baldmöglichst eine neue Technik für die Abstandssicherung der Züge entwickelt werden, um zumindest in den Flutstunden wesentlich höhere Zugdichten zu erreichen. Zum anschaulichen Vergleich sei erwähnt, daß auf stark belasteten Autobahnabschnitten täglich allein zwischen 10.000 bis 15.000 Lkw (neben den Pkw) verkehren. Dagegen nimmt sich eine stark belastete Eisenbahnstrecke mit ihren aufwendigen, hohen Ausrüstungsstandards vergleichsweise bescheiden aus.

Die Streckenleistungsfähigkeit einer Eisenbahnstrecke wird bei vorgegebenen Zugfolgefällen von den zwei Parametern Mindestzugfolgezeit und Pufferzeit bestimmt. Bei konventioneller Streckenausrüstung ist die Mindestzugfolgezeit vom Abstand der Blocksignale abhängig. Um die Mindestzugfolgezeiten zu verringern und damit die Streckenleistung zu erhöhen, sollte auf hochbelasteten Korridoren künftig im absoluten Bremswegabstand gefahren werden. Dieses Betriebsverfahren setzt neben einer Linienzugbeeinflussung (LZB) allerdings auch eine sichere Zugschlußortung voraus. Komponenten für die technisch erforderlichen Einrichtungen sind bereits verfügbar, ggf. für den Einsatz im Rad/Schiene-System zu modifizieren. Für einen automatischen Fahrbetrieb im Bremswegabstand sind jedoch detaillierte Untersuchungen notwendig, da dieser Betrieb aufwendige intelligente Steuerungsverfahren erfordert.

Hochwertige Dispositionssysteme sind Voraussetzung, die Pufferzeiten von derzeit 3 bis 5 Minuten nennenswert zu reduzieren und dabei die Betriebsqualität noch zu verbessern. Denkbar ist beispielsweise, gleichartige Züge in Pulks zusammenzufassen und in kurzen Abständen über die Strecke zu leiten. Die Effekte einer solchen Maßnahme verdeutlicht die Abbildung 1. Durch die Bündelung der Züge entstehen größere Fahrplanfenster, die für zusätzliche Zugfahrten oder auch Instandhaltungstätigkeiten genutzt werden können.

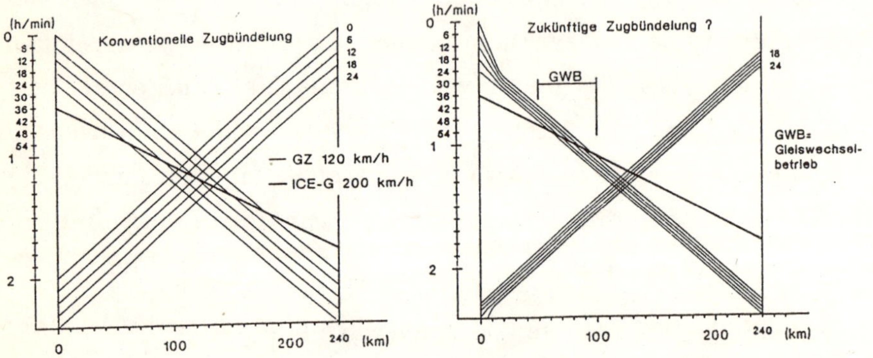

Abb. 1: Konventionelle und zukünftige Zugbündelung auf einer zweigleisigen Strecke

Beim Fahren im Bremswegabstand werden die Mindestzugfolgezeiten sehr gering, insbesondere beim Verkehr gleich schneller Züge. Ohne Berücksichtigung von Pufferzeiten errechnen sich damit sehr hohe Streckenleistungsfähigkeiten, die als theoretisches Entwicklungspotential in Abbildung 2 dargestellt sind. Im städtischen Nahverkehr sind schon heute sehr kurze Zugfolgen realisiert, so daß längerfristig eine Annäherung an diese Kurven vorstellbar ist.

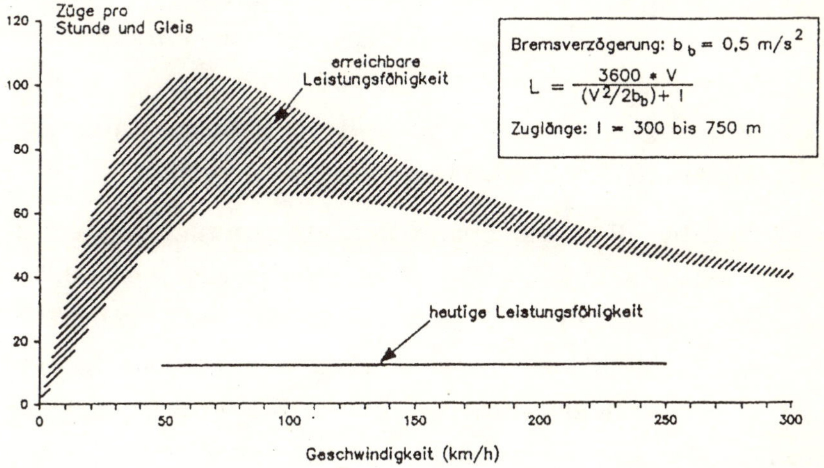

Abb. 2: Entwicklungspotential der Streckenleistungsfähigkeit

2.4 Rechnergestützte Betriebsführung

Die Einführung intelligenter Systeme ist auch auf den höheren Ebenen der Betriebsführung notwendig, um wirksame Verbesserungen im Betriebsablauf zu erreichen. Dabei sind die Bereiche Konzeptionelle Planung, Disposition und Aktuelle Betriebssteuerung (Operation) logisch miteinander zu verbinden. Diese drei Begriffe sollen im Folgenden kurz erläutert werden.

Die konzeptionelle Betriebsplanung für einen wirtschaftlichen Bahnbetrieb muß zwei wesentliche Aufgaben erfüllen:

- o eine möglichst optimale Anpassung des Beförderungsangebotes an die Verkehrsnachfrage und
- o eine möglichst hohe Produktivität der eingesetzten Fahrzeuge und ortsfesten Anlagen (Infrastruktur).

Diese Forderung gilt in gleicher Weise für den Güter- und Personenverkehr. Um die Akzeptanz der Angebote kontrollieren zu können, ist eine kontinuierliche und möglichst vollständige Erfassung und Auswertung der realisierten Verkehrsnachfrage erforderlich. Damit könnten die Zugläufe und ihre Transportkapazität (Zuglänge) aktuell, zumindest aber in den Intervallen der Fahrplanperioden der Nachfrage angepaßt werden.

In der konzeptionellen Eisenbahn-Betriebsplanung müssen die heute noch weitgehend manuellen Planungsprozesse, einschließlich der Erstellung der betrieblichen Unterlagen (Fahrpläne, Umlauf- und Einsatzpläne für Fahrzeuge und Personal), baldmöglichst durch rechnergestützte interaktive Verfahren abgelöst werden. Hierdurch ergeben sich erhebliche Rationalisierungseffekte.

Für den Gesamtbetrieb sind rechnergestützte Dispositionsverfahren erforderlich, um die Fahrzeugumläufe, insbesondere der Triebfahrzeuge, zu optimieren. Außerdem sind Verfahren zu entwickeln, um Betriebspersonal möglichst freizügig und netzweit einsetzen zu können. Ein wirtschaftlicher und attraktiver Eisenbahnbetrieb läßt sich im Personenverkehr mit vertakteten Linien und möglichst festen Fahrzeugumläufen erreichen - auch bei polyzentrischen und vielfach verknüpften Netzstrukturen wie dem DB-Streckennetz. Im Güterverkehr ist ebenfalls die Tendenz zu Linienverkehr festzustellen (z.B. ICG- und KLV-Züge).

Um eine wirkungsvolle Disposition zu ermöglichen, müssen die Informationen über die Streckenbelegung und die Abwicklung des Eisenbahnbetriebes jederzeit in den Betriebszentralen auf dem aktuellen Stand vorhanden sein. Bei einer ungestörten Betriebsabwicklung kommt den Disponenten nur eine kontrollierende Funktion zu, da alle Informationsverarbeitungen und Regeldispositionen rechnergesteuert ablaufen sollten. Damit kann der Regelbetrieb voll automatisiert werden. Nur in Sonderfällen bleibt dem Betriebsführungspersonal die Disposition überlassen.

2.5 Optimierung der Netzauslastung

Aufgabe einer intelligenten Betriebsleitzentrale ist, bei gestörtem Betriebsablauf durch geeignete Rechenprogramme, Handlungsempfehlungen zu geben, um schnellstmöglich wieder den Regelzustand zu erreichen und somit die Auswirkungen der Störung zu begrenzen. Die letztliche Entscheidung über einzuleitende Maßnahmen verbleibt damit beim Disponenten, dessen Leistung durch EDV-gestützte Simulation der Fahrmöglichkeiten erheblich verbessert wird. In diesem Zusammenhang sind auch Dispositionsmöglichkeiten für eine großräumige Optimierung der Zugläufe zu schaffen, d.h. die rechnergestützte Zugüberwachung muß auf große Bezirke bzw. das Gesamtnetz ausgeweitet werden.

Für großräumige Relationen ist bei mehreren möglichen Laufwegen durch Korridoruntersuchungen zu prüfen, ob durch eine Entmischung der Züge mit stark unterschiedlichem Geschwindigkeitsniveau eine höhere Leistungsfähigkeit und Pünktlichkeit erreicht werden kann. Oftmals können die langsamen Züge bei ungestörter Fahrt über "Umwege" eine kürzere Gesamtreisezeit erzielen, als wenn sie auf den Hochgeschwindigkeitsstrecken immer wieder auf Überholungsgleise ausweichen müssen, um schnelleren Zügen Platz zu machen.

Bei der konzeptionellen Planung von Schnellverkehr muß das Problem der räumlichen Entmischung von anderem Verkehr grundsätzlich untersucht werden, zumal das eng vermaschte und gut ausgebaute DB-Streckennetz bei parallelen Streckenführungen hierzu Möglichkeiten bietet. Der Mischbetrieb von schnellen Reisezügen und langsamen Güterzügen verursacht eine Reihe von technischen und betrieblichen Problemen, wie sich inzwischen auf den Hochgeschwindigkeits-Streckenabschnitten im DB-Netz gezeigt hat. Deshalb sollten die Auswirkungen einer (evtl. teilweisen) Entmischung hinsichtlich Betriebsqualität und wirtschaftlichem Aufwand untersucht und mit dem herkömmlichen Mischbetrieb verglichen werden. Damit könnten gleichzeitig die für Instandhaltungsarbeiten notwendigen Fahrplanpausen leichter eingeplant werden, die derzeit auf den hochbelasteten Strecken kaum verfügbar sind.

Wesentliche Voraussetzung für den Einsatz moderner und effizienter Planungsmethoden ist die laufende Erfassung und ständige Verfügbarkeit von Informationen und Daten über die langfristige und aktuelle Belegung aller wichtigen Strecken im Gesamtnetz. Damit könnten z.B. nicht laufweggebundene Durchgangszüge zur gleichmäßigeren Netzauslastung über variable Leitungswege geführt werden, sofern die Fahrzeiten dies erlauben.

Auch in den Eisenbahnknoten sind durchaus Möglichkeiten zur Leistungssteigerung denkbar und in Ansätzen schon vorhanden, z.B. durch eine flexiblere Belegung der Bahnhofsgleise und großräumige Betriebsdispositionen auf den Zulaufstrecken. Die hierzu vorhandenen EDV-Verfahren (Simulations- und Dispositionsmodelle) sind intensiv weiterzuentwickeln, zumal immer leistungsstärkere Rechner zur Verfügung stehen, mit denen realistische Betriebsabläufe auch in großen Anlagenkonfigurationen wirklichkeitsgetreu abgebildet und genau analysiert werden können.

Bahnhofsfahrordnungen und Gleisbelegungspläne müssen unter Anwendung moderner EDV-Verfahren optimiert und vom Computer erstellt werden. Die immer noch weitverbreitete manuelle Aufstellung dieser wichtigen betrieblichen Unterlagen mit Papier und Bleistift muß durch moderne Verfahren des Operations Research ersetzt werden. Nur mit diesen computer-gestützten Methoden läßt sich für komplexe Betriebssysteme aus einer Vielzahl von Varianten die optimale Lösung, d.h. die maximal mögliche Anlagenbelastung, herausfinden.

2.6 Verknüpfung der Verkehrssysteme

Moderne Informations- und Kommunikationstechnologien sind auch für die Verknüpfung mit anderen Verkehrssystemen anzuwenden, um zu einem integrierten Gesamtverkehrssystem zu gelangen. Hierzu sollen abschließend einige notwendige Neuerungen in den Bereichen Personen- und Güterverkehr aufgezeigt werden.

So muß z.B. der für Fernreisen notwendige Buchungsvorgang für den Kunden so bequem wie möglich gestaltet werden, damit er nicht als lästig empfunden wird. Fahrausweiskauf und ggf. Platzreservierung muß der Kunde, wenn er über entsprechende Einrichtungen verfügt, von seinem Arbeitsplatz oder seiner Wohnung vornehmen können. Andererseits bilden aber die Kundenpotentiale ohne diese technischen Möglichkeiten die Mehrheit. Ihnen müssen attraktive Alternativen geboten werden, z.B. Ausbau des Verkaufs über Automaten. Schlangestehen vor Fahrkartenausgaben ist kein ICE-Niveau! Fahrplanauskünfte sollten dialogorientiert ebenfalls über SB-Automaten abgewickelt werden können (System EVA).

Eine allgemeine Buchungs- und Reservierungspflicht für Fernzüge, die bis kurz vor Zugabfahrt möglich sein muß, soll nicht nur einen Sitzplatz garantieren, sondern kann in Verbindung mit einem variablen Tarifsystem auch zur gleichmäßigeren Platzauslastung beitragen.

Eine Reise mit der Bahn sollte so bequem wie möglich gestaltet werden können. Hierzu ist der Haus-Haus-Gepäckservice zu beschleunigen. Kunden, die erst bei der Abreise am Bahnhof ihr Gepäck aufgeben, möchten dies direkt nach der Ankunft am Zielort wieder in Empfang nehmen. Für einen fahrgastbegleitenden Gepäcktransport sind auch bei kurzen Haltezeiten der Fernzüge Lösungen vorstellbar. Beispielsweise erscheint ein Palettentausch während eines Zughaltes und Sortierung der Gepäckstücke nach Zielen während der Fahrt auch mit dem IC-Kurierdienst kombinierbar.

Die Anschlußsicherung mit anderen öffentlichen Verkehrsmitteln kann z.B. durch systemübergreifenden Betriebsdatenaustausch gewährleistet werden. Es bietet sich die Möglichkeit an, mit ständig aktualisierten Datengrundlagen und moderne Rechenmethoden die Struktur der Beförderungsangebote kurzfristig zu überprüfen und ggf. zu verbessern. Dazu zählt auch die bedarfsgerechte Dimensionierung der Zugkapazitäten.

2.7 Beschleunigung der Gütertransporte

Auch im Güterverkehr kommt der Verbesserung des Informationsflusses eine große Bedeutung zu. Zur Beschleunigung des Transportes sind z.B. Schnittstellen anzubieten, Versanddaten direkt in das bahninterne Informations- und Kommunikationssystem einzulesen. Die Möglichkeiten der aktuellen Fahrzeug- und Ladungsverfolgung müssen als besonderer Systemvorteil der Bahn intensiv ausgebaut und in der Werbung und Akquisition wesentlich stärker als bisher herausgestellt werden.

Für den großen Bereich der Einzelwagenladungen und Stückgüter sind automatisierte Umschlagverfahren durch angepaßte Transportgefäße (z.B. Abrollkipper) zu entwickeln. Hierzu gehört insbesondere eine neue Behältertechnologie, um die Transportabläufe in Zukunft schneller und effizienter abwickeln zu können.

Im Güterverkehr betragen die reinen Fahrzeiten oftmals weniger als 25 % der Gesamttransportzeit, d.h. Verkürzungen der Beförderungszeit können vor allem in anderen Bereichen erzielt werden. Dies betrifft insbesondere den Rangieraufwand. Bereits zwei Umstellungen in einem herkömmlichen Rangierbahnhof lassen die Transportgeschwindigkeit soweit absinken, daß sie für viele Verlader unattraktiv wird.

Außer den eigentlichen Rangierzeiten gehören hierzu auch alle Tätigkeiten für die Auflösung und erneute Bildung von Zügen, die den Transportfluß verzögern. Automatische Lesegeräte zur Fahrzeugidentifikation könnten den Betriebsablauf im Rangierbahnhof erheblich beschleunigen.

Für die Beförderung der Waggons außerhalb geschlossener Ganzzüge ist zu prüfen, ob mit Kleinstmotoren an den Fahrzeugen eine automatische Feinverteilung möglich und wirtschaftlich ist. Kleine Elektromotoren könnten durch Batterien gespeist und während der Zugfahrt wieder aufgeladen werden. In Verbindung mit automatischen Wagennummernlesegeräten könnten dann bei der Feinverteilung mit geringen Geschwindigkeiten die Fahrwege durch die Fahrzeuge selbst gestellt werden, da aus der Fahrzeugnummer und dem Fahrziel der Fahrweg abzuleiten ist. Leistungsfähigkeit und Reichweite solcher Antriebe sind zu untersuchen und ggf. in das Konzept eines intelligenten Güterverkehrs zu integrieren.

Zur Beschleunigung von Kuppelvorgängen und zur Humanisierung der Arbeitsabläufe ist die Einführung der automatischen Kupplung (z.B. als Zugkupplung) erforderlich und eigentlich längst überfällig. Durch eine Vermehrung fester Umläufe in Stammrelationen mit Trennung der Zugverbände nur im Start-/ Zielbereich dürften bei der (schrittweisen) Kupplungsumstellung keine gravierenden betrieblichen Schwierigkeiten zu erwarten sein.

Die Züge des (zeitempfindlichen!) kombinierten Verkehrs sollten möglichst direkt in die Ladegleise der Umschlagbahnhöfe einfahren können (Schwungfahrt). Eine Direktausfahrt auf die Strecke sollte selbstverständlich sein. Hierdurch ließen sich Verlustzeiten erheblich verringern.

2.8 Forschungsprogramm BAHN-PROMETHEUS

Für alle diese stichwortartig genannten Vorschläge, die insbesondere auch für die Deutsche Reichsbahn auf dem Gebiet der ehemaligen DDR gelten, sollte ein umfassendes Forschungsprogramm mit Beteiligung der EUREKA-Forschung unter dem Stichwort BAHN-PROMETHEUS in der Bundesrepublik und in den Nachbarländern gestartet werden. In diesem Programm sind die einzelnen Forschungsaktivitäten zu koordinieren und noch vorhandene Lücken zu schließen. Hierbei ist keine Zeit zu verlieren, da auf die Eisenbahn künftig große Transportaufgaben zukommen, die sie andernfalls nicht bewältigen kann.

Schließlich ist für ein derartiges Programm auch eine intensive Öffentlichkeitsarbeit in dem Sinne zu leisten, daß Investitionen in eine Intelligente Bahn notwendig und gesellschaftlich sinnvoll sind. Die finanziellen Mittel zur Schaffung einer Intelligenten Bahn werden aber nur dann von der Gesellschaft zur Verfügung gestellt, wenn der gesamtwirtschaftliche Nutzen allgemein einsehbar ist.

Wenn es mit Hilfe einer auf diese Weise umfassend ertüchtigten Eisenbahn z.B. gelänge, 25 % des gegenwärtigen Straßengüterfernverkehrs in der Bundesrepublik auf die Schiene zu verlagern - das entspräche rd. 100 Mio t Güter pro Jahr und etwa 5 Mio Lkw-Fahrten -, dann dürfte der gesamtgesellschaftliche Nutzen dieses "Technologie-Effektes" unumstritten sein. Deshalb braucht unsere Gesellschaft schnell die intelligente und leistungsstarke Eisenbahn.

3 Personennahverkehr der Zukunft

Hermann Zemlin

Die Ausgangslage des Verkehrs und des Personennahverkehrs ist dadurch gekennzeichnet, daß er sich in immer stärkerem Maße selbst zum Erliegen bringt. Dabei ist ein Ende des Ansteigens des Verkehrs noch lange nicht erreicht. Bis zum Jahre 2010 wird es voraussichtlich eine 40 %ige Steigerung der Zahl der Pkw's in Deutschland geben. Der europaweite Güterverkehr wird bereits bis zum Jahre 2000 um 40 % zunehmen. Der innerdeutsche Güterverkehr in Ost-West Richtung wird bis zum Jahr 2010 um 1000 % expandieren. Auch der Bereich des Luftverkehrs weist erhebliche Steigerungsraten auf. Die Zahl der Flugreisenden wird sich in demselben Zeitraum verdreifachen und bereits letztes Jahr hatte jeder vierte Flug auf deutschen Flughäfen mehr als 15 Minuten Verspätung.

Dieses aufgezeigte Verkehrsszenario führt schon jetzt und erst recht in Zukunft zu unerträglichen Verkehrsemissionen. Die Stickoxidemissionen betrugen 1989 auf dem Gebiet der früheren Bundesrepublik zwei Millionen Tonnen. Dies trotz eines Katalysatoranteils bei Neuwagen von 30 %. Und selbst wenn jeder Pkw mit einem Dreiwegekatalysator ausgerüstet wäre, lägen die Gesamtemissionen des Verkehrs immer noch höher als Anfang der sechziger Jahre. Der Dreiwegekatalysator macht das Auto nicht zu einem umweltfreundlichen Verkehrsmittel. Besonders deutlich zeigt sich dies daran, daß der Katalysator den CO_2-Ausstoß überhaupt nicht vermindert. Dabei ist der Verkehr besonders stark an der Energieumwandlung beteiligt. Der CO_2-Ausstoß der Autos in Nordrhein-Westfalen ist 18 x so groß wie der aller Kraftwerke. Eine andere Art von Emissionen ist der Lärm, der weiter zunimmt und immer mehr Leute stört.

Diese Entwicklung des Verkehrs hat aber nicht nur ökologische Folgen. Kennzeichnend ist auch, daß er durch seine zunehmende Dichte die Funktion der Straße als Lebens- und Erlebnisraum sowie als Kommunikationszentrum, besonders für Kinder, unterdrückt.
Der Platzbedarf der Straße verhindert Urbanität. Straßen benötigen immer mehr Raum, behindern Stadtplanungen und Stadtentwicklungen. Es geht sogar so weit, daß Stadtplanungen sich ausschließlich an den Belangen des Individualverkehrs orientieren.

Aus dieser Ausgangslage, die die Entwicklungen des Verkehrs eher unter- als übertreibt, müssen Schlußfolgerungen gezogen werden, die nicht bequem, aber notwendig sind.
Die erste Folgerung ist die, daß Pkw mit Verbrennungsmotoren in Ballungsräumen nur noch eingeschränkt genutzt werden können. Selbst bei schärfsten Abgasnormen sind die Emissionen in Ballungsgebieten nicht mehr hinnehmbar. Sie gefährden die Gesundheit der Bewohner und schädigen die Umwelt. Der Raumbedarf an Straßen und auch an Parkraum ist nicht mehr zu bewältigen. Der hohe Anteil des sog. Parkplatzsuchverkehrs im innerstädtischen Verkehr belegt dies deutlich. Auch läßt sich schon der Zeitpunkt absehen, wo es nicht mehr möglich sein wird, den Pkw in der Ballung zu nutzen, geschweige denn, sinnvoll zu nutzen.
Die nächste Folgerung ist, daß der Anteil des öffentlichen Personennahverkehrs (ÖPNV) am Gesamtverkehr drastisch erhöht werden muß. Der bisherige Anteil des ÖPNV am Modal Split ist völlig unzureichend. Da ein erheblicher Umstieg auch aufgrund mangelnder Attraktivität noch nicht erfolgt ist, müssen Maßnahmen getroffen werden, um diese zu erhöhen. Der ÖPNV muß beschleunigt werden. Denn ein wesentliches Hindernis in

objektiver und subjektiver Hinsicht für die Nutzung ist der Zeitfaktor. Dabei muß neben der Durchführung von Beschleunigungsmaßnahmen auch die Alleinnutzung verstärkt durchgeführt werden. Daher sind für Busse, Straßenbahnen und Stadtbahnen eigene Spuren vorzusehen. Und dies gerade an der Oberfläche, da der Tunnelbau in Zukunft aufgrund der hohen Investitionen nur noch sehr schwer durchführbar sein wird.

Ergänzt werden muß diese Maßnahme durch eine Verbesserung der kombinierten Nutzung. Denn auch eine gute Verknüpfung zwischen ÖPNV und IV entlastet die Ballungsgebiete vom Verkehr. Stichworte sind hier Park and Ride sowie Bike and Ride. Dabei dürfen diese nicht länger rein zweckorientierte Parkplätze sein, sondern müssen der Größe und Lage angepaßt, Dienst- und Serviceleistungen vorhalten. Diesen Punkt haben sogar schon Automobilclubs aufgegriffen.

Als dritte Folgerung muß einmal der Punkt aufgegriffen werden, daß der emissionsfreie Pkw durchaus Chancen hat, auch wenn er das Flächenproblem nicht lösen kann und Elektrofahrzeuge zur Zeit noch nicht marktfähig sind. Die durchschnittlich am Tag zurückgelegte Strecke aller westdeutschen Autofahrer liegt heute bei ca. 37 km. Daher könnte der größte Teil aller Transportbedürfnisse durch technisch und konzeptionell modernisierte Elektrofahrzeuge abgedeckt werden. Solche batteriebetriebenen Fahrzeuge sind technisch machbar und können wirtschaftlich produziert werden. Auch die erforderliche Energiedichte der Batterien ist erreicht. Was fehlt, ist allein der Markt, der mit entsprechenden Stückzahlen eine kostengünstige Großserienfertigung erlaubt. Daher hat das Elektrofahrzeug Zukunft, auch wenn es nicht sämtliche Probleme des innerstädtischen Verkehrs lösen kann.

Dennoch muß die Hauptaufgabe zur Lösung der innerstädtischen Verkehrsprobleme eine drastische Erhöhung der Nutzung des ÖPNV sein. Denn auch Elektrofahrzeuge benötigen Platz, der in der Ballung nicht mehr vorhanden ist.
Zur Erhöhung des Modal Split sind viele Maßnahmen möglich, wobei sich zumindest eine Zweiteilung anbietet:
Zunächst kommen solche Maßnahmen in Betracht, die ohne Forschungsbedarf und damit zumindest mittelfristig realisierbar sind.
Der erste Ansatz ist eine integrierte Betrachtung von ÖPNV und IV. Die Betrachtungsweisen dürfen sich nicht jeweils auf Straßen- und Schienenebene beschränken. Ein integrierter Ansatz erfordert, sämtliche Verkehrswege (Fußwege, Radwege, Schienen und Straßen) als ein System zu begreifen und aufeinander abzustimmen. Nur bei einer solchen Integration ist es möglich, sämtliche Verkehrsträger der Region in dieses System einzupassen und aufeinander abzustimmen.

Ein weiterer Schritt in diese Richtung wäre die Einrichtung der Stelle eines ÖPNV-Beauftragten bei den kommunalen Gebietskörperschaften. Diese Einrichtung ist erforderlich, um eine Zuständigkeit innerhalb der Verwaltung zu begründen, die die Belange des ÖPNV vertritt. Denn die bisherigen Zuständigkeiten innerhalb der Verwaltungen sind stark aufgesplittet. Ein ÖPNV-Beauftragter hätte daher die Aufgabe, dafür zu sorgen, daß die Belange des ÖPNV überall beachtet werden und in sämtliche Planungen einfließen. Daher darf der ÖPNV-Beauftragte keine Alibifunktion haben, sondern muß ein Spezialist sein und auch Kompetenzen besitzen.

Dazu kommen muß aber eine Bewußtseinsänderung. Als wesentlicher Punkt in den Köpfen der Leute muß erreicht werden, daß der ÖPNV den Stellenwert bekommt, den er in der Zukunft haben wird. Daher müssen Vorurteile (berechtigte und unberechtigte) abgebaut und die Vorteile des ÖPNV vermittelt werden. Dazu ist eine erhebliche Imageverbesserung erforderlich. Der ÖPNV darf von den Nutzern und potentiellen Nutzern nicht mehr als Restgröße angesehen werden, der nur von denen benutzt wird, die kein individuelles Verkehrsmittel zur Verfügung haben, sondern er muß zu einer echten Alternative werden.

Dazu ist eine professionelle Werbung erforderlich. Was für andere Bereiche der Wirtschaft gilt, muß auch für den Bereich des ÖPNV gelten. Dort ist es selbstverständlich, erhebliche Etatmittel für Werbung auszugeben und Werbung als wesentlichen Bestandteil des Vertriebes und Verkaufs anzusehen. Ähnliches gilt für Marketingmaßnahmen. Dies ist es im Bereich des ÖPNV zwar noch nicht, muß aber für diesen Bereich auch nutzbar gemacht werden. Unterstützt werden muß dies durch eine intensivierte Öffentlichkeitsarbeit. Die Pressearbeit muß verstetigt werden. Dadurch werden mehr Informationen in die Öffentlichkeit transportiert und mehr Transparenz des Bereiches ÖPNV erzeugt. Spezielle Gruppen (Interessenvertretungen, Handelskammern, Gewerkschaften usw.) müssen in die Öffentlichkeitsarbeit eingebunden werden und innerhalb ihrer Gruppierungen für die Belange des ÖPNV eintreten. Auch Vorbildfunktionen müssen für den ÖPNV ausgeübt werden. Dies gilt zunächst für die eigenen Angestellten, auch für die leitenden, die den ÖPNV benutzen sollen. Einhergehen muß dies mit einer Reduzierung der Anzahl der Dienstwagen.

Aber auch außerhalb des eigenen Bereiches müssen Vorbilder gefunden werden. Ein Bereich ist der des Politiker und Prominenten, von denen bei einer Nutzung des ÖPNV starke Vorbildfunktionen ausgehen. Auch der Begriff "Sponsoring" darf für den Bereich des ÖPNV nicht länger ein Fremdwort sein. In anderen Bereichen der Wirtschaft ist es nämlich schon längst üblich, sowohl Sponsoren zu finden als auch Sponsor zu sein.

Während es auf dem Gebiet "Sponsor finden" sehr viele Betätigungsfelder gibt, ist bei dem Themengebiet "Sponsor sein" zu berücksichtigen, daß der ÖPNV aus Steuermitteln finanziert wird. Daher ist bei der Betätigung als Sponsor Zurückhaltung zu üben. Dennoch bestehen auch hier Möglichkeiten, in gewissem Rahmen zu sponsorn, wobei hier natürlich zunächst Leistungen aus dem Verkehrsbereich in Betracht kommen (Sonderfahrten zu kulturellen Veranstaltungen usw.).

Letztlich muß sich der Bereich des ÖPNV in Zukunft der gleichen Möglichkeiten bedienen, wie die Wirtschaft dies schon heute tut.

Aber dies wird nicht ausreichen, den Modal Split nachhaltig zugunsten des ÖPNV zu verändern. Dazu muß eine Änderung der Rahmenbedingungen erfolgen, und zwar zugunsten des ÖPNV.

Ein weites Feld eröffnet sich da auf dem Gebiet des Gemeindefinanzierungsgesetzes. Es geht über eine generelle Aufstokkung der Mittel, über eine Erweiterung des Förderungskataloges, über eine Vergrößerung des ÖPNV-Anteils zu Lasten des IV bis hin zu einer Aufhebung der Plafondierung des ÖPNV-Anteils. Darüber hinaus muß endlich ernsthaft die Einführung einer generellen Nahverkehrsabgabe diskutiert werden, um die Allgemeinheit generell an den Kosten für den ÖPNV zu beteiligen, von dessen Vorhaltung sie Vorteile hat.

Ein weiterer Punkt ist die Übertragung des DB-Nahverkehrs auf die Länder und damit auch auf die Kommunen. Da der DB-Nahverkehr in hohem Maße defizitär ist, kann dies nur mit einem entsprechenden Finanzausgleich seitens des Bundes erfolgen. Dieser revolutionär erscheinende Schritt wird sofort nachvollziehbar und einsichtig. Denn die anfallenden Defizite im Nahverkehr lassen sich neben fehlender Attraktivität auch

darauf zurückführen, daß es nicht möglich ist, Nahverkehr zentral zu organisieren. Die maßgebenden Belange können nur vor Ort entschieden werden, nur dort können die richtigen Entscheidungen fallen.
Dies trifft nicht nur auf die traditionellen Bereiche des ÖPNV, sondern auch auf den DB-Schienenverkehr im Nahbereich zu. Von daher ist es nur logisch und zwingend, den gesamten Nahverkehr regional zu organisieren und auf die Länder und weiter auf die Kommunen zu übertragen. Dazu sind sicherlich Einzelheiten, wie Mischverkehr, noch klärungsbedürftig, aber dennoch ist dieser Schluß zwingend. Dabei kann natürlich nicht die Kostenlast dieses hoch defizitären Bereichs auf die Länder bzw. Kommunen übertragen werden. Denkbar wäre ein Finanzausgleich in Höhe der jetzigen Zahlungen der Deutschen Bundesbahn für den Nahverkehr (ca. 4 Mrd DM), der dynamisiert werden müßte. Dieser Ausgleich müßte nach einem noch festzulegenden Schlüssel (Schienenstrecken, Einwohner u.ä.) erfolgen und von gewissen Standards, die die Länder garantieren müßten, abhängig gemacht werden. Unter den Voraussetzungen ist es am ehesten möglich, mit Bundes- und Landesmitteln sowie Zahlungen der kommunalen Gebietskörperschaften den Nahverkehr attraktiver zu gestalten. Der Fernverkehrsbereich verbleibt bei der Bundesbahn, dort, wo er richtigerweise auch hingehört.

Erforderlich wird aber auch eine Anpassung der Investitionspolitik für den Individualverkehr sein. Dies bedeutet sicherlich eine Umverteilung. Zumindest ist anzustreben, daß für den Individualverkehr und für den öffentlichen Verkehr die gleichen Anteile an Investitionsmittel zur Verfügung stehen. Um das Ungleichgewicht der letzten Jahre auszugleichen, ist es eigentlich sogar erforderlich, den größten Anteil der Investitionsmittel dem öffentlichen Verkehr zuzuordnen. Denn sonst kann er seinen zukünftigen Aufgaben nicht mehr gerecht werden.

Schließlich muß der ÖPNV endlich durch die Ordnungspolitik unterstützt werden. Der Individualverkehr und der öffentliche Verkehr müssen endlich steuerlich gleichgestellt werden. Die Kilometerpauschale bei der Lohn- bzw. Einkommensteuer muß in eine verkehrsmittelunabhängige Entfernungspauschale umgewandelt werden, um die einzelnen Verkehrsträger zumindest gleich zu behandeln. Beim Individualverkehr müssen die fixen in variable Kosten umgewandelt werden (Umschichtung der Kfz.-Steuer auf die Mineralölsteuer). Wer viel fährt, soll mehr belastet werden als derjenige, der wenig fährt. Eine Nahverkehrsabgabe muß eingeführt werden. Denn nur so läßt sich dem wachsenden Investitionsbedarf des öffentlichen Personennahverkehrs nachkommen, und der Individualverkehr wird kostenmäßig an den Vorteilen, den der ÖPNV für ihn vorhält, beteiligt. Auch eine Änderung der Stellplatzverordnung ist notwendig, um eine Verknappung des Parkraumes in den Innenstädten zu ermöglichen. Aber eines muß abschließend noch deutlich gemacht werden. Auch das heute geltende Recht enthält zahlreiche Regelungen, die ÖPNV-freundlich angewendet werden können. Ob dies geschieht oder nicht, liegt im Verantwortungsbereich der politisch Verantwortlichen. Und häufig geschieht dies eben nicht. Daher ist es unbedingt erforderlich, daß das bestehende Regelungsinstrumentarium ausgenutzt wird. Schon dadurch ließen sich viele ÖPNV-freundliche Lösungen verwirklichen.

Weitere Möglichkeiten, den Anteil des ÖPNV am Modal Split zu verändern, erfordern einen gewissen Forschungsbedarf, damit Forschungsmittel und lassen sich zum Teil auch nur längerfristig verwirklichen. Dennoch müssen sie angegangen werden, um eine Attraktivitätssteigerung des ÖV in Zukunft sicherzustellen. Die Schnellverkehre müssen ausgebaut werden. Dies erfordert Forschungs- und Investitionsaufwand. Dabei muß die Schiene als umweltfreundliches Verkehrsmittel gestärkt werden. Der Ausbau bzw. Neubau an der Oberfläche muß Vorrang genießen und zügig vorangetrieben werden. Denn neue Tunnelstrecken sind in Zukunft nur noch schwer finanzierbar. Daher muß der Ausbau an der Oberfläche zügig vorangetrieben werden. Dies beinhaltet auch und insbesonders den Bau eigener Bahnkörper, um den Schienenverkehr ungehindert fließen zu lassen. Ergänzt werden muß dies durch Vorrangschaltungen und Beschleunigungsmaßnahmen im Straßenraum, um auch im Mischverkehr zügig voranzukommen.

Auf bereits vorhandenen Schienenstrecken muß der Verkehrswert erhöht werden. Denn viele der vorhandenen Strecken sind nicht attraktiv genug. Der Forschungsbedarf liegt hierbei in der Untersuchung und der Erarbeitung von Konzeptionen zur Verbesserung. Dabei kann man sich nicht auf Maßnahmen am Fahrweg und an den Fahrzeugen beschränken, sondern die Untersuchungen müssen weiter ausgedehnt werden. Stichworte hierbei sind Fahrplanverbesserungen, Taktdichte, Haltepunkte sowie deren Umfeld. Auch die Verknüpfungspunkte IV-ÖV müssen einbezogen werden.

Forschungsbedarf ist auch dabei erforderlich, ob die Wiedernutzung stillgelegter Strecken möglich ist. Dabei kann man sich nicht auf stillgelegte DB-Strecken beschränken. Aufgrund ihrer Lage und der Veränderung der Siedlungsstruktur sind auch viele Industriebahnen in die Untersuchungen mit einzubeziehen. Denn die Streckenstillegungspolitik der letzten Jahre war insgesamt falsch. Der noch anhaltende Trend muß umgekehrt werden. Denn viele Beispiele zeigen, daß ein attraktiver Schienenverkehr auch in dünner besiedelten Gebieten von den Fahrgästen angenommen wird.

Wo keine Schienenverbindung möglich ist, muß dem Fahrgast ein adäquates Verkehrsmittel angeboten werden. Dort muß ein attraktives Schnellbussystem die Schiene ersetzen. Dieses System muß attraktiver, komfortabel und schnell sein und sich deutlich von den üblichen Bussystemen abheben. Dann hat es eine gute Chance, als qualitativ gleichwertiges System den Schienenverkehr zu ergänzen.

Auch der Zugang zum öffentlichen Personennahverkehr muß vereinfacht werden, um bei vielen, gerade potentiellen Nutzern, die Schwellenangst abzubauen. Ein wesentlicher Punkt ist dabei die Kompliziertheit des Tarifsystems. Daher muß der Tarif vereinfacht werden, im Idealfall müssen Tarifkenntnisse überflüssig werden.

Günstig wäre auch, die Bedienungselemente zu standardisieren. Denn bei den verschiedenen Verkehrsmitteln und Verkehrsträgern muß eine einfache und unkomplizierte Bedienung sichergestellt werden. Wünschenswert wäre eine bundeseinheitliche Standardisierung, um dem Fahrgast auch in verschiedenen Städten den Zugang zu vereinfachen. Auch die Fahrgastinformation muß ausgebaut und dynamisiert werden. Dies gilt nicht nur im Bereich des öffentlichen Personennahverkehrs, sondern vor allem ÖPNV-fern. Die Hinweise auf eine Haltestelle oder einen Bahnhof müssen bereits weit vorher beginnen. Sie kann nicht weit genug ausgebaut sein. Denkbar und notwendig wäre auch, jedem Haushalt ähnlich wie ein Telefonbuch einen Fahrplan kostenlos zur Verfügung zu stellen. Von daher muß Fahrgastinformation umfassend definiert werden, einen erheblich weiteren Bereich als heute umfassen und darf sich nicht in Zielangaben an Fahrzeugen erschöpfen.

Ein weiterer Punkt ist die Stärkung des menschlichen Kontaktes zum Fahrgast. Dabei wird es die Figur des Schaffners nicht mehr geben. Aber gerade dieser Bereich ist sehr wichtig, so daß man hier Alternativen erörtern muß. Modellversuche mit Fahrgastbetreuern sind erfolgreich verlaufen. Um aber für diese Serviceaufgaben in Zukunft Personal zur Verfügung zu haben und die Kosten bewältigen zu können, ist es erforderlich, die Automatisierung soweit voranzutreiben, daß dort Personal abgezogen und für Service- und Kontrollaufgaben genutzt werden kann.

Das Serviceniveau muß auch generell erhöht werden. Die zum Teil unvermeidlichen Wartezeiten und auch die Fahrzeiten müssen zum Erlebnis umgestaltet werden. Die Haltestellen müssen zu Kommunikationszentren umgebaut werden. Der Fahrgast soll an der Haltestelle als zentralen Anlaufpunkt alles das erledigen können, was er sowieso erledigen muß (Telefon, Briefkasten, EC-Automat, Kioskangebot). Je nach Wertigkeit der Haltestelle muß dieses Angebot abgestimmt werden, aber ein Grundangebot sollte nahezu an jeder Haltestelle vorgehalten werden. Die Haltestelle selbst muß qualitativ aufgewertet werden. Eine Haltestelle ohne Wartehäuschen ist nicht mehr hinnehmbar. Aber auch dieser Wetterschutz muß optimiert und optisch aufgewertet werden. Um die Fahrzeiten zum Erlebnis werden zu lassen, muß zumindest ein Leseservice angeboten werden. Weitere Medien innerhalb der Fahrzeuge stoßen zur Zeit noch auf rechtliche Vorbehalte.

Auch der Gepäcktransport kann bei der Frage der Erhöhung des Serviceniveaus nicht außer acht bleiben. Dieser ist sicherlich schwierig zu organisieren und auch nicht für jedes Gepäck möglich. Möglich werden muß eine Reisegepäckbeförderung von und zum Flughafen sowie ein Gepäcktransport nach Hause (Weihnachtseinkauf). Sicherzustellen ist aber eine Gepäckaufbewahrung, die nicht nur in der Vorweihnachtszeit erfolgen darf. Hierbei ist auch an die Möglichkeit der Schaffung von kostenlosen Schließfächern zu denken.

Wenn vorher davon die Rede war, den Zugang zum ÖPNV zu verbessern, so muß dies auch für den Übergang ÖPNV-IV gelten. Um dem ÖPNV neue Kundenbereiche zu erschließen, müssen neue und verbesserte Übergangsmöglichkeiten geschaffen werden. Die bisherigen P+R-Anlagen werden ausschließlich zweckbedingt gestaltet. In Zukunft müssen sie zu echten Serviceleistungen ausgebaut werden. Neben den für Haltestellen bereits genannten Dienstleistungen sind auch Dienstleistungen im Kfz-Bereich (Tankstelle, Reifendienst, Waschanlage) möglich. Vorbild für diese Dienstleistungen kann auch das Dienstleistungsangebot am Flughafen sein. Nicht alles wird sich an jeder P+R-Anlage verwirklichen lassen, aber je nach den wirtschaftlichen Gegebenheiten müssen zumindest wesentliche Teile realisiert werden.

Dazu müssen auch die Standorte neuer P+R-Anlagen überdacht werden. Diese könnten bei entsprechender Anbindung in der Nähe von Autobahnen realisiert werden, um dort zu einem Umsteigen des Autofahrers zu gelangen.

Ähnliches gilt auch für eine B+R-Konzeption. Hier ist von besonderer Bedeutung, daß Fahrrad sicher abstellen zu können. Möglich sind daher sowohl personalbewachte Anlagen, aber auch Fahrradboxen mit Schließfachcharakter. Auf jeden Fall müssen die Fahrräder sicher aufbewahrt werden.

Die Zuwegsituation darf schließlich nicht ausgeklammert werden. Dies betrifft Zugänge und Zuwege, eine deutliche Beschilderung und auch die Anlage selbst, die möglichst in zentraler Lage und gut erschlossen liegen muß und fahrgast- und behindertengerechte Zu- und Abgänge besitzen muß.

Da der öffentliche Personennahverkehr aus Steuern finanziert und eine möglichst hohe Wirtschaftlichkeit gefordert wird, müssen die spezifischen Kosten gesenkt werden. Dies bedeutet, wie im Servicebereich angedeutet, daß die Technisierung von

Funktionen ohne Kundenkontakt vorangetrieben wird und damit Personal für Kundenbetreuung einsetzbar wird. Denn zusätzliches Personal für diesen Bereich ist kaum finanzierbar und auch nicht unbegrenzt verfügbar. Daher ist eine Umschichtung in den Kundensektor erforderlich.

Dazu müssen neue Arbeitsmodelle für gefährdete Personen gefunden werden. Daß ein hoher Anteil des Fahrpersonals vor Erreichen der eigentlichen Altersgrenze aus dem Fahrdienst ausscheiden muß, kann nicht länger hingenommen werden.

Denn die permanenten Belastungen im Fahrdienst führen zu Ausfällen, Ausscheiden aus dem Fahrdienst, zu langwierigen Heilbehandlungen und im schlimmsten Falle zu Frühpensionierungen und damit auch zu erheblichen Kosten. Dies muß sich ändern. Neben flankierenden Maßnahmen wie Betriebssport, Betriebsärzte und zusätzliche gesundheitliche Versorgungsmaßnahmen wird man auf lange Sicht neue Arbeitsmodelle entwikkeln müssen, die arbeitsteilig konzipiert sind.

Ein letzter Punkt, um die spezifischen Kosten zu senken, ist die Einbindung des öffentlichen Personennahverkehrs in die Güterverteilung. Unter der Voraussetzung der Schaffung von Güterverteilzentralen können die vorhandenen Kapazitäten durchaus zur Feinverteilung genutzt werden.

Erörtert werden sollte auch schließlich der Gedanke, daß Gesamtverkehrsmanagement den Verkehrsbetrieben zu übertragen. Denn diese haben gut ausgestattete Betriebsleitzentralen, die bei entsprechendem Ausbau und Unterstützung die gesamte Steuerung des fließenden und ruhenden Verkehrs übernehmen könnten. Weitere Kosteneinsparungen könnten dadurch erzielt werden, wenn weitere Einsatzleitdienste (Notruf, Feuerwehr) übernommen würden.

Diese Maßnahmen, die auf eine Erhöhung der Nutzung durch Attraktivitätssteigerung zielen, erfordern, wie aufgezeigt, einen hohen Forschungsbedarf und bedürfen besonders einer starken Einführungsunterstützung.

Aber die Alternative dazu ist, angesichts des drohenden Verkehrskollapses, die Pkw-Nutzung stärker durch Verbote einzuschränken und solche Restriktionen sind nicht unbedingt die leichter durchsetzbare Lösung.

4 Konzeptionelle Defizite im Verkehrssystem

Werner Rothengatter

4.1 Verkehrsentwicklung und Trends

Wenn man von Wachstumssektoren sprechen kann, so gehört der Verkehr dazu. Mit wirtschaftlichen Aufschwung nach dem Krieg hat auch der Verkehr enorm zugenommen. So haben sich die Leistungen im Güterverkehr Europas von 1970 bis 1986 um 40 % erhöht. Am stärksten nahm der Güterverkehr auf den Straßen zu (78 %). Dagegen verzeichneten die Eisenbahnen einen Verlust von 11 %.

Noch kräftiger als im Güterverkehr nahmen die Leistungen des Personenverkehrs (hier ohne Berücksichtigung des Luftverkehrs) zu: Er stieg von 1970 bis 1986 um rund 60 %. Den größten Zuwachs verzeichnete der motorisierte Individualverkehr (Pkw, Motorrad) mit fast 70 %, gefolgt von Bussen mit 38 % und der Bahn mit 19 %. Dadurch sank der Anteil der Bahn von 10 % im Jahr 1970 auf 7,5 % im Jahr 1986, während der motorisierte IV heute über 81 % der Verkehrsleistungen im Personenverkehr erbringt.

Im Jahr 1986 wurden 63 % der Transportleistung des Güterverkehrs und 81 % des Personenverkehrs über die Straße abgewickelt. Die Eisenbahnen kamen nur noch auf 8 % im Personen- und 19 % im Güterverkehr Europas. Aufgrund der stimulierenden Effekte der wirtschaftlichen Integration, wie sie etwa im Cecchini-Bericht vorgezeichnet wurden, ist für den Zeitraum von 1985 bis 2010 mit einem Wachstum des grenzüberschreitenden Güterverkehrsaufkommens in Europa um rund 70 % zu rechnen. Davon wird der Straßengüterverkehr unter Status-quo-Bedingungen am stärksten profitieren, während Binnenschiffahrt und Eisenbahn nur bescheidene Steigerungen der Aufkommen und abnehmende Anteile am gesamten Verkehrskuchen erwarten können. Dies ist insofern bemerkenswert, als man hätte erwarten können, daß die Bahnen in Europa ihre Systemvorteile auf weiten Relationen mit hohem Aufkommen ausspielen können. Diese Erwartung geht jedoch nicht auf, weil die räumliche Disperson von Wohn- und Produktionsstätten im Europa weiter wächst, so daß die Streuverkehre gegenüber den bündelungsfähigen Verkehren stärker ansteigen.

Die politischen und wirtschaftlichen Veränderungen in Mittel- und Osteuropa lassen völlig neue Perspektiven für die Verkehrsströme erwarten. Dominierten bislang die Nord-Süd-Ströme, solange der eiserne Vorhang eine Barriere für Kommunikation und Wirtschaftsaustausch darstellte, so treten nun kräftige Ost-West-Ströme hinzu. Im Personenfernverkehr zwischen Ost und West erwarten wir eine Steigerung zwischen 1985 und 2010 um den Faktor 7,5. Der deutsch-deutsche Wechselverkehr wird dabei wohl am stärksten steigen (Faktor 8,5). Etwas niedriger sind die erwarteten Steigerungsraten im Transit zwischen West- und Osteuropa (Faktor 7) und dem Quell/Zielverkehr zwischen der ehemaligen Bundesrepublik und den RGW-Ländern (Faktor 4,5).

Ähnlich sind die erwarteten Steigerungsraten im Güterverkehr zwischen West und Ost, die sich insgesamt beim Faktor 5,5 bewegen. Dies geht mit einem kräftigen Anstieg des auf die ehemaligen Bundesrepublik bezogenen Güterverkehrs einher. Von 1985 bis 2010 wird eine Steigerung des Güterverkehrsaufkommens um 70 % prognostiziert. Daran wird der Straßengüterverkehr mit über 50 % den größten Anteil haben, der sich im genannten Zeitraum fast verdoppeln könnte, während die Bahn immerhin noch eine durchschnittliche Steigerung ihres Güteraufkommens erwarten kann (+ 40 %), wenn es ihr gelingt, sich künftig besser auf die logistischen Anforderungen der Versender einzustellen.

Im Personenverkehr sind die zu erwartenden Veränderungen des auf die ehemalige Bundesrepublik bezogenen Aufkommens nicht so dramatisch, weil für die Bürger der ehemaligen Bundesrepublik und des westlichen Auslands kein Fahrtenzuwachs, sondern nur eine Umorientierung von Binnen- oder Westverkehren zu Ostverkehren plausibel angenommen werden kann. Die Steigerungen resultieren so aus den anwachsenden Zielverkehren von Ostdeutschland und den RGW-Ländern in die ehemalige Bundesrepublik. Sie werden für den Zeitraum von 1985 bis 2010 mit gut 35 % angenommen. In Ostdeutschland selbst wird dagegen das Wachstum des Personenverkehrsaufkommens wegen der zunehmenden Motorisierung wesentlich kräftiger, möglicherweise doppelt so hoch, ausfallen, wenn der wirtschaftliche Aufholprozeß rasch gelingt. Der Pkw-Bestand wird sich in den nächsten 20 Jahren dort mehr als verdoppeln, so daß im Jahr 2010 rund 45 Mill Pkw im gesamten Deutschland vorhanden sein werden (heutiger Stand: ca 34,5 Mill Pkw).

4.2 Wertbestimmung

4.2.1 Mobilität und Arbeitsteilung

Hinter den zitierten Wachstumsraten des Verkehrs steht eine Zunahme an räumlicher Interaktion, die mit häufigerer und intensiverer Kommunikation und vermehrter Arbeitsteilung in Deutschland und in Europa verbunden ist. Dies ist zunächst positiv zu werten. Kontakte unter den Menschen sind Voraussetzungen für das politische Zusammenwachsen der Länder.

Freizeit- und Urlaubsmobilität sorgen so gleichzeitig für die Erfüllung individueller Konsumwünsche - sie stehen bekanntlich in der Präferenzskala weit oben - und für die Förderung der politischen Integration der betroffenen Länder.

Die wachsende Arbeitsteilung unter den Teilräumen Europas ist eine notwendige Begleiterscheinung der wirtschaftlichen Prosperität. Die Erkenntnis, daß Spezialisierung und Handel nützlicher sind als Abschottung und Autarkie, zählt zu den elementaren Beiträgen der Nestoren der Nationalökonomie, wie Adam Smith oder David Ricardo. Am praktischen Exempel läßt dies durch Vergleiche der räumlichen und sektoralen Wirtschaftsstrukturen markt- und planwirtschaftlicher Ökonomien untermalen. Während die Planwirtschaften eine starke räumliche Konzentration mit hoher Produktionstiefe realisieren - Beispiele finden sich in Form der Industriekombinate von der ehemaligen DDR bis hin zur VR China - entwickelten sich die marktwirtschaftlichen Industriekomplexe in der Nachkriegszeit nach dem Muster dezentraler Produktion mit geringer Fertigungstiefe und räumlich dispersen Standorten. Der mögliche Vorteil einer zentralen Produktion mit vielen Produktionsstufen an einem Ort, die Einsparung an Transportkosten, wurde in den planwirtschaftlich organisierten Ländern durch ineffiziente Organisation des Rohstoff- und Vorleistungsaustausches sowie unwirtschaftliche Transporttechniken überkompensiert. So gehören die Sowjetunion und China zu den Ländern mit dem höchsten Transportkoeffizienten "Tonnenkilometer je Einheit des Sozialprodukts". Auch die ehemalige DDR weist für Größe und Einwohnerzahl ungewöhnlich hohe Transportleistungen auf, die zum größten Teil über die Eisenbahn abgewickelt wurden. Diese resultieren einmal aus der Energie- und Rohstoffpolitik, die der Braunkohle die Priorität zuwies und so zu starken Transportströmen an Braunkohle führen (im Jahr 1988 transportierte die Deutsche Reichsbahn 110 Mill t Braunkohle, das entspricht einem Drittel ihres Güterverkehrsaufkommens) und zum zweiten aus ineffzienten Organisationsformen im Transportwesen. So hat die politische Vorgabe, daß der Güterfernverkehr mit der Bahn durchzuführen sei, zu vielfältigen, fast lächerlich anmutenden Erscheinungsbildern einer Transportmißwirtschaft geführt, so etwa zu Umwegfahrten auf Nahrelationen mit bis zum 4-fachen der Straßenentfernung und weiteren oft tagelangen Zeitverzögerungen durch mehrfaches Umstellen der Bahnwagen.

Mit den angeführten Negativbeispielen wird die Hypothese gestützt, daß liberaler Außenhandel und eine unbehinderte internationale Arbeitsteilung zum wirtschaftlichen Fortschritt notwendig sind. Arbeitsteilung ist untrennbar mit Transporten verbunden. Es hängt aber wesentlich von der Organisation dieser Transporte ab, welche Mengen und Leistungen auf das Verkehrsnetz zukommen.

4.2.2 Folgen für Infrastrukturbedarf, Sicherheit und Umwelt

Die Investitionen in die Infrastruktur halten mit der Verkehrsentwicklung nicht Schritt. Im Vergleich über 15 Länder Westeuropas gingen die realen Investitionen für Verkehrsanlagen von 1975 bis 1984 um fast ein Fünftel zurück, allein der Straßenbereich verzeichnete einen Rückgang von einem Drittel. Ab Mitte der achtziger Jahre zeichnet sich eine Trendwende ab, wobei das Schwergewicht der Investitionen im Eisenbahnbereich liegt. Im Straßen- und im Luftverkehr zeigen sich enorme Engpässe, die zu massiven Forderungen von Verbänden, Wirtschaft und Verkehrsclubs nach einem bedarfsgerechten Ausbau der Straßen, Flugsicherung und Flughafenkapazitäten führen (DIHT, VDA, ADAC). Diese Forderungen stoßen auf immer massivere Widerstände der Bevölkerung gegen den Bau neuer Verkehrsanlagen, die sich auf die nicht mehr tragbaren sozialen Kosten des motorisierten Individual- und des Luftverkehrs gründen.

Von 1975 bis 1987 starben auf den Straßen in 19 europäischen Ländern etwa 950.000 Menschen aufgrund von Verkehrsunfällen. Fast 25 Mill Menschen wurden verletzt. 12 Jahre europäischer Verkehr haben also ein ähnlich hohes Opfer an Menschen gefordert, wie der acht Jahre dauernde Krieg zwischen Iran und Irak. Dies zeigt, daß der Straßenverkehr auf wenig spektakuläre, weil räumlich dezentrale Weise in der Summe über Raum und Zeit Opfer verlangt, wie sie sonst in der Neuzeit nur in kriegerischen Auseinandersetzungen zu beklagen waren.

1985 hatten die Luftschadstoffe des Verkehrs die folgenden Anteile an den Gesamtemissionen:

Emissionen	CO	NOx	HC	Ruß	CO2
Anteil Verkehr (%)	75	61	53	30	19

Quelle: Umweltbundesamt, 1990

Der Verkehrsbereich ist der größte Emittent an Kohlenmonoxid, Stickoxid und Kohlenwasserstoffen. In Europa nahmen die verkehrsbedingten Emissionen an Stickoxiden von 1970 bis 1987 um 56 % zu. Die Verbesserungen in der Antriebstechnik der Fahrzeuge wurden permanent durch das Wachstum des Verkehrs überkompensiert. Aus diesem Grund stieg auch der Energieverbrauch des Verkehrs im genannten Zeitraum stark an: der Dieselverbrauch verdoppelte sich und der Benzinverbrauch stieg um etwa ein Drittel.

Selbst wenn sich der Trend in Richtung auf einen moderaten technischen Fortschritt in der Umwelttechnik fortsetzt, wird Pkw-Fahren im Fernverkehr des Jahres 2005 im Vergleich zur Eisenbahn noch das dreifache, im Nahverkehr im Vergleich zu Bussen und Bahnen das vierfache an CO_2-Emissionen verursachen. Bei Stickoxiden lagen die entsprechenden Faktoren bei 2,5/1 (hier wirkt sich der KAT positiv aus), bei Kohlenwasserstoffen um 4/4,5 und beim Kohlenmonoxid bei 50/19 (Angaben von IFEU/Heidelberg und TÜV-Rheinland). Der Straßengüterverkehr wird der gleichen Quelle zufolge im Jahr 2005 im Vergleich zur Eisenbahn je Tonnenkilometer das fünffache an CO_2-, das 18-fache an NO_x-, das 14-fache an CH- und das 48-fache an CO-Emissionen verursachen.

4.2.3 Wertbestimmung des Verkehrssystems

Die Überprüfung des Verkehrssystems auf konzeptionelle Defizite verlangt zunächst eine Wertbestimmung dieses Systems. In einer freien Marktwirtschaft liegt die Aufgabe der Wertbestimmung für wirtschaftliche Güter grundsätzlich bei den Individuen. Sind die strukturellen Voraussetzungen für freien Wettbewerb gegeben und die Konsumenten "souverän", d.h. voll informiert und rational entscheidend, so spiegeln die im Wechselspiel von Angebot und Nachfrage gebildeten Preise die Werte der Güter wider. Diese Voraussetzungen sind jedoch im Verkehrssystem nicht gegeben.

Der erste Grund liegt in der Technologie des Verkehrs. Erstens braucht der Verkehr Träger, die aus ökonomischen und ökologischen Gründen zu Netzen komprimiert werden. Die Kostenstruktur der Netze ist "subadditiv", was bedeutet, daß eine Ausdehnung des Netzverbundes die Kosten reduziert: ein großes zusammenhängendes Netz ist günstiger als viele kleine.

Die fixen Kosten der Netzinfrastruktur sind anteilig an den Gesamtkosten des Verkehrs sehr hoch, ferner sind sie irreversibel ("sunk costs"), so daß keine alternative Nutzung möglich ist. Diese Eigenschaften der Technologie des Verkehrs begründen ein "natürliches Monopol", das in der Regel einer übergeordneten Ordnungsinstanz bedarf, um mit Hilfe von regulierenden Rahmenbedingungen marktfähig zu werden.

Zweitens treten bei der Nutzung der Infrastruktur externe Effekte verschiedener Formen auf. Zunächst sind dies die gegenseitigen Behinderungen durch gleichzeitige Benutzung knapper Kapazitäten. Diese entstehen durch unvollkommene Information und durch die Individualität der Transportentscheidung, d.h. jeder Benutzer optimiert für sich, ohne die Folgen seines Handelns für andere mit zu berücksichtigen. Weiter verursacht Transport Folgeeffekte außerhalb des Verkehrssektors, also die vielzitierten Unfallfolge- und Umweltkosten sowie die Verschlechterung urbaner Lebensqualitäten.

Natürliches Monopol und externe Effekte begründen bereits die Notwendigkeit einer Ordnung, Steuerung und Überwachung des Systems durch eine übergeordnete Instanz. Hinzu kommt, daß die Voraussetzung der "Konsumentensouveränität" vielfach in Zweifel gezogen wird. Im Lichte der Verhaltenspsychologie erscheint menschliches Verhalten im Verkehr häufig elementar gefühlsbetont und irrational, man denke zum Beispiel an das betont risikofreudige Fahrverhalten in manchen Altersgruppen oder die Benutzung des Automobils als "Balzinstrument" (Nowak, 1989), so daß die Prämisse rationalen Verhaltens nur schwer zu halten ist. Aber auch im Umweltbereich gibt es viele Beispiele für Ignoranz und Rücksichtslosigkeit, so daß hier ebenfalls nicht ohne weiteres von der vollen Konsumentensouveränität ausgegangen werden darf.

Wenn aber die Voraussetzung der Konsumentensouveränität im Verkehrssektor nicht gilt und die Gefahr besteht, daß unbeteiligte Dritte durch Verkehrsaktivitäten negativ betroffen werden, so muß der Grundsatz der freien Entscheidung über die Mobilität relativiert werden. Neben diesen tritt die Forderung, die negativen externen Effekte zu minimieren und den Grundsatz der körperlichen Unversehrtheit des Menschen zu beachten. Wenn man "konzeptionelle Defizite" als Abweichungen von einem gewünschten Zustand definiert, so gilt es offenbar, diesen Sollzustand mit Hilfe eines Zielsystems zu beschreiben. Ein solcher Versuch soll aber hier unterbleiben, hat es doch in den letzten 10 Jahren eine Vielzahl von Ansätzen gegeben, mit systemanalytischen Hilfsmitteln "Leitbilder" oder "Idealtypen" des künftigen Verkehrssystems zu konstruieren. Die Konstatierung von Defiziten auf der allgemeinen Ebene soll vielmehr mit einfachen Richtungsangaben geschehen, wie sie im Sinne einer "piece meal policy" (Bös, 1986) zu definieren sind, wenn man zwar das Optimum nicht kennt, aber zu wissen glaubt, in welche Richtung das System bewegt werden muß, um sich dem Optimum anzunähern:

- o Verbesserung der einzelwirtschaftlichen Effizienz der Transportorganisation
- o Verbesserung der Sozialverträglichkeit und der urbanen Lebensqualität
- o Reduktion des Unfallgeschehens
- o Reduktion der Umweltbeeinträchtigung.

4.3 Ursachen der Abweichung zwischen sozialer Wertbestimmung und endogen getriebener Systementwicklung

4.3.1 Marktversagen

Auf Pigou (1952) geht ein didaktisches Konzept zurück, das die wesentlichen Auswirkungen des Marktversagens aufgrund externer Effekte komprimiert darstellt. In einem vollkommen konkurrenzmäßig organisierten Markt würde sich ein Gleichgewicht nach dem Prinzip "Preis=Grenzkosten" einspielen, bei dem dann Angebot und Nachfrage ausgeglichen sind. Da die Angebotskurve bei vollständiger Konkurrenz der Grenzkostenkurve der Produzenten entspricht, läßt sich das Gleichgewicht auch als Schnittpunkt zwischen Grenzkosten- und Nachfragekurve darstellen. Klaffen nun private (MSC) und soziale Grenzkosten (MPC) auseinander, so stellt sich das Gleichgewicht bei privatem Kräftespiel beim Schnittpunkt MPC/ Nachfragekurve ein. Internalisiert der Staat dagegen die externen Effekte durch Steuern oder Gebühren, so wird das soziale Gleichgewicht beim Schnittpunkt MSC/Nachfragekurve erreicht.

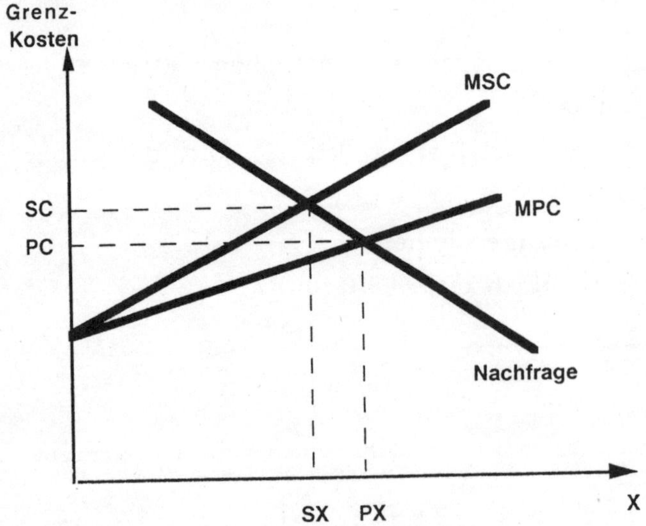

Abbildung 3.1: Konzept der marginalen sozialen Kosten von Pigou

Entscheidend für die Interpretation ist, daß die Anlastung sozialer Zusatzkosten zu einem Rückgang der Verkehrsnachfrage X vom Punkt PX auf den Punkt SX führt. Anders ausgedrückt, wirkt die Nichtanlastung von sozialen Zusatzkosten wie eine indirekte Subvention und führt wie diese zu einer zusätzlichen Nachfrage nach dem subventionierten Gut. Diese beinahe triviale Erkenntnis hat handfeste Konsequenzen:

(1) Der durch Staus und Engpässe im Verkehrsbereich signalisierte Erweiterungsbedarf ist überzogen. Würde man dem Verkehr die sozialen Kosten voll anlasten, so würde ein niedrigerer Erweiterungsbedarf signalisiert.

(2) Solange die sozialen Zusatzkosten nicht internalisiert sind, indizieren Staus und Engpässe gleichfalls die Notwendigkeit, die Verkehrsabgaben zu erhöhen bzw. Subventionen abzubauen.

Viele Formen des Transportluxus und des verschwenderischen Umgangs mit Umweltressourcen lassen sich auf diesen einfachen Tatbestand zurückführen. Obwohl die Erkenntnis alt und fast im Übermaß unter den Stichworten "Internalisierung externer Effekte" oder "Verursacherprinzip" strapaziert wurde, ist bislang in der praktischen Umsetzung kein Durchbruch erzielt worden. Dies liegt im wesentlichen daran, daß Versuche immer wieder mit dem Hinweis auf ungeklärte Ursache-Wirkungs-Zusammenhänge und große Bewegungsunsicherheiten abgeblockt werden konnten. Auch die ökonomische Wissenschaft ist daran nicht unbeteiligt (vgl. Aberle und Holocher, 1984).

In der Tat ist die Diagnose großer Bewertungsunsicherheiten richtig, wenn man die bisher geleisteten Arbeiten zur Quantifizierung der Unfallfolge- und Umweltkosten kritisch analysiert. Doch der daraus bislang gezogene Schluß, auf eine Internalisierung ganz zu verzichten, ist falsch und eines der gravierendsten konzeptionellen Defizite der Verkehrspolitik. Denn er wendet ein Beweislastprinzip an, in dem die Geschädigten nachzuweisen haben, welche Schäden aus den einzelnen Verkehrsaktivitäten abzuleiten sind. Dieser Ansatz ist für die Bewertung von großen Risiken für Menschheit und Natur ungeeignet, da sich die Phänomene Schadstofftransport, Kumulation der Schadstoffe verschiedener Emittenten, Umwandlung, Synergie und Langzeitwirkung zwischen Emittenten und Betroffenen schieben und die Formulierung einer direkten Schadensfunktion unmöglich machen. Ein Verbund von Emittenten trägt Schadstoffe in die Umwelt ein, die von einem Verbund von Betroffenen in der Regel mit einem großen Zeitversatz zu tragen sind, so daß die Schäden nicht deterministisch, sondern nur als Risiken zu quantifizieren sind.

Während in anderen Bereichen, wie der Energiewirtschaft, die Beweislast umgekehrt wird, und etwa der Betreiber eines Kernkraftwerkes a priori mit Hilfe von Risikoanalysen nachweisen muß, daß Schädigungen weitestgehend ausgeschlossen werden können - so daß er bereits vor Aufnahme der Energieproduktion enorme Investitionen in die Risikoverminderung zu leisten hat - steht diese konsequente Auslegung des Umweltrechts im Verkehrsbereich noch aus. Systemimmanentes Marktversagen wird im Verkehr derzeit somit nicht von der Quelle her angegangen, sondern vom Ergebnis. Dies ist angesichts der langfristigen und komplexen Verarbeitungsprozesse in den Systemen "Umwelt" oder urbane "Lebensgemeinschaften" der falsche Weg.

4.3.2 Staatsversagen

Mit dem Begriff des Staatsversagens ("government's failure") ist angesprochen, daß der Staat im Hinblick auf die im Abschnitt 2.3 aufgezeigten Zielrichtungen entweder notwendiges

Handeln unterläßt bzw. dieses unzureichend dimensioniert oder auf Grundlage anderer Zielsetzungen Anreize schafft, die den oben unterstellten Zielrichtungen entgegenlaufen . Die erste Form des Staatsversagens läßt sich wiederum in Form des Pigou-Schemas darstellen (vgl. Button, 1989). Erkennt der Staat zwar eine Handlungsnotwendigkeit, dimensioniert aber die Maßnahmen zur Korrektur des Marktes zu gering, so entsteht die in Abbildung 3.2 dargestellte Situation. Nicht der Zielpunkt SX wird durch den staatlichen Aufschlag MPC`-MPC erreicht, sondern der Punkt PX`.

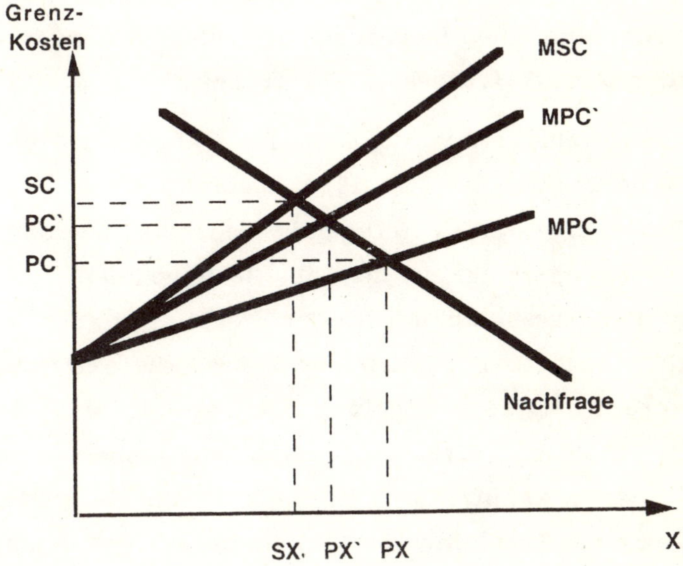

Abbildung 3.2: Falsch dimensionierte Marktkorrektur

Ähnlich sind die Wirkungen, wenn der Staat einerseits kostenwirksame Auflagen durchsetzt, zum Beispiel in Form von Emissionsgrenzwerten bei Neufahrzeugen, auf der anderen Seite aber die Befolgung zur Erhöhung der Anreizwirkungen bzw. zur Verminderung des Widerstandes der Betroffenen durch Subventionen/Steuerentlastungen belohnt. Ein Beispiel hierfür ist die Katalysatorpolitik. Mit den zusätzlichen Kaufanreizen ist nicht nur die gewünschte Entlastung der Umwelt durch Verringerungen an Schadstoffemissionen verbunden, sondern auch ein expansiver Fahrleistungseffekt, der im Falle der vom KAT nicht reduzierten Schadstoffe wie CO_2 kontraproduktive Folgen hat.

Der zweite Block staatlichen Versagens betrifft Gesetze und Maßnahmen, die für andere, teilweise in der Geschichte bedeutsame, Staatsprinzipien nützlich waren oder noch sind, aber für die definierten Zielsetzungen negative Konsequenzen haben. Hierzu seien zwei Beispiele angeführt: die Kilometerpauschale und die Liberalisierung des Güterverkehrsmarktes nach den Art. 74/75 des EG-Vertrages.

Die Abzugsfähigkeit von Kosten für Fahrten zwischen Wohnung und Arbeitsstätte ist seit 1920 Bestandteil des deutschen Einkommensteuergesetzes. Tragendes Prinzip ist die wirtschaftliche Leistungsfähigkeit des zu Besteuernden, die sich nach seinem Einkommen abzüglich der Werbungskosten und Sonderausgaben bemißt. Bezüglich des Zieles, die externen Effekte zu reduzieren, ist diese Regelung kontraproduktiv. Einmal fördert sie die räumliche Trennung zwischen Wohnen und Arbeiten. Längst ist erkannt, daß die in der Charta von Athen 1933 festgehaltene Trennung der Lebensbereiche Wohnen, Arbeiten, Freizeit und Versorgung stark verkehrsinduzierend wirkt und Probleme schafft, welche die Städte immer weniger beherrschen können. Athen selbst ist das beste Beispiel dafür. Zum zweiten fördert die Kilometerpauschale die Beschaffung und Benutzung von Pkw, weil für die steuerlich deklarierte Benutzung des Pkw die höchste Pauschale gewährt wird (DM 0,50 ab 1990). Bei Benutzung öffentlicher Verkehrsmittel sind die tatsächlichen Kosten nachzuweisen, was in der Regel niedrigere Abzugsbeträge ergibt. Damit ensteht neben dem verkehrsinduzierenden zusätzlich ein verkehrsverlagernder Effekt in Richtung auf den Pkw.

Ein zweites Beispiel betrifft die EG-Liberalisierung des Güterverkehrsmarktes. Das politische Gebot, die nationalen Verkehrsmärkte zu öffnen und diskriminierungsfreien Wettbewerb einschließlich der Kabotage zuzulassen, ergibt sich aus den römischen Verträgen, Art. 74 und 75. Die römischen Verträge enthalten aber keinen Passus, der den Schutz des Menschen und seiner Umwelt vor den Folgen des Verkehrs regelt. Aus diesem Grund haben die Richter am Europäischen Gerichtshof in Sachen Klage der EG-Kommission gegen die deutsche Straßenbenutzungsgebühr für schwere Lkw den Umweltschutz als Argument von nachrangiger Bedeutung eingestuft. Vorrangig war die Frage, ob gegebenenfalls eine Benachteiligung ausländischer Wettbewerber auf dem deutschen Transportmarkt eintreten könnte. Im Ergebnis wurde im Anschluß an eine einstweilige Verfügung des EuGH die Straßenbenutzungsgebühr ganz ausgesetzt, also auch für deutsche Verkehrsunternehmen. Dies bedeutet immerhin eine steuerliche Entlastung von 1,1 Mrd. DM für den deutschen Straßengüterverkehr und vergrößert seinen Wettbewerbsvorsprung vor den umweltfreundlicheren Verkehrsmitteln Bahn und Binnenschiff.

4.4 Falsche Technikimpulse durch ungeeignete Rahmenbedingungen

4.4.1 Falsche Impulse aus dem Staatsversagen

Sinkende Energiepreise und unzureichende staatliche Marktkorrekturen haben die technische Entwicklung in eine Richtung bewegt, die den sozialen und ökologischen Zielen zuwiderläuft.

Turboaufladung und Vierventiltechnik als jüngste Markterscheinungen sorgen für einen enormen Leistungszuwachs der Fahrzeuge. Für Mittelklassewagen ist die 200 Km/h-Grenze eine Selbstverständlichkeit und für Oberklassewagen wird das Abregeln bei 250 Km/h als Signal für Maß und Vernunft der Automobilindustrie gefeiert. Fahrzeugleistung, Design und Werbung zielen als kompatible Formation auf ein Image der sportlichen Dynamik, das Wünsche weckt, die eigentlich wegen der beschränkten Verarbeitungsfähigkeit des menschlichen Gehirns und der Verhältnisse im täglichen Straßenverkehr Selbsttäuschungen bleiben müssen.

Obwohl die Verbesserung der Antriebstechnik auch den Treibstoffverbrauch einschloß und innerhalb der letzten 12 Jahre eine Rückführung des DIN-Verbrauchs um etwa 25 % mit sich brachte, ist dadurch weder eine Senkung des tatsächlichen Pkw-Durchschnittsverbrauchs, geschweige denn eine Senkung des gesamten Energieverbrauchs, im Straßenverkehr erzielt worden. Ein Pkw verbraucht nach den Schätzungen des DIN (1990) heute im Durchschnitt genausoviel wie vor 20 Jahren. Dies liegt am "Aufrückeffekt", d.h. am Aufstieg der Konsumenten in immer höhere Leistungsklassen und an der leistungsbetonten Fahrweise.

Selbst wenn sich der spezifische Energieverbrauch (der tatsächliche, nicht der DIN-Verbrauch) in den nächsten 15 Jahren um 8 % - 12 % reduzieren ließe, wie es in einer Untersuchung für die Enquete-Kommission "Vorsorge zum Schutz der Erdatmosphäre" im Szenario "Moderate Einsparung" angenommen wurde, so wäre aufgrund der steigenden Fahrleistungen immer noch mit einem Zuwachs von 27 % beim Gesamtverbrauch zu rechnen. Kalkuliert man die Folgen der Ost-West-Grenzöffnung mit ein, so kommt man auf einen Zuwachs an Energieverbrauch und CO_2-Emissionen von einem Drittel im Pkw-Verkehr der

Bundesrepublik. Dabei hatte sich die Bundesregierung vorgenommen, die CO_2-Emissionen bis 2005 um ein Viertel zu senken.

Der Automobilindustrie ist daraus kein Vorwurf zu machen, denn sie verkauft, was der Markt verlangt. Mitte der achtziger Jahre waren auch Antriebstechniken entwickelt worden, die auf konsequente Verbrauchseinsparung ausgelegt worden waren und im Falle stark steigender Energiepreise auch einen Markt gefunden hätten (Beispiele: Öko-Polo, BMW-ETA). Diese unter dem Zeichen steigender Energiepreise im Anschluß an die zweite Rohölkrise für kurze Zeit forcierten Techniken sind jedoch Demonstrationsobjekte geblieben, weil die Ingenieure nur das durchentwickeln, was die Kaufleute verkaufen können.

4.4.2 Gemeinsame Forschungsprogramme von Wirtschaft und Politik

Wenn die Wirtschaft vom privaten Markt zu wenig Anreize erhält, sozialverträglichere Verkehrstechniken zu entwickeln, so könnte der Staat das Interesse mit seinen Mitteln verstärken. Innerhalb der bestehenden Rahmenbedingungen kann die Forschungs- und Entwicklungspolitik dazu beitragen, die Technologie als Beitrag zur Problemlösung zu nutzen. Gemeinsame Finanzierung und Organisation von Forschungsprogrammen zur Behebung der wesentlichen technischen Schwachstellen können dabei öffentliche und private Interessen zusammenführen. Beispiele für solche Versuche sind die Forschungsprogramme "Prometheus", "Drive" oder "LISB". Die Schwerpunkte der Untersuchungen liegen in der Nutzung der modernen Elektronik sowie der Informations- und Kommunikationstechniken zur Verbesserung der systemimmanenten Schwächen des Automobils im Hinblick auf Sicherheit, Umweltschutz und effiziente Nutzung der Infrastruktur.

Die Forschungsaufgaben sind weit gespannt. Sie reichen von marginalen Verbesserungen der Fahrzeugelektronik bis hin zu anspruchsvollen Gesamtleitsystemen oder automatischen Fahrzeugführungen. Obwohl hier nicht abschließend über den Erfolg dieser Forschungsprogramme geurteilt werden kann, so ist doch bereits zu sehen, daß auch in diesem Bereich konzeptionelle Defizite zu finden sind, die sich in folgenden Erscheinungsbildern wiederfinden:

- Die Konzeption von gemeinsamen Forschungsprogrammen als Ideenworkshops führt zu kühnen Entwicklungsbildern, die mittelfristig keinerlei Aussicht auf Realisierbarkeit haben, aber bunte Alibi-Argumente für die angebliche Lösbarkeit systemimmanenter Probleme mit Hilfe der Technik liefern. Beispiel: automatische Abstandshaltung bei hohem Tempo, automatisches Fahren bei Nebel, elektronische Kurvenführung.

- Eine Menge von Einzelprojekten, die aufgrund von Interessen der beteiligten Firmen formuliert worden sind, ist noch kein Programm. Zwar ist das Ziel, den Straßenverkehr sicherer, umweltverträglicher und flüssiger zu gestalten, eindeutig formuliert. Die meisten mittelfristig konkret verwendbaren Elemente lassen aber nur auf die Absicht der beteiligten Firmen schließen, die technische Anpassung an die genannten Herausforderungen sehr moderat und kontinuierlich zu gestalten und diese an die Voraussetzung zusätzlicher oder qualitativ besserer Infrastruktur ("intelligente Straße") zu knüpfen.

- Viele Einzelprojekte, insbesondere in DRIVE, sind aufwendige technische Spielereien, deren Beiträge zur Problemlösung aber nur als Marginalien zu bezeichnen sind (Beispiel: SOCRATES).

- Es fehlt der programmatische Charakter, d.h. die Verbindlichkeit der Forschungen für die beteiligte Industrie und den Staat. Die Zielvorgaben bleiben allgemein und sind nicht in konkrete Eckwerte umgesetzt worden.

Der letzte Punkt kennzeichnet ein Defizit an der Schnittstelle zwischen Forschungs-, Verkehrs-, und Umweltpolitik. Es fehlt an konkreten Leitvorgaben der Verkehrssicherheits- und Umweltpolitik, deren Umsetzung in verkehrspolitische Langfriststrategien und Überleitung in Forschungsprogramme, in denen das Ausmaß öffentlicher Beteiligung von der Forschungsintensität im Sinne der Leitvorgaben abhängig ist. Beispiel: Leitvorgabe kann die Reduktion der Getöteten im Straßenverkehr pro Jahr um 7 % sein, was einer Halbierung in 10 Jahren entspricht. Die verkehrspolitische Langfriststrategie könnte die staatlichen Programme beschreiben (Infrastruktur, Informationssysteme, Rettungssysteme, Verkehrserziehung, Verkehrsregelung und Verhaltensvorschriften) sowie den Beitrag der Fahrzeugtechnik konkretisieren. Gemeinsame Forschungsprogramme von Staat und Wirtschaft können hier aufsetzen, haben aber nur an den Schnittstellen (etwa: fahrzeugexterne/-interne Informationssysteme; intelligente Straße) einen Sinn. Für rein fahrzeugbezogene Verbesserungen (Abstandshaltung, Warnsysteme, passive Rückhaltesysteme) sind Anreize, etwa die Berücksichtigung des Sicherheitsstandards in der Bemessungsgrundlage der Kraftfahrzeugsteuer, wirksamer als die staatliche Beteilung an der Forschung. Wesentlich ist die Verbindlichkeit der Programmatik, die sich in der Form der Politikreaktion äußern kann, wenn die Industrie den beabsichtigten Beitrag zur Verbesserung der Verkehrssicherheit nicht erreicht. In diesem Falle müßten Verschärfungen der o.g. Verkehrsregelungen und Verhaltensvorschriften die Folge sein (Bsp.: Geschwindigkeitsbegrenzungen).

4.4.3 Förderung des Ausbaus alternativer Verkehrsmittel

Die Verlagerung des Verkehrs auf sozialverträglichere Verkehrsmittel wird häufig als Zaubermittel für die Lösung der Probleme propagiert. Obwohl die Verlagerungspotentiale begrenzt sind, wenn man die Struktur der Nachfrage und die Möglichkeiten von Bahn und Schiff konkret analysiert, so gilt es doch, diese voll zu nutzen. Hierzu gehört auch die Entwicklung attraktiverer spurgeführter Verkehrsmittel, die durch hohe Geschwindigkeit und Komfort das freiwillige Umsteigen fördern. Es ist bekannt, daß sich das Image eines Verkehrsmittels an der Spitzentechnologie ausrichtet, so daß eine deutliche Anhebung der Reisegeschwindigkeiten entlang von Hochgeschwindigkeitstrassen mehr Nachfrage anzieht als eine allgemeine Anhebung des Geschwindigkeitsniveaus der Bahnen mit gleichem aggregierten Zeiteinsparungseffekt.

In der Bundesrepublik sind zwei Spitzentechnologien für den spurgeführten Verkehr gefördert worden: die Hochgeschwindigkeits-Rad/Schiene-Technik und die Magnetbahn. Bei der Rad/Schiene-Technik gilt es, den Vorsprung des TGV, der nun bald in die dritte Generation geht, aufzuholen oder letzteren auch in der Bundesrepublik zuzulassen, was unter dem Gesichtspunkt der Öffnung der europäischen Verkehrsmärkte und der möglichen Trennung der Eisenbahnen in Netz- und Betriebsgesellschaften nicht außerhalb des Denkbaren liegt. In der Magnetbahntechnik scheint noch ein technologischer Vorsprung gegenüber der japanischen Entwicklung vorhanden, doch ist das System noch nicht serienreif.

Eine parallele Förderung beider Systeme mit dem Ziel der Erringung technologischer Führerschaft scheint angesichts der Mittel, die für den Aufbau einer modernen Infrastruktur im Osten Deutschlands benötigt werden, nicht finanzierbar. Teilt man dagegen die verfügbaren Mittel auf beide auf, so wird ein Mißerfolg beider Forschungsrichtungen wahrscheinlich. Darum bleibt nur die Konsequenz der klaren Priorisierung einer Entwicklungslinie und der raschestmöglichen Schaffung der dafür benötigten Infrastruktur.

4.5 Staatliche Koordinierung als Voraussetzung für ein effizientes Verkehrssystem

Wenn von konzeptionellen Defiziten im Verkehrssystem die Rede ist, so versteht man darunter meist die mangelnde Koordinierung in den Bereichen Infrastruktur und Organisation der öffentlichen Verkehrsmittel. Da es zahlreiche Beiträge zu diesem Thema gibt, reicht an dieser Stelle eine kurze Auflistung der wesentlichen Punkte aus:

- Es fehlt an einer integrierten, verkehrsträgerübergreifenden Verkehrsplanung im europäischen, aber auch im deutschen Raum. So gibt es Vorhaben für spektakuläre Großprojekte, aber keine Pläne für zusammenhängende europäische Netze.
- Der staatliche Beitrag zu einer umweltfreundlichen Logistik in Form von Güterverteilzentren und Umschlagpunkten zwischen Straßen-, Schienen- und Binnenschiffsverkehr ist bislang unzureichend.
- Es gilt, die Schnittstellen zwischen Bahn, Binnenschiff und Straße besser zu organisieren. Hierzu sind Standards für die Transportbehälter und die entsprechenden Abmessungen der Fahrzeuge zu definieren.
- Die Organisation der öffentlichen Verkehrsangebote muß durch Abstimmungen zwischen Nah-, Regional- und Fernverkehrsangeboten effizienter werden. Tarifverbünde, abgestimmte Fahrpläne und koordinierte Informationssysteme sind auszubauen.

- o Die Organisation öffentlicher Unternehmen, vor allem die Schnittstellen zwischen Staat und Unternehmen sind neu zu überdenken, damit die Vorzüge marktnahen unternehmerischen Managements genutzt werden können. Problemfelder erster Ordnung sind hier die beiden Bahnorganisationen.
- o Aufgrund der aufgabenbezogenen Transporteffizienz, der Sozialverträglichkeit und den Zielen der Verkehrsicherheit und des Umweltschutzes ist ein Leitbild für ein Verkehrssystem der Zukunft zu entwickeln. Dieses ist die Grundlage der Auslegung und rahmenpolitischen Förderung der Einzelsysteme.

4.6 Zusammenfassung

Aufgrund von natürlichen Monopoleigenschaften und starken externen Effekten kann das Verkehrssystem nicht selbstorganisierend sein. Der Staat hat wesentliche Aufgaben für die Herstellung von dessen Funktionsfähigkeit zu übernehmen:

(1) Er beeinflußt über die Flächennutzungspolitik mit, wieviel Verkehr entsteht.

(2) Er baut Infrastrukturen, die für die Angebotsqualität der Verkehrsmittel entscheiden. Darüber kann er die Verkehrsmittelwahl beeinflussen (Stichwort: gestaltende Infrastrukturpolitik).

(3) Er setzt Rahmenbedingungen für den Wettbewerb, Grenzwerte für die Technik und Verhaltensvorschriften für die Benutzer auf den Verkehrsnetzen.

(4) Er erhebt Steuern und Gebühren und beeinflußt darüber Verkehrsaufkommen, räumliche Verteilung, Modal Split und Routenwahl.

(5) Er schafft die Voraussetzungen für Kooperationen, Verbünde, verkehrsträgerübergreifende Transportformen sowie die Verbindungen zwischen Transport- und Lagerlogistik und organisiert den öffentlichen Verkehr.

(6) Er fördert die Technologieforschung und kann auf diese Weise technische Möglichkeiten zur Lösung der systemimmanenten Probleme des Verkehrs erschließen helfen.

Die grundlegenden Probleme der marktlichen Fehlallokationen im Verkehrssystem gehen auf das hier zu konstatierende Marktversagen zurück. Konzeptionelle Defizite liegen vor, wenn die öffentlichen Einflußnahmen mit Hilfe der Instrumente (1) bis (6) nicht geeignet sind, ein definiertes Zielgerüst, bestehend aus

(a) wirtschaftlicher Effizienz des Verkehrs

(b) Erfüllung räumlicher und personaler Verteilungsziele

(c) Erfüllung gewünschter Sicherheitsstandards

(d) Erfüllung gewünschter Umweltstandards

anzusteuern.

Für jede Kombination zwischen Zielen und Instrumenten lassen sich Schwachstellen aufzeigen. In vielen Bereichen kann die Technik wesentlich zu einer Problemlösung beitragen. Öffentliche Förderung einer solchen Technikentwicklung kann dabei durchaus stimulierende und wegweisende Effekte zeigen. Die größten Wirkungen auf die Technologieentwicklung gehen aber von den staatlichen Rahmenbedingungen aus, die mit Hilfe von

o Grenzwerten

o Steuern

o Abgaben oder

o Verhaltensvorschriften

umgesetzt werden. Solange hier keine justitiablen Fakten oder verbindliche Ankündigungen vorliegen, bleibt die staatlich geförderte Forschung für mehr Sicherheit und Umweltschutz ein für alle Beteiligten angenehmes Reise- und Unterhaltungsspiel, durch das sich die Automobilindustrie gegen zu forsche umweltpolitische Ambitionen des Staates absichern kann, nach dem Motto: ein Rennen läßt sich am besten von der Spitze kontrollieren. Die Antwort auf die Frage nach der Behebung der vielfältigen konzeptionellen Defizite im Verkehrssystem ist daher betont marktwirtschaftlich: vieles erledigt sich von selbst, wenn die Rahmenbedingungen stimmen.

Fazit Teil D:
Bericht aus der Arbeitsgruppe 2

H. G. Nüßer

Die am Vormittag gehaltenen 4 Vorträge vermittelten einen sehr guten Überblick über die Situation im Verkehr allgemein sowie bei der Bahn und im Personennahverkehr im Besonderen. Es wurden Defizite aufgezeigt und Themenbereiche für Technikfolgenforschung und -abschätzung genannt (Themenliste).

Es bestand sowohl bei den Vortragenden als auch in der Arbeitsgruppe Übereinstimmung in der Beurteilung der zukünftigen Entwicklung im Verkehr (Trends):

- Die Nachfrage nach Verkehrsleistungen sowohl im Personen- als auch im Güterverkehr wird weiterhin stark zunehmen (Stärkere Zunahme im Güterverkehr).
- Die Umweltbelastung (Lärm, Emission) wird sich trotz technischer Verbesserungen (z.B. Katalysator, reduzierter Kraftstoffverbrauch bei Auto und Flugzeug) nicht vermindern, da das Verkehrswachstum die technischen Errungenschaften hyperkompensiert.
- Die Kapazitätsengpässe werden sich bei allen Verkehrsmitteln (Straße, Schiene, Luft) weiter verstärken.
- Sicherheitsprobleme werden weiterhin eine entscheidende Rolle spielen (Unfallgeschehen).
- Das Verkehrssystem wird in Zukunft besonders beeinflußt durch den Europäischen Markt (1992), den Wandel in Osteuropa und die Veränderung in den Mobilitätsstrukturen (Arbeitszeit, Altersstruktur, Wertewandel, etc.).

- Es bestand weiterhin Konsens darüber, daß TA-Untersuchungen im Verkehrsbereich benötigt werden. Es gab allerdings vereinzelt Stimmen zur Definition von "Technology Assessment (TA)", die in Zweifel zogen, ob probleminduzierte Themen wirklich als TA bezeichnet werden sollten.

- Die Diskussion wurde durch Vorlage einer TA-Themenliste angeregt und entzündete sich in erster Linie an der Festlegung der Themenfelder, nicht an den Themen selbst. (Die Themen wurden allerdings auch nicht im Detail diskutiert). Neben anderem wurde z.B. vorgeschlagen, die Technologie entweder im Spannungsfeld zwischen den Rahmenbedingungen und der Nachfrage im Hinblick auf Folgen in bezug auf Effizienz, Soziale Folgen, Sicherheit und Umwelt zu sehen oder im Dreieck zwischen Wirtschaftlichkeit, Sozialverträglichkeit und ökologischer Verträglichkeit zu betrachten.

- Einige Diskussionsteilnehmer bemängelten, daß bei den vorgeschlagenen Themen die Belange der Sozialwissenschaften zu wenig berücksichtigt seien. (Dies könnte allerdings darauf zurückgeführt werden, daß nur Titel und nicht Inhalte bei den Themen genannt wurden.)

- Da nicht alle Themen gleichzeitig bearbeitet werden können, die Themen aber wohl auch nicht von gleicher Wichtigkeit sind, müssen Prioritäten gesetzt werden. Zu dieser Prioritätensetzung gab es eine sehr heterogene Diskussion. Einige Vorschläge waren:

  - Ziele setzen, wie: Verhinderung der Klimakatastrophe
    Verhinderung des Biospezies Holocaust*
    Funktionalität der Agglomerationen

* Verhinderung des zunehmenden Aussterbens von Tier- und Pflanzenarten

  - Themen auswählen, die auch umsetzbar sind, also zu Entscheidungen und Handlungen führen können.
  - Leitbilder als Vorgabe der "großen Richtung" entwickeln (Frühere Leitbilder waren z.B. "Die autogerechte Stadt", "Das papierfreie Büro", etc.), wobei allerdings die Diskussionsteilnehmer die Urheberschaft dieser Leitbilder zum Teil bei sich selbst (Einbringung der eigenen Ideen) zum Teil bei Institutionen (Politik, Ministerien, etc.) sahen.

- Auffallend war, daß nur die probleminduzierten TA-Themen im Vordergrund der Diskussion standen. Es wurde der Eindruck erweckt, daß für technikinduzierte TA ein Bedarf besteht (möglicherweise hing dies mit der Zusammensetzung der Arbeitsgruppe zusammen), obwohl de facto Themen wie "Sänger" oder "Verkehrsleitsysteme" (Prometheus, Intelligente Bahn) sehr wohl bearbeitet werden sollten.
- Als Themenbereiche, die entweder zusätzlich, ergänzend oder redundant zur Themenvorschlagsliste waren, lassen sich nennen:

  - Wirksamkeit von ordnungspolitischen und marktwirtschaftlichen Maßnahmen (Internalisierung externer Kosten).
  - Neue Konzeptionen für den Güterverkehr in Europa.
  - Intergrierte Verkehrssysteme im gesellschaftlich, ökonomischen Gesamtsystem.

- Auffallend war, daß es ganz offensichtlich Verständigungsschwierigkeiten zwischen den Fakultäten gibt. Gelegentlich wurde aneinander vorbei geredet, weil zwar gleiche Begriffe benutzt, aber unterschiedliche Inhalte unterstellt wurden.

Teil E
Anwendungen: Bodensanierung als technisches Problem – ein Beitrag zur ex post-Technikfolgenabschätzung

1 Sanierung von Industrie-Grundstücken am Beispiel des früheren Boehringer-Geländes in Hamburg

Rolf Roth

1.1 Einführung

Im früheren Werk der Pflanzenschutzmittelproduktion von C.H. Boehringer Sohn in Hamburg wurde 1984 festgestellt, daß die bei der Hexachlorcyclohexan-Zersetzung entstehenden Rückstände polychlorierte Dioxine und Furane enthielten. Diese Befunde veranlaßten die Hamburger Behörden zu Auflagen, deren sofortige Erfüllung nicht garantiert werden konnte und die eine weitere Entsorgung der Rückstände nicht mehr zuließen.
Dies führte Mitte 1984 zur Stillegung des Werkes. Boehringer Ingelheim stand zu seiner unternehmerischen und gesellschaftlichen Verantwortung und entschied, das Gelände nicht als Industrieruine zu belassen, sondern es so zu reinigen, daß eine spätere industrielle Nutzung wieder möglich ist.

Dazu gehört sowohl die Demontage und Dekontamination der früheren Betriebsanlagen, als auch die Entfernung von Schadstoffen aus kontaminiertem Boden und Grundwasser. Für die Aufgabenstellung gründete Boehringer die DEKONTA GmbH, von der auf Basis intensiver Entwicklungsarbeiten in Zusammenarbeit mit verschiedenen Forschungsinstituten und Firmen in USA und Deutschland bis Ende 1988 ein Sanierungskonzept unter Einsatz einer Verbundtechnologie ausgearbeitet wurde: das beinhaltet sowohl thermische als auch mikrobiologische Behandlung der Kontaminanten.

Die Betriebsanlagendemontage wurde 1985, nach Abstimmung einer Grundkonzeption, einschließlich der Arbeitsschutzmaßnahmen mit den zuständigen Behörden, begonnen. Für das Gelände liegt ein Gutachten auf Basis einer umfangreichen Bodenuntersuchung vor.

1.2 Schadens-Ermittlung

Im Rahmen des Gutachtens, das federführend von Prof. Tabasaran im Mai 1987 abgeschlossen werden konnte, wurden die 85.000 m^2 Betriebsgelände und das benachbarte Umfeld wie folgt untersucht:

196 Bohrungen
davon 78 Tiefbohrungen (durchschnittl. 25 m, max. 156 m)
118 Flachbohrungen (meist 6 - 8 m)
bzw. 164 Bohrungen innerhalb des Geländes
32 Bohrungen in den benachbarten Geländen

ergaben insgesamt mehr als 4.000 m Bohrkerne; daraus wurden 2.652 Proben entnommen und nach einer ersten organoleptischen Beurteilung in drei weiteren Schritten analysiert.

1. EOX-Untersuchungen als 'screening' aller 2.652 Proben, (Ermittlung der extrahierbaren, organisch gebundenen Halogene);

2. Gaschromatographische Untersuchungen auf Chlorbenzole, Chlorphenole, Hexachlorcyclohexan und 2,4,5-T-Säure an 512 Proben;

3. GC/MS-Untersuchungen auf Dioxine und Furane an 253 von insgesamt 2.652 Proben,

jeweils nach verdachtsorientierten Kriterien.

Die Ausgaben für das Bodengutachten betrugen (im Zeitraum Januar 1985 bis Mitte 1987) knapp Mio DM 8, darin enthalten sind etwas mehr als Mio DM 4 für die umfangreichen analytischen Arbeiten.

Die Untersuchungsergebnisse wurden nach Gelände-Koordinaten aufgelistet und graphisch dokumentiert.

1.3 Erste Sicherungsschritte und Dekontaminationsmaßnahmen

Aus den bei der Schadensermittlung gefundenen hoch kontaminierten Bereichen wurden noch während der Abwicklung der Arbeiten zum Bodengutachten knapp 3.000 m^3 Erdreich ausgehoben und in 'big bags' zwischengelagert.
Aus der Produktion verbliebene Rückstände mußten bis zur endgültigen gefahrlosen Entsorgung sicher zwischengelagert werden.

Bei den Betriebsanlagen und den dazugehörigen Gebäuden konnten, nachdem Ende 1985 mit den Hamburger Behörden das grundsätzliche Vorgehen für die Demontage und Dekontamination abgestimmt war, erste Maßnahmen zur Sanierung eingeleitet werden. An einem nicht mit Dioxin verunreinigten Betrieb wurde die Vorgehensweise zur Demontage der Anlagen und verschiedene Methoden zur Reinigung als Pilotprojekt erprobt. Anhand der hierbei gewonnenen Erfahrungen konnten die Richtlinien und Methoden zum Schutz der damit Beschäftigten optimiert werden. Bei der späteren Demontage und Reinigung von mit Dioxin belasteten Betriebsteilen wurden und werden diese erprobten Sicherheitsvorkehrungen angewendet.

Die Dekontaminationsschritte der Anlagen und Gebäude orientierten sich an der früheren Produkt-Type und den ermittelten Schadstoff-Belastungen. Nach dem Kontaminationsbefund werden die Apparate und Aggregate in einer speziellen Waschstation gereinigt und anschließend auf evtl. Schadstoffreste hin untersucht.

4. Sanierungskonzept für Boden und Grundwasser

In dem zuvor erwähnten Gutachten wird abschließend festgestellt, daß

> der Sanierungserfolg an der Herausnahme und Dekontamination der bei der Schadensermittlung festgestellten hochkontaminierten Herde gemessen werden soll.

Für den damit verbundenen Aushub kommt nur eine 'on site'-Behandlung in Betracht, die eine Reinigung auf Rückfüllkriterien vor Ort gewährleistet.
Das Gutachten enthält die weitere Empfehlung, zu prüfen, inwieweit mit flankierenden hydraulischen Maßnahmen eine zusätzliche in situ-Dekontamination möglich ist.

Eine wesentliche Aufgabe war, ein geeignetes Verfahren für die Behandlung kontaminierter Böden zu finden. Die damit zusammenhängenden Schritte bis zu den Vorführtests zur Thermischen Desorption und Zersetzung von Schadstoffen aus Böden (Ende 1986 in Hamburg und Anfang/Mitte 1987 in Ingelheim), sind verschiedentlich separat beschrieben. Die speziellen Anforderungen führten in Zusammenarbeit mit mehreren Aggregate-Lieferanten zu einer Eigenentwicklung als 'Pilotanlage', die mit einem Investitionsaufwand von rd. 12 Mio DM inzwischen errichtet und sehr intensiv - bislang mit nicht kontaminiertem Material - getestet wurde.

Daneben wurde nach Möglichkeiten gesucht, die geringer belasteten Boden mit 'weicheren Maßnahmen' und in situ hinreichend reinigen zu können.

Nach Prüfung verschiedener Ansätze mikrobiologischer Behandlungen begann im September 1986 eine Untersuchung durch das Institut für Mikrobiologie der Technischen Universität Braunschweig, ob und ggf. bis zu welchen Konzentrationen noch schadstofftolerante Mikroorganismen existieren - als grundlegende Voraussetzung für eine in situ-Sanierung mit biologischem Abbau der geländespezifischen Schadstoffe.

Nachdem hier positive Ergebnisse festgestellt worden waren mußte geklärt werden, auf welchem Weg das natürliche Reinigungspotential des Bodens am wirkungsvollsten genutzt und verstärkt werden kann: für einen biologischen Abbau bei den geländespezifischen Bedingungen wird insbesondere eine kontinuierliche Sauerstoffversorgung erforderlich.

Unter Verwendung der verschiedenen Versuchsergebnisse haben wir als Orientierungswert zunächst folgende Schwellen für unser Sanierungskonzept definiert:

- 'höherkontaminiert' sind alle Analysen-Befunde in Böden mit mehr als 1.000 ppm Summe Chlorbenzole, Chlorphenole und Hexachlorcyclohexan und/oder mit mehr als 1 ppb 2,3,7,8-TCDD.

Derart belasteter Boden muß ausgehoben und thermisch auf Rückverfüllbarkeit gereinigt werden.

- 'Geringer kontaminiert' sind die Befunde eingeordnet worden mit weniger als 1.000 ppm (Summe CB + CP + HCH) und/ oder weniger als 1 ppb 2,3,7,8-TCDD.

Für diese als geringer kontaminiert definierten Bereiche kam eine in situ-Behandlung nach der mikrobiologischen Methode, d.h. in kombinierter Boden- und Grundwasser-Behandlung, in Betracht.

1.5 Sanierungsverfahren

Für die nach der vorangegangenen Beschreibung vorgesehenen Verbundmaßnahmen (bei Verringerung der Aushubschwelle auf 100 ppm)

- Aushub und thermisches Behandeln der höher kontaminierten Bereiche bzw. der wirklichen Kontaminationsherde,
- Mikrobiologische in situ-Behandlung der geringer kontaminierten Bodenzonen und des Grundwassers,

glauben wir, aus der nach heutigem Stand denkbaren Bandbreite von Alternativen die ökologisch wie ökonomisch bestverträgliche Kombination für diesen speziellen Fall gefunden zu haben.

Die zum Einsatz kommenden Verfahren werden nachfolgend kurz umrissen.

In der für die thermische Bodenbehandlung als Prototyp entwickelten Pilotanlage wird der höher mit Schadstoffen belastete Boden bei einer Durchsatz-Leistung von etwa 5 t/h durch Strahlungswärme (Infrarotheizung) auf Temperaturen von 500 bis 800°C aufgeheizt. Während der 10- bis 45-minütigen Verweilzeit in diesem Temperaturbereich werden Feuchte und organische Bestandteile des Bodens in die Gasphase überführt. Dieses Schadstoff-Dampf-Luft-Gemisch wird anschließend in eine Brennkammer geleitet und dort auf Temperaturen um etwa 1200°C erhitzt. Dabei werden die Schadstoffe zersetzt. Das Abgas wird anschließend über einzelne Wäscherstufen geführt und dabei von Feinstpartikeln und Tröpfchen befreit.

Der behandelte Boden kann nach Erfüllung strenger analytischer Kriterien als schadstoff- und keimfreies Material auf dem Gelände rückverfüllt werden.

Parallel zu dieser Sanierungsaufgabe ist auch eine Weiterentwicklung der thermischen Bodenbehandlung vorgesehen, insbesondere hinsichtlich der Erprobung eines neuen Verfahrens zur katalytischen Schadstoffzersetzung, in Zusammenarbeit mit Prof. Dr. H. Hagenmaier, Universität Tübingen. Hierzu sind bereits sehr weitgehende Vorarbeiten in Laboruntersuchungen erfolgt, so daß der technische Maßstab zeigen soll, ob diese

Methode der Schadstoffzersetzung dazu führen kann, Verbrennung zu vermindern oder sogar zu vermeiden.

Für die mikrobiologische Behandlung wird, basierend auf den ersten Erkenntnissen aus den zuvor beschriebenen Untersuchungen, zunächst in einem Vorführtest mit Versuchsbrunnen ermittelt, welche Reinigungsgrade bei gleichzeitiger Boden- und Wasserbehandlung durch Sauerstoffanreicherung erzielt werden können. Dabei wird das Grundwasser als Transportmedium benutzt, umgepumpt und physikalisch/mikrobiologisch vorbehandelt.

Dieser Verfahrensteil wird in Zusammenarbeit mit Prof. Dr. W. Dott, Technische Universität Berlin, und Messer Griesheim bearbeitet.

Es hatte sich gezeigt, daß die Bodenorganismen so anpassungsfähig sind, daß sie die standortspezifischen Schadstoffe für ihren Stoffwechsel als Nahrungsquelle verwenden.

Wichtigste Voraussetzung für den erfolgreichen Einsatz eines biologischen Verfahrens ist die Zufuhr von Sauerstoff. Durch mehr Sauerstoff steigt die Stoffwechselaktivität und die Vermehrungsrate der Mikroben, damit auch die Abbaurate der Schadstoffe. Da in den tieferliegenden Bodenschichten Sauerstoffarmut vorherrscht, wird dort gezielt das Sauerstoffangebot erhöht. Dazu wird Grundwasser aus den zu dekontaminierenden Bodenbereichen hochgepumpt, durch eine Enteisenung, einen Bioreaktor und einen Aktivkohlefilter vorbehandelt, mit Sauerstoff und Nährstoffen angereichert und über mehrere Infiltrationsstellen dem Boden wieder zugeführt. Die weitere Reinigung übernehmen dann die Bakterien, die sich auf der Grenzfläche zwischen Bodenkorn und Wasser ansiedeln und dort einen sogenannten Biofilm bilden.

Mit geeigneten Gruppierungen von "Brunnenbatterien" kann das verunreinigte Grundwasser erfaßt und eine biologisch aktive Bodenzone für die Schadstoffreduzierung aufgebaut werden.

Wir versuchen also, mit Methoden und Technologien von heute und morgen, die Lasten und Versäumnisse von gestern und vorgestern aufzuarbeiten.

1.6 Zusammengefaßtes Sanierungsziel

Vor etwa einem Monat wurde mit der Freien und Hansestadt Hamburg ein Vertrag über die Maßnahmen zur Sicherung und Sanierung im Boden und Grundwasserleiter des ehemaligen Werksgeländes geschlossen.

Darin hat sich C. H. Boehringer Sohn zu einer Reihe von Leistungen mit einem Aufwand bis zu rd. 150 Millionen DM verpflichtet.

In gezielter Anwendung, auf der Basis vorliegender Befunde, soll mit der Durchführung vereinbarter, umweltverträglicher Maßnahmen und der Anwendung spezieller Methoden ein nach dem heutigen Stand der Technik gereinigtes und industriell verwendbares Gelände hergerichtet werden.

Literaturhinweis

1 Franzius, Stegmann, Wolf: Handbuch der Altlastensanierung, - 5.4.1.4.4. -, v. Deckers Verlag, Heidelberg 1988.

2 Waschen von Böden am Beispiel der Firma Klöckner Oecotec GmbH

Franz-Dieter Durst

2.1 Einleitung

2.1.1 Entlasten als Technikfolgen der industriellen Entwicklung

150 Jahre Industrialisierung, Zerstörungen in den letzten Kriegen und stürmischer Wiederaufbau, frühere Mißstände bei der Abfallbeseitigung und nachlässiger Umgang mit wassergefährdenden Stoffen haben an industriellen Ballungspunkten ihre Spuren in Form von Altlasten hinterlassen und zu schwerwiegenden Umweltproblemen geführt. Boden- und Grundwasserverunreinigungen in bisher nur schwer kalkulierbaren Dimensionen sowie eine Gefährdung der Gesundheit von Mensch, Tier und Pflanze sind in vielen Fällen die Folge. Im wiedervereinigten Deutschland sind weit über 75.000 Altlasten und Altstandorte registriert, von denen nach Schätzung des Bundesumweltamtes mehr als 10 % allein aufgrund des Gefährdungspotentials saniert werden müssen. "Industrieflächenrecycling", d.h. die sich aus strukturpolitischen Gründen ableitende Notwendigkeit zur Wiedernutzbarmachung aufgelassener Industriebrachen schafft zusätzlich Bedarf an Altlastensanierung in tradionellen Industrieregionen, wie z.B. dem Ruhrgebiet und - noch viel mehr - in den neuen Bundesländern.

Diese neuen Aufgaben stellen eine große technologische und auch finanzielle Herausforderung für die jetzige und die kommenden Generationen dar. Wissenschaft und Wirtschaft sind gefordert, innovative Technologien zu entwickeln, mit denen die Altlastensanierung umweltverträglich und ökonomisch realisierbar wird.

Politik und Administration sind gefordert, für den Einsatz dieser Technologien die rechtlichen und finanziellen Rahmenbedingungen zu schaffen.

2.1.2 Möglichkeiten der Altlastensanierung

Für die Sanierung von Altstandorten und Altlasten sind folgende Technologien geeignet und in den letzten fünf Jahren zunehmend eingesetzt worden:

a. In-situ-Verfahren:
   Hierunter versteht man Verfahren, die am Ort der Bodenkontamination eingesetzt werden, ohne daß das kontaminierte Material ausgekoffert wird. Als In-situ-Verfahren kommen mikrobiologische Verfahren und Bodenwaschverfahren zum Einsatz.

b. On-site-Verfahren:
   Hierunter versteht man die Behandlung des kontaminierten Materials auf dem betroffenen Gelände. Zum Einsatz kommen mikrobiologische Verfahren und Bodenwaschverfahren sowie mechanische Verfahren oder auch Fixierungsverfahren, mit deren Hilfe die Schadstoffe der Altlast zwar nicht entfernt, sie jedoch zumindest für einen gewissen Zeitraum so gesichert werden, daß von ihnen keine akuten Gefährdungen mehr hervorgerufen werden. Hierzu zählen insbesondere Einkapselungsverfahren, hydraulische Sperren oder die chemische Fixierung.

c. Off-site-Verfahren:

Bei diesen Verfahren wird das kontaminierte Material, also der Boden, durch Auskoffern entfernt und in einer Behandlungsanlage gereinigt.

Zu diesen Behandlungsanlagen zählen:

- Bodenwaschanlagen
- Thermische Bodenbehandlungsanlagen
- Sonderabfall-Verbrennungsanlagen
- Kompostier- oder sonstige mikrobiologisch arbeitende Anlagen
- Erd- oder Sonderabfalldeponien

Für alle drei Verfahrensarten - In-situ, On-site und Off-site - bietet sich der Einsatz von Bodenwaschanlagen an, da diese Anlagen besonders umweltschonend und kostengünstig arbeiten und die Gefahr der Erzeugung der "Altlasten von morgen" weitgehend minimiert wird.

2.2 Waschen von Boden als ökologisch verträgliche Sanierungsmaßnahme

2.2.1 Anforderungen an umweltverträgliche Reinigungsverfahren

Die Lösung drängender ökologischer Probleme wird heute mehr und mehr ganzheitlich gesehen. Die Frage nach den Folgen des Einsatzes der Techniken, ihre Erforschung und Abschätzung, steht dabei im Mittelpunkt. Auch Sanierungsverfahren zur Reinigung kontaminierter Böden, gleich ob es sich dabei um mikrobiologische, chemisch-physikalische oder thermische Verfahren handelt, müssen bereits heute unter dem Gesichtspunkt der Technikfolgen bewertet werden. Als umweltverträglich können nur solche Reinigungsverfahren gelten, die

a) die relevanten Schadstoffe nach dem Stand der Technik soweit wie möglich entfernen bzw. unschädlich machen;
b) die eingesetzten Ressourcen (Wasser, Luft, Energie, Raum, Kapital usw.) so gering wie möglich belasten;
c) keine Sekundäremissionen hervorrufen (abluft- und abwasserseitig);
d) eine hohe Recyclingquote des zu reinigenden Materials erzielen;
e) den Anfall und das Gefährdungspotential der Reststoffe minimieren;
f) keine neuen Schadstoffe durch Ab- oder Umbau der bestehenden erzeugen.

All diesen Anforderungen kommen Bodenwaschverfahren weitgehend nahe. Sie werden daher immer häufiger bei Altlastensanierungen eingesetzt.

2.2.2 Das Oecotec Hochdruck-Bodenwaschverfahren

Das Oecotec Hochdruck-Bodenwaschverfahren wird anschaulich im Video "Mit Hochdruck ins Reine" dargestellt.

Klöckner Oecotec setzt für Bodensanierungen seit 1986 das Oecotec Hochdruck-Bodenwaschverfahren ein. Es basiert auf einem in den Niederlanden patentierten Verfahren, welches in den letzten Jahren von Klöckner Oecotec im praktischen Betrieb so weiterentwickelt wurde, daß es heute den Stand der Technik bei exatraktiver Bodenreinigung darstellt.

Beim Oecotec Hochdruck-Bodenwaschverfahren wird der schadstoffbeladene Boden ausgekoffert und erdfeucht der Behandlungsanlage zugeführt. Zunächst wird der aus den verschiedenen Kornfraktionen bestehende Bodenverbund durch Hochdruckwasserstrahlen aufgeschlossen und danach die zwischen den einzelnen Bodenkörnern befindlichen oder an der Oberfläche der Bodenkörner anhaftenden Schadstoffe abgetrennt. Die Abtrennung der Schadstoffe vom Boden erfolgt im Hochdruck-Strahlrohr.

Im Hochdruck-Strahlrohr bilden Wasserstrahlen aus ringförmig angeordneten Düsen einen kegelförmigen, konzentrischen Wasserschleier, durch den das kontaminierte Erdreich geschleust wird. Da die Wasserstrahlen einen Druck von bis zu 350 bar haben, ist der Energieeintrag auf den Bodenverbund der Bodenkörner so groß, daß der Einsatz von waschaktiven Substanzen nicht notwendig ist, um die vorerwähnte Abtrennung der Schadstoffe sicherzustellen. Nach dem Strahlrohr und der nachgeschalteten Prallkammer durchläuft das Material sowohl eine Klassierung als auch eine Sortierung. Der wesentliche Unterschied zwischen Klassierung und Sortierung besteht darin, daß beim Klassieren aufgrund der Korngrößen differenziert wird und beim Sortieren aufgrund der unterschiedlichen Dichten unterschieden wird. Dieser zweite Trennprozeß kommt dann zum Tragen, wenn in einem nennenswerten Anteil bodenfremde Bestandteile vorhanden sind. Dies sind z.B. Aschen, Schlacken, Kohlen, Holz bzw. humose Bestandteile, die aufgrund ihrer Struktur potentielle Schadstoffträger sind. Nach der erfolgreichen Separation des eigentlichen Bodens von den Schadstoffen und bodenfremden Partikeln erfolgt ein intensives Nachspülen mit Frischwasser, um zu gewährleisten, daß kein belastetes Prozeßwasser in nenneswerter Größenordnung an dem ausgetragenen "getrockeneten Material" anhaftet.

Die separierten Schadstoffe werden zunächst in die Trägermedien "Prozeßluft" und "Prozeßwasser" überführt und aus diesen anschließend auf geeignete Weise entfernt. Das Prozeßwasser kann so zum größten Teil erneut eingesetzt werden.

Dafür wird das Prozeßwasser in eine in die Bodenwaschanlage integrierte Prozeßwasseraufbereitungsanlage geführt. In dieser Anlage wird das Prozeßwasser mit anorganischen und organischen Flockungsmitteln über eine Flotationseinheit und über ein Schnellklärsystem geführt. Ein Teil des Prozeßwassers wird in eine angegliederte Abwasserbehandlungsanlage gepumpt, die mit einer Oxidations-/Reduktionsstufe, einer Emulsionsspaltanlage, einer klassischen Neutralisation, einem Kiesbettfilter und einer Aktivkohlefilterstufe ausgerüstet ist. In ihr wird das Prozeßwasser so weit gereinigt, daß es teilweise zur Frischwasserspülung in der Hochdruck-Bodenwaschanlage wieder eingesetzt oder gereinigt in die Kanalisation abgeleitet werden kann.

Die Oecotec Hochdruck-Bodenwaschanlage ist außerdem mit einer integrierten Abluftreinigungsanlage ausgerüstet. Die Behandlung der anfallenden Prozeßluft erfolgt über Tropfenabscheider, Wärmeaustauscher, einen Einweg-Aktivkohlevorfilter (für "Hochsieder") und einen wasserdampfregenerierbaren Aktivkohlefilter (für "Tiefsieder") mit angegliederter Lösemittelrückgewinnungsanlage.

Aus Emissionsschutzgründen sind der Aufgabebunker und der Muldengurtförderer zur Beschickung der Hochdruck-Bodenwaschanlage bis zum Strahlrohr (der eigentlichen "Stripp-stufe") eingehaust. Die entstehenden Emissionen werden über das Absaugsystem der Abluftreinigungsanlage zugeführt.

Nach dem Waschprozeß liegen die ausgesonderten Schadstoffe einerseits als Flotatschlamm und andererseits als stichfester Sedimentfilterkuchen vor. Diese Schadstoffkonzentrate müssen entsorgt werden.

Bild 1 zeigt ein Verfahrensfließschema der Hochdruck-Bodenwaschanlage.

Bild 1

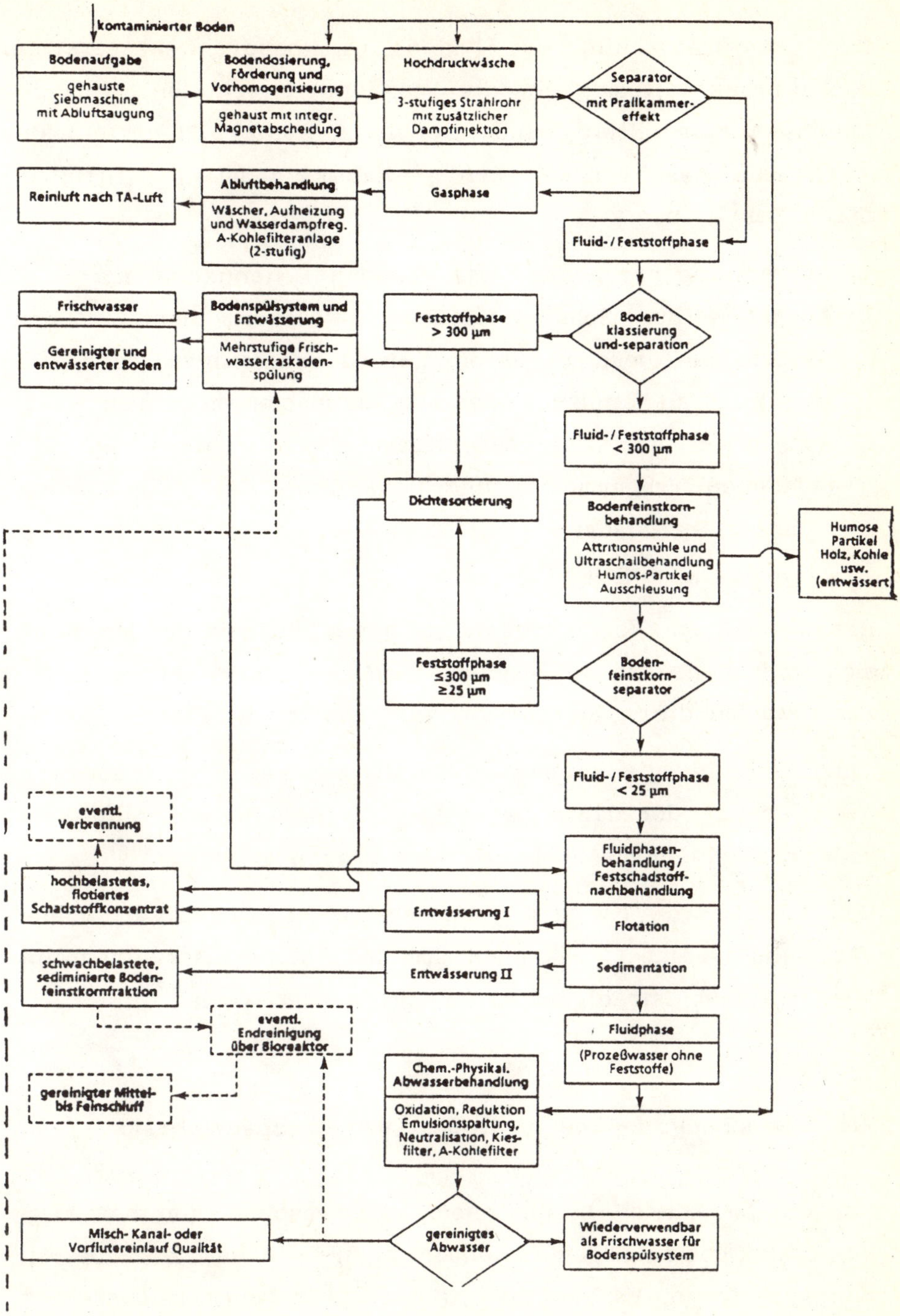
kontaminierter Boden
Bodenaufgabe
gehauste Siebmaschine mit Abluftsaugung
Bodendosierung, Förderung und Vorhomogenisieurng
gehaust mit integr. Magnetabscheidung
Hochdruckwäsche
3-stufiges Strahlrohr mit zusätzlicher Dampfinjektion
Separator
mit Prallkammer-effekt
Reinluft nach TA-Luft
Abluftbehandlung
Wäscher, Aufheizung und Wasserdampfreg. A-Kohlefilteranlage (2-stufig)
Gasphase
Fluid- / Feststoffphase
Frischwasser
Gereinigter und entwässerter Boden
Bodenspülsystem und Entwässerung
Mehrstufige Frischwasserkaskadenspülung
Feststoffphase > 300 µm
Boden-klassierung und-separation
Fluid- / Feststoffphase < 300 µm
Dichtesortierung
Bodenfeinstkornbehandlung
Attritionsmühle und Ultraschallbehandlung Humos-Partikel Ausschleusung
Humose Partikel Holz, Kohle usw. (entwässert)
Feststoffphase ≤300 µm ≥25 µm
Boden-feinstkorn-separator
Fluid- / Feststoffphase < 25 µm
eventl. Verbrennung
hochbelastetes, flotiertes Schadstoffkonzentrat
Fluidphasenbehandlung / Festschadstoffnachbehandlung
Entwässerung I
Flotation
schwachbelastete, sediminierte Bodenfeinstkornfraktion
Entwässerung II
Sedimentation
eventl. Endreinigung über Bioreaktor
Fluidphase
(Prozeßwasser ohne Feststoffe)
gereinigter Mittel- bis Feinschluff
Chem.-Physikal. Abwasserbehandlung
Oxidation, Reduktion Emulsionsspaltung, Neutralisation, Kiesfilter, A-Kohlefilter
Misch- Kanal- oder Vorflutereinlauf Qualität
gereinigtes Abwasser
Wiederverwendbar als Frischwasser für Bodenspülsystem

2.2.3 Vorteile des Hochdruck-Bodenwaschverfahrens

Durch den Aufschluß des Bodens im Hochdruck-Wasserstrahl hat die Waschflüssigkeit die Möglichkeit erhalten, mit den Bodenpartikeln allseitig und intensiv in Kontakt zu treten. Der eigentliche Waschvorgang erfolgt daher in leicht kontrollierbaren Schritten:

1) Abtrennung der Schadstoffe von den Bodenpartikeln;
2) Aufnahme der Schadstoffe in die Trägermedien Luft und Wasser, die diese in gasförmiger (dampfförmiger) oder gelöster Form als Emulsion oder als Suspension mitführen;
3) Separation der dekontaminierten Bodenpartikel von den beladenen Trägermedien und Behandlung der Trägermedien, damit die Schadstoffe nicht wieder in den ökologischen Kreislauf gelangen können.

Der Vorteil des Verfahrens liegt in der Aufhebung der Adhäsion zwischen den aufgeschlossenen Bodenpartikeln und den Schadstoffen durch Einsatz von kinetischer Energie.

Kinetische Energie kann auf vielfältige Weise zum Zwecke der Reduzierung oder der vollständigen Aufhebung von Adhäsionskräften in eine Aufschlämmung eingetragen werden.

Der Einsatz von Hochdruck-Wasserstrahlen zum Lösen solcher Verbunde ist ideal, wie auch am Beispiel der Maschinenreinigung mit Dampfstrahlgeräten gezeigt werden kann.

2.2.4 Genehmigung und Akzeptanz des Waschverfahrens

Für die im Betrieb befindlichen Bodenwaschanlagen der Firma Klöckner Oecotec liegen Genehmigungen nach dem Abfallbeseitigungsgesetz in Verbindung mit dem Bundesimmissionsschutzgesetz und dem Wasserhaushaltsgesetz vor. In der Regel können die Anlagen bis zu sechs Monaten auf den Sanierungsbaustellen nach dem vereinfachten Genehmigungsverfahren betrieben werden. Darüber hinaus ist eine Genehmigung im Planfeststellungsverfahren mit öffentlicher Anhörung erforderlich. Diese Genehmigung liegt zum Beispiel für das im Bau befindliche Entsorgungszentrum der Firma NORDAC vor, in dessen Mittelpunkt ebenfalls eine Hochdruck-Bodenwaschanlage der Firma Klöckner Oecotec steht.

Aufgrund der bisherigen Erfahrungen kann gesagt werden, daß das Bodenwaschverfahren sowohl bei den Genehmigungsbehörden als auch bei betroffenen Bürgern auf breite Akzeptanz im Vergleich zu z.B. thermischen Verfahren stößt.

2.3 Technikfolgenabschätzung des Verfahren

Will man mögliche Folgen einer neuen Technologie abschätzen, so ist zunächst eine Materialbilanz aller Stoffströme zu erstellen. Bei Bodenwaschanlagen sind entsprechend der Verfahrensweise, der Stoffkreislauf des Bodens, der Kreislauf des Prozeßwassers und des Waschwassers sowie der Abluftstrom und die Teilströme der Reststoffe zu betrachten. Die gesamte Mengenbilanz ist ein Indiz für die Höhe der Recyclingquote, den sparsamen Einsatz von Roh- und Hilfsstoffen, von Energie und last but not least von Kapital. Unter ökologischen Gesichtspunkten interessiert vor allem die Vermeidung von Sekundäremissionen, das sind insbesondere Schadstoffreste im gereinigten Material, luftverunreinigende Stoffe, belastete Abwässer und Produktverluste.

2.3.1 Boden

Der mit unterschiedlichen Schadstoffen kontaminierte Boden soll den Prozeß so durchlaufen, daß er möglichst vollständig und gereinigt als rekultivierbarer Boden oder mindestens als Baustoff wiederverwendet werden kann. Die Güte der Reinigung wird als Reinigungseffekt in Prozent ausgedrückt, bezogen auf den Schadstoffgehalt vor und nach der Reinigung. Gut eingestellte Bodenwaschanlagen erzielen heute Reinigungseffekte zwischen 95 % und 99 %, bezogen auf die häufig vorkommenden Kohlenwasserstoffkontaminationen (Mineralöle) auch zum Teil über 99 %.

Beim Oecotec Hochdruck-Bodenwaschverfahren wird der Reinigungseffekt ausschließlich durch den Einsatz von mechanischer Energie mittels Hochdruckwasserstrahlen erzielt, d.h. es werden keine Hilfschemikalien, wie z.B. Tenside, Lösungsmittel oder Komplexbildner benötigt, die wiederum abgebaut oder entsorgt werden müßten. Der gewaschene Boden weist in der Regel eine so geringe Restfeuchte auf (<= 10 %), daß er sofort wieder eingebaut und aus baustatischer Sicht einwandfrei verdichtet werden kann. Sollte ein Wiedereinbau des gereinigten Bodens vor Ort nicht möglich sein (z.B. beim Errichten von Tiefgaragen u.ä.), so kann der Boden über entsprechende Siebanlagen als Baustoff wieder verwendet werden. Der gereinigte Boden enthält im wesentlichen seine ursprünglich vorhandenen mineralischen Bestandteile. Organische Bestandteile, wie Kohle, Holz, Humus und sonstige Leichtstoffe sind abgetrennt, ebenso wie die Feinstfraktionen (Korngröße bis 2 µm) sowie Teile der Feinfraktion (Korngröße> ca. 25 µm). Diese Fraktionen absorbieren aufgrund ihrer hohen spezifischen Oberfläche einen Großteil der Schadstoffe, so daß sie derzeit nicht wieder verwendet werden können und entweder deponiert oder weiter behandelt werden müssen. Der Anteil der nicht wieder verwertbaren Fraktionen beträgt, je nach Kornzusammensetzung des Ausgangsmaterials, zwischen ein- und maximal 30 %.

Das Bild 2 zeigt ein Kontaminationsprofil vom Einsatz der Oecotec Hochdruck-Bodenwaschanlage in Hamburg. Anhand der Sanierung des Stülckenwerftgeländes wird gezeigt, daß der Austrag an gewaschenem Boden 82,7 % beträgt.

2.3.2 Wasser

Wasser spielt bei Bodenwaschverfahren naturgemäß die wichtigste Rolle, und zwar nicht nur als Waschmedium, sondern in gleichem Maße als Transportmedium für gelöste, ungelöste oder emulgierte Schadstoffe und für die verschiedenen Bodenfraktionen. Als Transportmedium für die Schadstoffe wird Prozeßwasser im Kreislauf geführt. Beim Oecotec Hochdruck-Bodenwaschverfahren sind dies ca. 150 m3/h. Dieses Wasser wird einer Teilreinigung unterzogen, um eine Aufkonzentrierung der Schadstoffe im Wasser zu verhindern. Wie umfangreiche Versuche im Labor und in der Praxis zeigten, ist der Reinigungseffekt beim Bodenwaschen auch von einer effektiven Spülung mit Frischwasser abhängig. Dieses Nachspülen mit Frischwasser verhindert das Anhaften von belastetem Prozeßwasser im Austrag des gereinigten Bodenmaterials. Die Zuführung von Frischwasser für Spülzwecke erhöht die umlaufende Prozeßwassermenge theoretisch um 5 % bis 10 %, d.h. daß eine gleichgroße Menge des Prozeßwassers über eine Abwasserreinigungsanlage dem Prozeß entzogen werden muß.

Bild 2

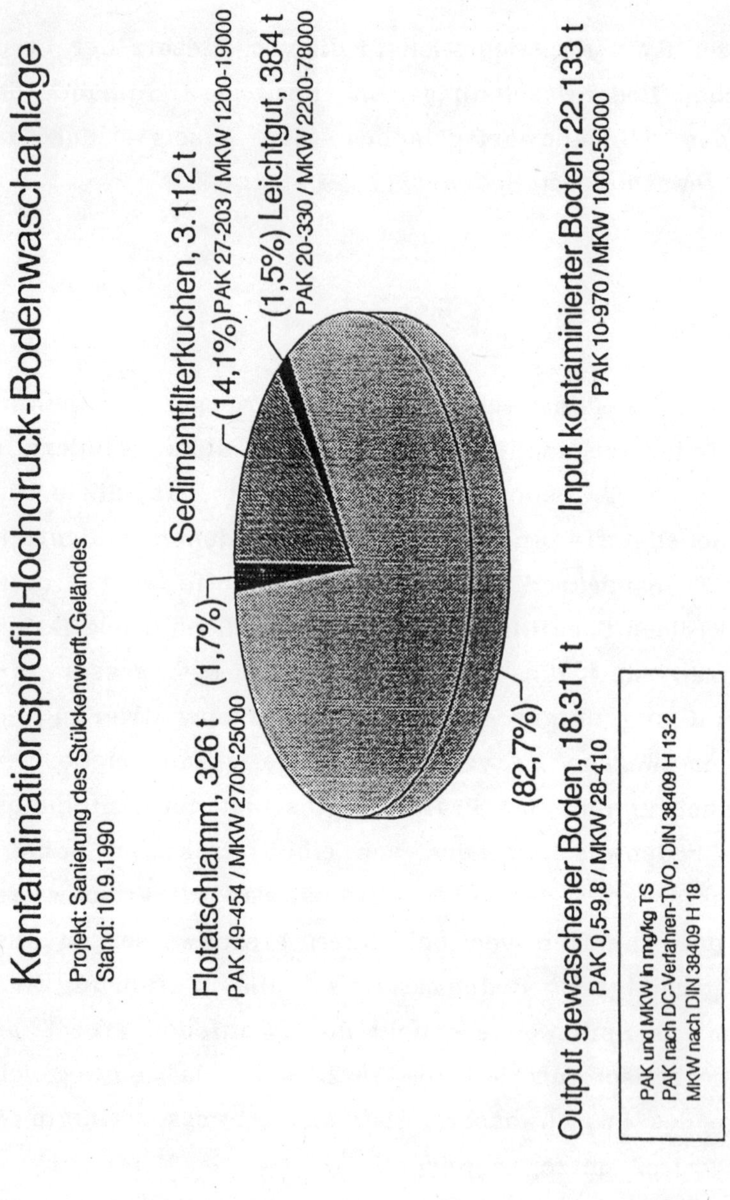
Kontaminationsprofil Hochdruck-Bodenwaschanlage
Projekt: Sanierung des Stückenwerft-Geländes
Stand: 10.9.1990
Flotatschlamm, 326 t (1,7%)
PAK 49-454 / MKW 2700-25000
Sedimentfilterkuchen, 3.112 t
(14,1%) PAK 27-203 / MKW 1200-19000
(1,5%) Leichtgut, 384 t
PAK 20-330 / MKW 2200-78000
(82,7%)
Output gewaschener Boden, 18.311 t
PAK 0,5-9,8 / MKW 28-410
Input kontaminierter Boden: 22.133 t
PAK 10-970 / MKW 1000-56000
PAK und MKW in mg/kg TS
PAK nach DC-Verfahren-TVO, DIN 38409 H 13-2
MKW nach DIN 38409 H 18

Diese Abwasserreinigungsanlage ist in das Gesamtverfahren integriert und besteht im wesentlichen aus Flockung, Flotation, Oxidation bzw. Reduktion, Emulsionsspaltung, Neutralisation, Filtration und Feinstfiltration über Aktivkohle. Mit dieser aufwendigen Anlagentechnik ist es möglich, das schadstoffbelastete Abwasser bis auf annähernd Trinkwasserqualität zu reinigen, so daß alle Auflagen für das Direkteinleiten in einen Vorfluter erreicht und in der Regel weit unterschritten werden.

Abbildung 3 zeigt die Abwassereinleitbedingungen für den Einsatz der Oecotec Hochdruck-Bodenwaschanlage in Düsseldorf-Lierenfeld

Parameter	Grenzwert	Parameter	Grenzwert
halog.leichtfl. Kohlenwasserstoffe	0,1 mg/l je Einzelstoff	Kupfer	0,5 mg/l
		Nickel	0,5 mg/l
adsorbierbare org. Halogenverbindungen	0,5 mg/l	Zink	2 mg/l
		Zinn	2 mg/l
Cyanid, gesamt	5 mg/l	Cobalt	1 mg/l
Cyanid, leicht freisetzbar	0,2 mg/l	BTX	0,5 mg/l
Arsen	0,1 mg/l	PAK	90 % Eliminationstate
Cadmium	0,2 mg/l		
Quecksilber	0,05 mg/l	Kohlenwasserstoffe	20 mg/l
Blei	0,5 mg/l	schwerfl. lipoph. Stoffe	100 mg/l
Chrom VI	0,1 mg/l	CSB-Abbau	75 %
Chrom, gesamt	0,5 mg/l		

Das Abwasser darf keine Hemmung (DEV L3) der Biologie der öffentlichen Kläranlage hervorrufen.

Bei Nichteinhaltung der festgesetzten Grenzwerte ist der Betrieb der Anlage einzustellen bis durch eine entprechende Anlagenänderung bzw. Weiterbehandlung des Abwassers die Einhaltung der Grenzwerte gewährleistet ist.
Ist dies nicht möglich, ist das gesamte Abwasser als Sonderabfall ordnungsdemäß zu entsorgen.

Die für den Ablauf der Vorbehandlungsanlage festgesetzten Grenzwerte stehen unter dem Vorbehalt, daß sie dem Stand der Technik angepaßt werden können.

Es können auch für weitere Stoffe Grenzwerte festgesetzt werden, wenn dies zum Schutz der öffentlichen Abwasseranlage oder aus Gründen des Gewässerschutzes erforderlich wird.

Abbildung 1

2.3.3 Luft

Kontaminierter Boden ist häufig mit leichtflüchtigen Stoffen verunreinigt, die insbesondere beim Bewegen des Bodens oder bei höheren Temperaturen sich durch ihren meist unangenehmen Geruch bemerkbar machen.

Beim Oecotec Hochdruck-Bodenwaschverfahren werden diese Stoffe bereits bei der Aufgabe des Materials abgesaugt und in einem geschlossenen System einer Abluftreinigungsanlage zugeführt. Aufgrund des Strahlrohreffektes wird der zu behandelnde Boden stark entgast. Die dabei entstehende Abluft wird zusammen mit den an anderen Stellen des Verfahrens gefaßten Abluftströmen zusammengefaßt und einer im System integrierten Abluftreinigungsanlage zugeführt. Diese Anlage besteht aus Tropfenabscheider, Wärmeaustauscher, einem Vorfilter für hochsiedende Stoffe in Form eines Einweg-Aktivkohlefilters für die tiefersiedenden Schadstoffe mit angegliederter Lösungsmittelrückgewinngungsanlage. Die Abluftreinigungsanlage ermöglicht nicht nur das deutliche Unterschreiten der TA-Luft, gemessen am Abluftkamin, sondern ermöglicht eine Rückgewinnung von im Boden vorhandenen Lösungsmitteln.

Abbildung 4 zeigt die Abluftbedingungen für den Einsatz der Oecotec Hochdruck-Bodenwaschanlage in Düsseldorf-Lierenfeld.

Luft

Die Anlage darf nur im Zusammenhang mit dem Aktivkohlefiltzer betrieben werden.

Als Massenkonzentration in der Abluft sind folgende Werte einzuhalten:

- 20 mg/m³ für Trichlorethen
- 5 mg/m³ für C gesamt

Bei Erreichen der Massenkonzentration von 10 mg/m³ für Trichlorethen bzw. 4 mg/m³ für C gesamt ist die Umschaltung auf die jeweilige unbeladene Aktivkohlefilteranlage bzw. die Abschaltung auszulösen.

Abbildung 4

2.3.4 Reststoffbeseitigung

Die im kontaminierten Boden befindlichen Schadstoffe werden durch das Hochdruck-Bodenwaschverfahren in verschiedenen, zum Teil sehr unterschiedlichen Fraktionen, getrennt ausgetragen. Man unterscheidet dabei Leichtgut, wie Aschen, Schlakken, Holz, Kohle und sonstige organische Materialien, Flotatschlamm und Sedimentfilterkuchen, während die gelösten Schadstoffe in der Abwasserreinigungsanlage ausgeschleust werden.

Das Leichtgut kann aufgrund seiner Struktur und seiner heterogenen Zusammensetzung nicht weiter aufgearbeitet werden und muß entsorgt werden. Der Flotatschlamm enthält besonders die emulgierbaren Schadstoffe, aber auch einige schwerlösliche Verbindungen, wie z.B. PCB's oder PAK's. Der Flotatschlamm ist in der Regel hoch belastet und muß daher thermisch weiterbehandelt oder entsorgt werden.

Bei der Reststoffbeseitigung kommt dem Sedimentfilterkuchen sowohl von der Menge als auch von der Art der Zusammensetzung als "Sammelbecken für Schadstoffe" die größte Rolle zu. Mengenmäßig ist der Anfall des Sedimentfilterkuchen abhängig von dem Anteil an Feinstfraktion und Schluff des ursprünglichen Bodens. Im Sedimentfilterkuchen befinden sich schwerlösliche und unlösliche Verbindungen, u.a. auch die Schwermetalle. Die Menge des anfallenden Sedimentfilterkuchens kann durch die Verfahrensweise einer Bodenwaschanlage stark beeinflußt werden. Verantwortlich dafür sind die Trennschärfe von Klassier-, Sortier- und Filtrationsanlagen. Klöckner Oecotec hat mit dem Einsatz von Humphrey-Spiralen und Setzmaschinen in Verbindung mit leistungsfähigen Sieben und Multizyklonanlagen es erreicht, Bodenbestandteile bis zu einer Korngröße von < 25 µm zu reinigen und zu trennen.

Dadurch konnte die Sedimentfilterkuchenmenge erheblich gesenkt werden.

2.4 Reststoffbehandlung

Je nach Art und Mengen der Schadstoffe im Sedimentfilterkuchen, muß er zu geeigneten Deponien "entsorgt" werden. Da Deponierung zunehmend teurer wird und da sie außerdem aus ökologischer Sicht nur die ultima ratio darstellt, steht die weitere Behandlung der Reststoffe mit dem Ziel, diese unschädlich zu machen, im Mittelpunkt intensiver Entwicklungsarbeit.

Mit Ausnahme von Schwermetallen können alle anorganischen oder organischen Verbindungen chemisch-biologisch oder thermisch zerstört werden oder durch geeignete Verfestigungsverfahren chemisch oder physikalisch fixiert werden.

Bei der biologischen Behandlung - wie im Prinzip auch bei der thermischen Behandlung - werden die Schadstoffe so zerstört, daß weniger schädliche oder gar unschädliche Stoffe entstehen. Die exakte Führung dieser Prozesse entscheidet über das kontrollierte Zerstören der Verbindungen und muß die Rekombination von Molekülen oder Kohlenstoffketten sicher verhindern.

2.4.1 Kombination von Waschverfahren mit biologischer Behandlung

Bei der Kombination des Hochdruck-Bodenwaschverfahrens mit einer anschließenden mikrobiologischen Behandlung der in dem Sedimentfilterkuchen aufkonzentrierten Schadstoffe handelt es sich um eine besonders umweltverträgliche Möglichkeit, orga nisch verunreinigte Böden soweit zu reinigen, daß einerseits der Wiederverwendung des gereinigten Bodens nichts im Wege steht und andererseits auch die angefallenen Reststoffe durch biologische Zersetzung nicht auf einer Sonderabfalldeponie abgelagert werden müssen, sondern ebenfalls wieder eingebaut werden können.

2.4.2 Kombination von Waschverfahren mit thermischer Behandlung

Die thermische Behandlung kontaminierter Böden oder von Reststoffen aus Bodenwaschanlagen erfordert eine sehr exakt gesteuerte Prozeßführung, die die Kenntnis der eingesetzten Schadstoffe zwingend erforderlich macht. Dieses Verfahren sollte daher nur in stationären Entsorgungszentren angewendet werden, bei denen von einer ordnungsgemäßen Nachreinigung der entstehenden Abluft auszugehen ist. Diese Kombination von Waschverfahren und thermischer Behandlung ist insbesondere geeignet für Böden, die sowohl mit organischer Substanz als auch z.B. mit Quecksilber verunreinigt sind.

2.5 Zusammenfassung und Ausblick

2.5.1 Technologische Entwicklung

Die seit etwa 1986 in der Bundesrepublik Deutschland durchgeführten Altlastensanierungen mit Hilfe von Bodenwaschanlagen zeigen, daß diese Verfahren grundsätzlich geeignet sind, kontaminierte Böden und auch kontaminierten Bauschutt weitgehend umweltverträglich zu reinigen. Entscheidend für die

Funktionalität der Verfahren ist neben der Umsetzung von Forschung und Entwicklung insbesondere die Praxiserfahrung. Diese ist mit ca. 200.000 t gereinigtem Boden beim Oecotec Hochdruck-Bodenwaschverfahren bisher unübertroffen. Das Verfahren hat sich dabei als besonders umweltverträglich gezeigt, da es auf den Einsatz von Tensiden oder Lösungsmitteln vollständig verzichten kann und eine hohe Recyclingquote des eingesetzten Materials ermöglicht. Last but not least hat es bei seinen Einsätzen zu keinerlei Akzeptanzschwierigkeiten geführt.

2.5.2 Wirtschaftliche Altlastenbeseitigung

Mobile Bodenwaschanlagen - wie die Oecotec Hochdruck-Bodenwaschanlage - können innerhalb von zwei Wochen umgesetzt werden und sind daher ideal als On-site-Verfahren. Stationäre Anlagen, mit dem Schwerpunkt Bodenwaschen, bieten darüber hinaus die Möglichkeit, einen sowohl auf die Schadstoffzusammensetzung als auch auf die Schadstoffmenge optimierten Anlagenbetrieb zu gewährleisten. Dadurch sind Abluft- und Abwasserführung und -reinigung einfacher zu handhaben und verringern damit noch stärker Sekundäremissionen. Alle Auflagen bzgl. der Abluft- und Abwasserreinigung können daher in solchen Entsorgungszentren leichter eingehalten werden.

Aufgrund von langen Montage- und Umrüstzeiten haben dagegen semimobile Anlagen keine Chancen auf dem Markt.

Im Bereich von Forschung und Entwicklung wird man sich auf die Bindungsmechanismen zwischen Schadstoff und insbesondere den Feinstbestandteilen des Bodens weiter konzentrieren, um eine Verbesserung der Trennschärfe im Feinstkornbereich zu erzielen und damit die Restschadstoffmenge weiter zu verringern. Für Böden mit besonders hohem Schluffgehalt (> 30 % der Korngröße < 63 µm) ist die weitere Entwicklung von Bodenwaschverfahren mit nachgeschalteter thermischer Behandlung von hohem Interesse. Dies gilt insbesondere auch für die Reinigung von quecksilberbelasteten Böden.

3 Sanierung von Deponien am Beispiel der Deponie Georgswerder Hamburg

Ulrich Förstner

Vorbemerkung

Das Thema dieses Beitrags erfordert zunächst drei begriffliche Präzisierungen, und in den einzelnen Abschnitten werden nachfolgend die entsprechenden Inhalte vertieft.

Erstens ist der Begriff "Sanierung" genauer zu fassen: Während die Behandlung von belasteten Böden und Industriegrundstücken im allgemeinen eine "Sanierung im engeren Sinne" darstellt, bei der die Schadstoffe im kontaminierten Erdreich oder Grundwasser bzw. in Abfällen eliminiert werden, sind viele der an Altablagerungen zunächst durchgeführten Arbeiten als Sicherungsmaßnahmen zu bezeichnen, mit denen besonders kritische Emissionswege unterbrochen werden. "Im Hinblick auf einen langfristigen Schutz der Umwelt ist eine 'Dekontamination' dann als höherwertig zu betrachten, wenn hierzu umweltverträgliche Maßnahmen angewandt werden" (1). Die "hydraulische Lösung" für Georgswerder kann, - "aktiv" betrieben - als Teilsanierung eingestuft werden (Kapitel 1).

Zweitens ist gegen die Vorstellung einer Deponie als technische Anlage einzuwenden, daß "trotz aller technischen Einrichtungen und betrieblicher Maßnahmen die heutigen Deponien mit technologischen Anlagen nicht vergleichbar sind" (2). In der künftigen Abfallentsorgung wird der Grundsatz verfolgt, daß "oberirdisch nur noch solche Stoffe deponiert werden dürfen, die weder ausgasen können noch in bedenklichem Umfang

Schadstoffe auswaschen lassen". So unbestritten der Grundsatz in der Fachdiskussion ist, so umstritten ist er in der praktischen Umsetzung ((3); Kapitel 2).

Drittens stellt sich die Frage, ob dieses Thema lediglich ein Beitrag zur ex-post-Technikfolgenabschätzung ist: Die zentrale Aussage dieses Artikels wird sein, daß die Langfristigkeit der potentiellen Schadstoffausbreitung in Deponien präventive Ansätze notwendig macht, bei denen die Forderung nach dem "Stand der Technik" (bzw. "Stand von Wissenschaft und Forschung") nicht auf die Problemlösungen beschränkt ist, sondern auch die Entwicklung und Anwendung adäquater Prüfverfahren für Langzeitprognosen einbezieht (Kapitel 3).

3.1 Das Beispiel der Deponie Georgswerder

Die Deponie Georgswerder war schon einmal 1971 in die Schlagzeilen geraten - wegen der vermuteten Ablagerung von 164 Fässern mit E 605 aus Dänemark. Die Folge war u.a. die Einsetzung eines parlamentarischen Untersuchungsausschusses, der beschleunigte Erlaß eines hamburgischen Abfallbeseitigungsgesetzes (des ersten derartigen Gesetzes eines Bundeslandes), dem dann 1972 das erste Abfallgesetz des Bundes folgte (4).

3.1.1 Lage, Entstehung und Aufbau der Deponie (5)

Die Deponie Georgswerder, in der 14 Mio m3 Abfall auf einer Fläche von 44 ha zu einem Hügel von über 40 m Höhe aufgeschüttet wurden, liegt im Urstromtal der Elbe etwa 5 km südlich der Hamburger Innenstadt. 1948 war begonnen worden, das Gelände als Deponie für Trümmerschutt, Bodenaushub und - zunächst nur in geringer Menge - für Hausmüll zu nutzen, nachdem zuvor die oberste Schicht des anstehenden Kleis für die Ziegelherstellung (!) abgebaut wurde. Als die Industriemüllkippe Müggenburger Straße 1967 eingestellt werden mußte, wurden auf der Deponie Georgswerder für diese Stoffe spezielle Flüssigkeitsbecken gebaut. Zunächst waren dies einfache, ungedichtete Erdbecken im Müll, später wurden die Becken mit einer Folie abgedichtet und durch Schwimmroste abgedeckt; außerdem wurden Fässer mit Industriemüll in gesonderten Faßlägern bis zu vier Schichten übereinandergestapelt und jeweils mit Boden abgedeckt. Insgesamt sind zwischen 1967 und 1974 in 10 Flüssigkeitsbecken mehr als 150.000 m3 flüssige Sonderabfälle und in 4 Faßlägern über 100.000 Fässer aus Industrie und Gewerbe abgelagert worden. Nach Füllung der Becken wurde "aufsaugender" Hausmüll hineingeschoben, wobei die Beschädigung der Folien bewußt in Kauf genommen wurde, um möglichst viel Müllvolumen als "Schwamm" wirksam werden zu lassen.

Hauptlieferer waren Konzerne der chemischen, Mineralöl- und mineralölverarbeitenden Industrie mit folgenden Abfallarten:

- bituminöse Rückstände
- diverse Chlorkohlenwasserstoffe (Tri- und Perchlorethen, Hexachlorcyclohexan, Tetrachlorbenzole etc.)
- diverse Lösungsmittel (Benzol, Toluol, Xylole etc.)
- Naphthalin-Raffinationsrückstände
- diverse Ölabfälle (Altöle, Bohrölemulsionen, Leichtstoffabscheiderrückstände, Tankreinigungsrückstände etc.)
- Phenolharzemulsionen
- diverse Schlämme (Klärschlämme, aus Kunstharzherstellung, aus der Naßentstaubung etc.)
- Abfälle aus der Schmierölverarbeitung (Bleicherden, Sulfoseifen)

Die Auswertung noch vorhandener Begleitscheine ergab z.B., daß in den angelieferten Abfällen von 5.610 t nur einer chemischen Fabrik 13 t bis 26 t Gesamtdioxin mit einem Anteil von 4.5 kg 2,3,7,8-TCDD enthalten waren. Die flüssigen Abfälle, die zum überwiegenden Teil aus organischen Stoffen bestanden, gelangten im Lauf der Zeit auch in Teile der Deponie, in denen feste organische Sonderabfälle eingelagert waren. Diese wurden von den Ölen gelöst und sind somit ebenfalls mobil. Besondere Bedeutung haben Abfälle, die in der Mineralölindustrie bei der Schwefelsäureraffination (sog. Sulfoseifen) anfielen, da sie eine emulsierende Wirkung haben und somit Öle im Grund- und Oberflächenwasser zu dispergieren vermögen.

Der Nachweis des hochgiftigen Seveso-Dioxin 2,3,7,8-TCDD im Sickeröl der Deponie erfolgte im November 1983. Unmittelbar nach den ersten Befunden wurde ein umfangreiches Sanierungsprogramm in Gang gesetzt (6,7). Es entwickelte daraus sich das weltweit umfangreichste Projekt im Altlastenbereich.

3.1.2 Sicherungs- und Sanierungsmaßnahmen

Das am 23. April 1985 vom Senat der Freien und Hansestadt Hamburg beschlossene Programm enthält eine Reihe ineinandergreifender Maßnahmen zur Emissionsminderung, Schadstoffentnahme, -behandlung und -vernichtung. Die Grundidee für die Sicherung - und teilweise auch Sanierung - dieser riesigen Altablagerung ist die "Austrocknung" und "Trockenhaltung". Für einen unbestimmten - sicher sehr langen - Zeitraum werden die flüssigen und auch gasförmigen Emissionen gefaßt und einer Behandlung bzw. Verwendung zugeführt werden müssen. Auf den Bau einer Dichtwand wird aller Wahrscheinlichkeit nach verzichtet werden; ggf. sollen örtliche hydraulische Maßnahmen im Bereich der ehemaligen Flüssigkeitsbecken durchgeführt werden.

3.1.2.1 Oberflächenabdichtung (8)

Die Oberflächenabdichtung einer Altlast soll den Zutritt von Niederschlagswasser in den kontaminierten Bereich bzw. in den Deponiekörper behindern. Sie setzt sich aus einem wurzelfähigen Oberboden, einer Dränage zum Ableiten des Oberflächenwassers, einer mineralischen Abdichtungsschicht und einer Gasdrainage zusammen (9).

Die gesamte abzudeckende Oberfläche der Deponie Georgswerder beträgt rd. 45 ha. Die Austrittsstellen von Sickerflüssigkeit (siehe 1.2.2) befinden sich in Höhen bis 13 m über NN; oberhalb von etwa 14 m über NN ist die Kontaminationsgefahr deshalb geringer als im unteren Bereich. Für die Abdeckung der oberen Fläche mit etwa 16 ha Größe wurde (von unten nach oben) folgender Schichtaufbau gewählt (8):

- mindestens 0,35 m Ausgleichsschicht aus ton- und schlufffreiem Sand/Kies mit der Körnung 0,1-3,0 mm als Gasdränage zur kontrollierten Ableitung von Deponiegas;
- 0,60 m mineralische Dichtung mit einem Durchlässigkeitsbeiwert von $k_f \leq 10^{-9}$ m/s zur Begrenzung des Sickerwasserzuflusses in die Deponie und der unkontrollierten Gasaustritte;
- 1,5 mm HDPE (Polyethylen hoher Dichte) als Wurzel- und Nagetiersperre; neben der Aufgabe, die Beschädigung der mineralischen Dichtung durch biotische Einflüsse zu verhindern, dient diese Kunststoffbahn als zusätzliche Abdichtung;
- 0,25 m Flächendränage zur Abführung des schadstofffreien Sickerwassers aus grobsandigem Feinkies;
- Geotextilvlies (450 g/m²) zur Verhinderung des Eintrags von Feinteilen aus dem Decksubstrat in die Dränschicht;

- mindestens 0,75 m kulturfähiger Boden (Decksubstrat) als Wurzelraum sowie Wasser- und Nährstoffspeicher für die Vegetation, obere 0,25 m mit 4-8 % Humusgehalt.

Zur Zeit wird die untere Abdeckung der Restfläche von etwa 29 ha ausgeführt. Sie enthält zusätzlich ein Trennvlies aus HDPE zwischen der Ausgleichsschicht und der mineralischen Dichtung. Die Arbeiten werden 1995 beendet sein.

3.1.2.2 Fassung und Behandlung der Flüssigkeiten (10)

Das Entwässerungsgeschehen der Deponie Georgswerder gliedert sich in einen (kleineren) Oberflächenabfluß über das mit 4 % bzw. 6 % geneigte Decksubstrat und einen Dränageabfluß von versickerndem Niederschlagswasser. Diese beiden unkontaminierten Teilströme werden über Entwässerungsgräben bzw. Sammelleitungen parallel zur oberen und unteren Ringstraße in das Georgswerder Gewässersystem mit Vorflut in die Elbe eingeleitet (8). Daneben treten im unteren Teil der Deponie an den Böschungen stark belastete Sickerflüssigkeiten aus, die durch den ehemals etwa 1 Mill. m^3 umfassenden Staufüssigkeitskörper gespeist werden (einzelne Inhaltsstoffe werden bereits heute im Grundwasser und in den angrenzenden Oberflächenwässern nachgewiesen; (5)).

Z.Zt. werden die Sickerflüssigkeiten in zwei Gerinnen in der Höhe der Deponieringstraße gefaßt. Es handelt sich um ein einfaches, betriebssicheres, kostengünstiges und anpassungsfähiges System für einen Durchfluß bis zu 10 m^3/h (10). Nach Fertigstellung der unteren Abdeckung werden die Sickerflüssigkeiten über eine Flächendränage in einer am Böschungsfuß angeordneten Dränageleitung erfaßt werden. Die Ringleitung wird in mehrere Haltungen unterteilt; in den Tiefpunkten werden Pumpschächte, in den Hochpunkten Kontrollschächte angebracht. Von den Pumpschächten werden die Sickerflüssigkeiten über Druckrohrringleitungen zur künftigen Abscheideranlage vor der chemisch-physikalischen Reinigungsanlage gefördert. Um den Transport unterschiedlicher Flüssigkeiten zu ermöglichen, sind drei getrennte Ringleitungen vorgesehen (10).

Ein erster Behandlungsschritt für die Sickerflüssigkeiten ist Abscheidung der Ölphase, die mit etwa 0,1 % vertreten ist und bis zu 60 ng/g 2,3,7,8-TGDD enthält. Das Öl wird bislang in Fässern zwischengelagert, bis eine Entscheidung über die endgültige Beseitigung (Hochtemperaturverbrennung oder chemisch-pysikalische Behandlung) gefallen ist. Die weitere Aufbereitung der Wasserphase erfolgt in einer Reinigungsanlage mit Flockungsmitteln und nachfolgender Flotation, bei der emulgierte Öle abgetrennt und als Boden- oder Schwimmschlamm dem Schlammvorlagebehälter zugeführt werden. Die Anlage ist zweistraßig aufgebaut und für einen Durchsatz von 10 m^3/h ausgelegt (10). Die Abluft wird über regenerierbare Aktivkohlefilter gereinigt. Als dritter Schritt ist eine biologische Behandlung des Sickerwassers nach dem "Sequencing Batch Reactor" (SBR) Verfahren vorgesehen, mit dem man sich gut an Schwankungen der Konzentration, der Schadstoffzusammensetzung und der Sickerwassermenge anpassen kann (11).

3.1.2.3 Entgasung (12)

Bereits 1982, etwa eineinhalb Jahre vor dem Nachweis von Dioxin im Sickeröl der Deponie Georgswerder, wurde ein Untersuchungsauftrag darüber erteilt, wie das Deponiegas gefaßt und ob es genutzt werden kann. Die Entgasungsanlage wurde mit einem Kostenaufwand von 3,8 Mio DM fertiggestellt und besteht aus 39 senkrecht gerammten Sonden, die bis zu 16,60 m tief sind, 19 Entwässerungsschächten sowie einem ringförmigen Leitungssystem aus HDPE-Rohren und einer Verdichterstation. Seit Mai 1986 werden durchschnittlich etwa 300 m³ Gas pro Stunde bzw. 2,4 Mill. m³ Gas jährlich gefördert und in einer benachbarten Kupferhütte, der Norddeutschen Affinerie, zum Trocknen eingesetzt.

3.1.2.4 Geplante hydraulische Sanierungsmaßnahmen (13)

Bei der Simulation von mehr als 30 Varianten verschiedener Maßnahmen zum Schutz des Grundwassers vor einer großräumigen Schadstoffausbreitung blieben letztlich nur noch zwei Lösungsmöglichkeiten übrig:

- die Umschließung der kontaminierten Flächen durch eine Dichtwand, die bis in den dichten Untergrund in etwa 20 m Tiefe reicht;
- eine hydraulische Sanierung, bei der das kontaminierte Wasser durch eine Schutzbrunnengalerie abgepumpt wird.

Mit der Variante "Dichtwand" könnte eine nahezu vollständige Abkapselung der Schadstoffe erreicht werden und es wären nur geringe, jedoch hoch belastete Wassermengen technisch aufzubereiten, doch würde ein dauerhafter Eingriff erzeugt, der die Grundwasserströmung bereichsweise völlig abblocken würde. Mit der hydraulischen Lösung könnte bei ausreichender Absenkung eine großräumige Ausbreitung von Schadstoffen sicher verhindert werden; es würde wesentlich schonender in das Grundwassersystem eingegriffen, doch wären deutlich größere, insgesamt aber nur schwach belastete Wassermengen technisch aufzubereiten.

Die Entscheidung für die Variante "hydraulischer Entzug von Stauflüssigkeit" erfolgte auch aufgrund der größeren Flexibilität bei der Anpassung an das jeweilige Gefährdungspotential. Nach Simulationsberechnungen wurde eine Maßnahme ausgewählt, bei der vor allem ein Abdriften von Schadstoffen aus dem Südbereich der Deponie, wo von den Flüssigkeitsbecken und Faßlagern die größte Gefährdung droht, verhindert wird. Es sollen dazu vier Einzelbrunnen im südwestlichen Teil des inneren Georgswerder Randgrabens so angemessen und hinsichtlich ihrer Förderung so abgestimmt werden, daß keine Schadstoffausbreitung nach Südwesten mehr stattfindet und auch die Ausbreitung in alle übrigen Richtungen zum Stillstand kommt. Nach den Berechnungen wird eine hinreichende Sicherheit für das Grundwasser im Umfeld der Deponie durch eine Grundförderung von 9,0 l/s erreicht, die bei lang anhaltendem Elbhochwasser verdoppelt werden muß. Damit ergibt sich eine Jahresfördermenge von rd. 300.000 m^3, für die eine Aufbereitungsanlage (siehe Abschnitt 1.2.2) zu bemessen ist. In unmittelbarer Nähe der Brunnen wird der Grundwasserspiegel um etwa 0,50 m abgesenkt, was die allseitige Anströmung der Brunnen zur Folge hat.

3.1.2.5 Kosten und betriebliche Folgemaßnahmen (14)

Forschungs- und Entwicklungsvorhaben im Rahmen eines Verbundforschungsprojektes "Sanierung der Deponie Georgswerder" wurden mit über 26 Mio DM gefördert (50 % vom Bundesministerium für Forschung und Technologie). Die Baukosten im Rahmen der Sicherungs- und Sanierungsmaßnahmen werden bei ungefähr 200 Mio DM liegen. Darin enthalten sind 23 Mio DM für "Obere Abdeckung", die von Mai 1986 bis September 1988 erstellt wurde. Für die Bauzeit der "Unteren Abdeckung" werden mindestens 4 Jahre veranschlagt; die Kosten wurden (Mitte 1989) auf 75 Mio DM geschätzt (8). Zukünftig werden jährlich etwa 1,7 Mio DM Betriebskosten anfallen. Sollte der Stauflüssigkeitsentzug im großtechnischen Maßstab - wie vorgesehen - erfolgen, würden sich die Betriebskosten ab 1994 um jährlich bis zu etwa 10 Mio DM wegen der hohen Entsorgungskosten erhöhen. Z.Zt. sind ständig rund 15 Personen auf der Deponie tätig, in 5 Jahren werden es etwa 30 sein.

3.1.3 Bewertung hydraulischer Sicherungs- und Sanierungsmaßnahmen (1)

Für die Behandlung der Altdeponie Georgswerder werden schwerpunktmäßig hydraulische Verfahren eingesetzt. Solche Maßnahmen, die ohne Bodenaushub auskommen, stellen z.Zt. die einzige Möglichkeit dar, das Gefahrenpotential aus großen Kontaminationsherden einzugrenzen. Die "passiven" hydraulischen Maßnahmen, bei denen die hydrodynamischen Verhältnisse im Untergrund verändert werden, sind eine vorläufige "Sicherungsmaßnahme" ("hydraulische Abwehrmaßnahme"), während die "aktiven" hydraulischen Maßnahmen die Aufgabe besitzen, durch Fassung und eine anschließende Behandlung flüssiger Phasen in Form von Grund-, Stau-, Sickerwasser und Sickeröl deren Schadstoffgehalte zu reduzieren. Setzen diese Maßnahmen am Grundwasser an, werden sie auch als "Grundwassersanierungsmaßnahmen" bezeichnet; insgesamt lassen sich die aktiven hydraulischen Maßnahmen entsprechend ihrer Zielsetzung zu den (höherwertigen) Dekontaminationsmaßnahmen rechnen.

Allen hydraulischen Maßnahmen ist gemeinsam, daß sie nur so lange funktionieren, wie die Förder- bzw. Infiltrationseinrichtungen betrieben werden. Bei Abstellen, aber auch Ausfallen der Einrichtungen stellen sich die ursprünglichen hydrodynamischen Verhältnisse wieder ein (1). "Die passiven hydraulischen Maßnahmen können je nach vorliegenden Verhältnissen nicht beliebig lang und oft auch nicht ohne negative Folgen für die verschiedenen Schutzgüter, wie die Erhaltung der Bodenfunktionen oder von Nutzungsformen, durchgeführt werden" (1). Insbesondere ist vorher im Rahmen der Machbarkeitsstudie abzuschätzen und durch flankierende Maßnahmen zu begrenzen (15):

- die Möglichkeit der Kontamination bisher unbelasteter Gebiete bei falscher Anordnung oder Dimensionierung der Anlage;
- Schäden durch Grundwasserabsenkung an Ökosystemen (Austrocknung) und an der Standfestigkeit von Bauwerken (Setzungsschäden).

"Die Grenzen der aktiven hydraulischen Maßnahmen liegen naturgemäß in Standortfaktoren, nämlich dem unter- wie oberirdischen Wasserdargebot, in der Durchlässigkeit und Rückhaltefähigkeit des Untergrundes sowie in der Mobilität der Schadstoffe. Bei geringer Grundwasserzuströmung und Niederschlagsinfiltration sowie stärkerer Schadstoffixierung an Bodenpartikeln werden nur niedrige Schadstoffentnahmeraten erreicht. Für solche Fälle sind Verfahren zur Intensivierung des Stoffüberganges und des -austrages entwickelt worden" (1). An diesem Punkt treffen die hydraulischen Maßnahmen an großen Altablagerungen auf die Techniken zur Sanierung von Industriegrundstücken und kontaminierten Böden (16, 17).

Wie in diesen Bereichen hängt der Erfolg der Dekontaminierung einer Altablagerung letztlich vom Entwicklungstand chemischphysikalischer und biologischer Verfahren zur Trennung, Mobilisierung und Abbau von Schadstoffen in der Fest-, Flüssig- und Gasphase ab.

3.2 Entwicklung und Stand der Technik von Abfalldeponien

"Glücklicherweise erleben wir am Beispiel der suppenden und wabernden Altablagerungen, daß unsere Auseinandersetzung mit dem veränderten Chemismus von Abfällen und die bisherigen Behandlungs- und Beseitigungstechniken in der Realität vielfach nicht angemessen waren. Unserer hohen Produktionstechnik steht keine adäquate Beseitigungstechnik gegenüber. Die vermeintlich billige Behandlung führt nun zu teuren Spätschäden" (Werner Schenkel (18)).

3.2.1 Entwicklung der Deponietechnik

Bis Ende der sechziger Jahre wurden die Abfälle auf einer Vielzahl von kleinen Kippen abgelagert. Bei der Einführung des Abfallbeseitigungsgesetzes von 1972 gab es neben den 50.000 Ablagerungsplätzen ungefähr 130 geordnete Deponien, 16 Kompostwerke und 30 Verbrennungsanlagen - damit konnten ungefähr 37 % des Hausmülls ansatzweise umweltgerecht entsorgt werden. 1984 wurden nur noch 385 Deponien betrieben, die ca. 70 % des Hausmülls entsorgten. Von den 50.000 Altablagerungen sind 10 % als sanierungsbedürftige "Altlasten" einzustufen, darunter auch grössere Deponien, auf denen inzwischen Siedlungen errichtet wurden (19).

Die Entwicklung der Deponietechnik ist in Bild 1 nach Ryser (20) wiedergegeben: (1) Bis Ende der sechziger Jahre war der

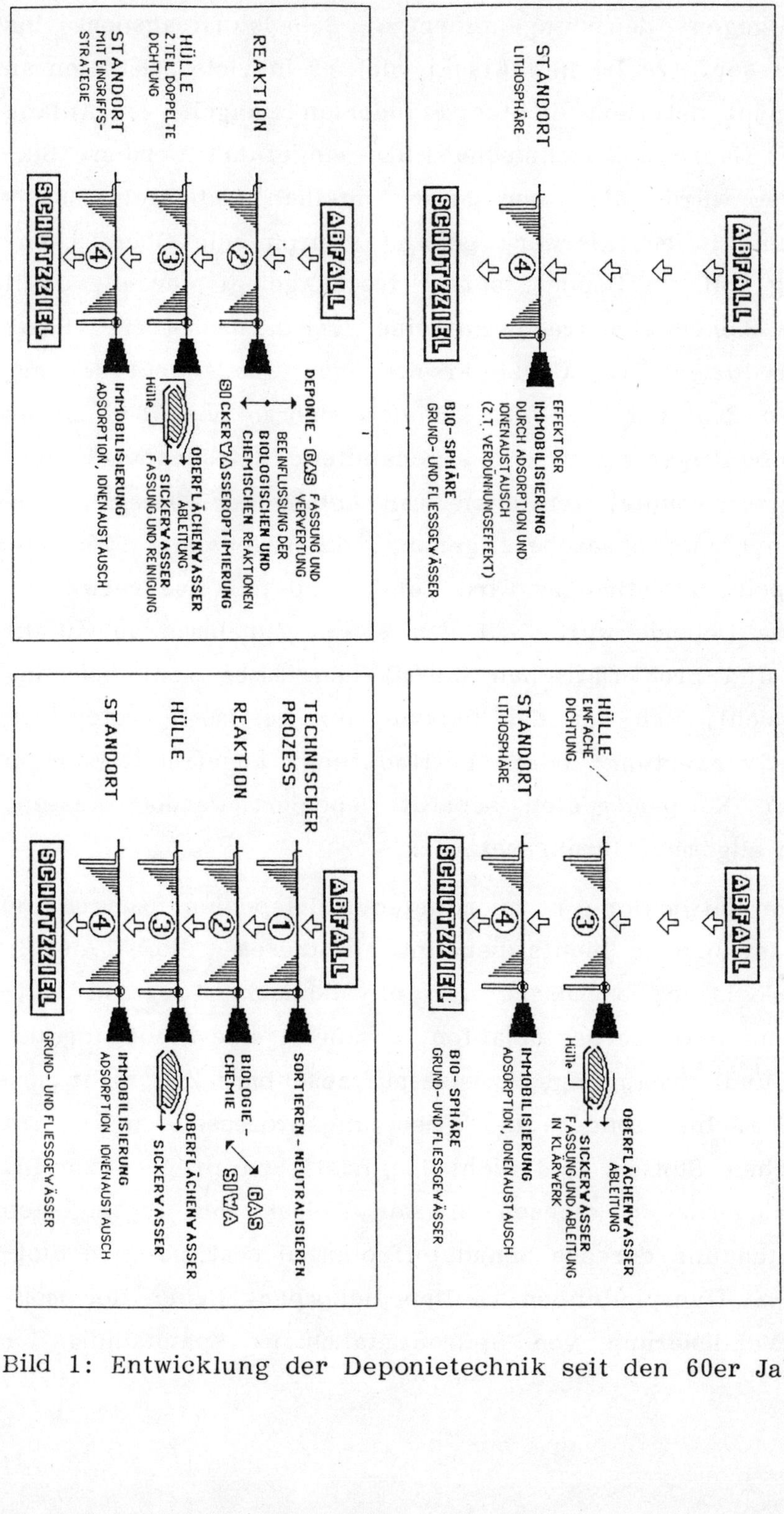

Bild 1: Entwicklung der Deponietechnik seit den 60er Jahren

geologische Standort meist das letzte und zugleich einzige Hindernis gegen den ungehinderten Schadstofftransport ins Grundwasser. (2) Im Bewußtsein, daß es in vielen Gebieten an ausreichend natürlich dichten Standorten mangelt, ist Anfang der 70er Jahre die technische Hülle eingeführt worden. Sikkerwasser wurde über der meist künstlich gedichteten Basis erfaßt und in ein Klärwerk geleitet. Durch eine Oberflächendichtung soll die Deponie später trockengelegt werden, damit sich die Sickerwasserfracht auf eine "vernachlässigbare" Restfracht reduziert. (3) Große Erwartungen wurden mit der gesteuerten Reaktion geweckt. Nachdem sich in den 70er Jahren die aerobe Lagerung in der sogenannten "Rottedeponie" nicht durchsetzen konnte, verstärkte man Anfang der 80er Jahre die Bemühungen um anaerobe Lagerung, die sogenannte "verdichtete Deponie". Methangas wird gefaßt und teilweise verwertet. (4) Diese Deponie wurde mit den steten Zunahmen an Abfallstoffen und problematischen Chemikalien immer mehr belastet. Die Einsicht, daß vor der Deponierung bestimmte Materialien zwecks "Verwertung" oder "Entfrachtung" abgetrennt oder in speziellen Kompartimenten separat deponiert werden müssen, hat sich allgemein durchgesetzt.

Über die Entwicklung in geordneten Mülldeponien nach ca. 30 Jahren ist bislang nichts bekannt. In diesem "Bioreaktor, in dem biologische, chemische und physikalische Prozesse weitgehend unkontrollierbar ablaufen, erscheint eine Steuerung der Abbau- und Auslaugungsprozesse auf absehbare Zeit nicht möglich" (21). Insbesondere die Umsetzungsprozesse von und mit organischen Stoffen sind nicht langfristig zu prognostizieren. Die Unsicherheiten wachsen mit der Vielzahl der abgelagerten Abfallarten und der das Schadstoffpotential bestimmenden Stoffe und Stoffverbindungen im Deponiekörper. Neben der möglichen Mobilisierung von Spurenmetallen im Spätstadium der

Deponieentwicklung ist vor allem die Entstehung hochtoxischer Abbauprodukte aus halogenorganischen Inhaltsstoffen in der frühen methanogenen Phase zu beachten (22). Es ist zu erwarten, daß auch die modernsten dieser "Reaktor-Deponien" wegen ihrer Abgabe von belasteten Sickerwässern noch über lange Zeiträume überwacht werden müssen.

Der traditionelle Ingenieuransatz hat in der Regel dem langfristigen Stoffaustrag aus einer Deponie keine besondere Bedeutung beigemessen, "weil man sich angewöhnt hat, die Zeit der Verfüllung einer Deponie, die Betriebszeit, als wichtigste Phase anzusehen und dabei allzuleicht vergaß, daß nach Abschluß des Deponiebetriebes erst die unendlich lange Zeit beginnt, in der die Deponie als Aufbewahrungsort für die in der Umwelt unerwünschten Schadstoffe funktionieren soll" (Klaus Stief (23)). Fatale Fehleinschätzungen gibt es aber auch von Hydrogeologen über die "Selbstreinigungskräfte des geologischen Untergrundes" und die vermeintlich omnipotente Isolationswirkung von Drainagen, Dichtungen und Abdeckungen" (24). Damit verliert auch das "Multibarrieren-Konzept" einen Teil seiner Attraktivität, wenn es weder gelingt, die Leistungsfähigkeit jeder Barriere und des Mehrbarrierensystems insgesamt prognostisch für den erforderlichen Zeitraum wissenschaftlich nachzuweisen, noch die Folgen des Versagens einzelner Barrieren auf die Sicherheit des Gesamtsystems für die Betriebs- und Nachbetriebsphase zu bestimmen (25).

3.2.2 Neue Deponiekonzepte

Aus umweltpolitischer Sicht sind solche weitgehend unkontrollierten, langfristigen Entwicklungen eigentlich nicht akzeptabel. Vielmehr muß eine Form der Ablagerung angestrebt werden, der man den "Endzustand" bereits mit auf den Weg gibt.

Mit den neuen Zielsetzungen - z.B. in den Schweizer Leitlinien zur Abfallwirtschaft (26) - Abfälle durch Vorbehandlung wie Einbau in Silikatgitter (Zement- und Tonklinkertechnologie), Schmelzen und Verglasen, chemischen Reaktionen "gesteinsähnlich" werden zu lassen, wird der Begriff "Deponierung" mit der Vorstellung einer "Endablagerung" identisch (27). Endlagerung kommt nur für solche Abfälle in Betracht, die nicht mit akzeptablem Aufwand in unbedenkliche Stoffe umgewandelt werden können. Organische Substanzen sollen nicht deponiert werden; ablagerungsfähige anorganische Sonderabfälle werden so konditioniert, daß von ihnen bei Transport, Lagerung und Ablagerung keine Gefahren ausgehen können. Unterhalb dieses (höchsten) Niveaus befinden sich zwei Begriffe, die noch tradionell mit dem Ausdruck "Deponierung" verbunden sind - Zwischenlagerung und Langzeitlagerung.

Zwischenlagerung ist die schadensfreie, zeitlich begrenzte Lagerung von Abfällen bis zu deren Verwertung, Behandlung oder Ablagerung in Langzeit- oder Endlagern. Für Zwischenlager werden folgende Ansprüche formuliert: (1) Die Funktionstüchtigkeit muß kontrollierbar sein, (2) Defekte müssen reparierbar sein, (3) die Abfälle müssen mit geringem Aufwand rückholbar sein. Technische Maßnahmen sind: Verfestigung oder Abkapselung, Doppelbarrierensystem mit Drainsystem nach dem Stand der Technik, Trennung der Abfallarten durch konstruktive Maßnahmen (28).

Langzeitlager dienen der befristeten Aufbewahrung von Abfällen bis zu ihrer Wiederverwendung, Recyclierung, Zerstörung oder Endlagerung. Bauliche und organisatorische Maßnahmen sollen sicherstellen, daß aus den Abfällen keine Schadstoffe abgegeben werden und aus einem Langzeitlager kein Endlager wird. Im einzelnen werden folgende Anforderungen an Langzeitlager gestellt (27, 28):

- Die vorbehandelten Abfälle werden in "Monolagerung" oder in vergleichbaren Bereichen eines Abfallagers untergebracht. Maßstäbe für die Art des Abfallagers sind das Eluat, die Festigkeit und Wasserdurchlässigkeit des vorbehandelten Abfalls.
- Abfälle, die nicht die gewünschten Eluatbedingungen aufweisen, werden in Zwischenlagern bis zur Wiederverwendung oder bis zur Entwicklung geeigneter Inertisierungsmethoden abgekapselt und eingelagert.
- Die Standorteignung von Langzeit- und Zwischenlagern ist mit landesweiten Voruntersuchungen zur Auswahl geeigneter Regionen, vergleichenden Untersuchungen von Einzelstandorten innerhalb dieser Region und Detailuntersuchungen am günstigsten Einzelstandort festzustellen.
- Die Anlagen werden über Kontrollsysteme, die sich am Restrisiko orientieren, überwacht; ein Ablagerungskataster, der nach Beendigung der Ablagerung in das Grundbuch eingetragen wird, wird für das Langzeitlager erstellt.

Bei diesen Anforderungen an Zwischen- und Langzeitlagern dominiert die Vorstellung einer "Deponie als Bauwerk". In einem umfassenden Konzept sollte der Qualität der Abfälle und den geologischen Bedingungen ein größeres Gewicht beigemessen werden als das bisher der Fall ist (29).

3.3 Technikfolgenabschätzung und Umweltvorsorge: Sonderabfalldeponie

"Jede Verbreitung von Stoffen in der Umwelt beeinflußt die Ökosysteme. Da das Wissen um die ökologischen Wechselwirkungen nie ausreichen wird, um schädigende Folgen einer Veränderung solcher Systeme auszuschließen, gebietet es die Vorsorge, die Vermischung und Verteilung von Stoffen in der Umwelt so weit wie möglich zu vermeiden" (Heinrich von Lersner (30)). Dies gilt besonders bei komplexen Problemen mit vielfältigen oder unklaren Ursache-Wirkungsbeziehungen wie Waldschäden, Ozonloch oder Nordseeverschmutzung sowie bei der Verhütung von Langzeitwirkungen, für die Sonderabfalldeponien ein typisches Beispiel sind.

"Sonderabfall" wird hier stellvertretend für den Begriff "besonders überwachungsbedürftige Abfälle" verwandt und für 331 Abfallarten, die entsprechend der Verwaltungsvorschrift "Technische Anleitung Sonderabfall" (31) nach dem Stand der Technik zu "entsorgen" sind. Bei den Zuordnungskriterien (Anhang D) wird der Grundsatz verfolgt, daß oberirdisch nur noch solche Stoffe deponiert werden dürfen, die weder ausgasen können noch in bedenklichem Umfang Schadstoffe auswaschen lassen. "Wenn dies in ausreichendem Maße gelingt, haben alle technischen Maßnahmen zur Deponiesicherung nur noch zusätzlich vorsorgenden Charakter. Tatsächlich erfüllt die heutige Praxis der Abfallentsorgung in der Bundesrepublik Deutschland diese Vorgaben noch keineswegs" (Dietrich Ruchay (3)).

Im Ensemble der modernen Umweltfragen befindet sich die Deponierung von Sonderabfall noch überwiegend in der Phase der Erfassung, noch vor der eigentlichen Lösung dieser Problemstellung. Diese "Erfassungsphase" ist gekennzeichnet durch die Erforschung von Einzelfragen und möglichen Problemlösungen, Feststellung der Umweltbelastung und provisorischen Gegenmaßnahmen (Tabelle 3.1 nach (32)). Wünschenswert wäre eine relative Verstärkung des Mittel- und Personaleinsatzes in diesen beiden Phasen im Vorfeld der technischen Problemlösung (Bild 3.1 nach (32)). Auch im Hinblick auf eine Technikfolgenabschätzung ist wichtig, daß bei Umweltproblemen der Erkenntnis- und Erfassungsphase der Ingenieur besonders offen gegenüber seinen Nachbardisziplinen, vor allem gegenüber den Naturwissenschaften, ist (33).

Erkenntnisphase	*Erfassungsphase*	*Lösungsphase*	*Nachsorgephase*
Andeutung von Entwicklungen in der Umwelt aus Messungen	Erforschung von Einzelfragen und möglichen Problemlösungen	Detailplanung Umsetzung in die Praxis	Überwachung der Problemlösung, u.a. langfristige Meßprogramme
Erkundung mit langfristiger Forschung	Angewandte Langzeitforschung in indiv. Szenarios	Unterstützung von Auftragsfirmen systematische Überwachung	Beratung anderer Organisationen und Regierungen bei Behandlung und Kontrolle
Risikoanalyse	Feststellung der Umweltbelastung Provisorische Gegenmaßnahmen	Forschung zur Wirksamkeit der Problemlösung	Standardisierung von Vorschriften Maßnahmenkatalog
Treibhauseffekt	Versauerung	Altlastensanierung	Trinkwasserschutz
Viele potentielle Umweltschadstoffe	Nitrat in Grund- und Oberflächenw.	Reinhaltung von Erholungsgebieten	Belästigungen im Nahbereich
	Deponierung von - Industriemüll - Klärschlamm - Baggergut	Hausmüllentsorgung Maßnahmen gegen Lärm und Gerüche	Tierseuchen Gesundheitsgefahr durch Pestizide
	Endlagerung von Nuklearabfällen	Zwischenlagerung von Nuklearabfall	Anwendung von Strahlung
	Innenraumluft	Phosphat im Wasser	komm. Abwässer

Tabelle 3.1 Entwicklungsphasen ("Politik-Zyklus") von Maßnahmen bei wichtigen Umweltfragen (oben) und Beispiele (unten). Nach (32) geändert (33)

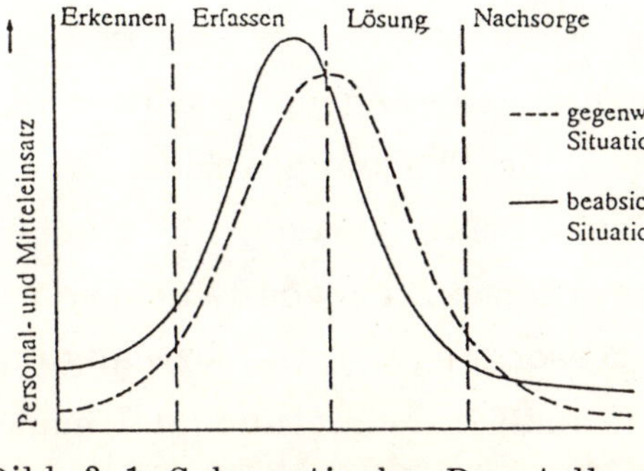

Bild 3.1 Schematische Darstellung des Mittel- und Personeneinsatzes in den einzelnen Phasen des "Politik-Zyklus", z.B. bei Umweltschutzmaßnahmen nach (32) aus (33)

Im Bereich der Abfalltechnologien spielen neben den biologischen und chemisch-physikalischen Ansätzen auch geowissenschaftliche Überlegungen eine Rolle. Zunächst galt das Interesse vor allem den Fragen der langfristigen Schadstoffabgabe von Deponiematerialien an das Grundwasser ("Hydrogeologie"). Nunmehr formiert sich eine Fachrichtung "Ingenieur-Geochemie"; sie befaßt sich mit der Anwendung von natürlichen Materialien und Prozessen zur Verringerung von negativen Umweltwirkungen durch Abfallstoffe (34). Aufgaben sind nicht nur praktische Problemlösungen, wie die "Entgiftung" bzw. "Demobilisierung" von Schadstoffen, sondern - bereits im Vorfeld - die Analyse von Stoffflüssen und langfristigen Prognosen.

3.3.1 Untersuchung von Stoffflüssen

Das Konzept des "industriellen Stoffwechsels" (industrial metabolism (35)) lenkt das Interesse der Ingenieure und Naturwissenschaftler auf die "dissipativen" Materialverluste an die Umwelt. Dabei liegen die Schwierigkeiten inzwischen weniger bei den industriellen Herstellungsprozessen selbst als vielmehr in dem Mangel an umweltbezogenen "Produktbiographien", welche den Gebrauch und Endverbleib einschließen. Besondere Bedeutung kommt dabei den biologisch aktiven Stoffen zu, die im allgemeinen die Phase der Nutzung relativ rasch durchlaufen.

Stoffflußanalysen gewinnen im Abfallbereich immer größere Bedeutung. Bereits heute sehen die Regelungen im schweizerischen Leitbild der Abfallwirtschaft die Erhebung solcher Daten vor. Entsprechende Arbeiten zur Umweltverträglichkeitsprüfung von Entsorgungsanlagen werden z.Zt. von Mitarbeitern der Eidgenössischen für Wasserversorgung, Abwasserreinigung und Gewässerschutz, Abteilung Abfallwirtschaft und Stoffhaushalt, durchgeführt (36).

3.3.2 Prüfverfahren

Die Erfahrungen mit der Abfallbeseitigungspraxis der Vergangenheit haben zur Forderung der TA Sonderabfall geführt, nur solche Verfahren zuzulassen, die sich nach dem Stand der Technik richten. Der Begriff "Stand der Technik" bezieht sich allerdings in allen uns bekannten Fällen bisher nur auf die Maßnahme, nicht auf das Prüfverfahren.

Die für Abfalluntersuchungen in Frage kommenden Prüfverfahren stammen zum überwiegenden Teil aus den Bereichen der Bodenmechanik, Bauphysik, physikalischen Chemie sowie Mineralogie und wurden bislang vor allem für die Untersuchung von Verfestigungsprodukten angewandt. Die TA-Sonderabfall (31) sieht im Rahmen der Deklarationsanalyse für Abfälle (Anhang D und B) lediglich Untersuchungen zur Festigkeit, zum Elutionsverhalten sowie die Bestimmung des Glühverlustes und der extrahierbaren lipophilen Stoffe vor.

Das Hauptinteresse der Abfalluntersuchungen gilt dem Schadstoffaustrag über die Lösungsphase (Elutionstests). Die TA Sonderabfall enttäuscht hier in ihrer vorliegenden Form durch unzureichende Methoden (37, 38). Spätestens hier erhebt sich die Frage nach dem nötigen Aufwand für solche Prüfverfahren. Nach unserem Verständnis ist zu trennen von den Eingangsuntersuchungen auf der Deponie; hier ist eventuell der Aufwand selbst für einfache Elutionstests zu hoch. Solche Tests stellen dagegen bei Nachuntersuchungen für viele Substanzen eine einfache Möglichkeit dar, um das Verhalten eines fraglichen Materials mit dem aus der Eignungsuntersuchung zu vergleichen. Die Eignungsuntersuchungen selbst aber müssen sich an dem nötigen Aufwand für Sanierungen nach vorangegangenen Fehleinschätzungen messen lassen.

Literaturhinweis

1 Anonym: Altlasten. Rat von Sachverständigen für Umweltfragen. Sondergutachten Dezember 1989. Stuttgart: Metzler-Poeschel 1990

2 Stief, K.: Deponie - Notnagel der Abfallwirtschaft. Referat anl. 4. Abfallwirtschaftliches Fachkolloquium. Saarbrücken 1984

3 Ruchay, D.: Sonderabfallentsorgung neu geregelt. AbfallwirtschaftsJournal 2 (1990) 347-350

4 Wolf, K.; Zarth, M.: Die Deponie Hamburg-Georgswerder: Entstehung, Umweltgefahren, Sanierung. Wasser und Boden 41 (1989) 511-515

5 Anonym: Sanierung der Deponie Georgswerder. 6. Bericht der Reihe "Überwachung und Sanierung der Deponie Georgswerder". Hamburg: Umweltbehörde, Amt für Altlastensanierung 1988

6 Wolf, K.: The Hamburg-Georgswerder Dumping Ground - Situation, Problems and Administrative Arrangements for Producing a Rehabilitation Plan. In: Assink, J.W.; Van den Brink, W.J. (Hrsg.) Contaminated Soil. S. 723-728. Dordrecht: Martinus Nijhoff 1986

7 Wolf, K.: Sanierung der Deponie Georgswerder - Sanierungskonzept und Stand der Sanierung (Dezember 1987). In: Wolf, K.; Van den Brink, W.J.; Colon. F.J. (Hrsg.) Altlastensanierung '88. S. 1603-1610. Dordrecht/Niederlande: Kluwer Academic 1988

8 Klenner, P.; Sokollek, V.; Zickermann, H.: Oberflächenabdichtung der Deponie Georgswerder. Wasser und Boden 41 (1989) 515-521

9 Jessberger, H.L.; Geil, M.: Eigenschaften und Anforderungen an mineralische Abdichtungsmaterialien bei Oberflächenabdichtungen. In: Franzius, V.; Stegmann, R.; Wolf, K.: (Hrsg.) Handbuch der Altlastensanierung. Kap. 5.1.1.0. Heidelberg: R.v.Decker 1989

10 Fremdling, H.; Hein, P.; Kilger, R.; Marg, K.; Wernicke, G.: Fassung und Behandlung der Flüssigkeiten aus der Deponie Georgswerder. Wasser und Boden 41 (1989) 521-526

11 Wilderer, P.: Biologische Behandlung der Sickerwässer aus der Deponie Georgswerder. In: Franzius, V.; Stegmann, R.; Wolf, K.: (Hrsg.) Handbuch der Altlastensanierung. Kap. 5.4.3.1.2. (siehe 9)

12 Rudolph, U.; Lewitz, H.: Bau und Betrieb der Entgasungsanlage auf der Deponie Georgswerder. Wasser und Boden 41 (1989) 526-531

13 Dorgarten, H.-W.; Daniels, H.; Rouvé, G.: Simulation von Sicherungs- und Sanierungsmaßnahmen zum Schutz des Grundwasser im Umfeld der Deponie Georgswerder. Wasser und Boden 41 (1989) 531-544

14 Rudolph, U., Betrieb von Altlasten nach Sanierung am Beispiel der Altdeponie Georgswerder. Vortrag in Hamburg, September 1990

15 Schmidt, K.; Schöttler, U.: In-situ-Sanierung von Grundwasserkontaminationen. In: Umweltbundesamt (Hrsg.) Kontaminierte Standorte und Gewässerschutz. Symposium 1.-3. Oktober 1984 in Aachen. UBA Materialien 1/85, S. 409-420. Berlin: Erich Schmidt 1985

16 Roth, R.: Sanierung von Industriegrundstücken am Beispiel des früheren Boehringer-Geländes in Hamburg. Beitrag in diesem Band.

17 Durst, F.-D.: Waschen von Böden am Beispiel der Firma Klöckner Oecotec GmbH. Beitrag in diesem Band

18 Schenkel, W.: Überlegungen zur Deponietechnik vor dem Hintergrund der TA Abfall. In: Thomé-Kozmiensky, K.J. (Hrsg.) Deponie - Ablagerung von Abfällen. S. 217-234. Berlin: EF-Verlag 1987

19 Bilitewski, B.; Härdtle, G.; Marek, K.: Abfallwirtschaft - Eine Einführung. Berlin, Heidelberg: Springer 1990

20 Ryser, W.: Reaktordeponie und Endlager - Ergebnisse für die Praxis. Schweizer Ingenieur und Architekt 107 (4/1989) 81-85

21 Schenkel, W.: Perspektiven der Abfallwirtschaft. In: Schenkel, W.; Thomé-Kozmiensky, K.J. (Hrsg.) Konzepte in der Abfallwirtschaft 2, S. 1-25. Berlin: EF-Verlag 1989

22 Vogel, T.M.; McCarthy, P.L.: Biotransformation of Tetrachlorethylene, Dichloroethylene, Vinyl Chloride, and Carbon Dioxide under Methanogenic Conditions. Appl. Environ. Microbiol. 49 (1985) 1080

23 Stief, K.: Das Multibarrierenkonzept als Grundlage von Planung, Bau, Betrieb und Nachsorge von Deponien. Müll Abfall 18 (1986) 15

24 Döfhöfer, G.: Anforderungen an den Deponiestandort als geologische Barriere. In: Fehleu, K.-P.; Stief, K. (Hrsg.) Fortschritte der Deponietechnik 1988 - Abfallablagerung und TA Abfall. Abfallwirtschaft in Forsch. u. Praxis 23, S. 165-191. Berlin: E. Schmidt 1988

25 Appel, D.: Das Multibarrierenkonzept bei oberflächennahen Sonderabfalldeponien. Die Geowissenschaften 7 (1989) 133-136

26 Anonym: Leitbild für die Schweizerische Abfallwirtschaft. Reihe Umweltschutz Nr. 51, Bundesamt für Umweltschutz, Bern, Juni 1986

27 Thomé-Kozmiensky, K.J.: Lösungsmöglichkeiten bei der Bewältigung der Nachsorge - Anforderungen der sicheren Deponie an die vorgeschaltete Abfallbehandlung. In: Thomé-Kozmiensky, K.J. (Hrsg.) Deponie - Ablagerung von Abfällen 3. S. 1. Berlin: EF-Verlag 1989

28 Korte, F.; Lühr, H.-P.: Grundsätze für die Behandlung und Lagerung von Sonderabfällen. In: Schadstoffarme Abfallentsorgung. IWS-Schriftenreihe 2, S. 75-106. Berlin: Erich Schmidt 1987

29 Hahn, J.: Anforderungen an zukünftige Abfallbehandlung und Lagerung. In: Die Deponie - Ein Bauwerk. Hrsg. vom Institut für wassergefährdende Stoffe. IWS-Schriftenreihe 1/1987. S. 9-55.

30 v. Lersner, H.: Rechtliche Instrumente der Umweltpolitik. In: Jänicke, M.; Simonis, U.E.; Weigmann, G. (Hrsg.) Wissen für die Umwelt. S. 195-214. Berlin, New York: Walter de Gruyter 1985

31 Anonym: Verwaltungsvorschrift Technische Anleitung Sonderabfall. Gemeinsames Ministerialblatt Nr. 11 vom 23. April 1990, S. 169

32 Anonym: Environmental Program of the Netherlands 1985 - 1989. Min. of Housing, Physical Planning and Environment, Den Haag 1985

33 Förstner, U.: Umweltschutztechnik - Eine Einführung. Berlin, Heidelberg: Springer 1990

34 Salomons, W.; Förstner, U. (Hrsg.) Environmental Management of Solid Waste. Berlin, Heidelberg: Springer 1988

35 Ayres, R.U.: Industrial Metabolism. In: Ausubel, J.H., Sladovich, H.E. (Hrsg.) Technology and Environment. S. 23-49. Washington D.C.: National Academy Press 1989

36 Baccini, P.; Brunner, P.: The Metabolism of the Anthroposphere. Berlin, Heidelberg: Springer 1991

37 Friege, H.; Leuchs, W.; Plöger, E.; Cremer, S.; Obermann, P.: Bewertungsmaßstäbe für Abfallstoffe aus wasserwirtschaftlicher Sicht. Müll und Abfall 22 (1990) 413-426

38 Wienberg, R.; Förstner, U.; Hirschmann, G.: Zur Verfestigung von Abfällen und den Prüfverfahren für verfestigte Abfälle. In: Thomé-Kozmiensky, K.J. (Hrsg.) Behandlung von Sonderabfällen. S. .... Berlin: EF-Verlag 1990

4 Konzept für ein kontrollierbares Zwischenlager für Sondermüll

Klaus N. Steuler

4.1 Notwendigkeit von Zwischenlagern

Zur obertägigen Endlagerung von Abfällen in Sonderabfalldeponien (SAD) werden entsprechend der TA-Sonderabfall nur Stoffe zugelassen, die besondere Anforderungen erfüllen. Soweit erforderlich, sind diese Abfälle vor der Endlagerung durch eine thermische oder chemische, physikalische, biologische (CPB) Behandlung so zu mineralisieren und stabilisieren, daß die Ablagerung auch bei Betrachtung sehr langer, d.h. geschichtlicher Zeiträume keine Umweltgefährdung zur Folge hat.

Die erforderlichen Einrichtungen, wie Sonderabfallverbrennungsanlagen, stehen in ausreichender Kapazität mangels Akzeptanz nicht zur Verfügung. Auch sind großtechnisch verfügbare CPB-Verfahren zur Immobilisierung des Abfalls noch nicht ausreichend entwickelt, um den Großteil der anfallenden Sonderabfälle entsprechend vorbehandeln zu können.

Damit ist der bekannte Müllnotstand umrissen, der sich in besonderer Weise auf die Entsorgung von Sonderabfällen bezieht, denn:

- Die sog. "Barriere Abfall", d.h. die vor der Endlagerung erforderliche Mineralisierung und Stabilisierung des Abfalls ist bis auf weiteres nicht erreichbar. Damit können die von der TA-Sonderabfall gestellten besonderen Anforderungen an den stofflichen Input der SAD nicht erfüllt werden.

- Die von der TA-Sonderabfall im Entwurf spezifizierte Bauweise der Deponiebasisabdichtung von Sonderabfalldeponien wurde ausgelegt für vorbehandelten Sonderabfall.

Zur Entsorgung steht jedoch bis auf weiteres nicht oder nicht ausreichend vorbehandelter Sonderabfall an. Wohin also damit?

Folgerung aus der gegenwärtigen Situation:

Solange nicht die Barriere "vorbehandelter Abfall" verwirklicht ist, entsteht durch jede Art von Sonderabfall-Endlagerung ein Chemikalienlager.

Nach Lage der Dinge kann nicht in Frage gestellt werden, daß noch auf lange Zeit große Mengen von nicht vorbehandeltem Sonderabfall abgelagert werden müssen. Es muß aber sehr wohl gefragt werden, welchen Status diese Lager in Zukunft haben sollen.

- **1. Möglichkeit:**

  Die Abfallager werden als Endlager betrachtet

  Solche "in die Landschaft integrierten, abgedeckten und rekultivierten" Sonderabfalldeponien stellen ungeheuer große, in die Erde eingelassene Chemiekalienlager dar, die über geschichtliche Zeiträume ein Gefahrenpotential beinhalten.

  Eine solche Endlagerung erfüllt die grundsätzlichen Forderungen der TA-Sonderabfall nicht bzw. nur unter Inanspruchnahme von Übergangsfristen und wird daher umstritten bleiben.

- **2. Möglichkeit:**

  Die Abfallager werden als "Zwischenlager" betrachtet

  Dort wird der Sonderabfall zwischengelagert, bis ausreichende Kapazitäten zur Vorbehandlung mit anschließender Endlagerung zur Verfügung stehen. Diese Kapazitäten könnten, zumindest teilweise, bereits heute mit den verfügbaren Techniken geschaffen werden. Sowohl das "Know-how" als auch Geld ist verfügbar, nicht aber die Akzeptanz.

Es muß davon ausgegangen werden, daß das Problem der Akzeptanz im Laufe der Zeit lösbar sein wird. Die dann unter Zugrundelegung des vorhandenen Bedarfs aufgebauten Kapazitäten werden durch progressiv zunehmende Abfallvermeidung und durch Recycling steigende Reserven aufweisen, die für die Aufarbeitung des zwischengelagerten Abfalles genutzt werden können.

Letztere Möglichkeit stellt eine klare und damit auch erklärbare Konzeption dar, die sich positiv auf die Akzeptanz von Sonderabfalldeponien und Zwischenlagern auswirken müßte:

SAD werden, wie in der TA-Abfall vorgeschrieben, nur noch zur Ablagerung von entsprechend vorbehandeltem Sonderabfall vorgesehen und sind damit, auch auf geschichtliche Zeiträume gesehen, ungefährlich.

Zwischenlager für nicht vorbehandelten Sonderabfall werden entsprechend dem jeweiligen Gefahrenpotential konzipiert und überwacht.

4.2 Anforderungen an ein Zwischenlager

Bei der Konzeption derartiger Zwischnenlager sind folgende Voraussetzungen zu berücksichtigen:

- Die Dauer der Zwischenlagerung kann bei der Planung noch nicht spezifiziert werden. Die Zwischenlagerung kann wenige Jahre, aber auch jahrzehntelang erfolgen, je nachdem wie bald Kapazitäten zur Behandlung des zwischengelagerten Sonderabfalls verfügbar sind.

Es ist auch nicht auszuschließen, daß das Lager jahrzehntelang in Betrieb bleibt, bei mehrfachem Umschlag des zwischengelagerten Abfalles.

- Aus der Tatsache, daß nicht vorbehandelter Sonderabfall zwischengelagert wird und dies zwar begrenzte, jedoch unbestimmte Zeit, ergibt sich eine hohe Belastung des Abdichtungssystemes. Die Beanspruchung der Basisabdichtung ist damit im Vergleich zu der Basisabdichtung einer Sonderabfalldeponie, in der stabilisierte und mineralisierte, d.h. weitgehend immobilisierte Stoffe oder Stoffgemische deponiert werden, wesentlich höher.
  Ein unter diesen grundlegenden Annahmen konzipiertes Zwischenlager ist ein Chemiekalienlager, dessen Inhalt sich aus festen und flüssigen (Sickerwasser) Bestandteilen zusammensetzt.
  Insbesondere die durch die vorhandene oder entstehende Flüssigkeit eingebrachte Mobilität und Agressivität stellt besondere Anforderungen an die Konstruktion des Lagers.

- Die Forderung nach einer dichten Umschließung des zwischengelagerten Abfalles wird auf Dauer nur dann erfüllbar sein, wenn die Umschließung lückenlos kontrollierbar und erforderlichenfalls auch mit Erfolgskontrolle reparierbar ist.

- Die Abfälle müssen rückholbar sein, um sie zum Zwecke der Endlagerung vorbehandeln zu können.

- Zwischenlager sollen unabhängig von geologischen Formationen am zweckmäßigsten Standort errichtet werden können.

4.3 Konzeption des Zwischenlager - System 'DYWIDAG-STEULER'

4.3.1 Die technische Lösung

Die konsequente Umsetzung der zuvor fomulierten Anforderungen an ein Zwischenlager für nicht oder - im Sinne der TA-Abfall - nicht ausreichend vorbehandelte Abfälle führt zum bausteinartigen Aufbau der hier beschriebenen DYWIDAG-STEULER Lagersysteme, einer gemeinsamen Entwicklung der DYCKERHOFF & WIDMANN AG, München, und der STEULER Industriewerke GmbH, Höhrer-Grenzhausen (Bild 1).

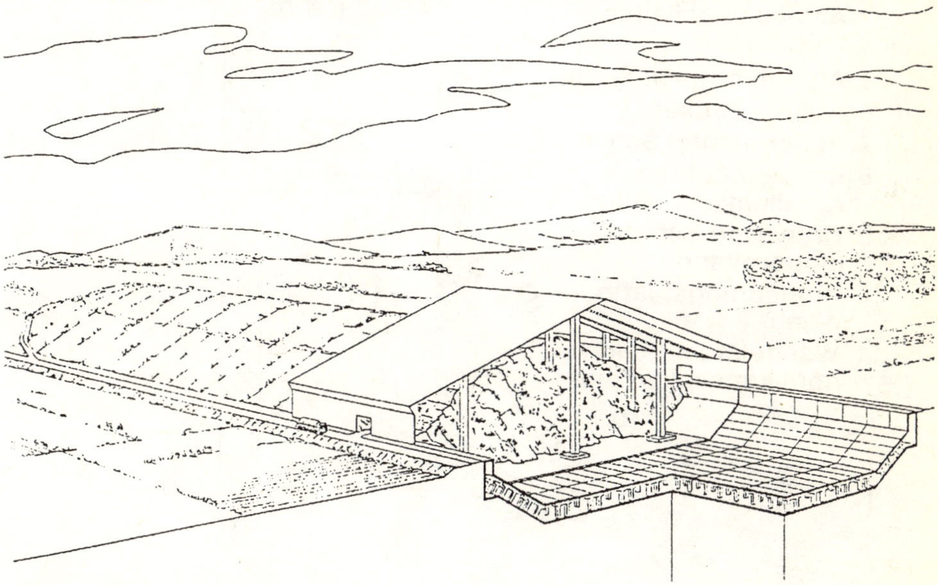

Bild 1: Zwischenlager; System Dywidag-Steuler

Die Großflächigkeit eines Lagers bedingt eine Elementierung der Umschließung, damit die Einzelteile auch im Reparaturfall noch beherrschbar sind.

Die Bausteine sind auf den Bildern 2 bis 5 dargestellt:

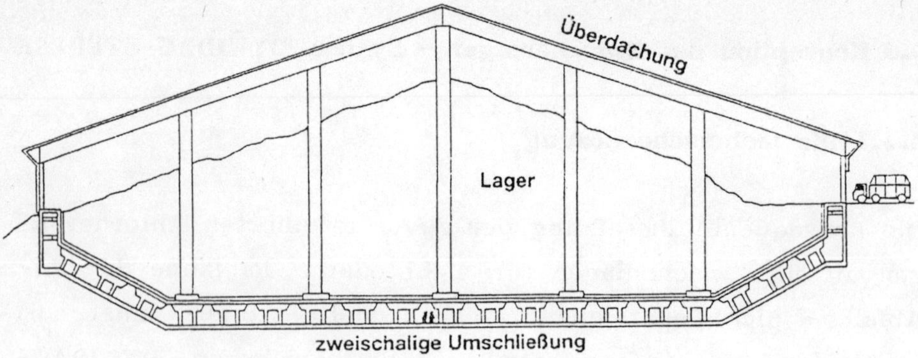

Bild 2: Querschnitt durch ein Zwischenlager mit temporärer Überdachung

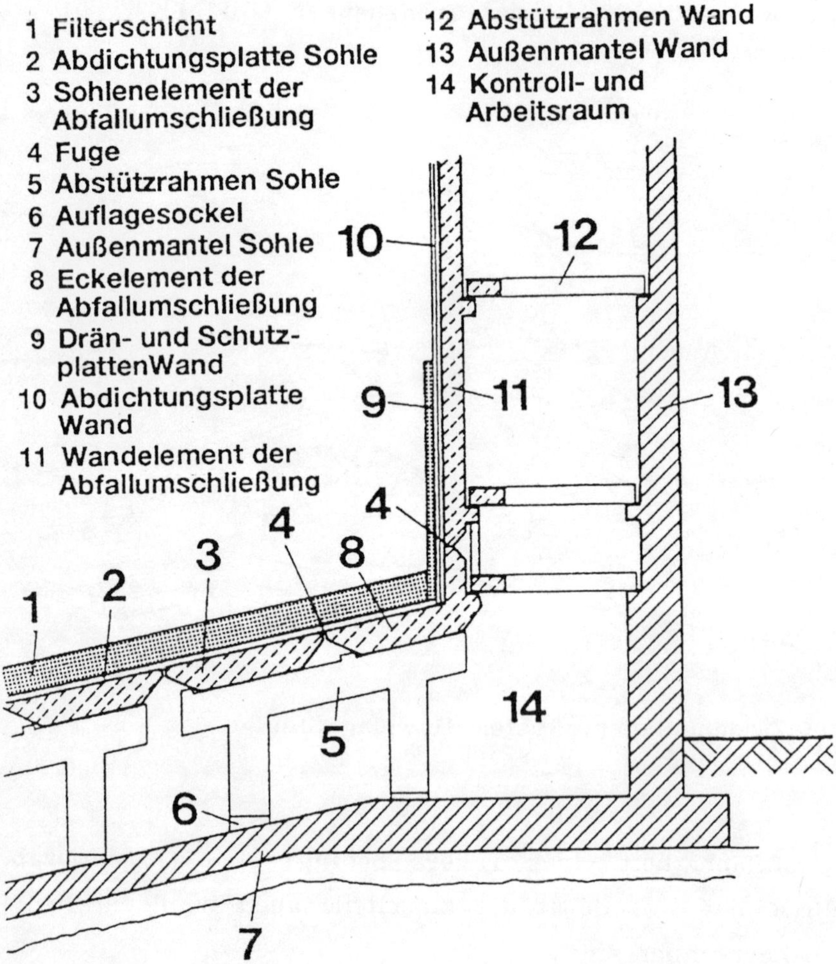

Bild 3: Eckausbildung eines Zwischenlagers

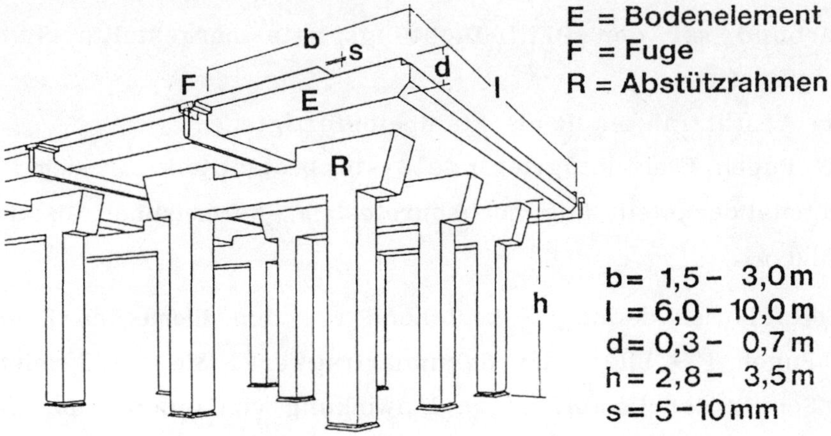

Bild 4: Detail Boden

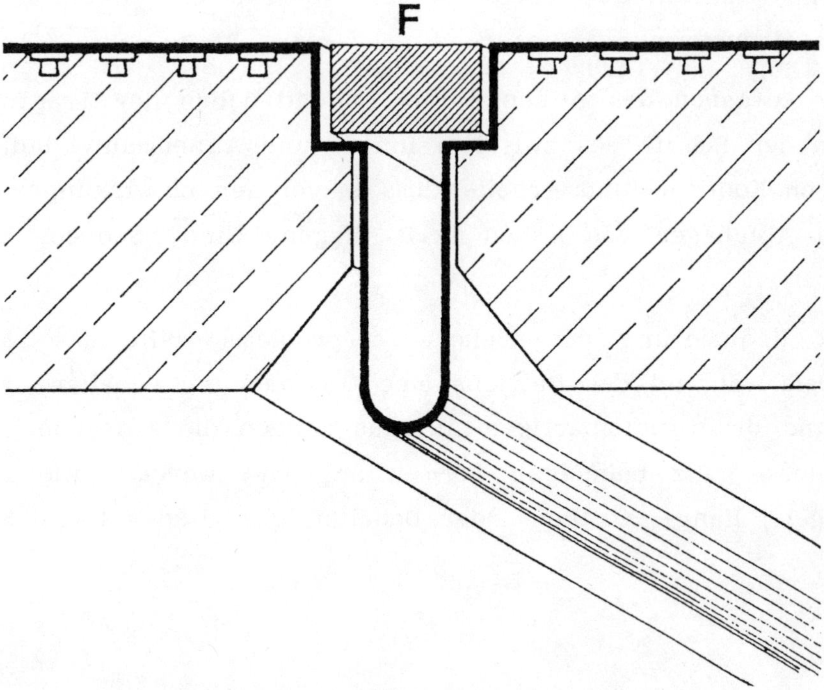

Bild 5: Fugendetail mit Dichtungsplatte

- Die Elemente E im Bild 4 der Abfallumschließung sind im Verbund mit der PEHD-Dichtungsplatte hergestellte Stahlbetonplatten.
- Die Abstützrahmen R als Stahlbetonfertigteile.
- Die Fugen F als integrierende Systembestandteile mit dem Fugenabdeckstein aus hochsäurefestem, keramischen Material (Bild 5).

Die Abfallumschließung - bestehend aus den Elementen E und den Fugen F - bildet das Sekundärtragwerk. Sie gewährleistet den Schutz der Umwelt gegen Einwirkung von innen - aus dem Abfall also.

Die Lasten auf das Sekundärtragwerk werden über die Abstützrahmen R auf den Außenmantel 13 - das Primärtragwerk - weitergeleitet (Bild 3). Horizontalkräfte in Ebene der Rahmen übernehmen diese durch ihre Biegesteifigkeit, senkrecht dazu sorgen aussteifende Verbände für die räumliche Stabilität des Abstützsystems.

Die Aufgaben des Außenmantels 13 sind neben der Tragfunktion der Schutz des zwischen Innen- und Außenmantel befindlichen Kontroll- und Arbeitsraums 14 vor den Einwirkungen auf das Abfallager von außen (z.B. Regen, Wind, Schnee, Erdbeben).

Zur Reduzierung des Sickerwasserproblems sollte das Lager bereis während des Betriebs eine Überdachung erhalten. Aufgrund des bausteinartigen Aufbaus können die Zwischenlagersysteme ganz beliebigen Formen angepaßt werden, wie z.B. Hügel-, Hang-, Gruben- oder Behälterlager (Bilder 1 und 8).

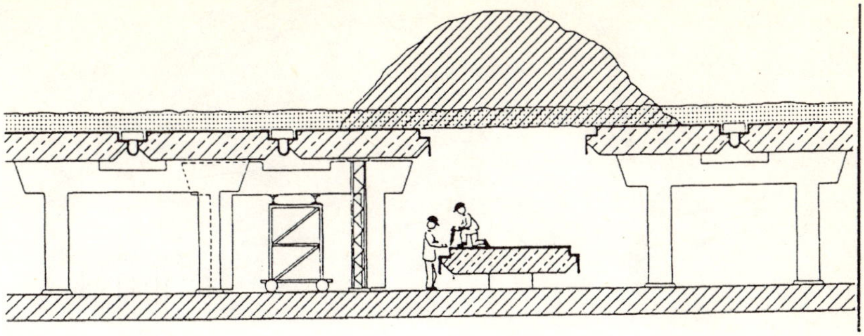

Bild 6: Reparaturvorgang Bodenelement

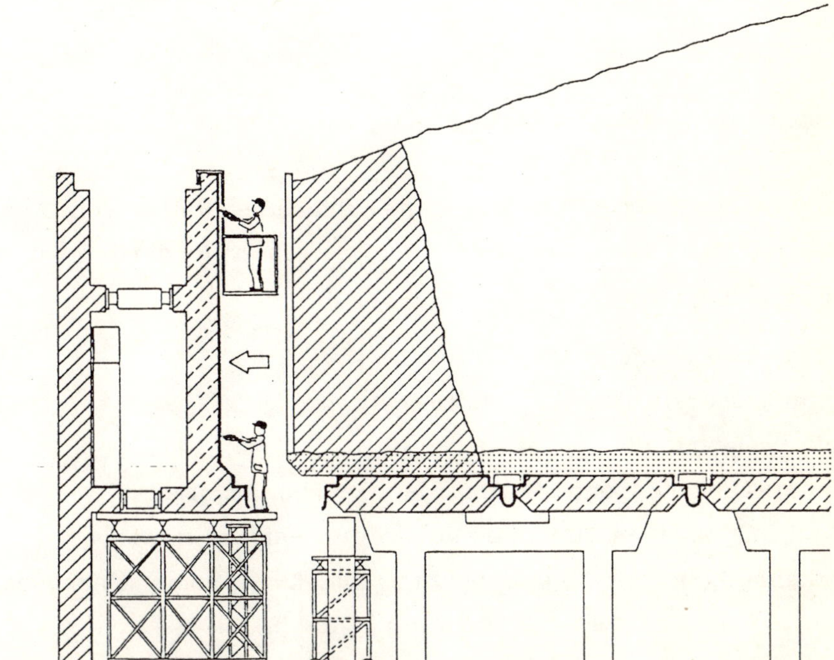

Bild 7: Reparaturvorgang Wandelement

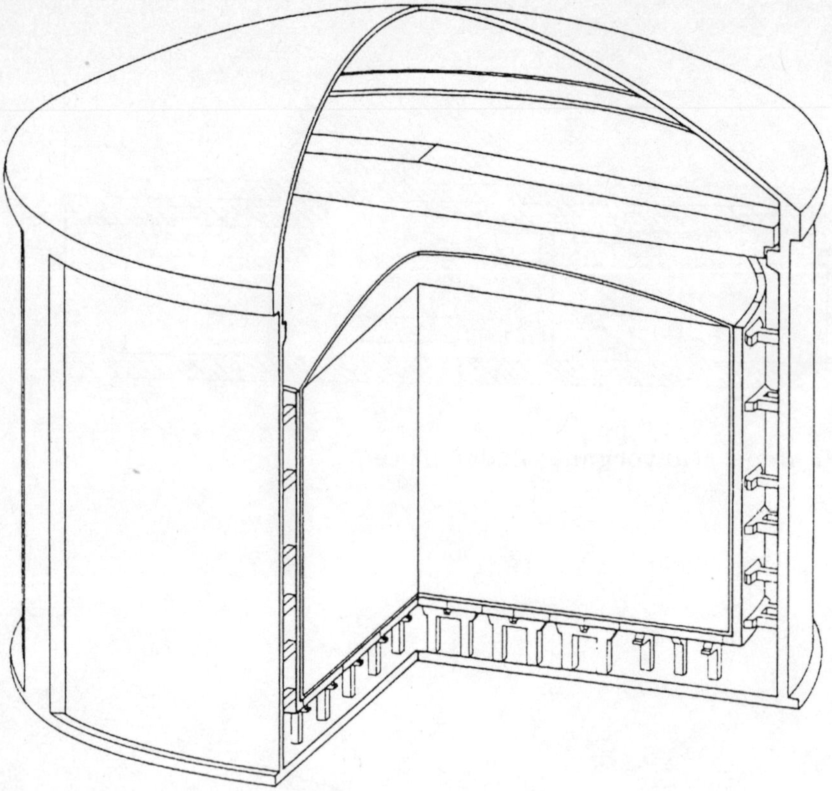

Bild 8: Bauform Behälterlager

Zum Zwischenlagersystem gehören auch eine Reihe von Kontroll- und Sicherheitselementen, die je nach Anforderung zugeschaltet werden:

- Dränageschichten
- Sickerwasserstutzen und -leitungen
- Sickerwassertanks
- Gasdetektoren in den Kontroll- und Arbeitsräumen
- Reinigungsanlagen für Deponiegas und -sickerwasser
- Vorkehrungen zur Inertisierung des Luftraumes (insbesondere bei der Bauform als Behälter, Bild 8)
- Kontrollvorrichtungen zur Überprüfung der Dichtheit der Abfallumschließung
- Beschickungs- und Verteilungssysteme zur Einlagerung des Abfalls.

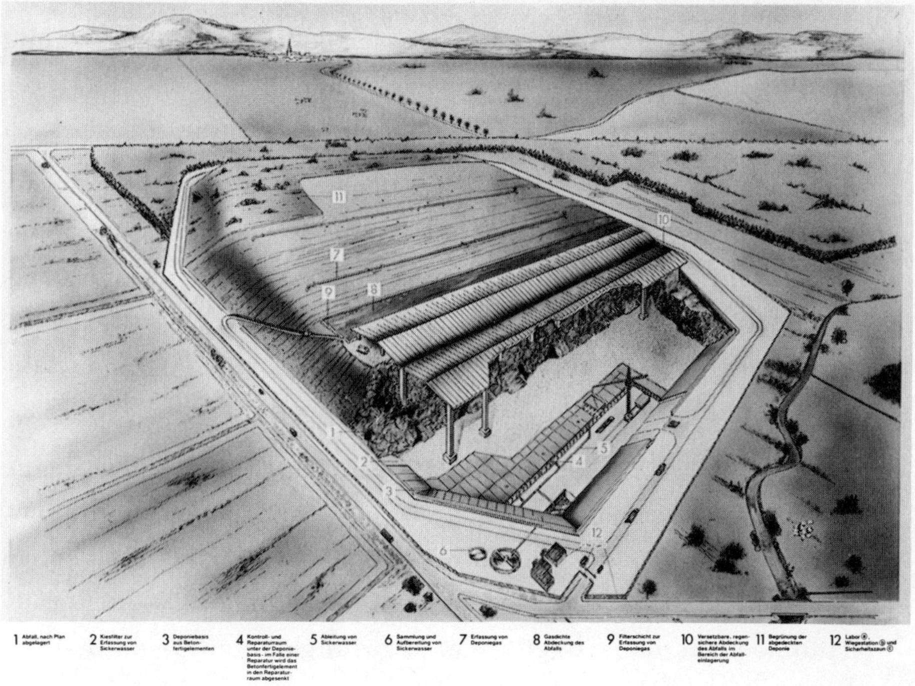

Bild 9: Die sichere Deponie

Das zweischalige Konzept der Zwischenlager bietet den großen Vorteil, während der gesamten Lebensdauer vom Kontroll- und Arbeitsraum aus, visuelle Inspektionen der Dichtheit der Abfallumschließung vornehmen zu können.

4.3.2 Material, Baustoffe

4.3.2.1 Auskleidung

Als Werkstoff der Abdichtung ist PEHD (hochdichtes Polyethylen) vorgesehen, daß sich von allen, für Deponieabdichtungen bisher untersuchten Materialien als geeigneter Kompromiß durchgesetzt hat.

PEHD ist nicht gegen alle denkbaren chemischen Angriffe beständigt. Chlorierte Kohlenwasserstoffe (CKW) permeieren durch PEHD. Andere Werkstoffe, wie Polypropylen (PP) und Polyvenylidenflourid (PVDF), sind möglich, wobei letzterer auch gegen konzentrierten CKW-Angriff beständig, aber auch wesentlich teurer ist.

Bei den Zwischenlagersystemen kann die Dichtung in verschiedenen Dicken zwischen 5 und 10 mm ausgeführt werden. Das ist ein Vorteil im Gegensatz zu herkömmlichen Erddeponien, wo herstellungstechnisch bedingt nur Materialdicken von 2,5 bis 3 mm möglich sind. Vorteile der größeren Dicke sind

- ein erheblich verbesserter Penetrationswiderstand gegen mechanische Beschädigungen und
- die Ausführung aller Nähte nach den Regeln des Deutschen Verbandes für Schweißtechnik (DVS) mit Zusatzmaterial, verbunden mit den zugehörigen Prüfungen und Qualitätskontrollen.

Die Eignung von Material, Fugenausbildung sowie Schweißnahtanordnung und -führung wurde im Labor der Firma Steuler durch dynamische Lastwechselversuche mit 100.000 Lastspielen getestet - unter Aufsicht und mit Begutachtung durch den TÜV Stuttgart.

Da PEHD - wie oben ausgeführt - nicht unbegrenzt resistent gegen alle denkbaren Angriffe ist, bietet das vorliegende Konzept als langfristig wichtigste und unverzichtbare Barriere die umfassende Reparaturmöglichkeit der Abfallumschließung.

Der bausteinartige Aufbau der Abfallumschließung ermöglicht im Zuge des Reparaturvorgangs - wie später beschrieben - auch den Einsatz eines anderen Abdichtungsmaterials, wenn lokal oder auch großflächig Bedarf einer Anpassung an zuvor nicht bekannte Einwirkungen aus dem Abfall besteht.

4.3.2.2 Tragwerk

Tragkonstruktionen aus Stahlbeton oder Spannbeton weisen eine hohe Beanspruchbarkeit gegen Lasten aus dem Abfall und infolge externer Einwirkungen auf.

Erprobte Maßnahmen des Korrosionsschutzes von Betonbauwerken sind ausreichend dicke und dichte Betondeckung, verbunden mit der durch die Bewehrung kontrollierten Rißweitenbegrenzung. Die einwandfreie Ausführung von Stahlbeton- und Spannbetonbauwerken wird durch Maßnahmen der Qualitätssicherung gewährleistet. Letztlich sorgt die ausdrücklich vorgesehene regelmäßige Wartung für die langfristige Lebensdauer der Betonkonstruktion.

Natürlich ist Beton trotz der oben angedeuteten Maßnahmen nicht gegen alle stofflichen Einwirkungen resistent. Daher hat der Beton im Abfallagersystem gemäß dem Prinzip der Funktionstrennung auch keine Dichtungs-, sondern eine Tragfunktion und wird abfallseitig durch die Auskleidung geschützt.

4.3.3 Reparatur

Wenn die regelmäßigen Kontrollen auf Undichtigkeiten in einem Element der Abfallumschließung hinweisen, läuft ein Reparaturvorgang ab, der in allen Schritten genau geplant ist und für ein Bodenelement (Bild 6) oder ein Wandelement (Bild 7) aus einer Folge von nahezu identischen Arbeitsphasen besteht:

- Verfestigen des Abfalls, Einbau von Hilfsstützen
- Einbau hydraulischer Abstützungen
- Auftrennen der Fugen, Verfahren (Wegklappen) der Abstützrahmen

- Verfahren des Elements in den Kontroll- und Arbeitsraum, Inspektion
- Reparatur (im Grenzfall Erneuerung)
- Zurückfahren des Elements in die Sollage, Fugen verschweißen.

Die Reparatur kann - je nach Schadensumfang - darin bestehen,

- ein lokales Leck in der Abdichtungsplatte dichtzuschweißen,
- eine größere Fläche der Abdichtungsplatte zu erneuern oder schließlich
- das gesamte Element - Stahlbeton und Abdichtung - neu herzustellen.

Stellt sich heraus, daß der Schaden durch einen Angriff von Abfallbestandteilen verursacht wurde, die nach einem anderen Dichtungswerkstoff verlangen, bietet dieses Reparaturverfahren die Möglichkeit, entsprechende Materialien einzusetzen.

Alle Schritte des Reparaturvorgangs sind wiederum kontrollierbar, womit der gleiche Qualitätsmaßstab wie bei der erstmaligen Herstellung gewahrt ist.

Die Reparatur der Fuge wurde an einem Modell in Originalgröße, unter Aufsicht des TÜV Stuttgart, erprobt und die einwandfreie Ausführung bescheinigt.

4.3.4 Betrieb des Zwischenlagers, Rekultivierung

Bei dem Zwischenlager in Hügelform (Bild 1) erfolgt die Einlagerung und Verdichtung des Abfalls prinzipiell mit dem gleichen Gerät wie bei konventionellen Erddeponien. Die getrennte Ablagerung von Abfällen mit grundsätzlich unterschiedlichen chemisch-physikalischen Wirkungen und dementsprechend ungewissem Langzeitverhalten sollte grundsätzlich angestrebt werden. Sie wird bei der Hügelform durch Dämme oder Trennwände aus inertem Material erzielt, die während des Betriebs im Zuge des Ablagerungssfortschritts eingebaut werden. Ebenso können natürlich getrennte Kammern für verschiedene Stoffgruppen vorgesehen werden.

Ein Vorteil der großflächigen Hügelform und ihres abschnittsweisen Betriebs ist die Möglichkeit, nach Erreichen des jeweiligen Ablagerungszieles noch unter dem temporären Dach die Endabdeckung aufzubringen, wodurch witterungsbedingte Probleme bei dem dafür anfälligen Aufbau ausgeschaltet werden.

Die verschiedenen Phasen eines Abfallagers zeigt Bild 1, wo ein in mehreren Abschnitten hergestelltes, betriebenes und z.T. schon rekultiviertes Zwischenlager dargestellt ist.

Bei der Bauform des Zwischenlagers als Behälter (Bild 8) wird die jeweilige Größe zweckmäßig auf die Menge der getrennt zu lagernden Abfälle abgestimmt, doch wäre auch hier eine sektorielle Unterteilung der Großbehälter möglich. Diese werden zweckmäßig zu Batterien zusammengefaßt, in deren Zentrum ein Beschickungsturm steht. Die Befüllung erfolgt über ein System von aufeinander abgestimmten horizontalen und vertikalen Fördermitteln, das eigens hierfür entwickelt wurde.

4.3.5 Zusammenfassung

Die zweischaligen und damit kontrollierbaren Abfallagersysteme erlauben eine sichere Lagerung gefährlicher Abfälle. Sie sind sofort verfügbar und standortunabhängig. Für derartige Zwischenlagersysteme ist Akzeptanz in der Bevölkerung vorhanden, die bei der herkömmlichen Deponietechnik fehlt. Sie sind auch für den Betrieb hinsichtlich der Gefährdungshaftung versicherbar. Der kurzfristige Einsatz dieser Abfallager würde zu einer sichtlichen Entspannung der Entsorgungssituation führen, unter Vermeidung der problematischen "Abfallexporte".

4.4 Bemerkungen zur TA-Sonderabfall

Mit der "Technischen Anleitung Sonderabfall" wird eine allgemeine Verwaltungsvorschrift erlassen, die eine Entsorgung der Sonderabfälle nach dem "Stand der Technik" gewährleisten soll. Sie beinhaltet eine übergreifende Gesamtkonzeption, die alle Erfordernisse in organisatorischer, administrativer und technischer Hinsicht verbindlich festlegt und damit die Grundlage für einen einheitlichen Entsorgungsstandard schafft. Im Ramen der TA-Sonderabfall werden unter anderem Anforderungen an die Abdichtungsschichten für Sonderabfalldeponien festgelegt, Konstruktionen, die damit künftig bei Planfeststellungsverfahren für die Genehmigungsfähigkeit als "Stand der Technik" zu betrachten sind. Bemerkenswert an diesem Teil der TA-Sonderabfall ist folgendes:

> Die Basisabdichtung der Deponie wird in **ihrem Aufbau und im konstruktiven Detail** als "Stand der Technik" festgeschrieben.
>
> Dieser Umstand verdient wegen seiner grundsätzlichen Bedeutung besondere Beachtung. Es werden hier erstmalig im Bereich des Umweltschutzes von einem behördlicherseits ausgewählten Gremium, der Arbeitsgruppe 2 der TA-Abfall, an Stelle von Mindestanforderungen hinsichtlich Auswirkung und Ergebnis, nunmehr komplexe Konstruktionen als Stand der Technik vorgegeben.

Wenn der Stand der Technik aber einmal festgeschrieben ist, macht es für die Anbieter bzw. planenden Ingenieure wenig Sinn, Entwicklung zu betreiben, um bessere bzw. wirtschaftlichere Lösungen anbieten zu können. Liegen neue Konstruktionen nicht auf der Linie der behördlichen Vorgaben bzw. der damit im Genehmigungsverfahren vorgesehenen konstruktiven Ausbildung, sind sie nicht genehmigungsfähig, auch dann nicht, wenn offensichtlich bessere Resultate erzielbar sind. Daran wird auch der Umstand wenig ändern, daß letztlich noch eine Passage in den Text der TA-Sonderabfall aufgenommen wurde, die besagt, daß "gleichwertige Alternativsysteme" bei entsprechendem Nachweis ein Abweichen von den Vorgaben ermöglichen. Wie allerdings soll ein solcher Nachweis gelingen, wenn keine Anforderungen zu erfüllen sind, sondern eine Konstruktion auszuführen ist?

Schrifttum

Rudat, D.: Deponiesysteme, In Wasserwirtschaft Heft 78/1988.

Fazit Teil E:

Bericht aus der Arbeitsgruppe 3

Horst Albach

1. Das Thema **Bodensanierung** hat in doppeltem Sinne Bedeutung für die Technikfolgenabschätzung:
   - Bodenkontaminierung ist das meßbare Ergebnis mangelnder Technikfolgenabschätzung in der Vergangenheit
   - Bodensanierung ist das Ergebnis von Technologien und Techniken, die ihrerseits Gegenstand von Technikfolgenabschätzungen sein können.

2. Für die **Abfall-Lagerung** auf Deponien, insbesondere Sonderdeponien, gibt es verschiedene technische Möglichkeiten. Auch diese haben in doppeltem Sinne Bedeutung für die Technikfolgenabschätzung:
   - Viele Deponien sind das Ergebnis mangelnder Technikfolgenabschätzung dieser Lagerungstechnik
   - Deponietechnologien können Gegenstand von Technikfolgenabschätzung sein. Sie sollten es sein.

3. **Technikfolgenabschätzungen** sind notwendig. Technikfolgenabschätzungen sind bisher nicht standardisiert. Das mag zwar zum Teil sachgerecht sein, behindert aber ihre Verbindlichkeit und Glaubwürdigkeit.

4. Es gibt Anhaltspunkte für mögliche **Standardisierungen** von TA. Diese sollten weiter verfolgt werden. Dabei verdienen folgende Kriterien besondere Beachtung:

- TA muß sowohl vom Nachfolger, als auch von einer unabhängigen Stelle gemacht werden. Das gilt schon für die Aufgabenstellung von TA.
- TA muß von sachkundigen Dritten nachvollziehbar sein.
- TA muß die zu beurteilende Technologie als Teil eines größeren Systems analysieren.
- TA muß die Vorteile und Nachteile einer neuen Technik vergleichbar darstellen.
- TA muß die Kosten für die Beseitigung von Schäden und Nachteilen offenlegen.
- TA muß von einem interdisziplinär gesetzten Team durchgeführt werden. Auch bei der Erforschung von Technikfolgen für die Gesellschaft ist sicherzustellen, daß sachkundige Techniker und Naturwissenschaftler maßgeblich mitwirken.
- TA muß die Kosten bzw. den entgangenen Nutzen bei Unterlassen der Einführung oder Nutzung der neuen Technik offenlegen.
- TA muß ein Mindestmaß an Fragen verbindlich beantworten. Am Beispiel der Deponietechnik wurden folgende Fragen herausgearbeitet:
  - Für welche Zeitspanne wird die TA vorgenommen?
  - Sind alle möglichen - nicht nur die wahrscheinlichen - Folgen lückenlos erfaßt?
  - Sind die Technikfolgen meßbar oder kontrollierbar?
  - Genügen die erforderlichen Prüftechniken den Kriterien ausreichende Genauigkeit und ausreichende Verfügbarkeit?
  - Sind die Technikfolgen reversibel?
  - Sind die Folgeschäden reparierbar?
  - Ist die Technologie offen für verbesserte Prozesse und Materialien?
  - Gibt es Bereiche möglicher Technikfolgen, in denen Unwissen über Wirkungen und Folgen herrscht?

5. Technikorientierte TA ermöglichen eine **Bewertung der Technikfolgen** entsprechend den Zielen und Zielgewichtungen des Entscheidenden. Diese können sich erst im Laufe der TA-Diskussion herausbilden.

6. **Problemorientierte TA** gehen von gegebenen Zielen aus und untersuchen die technischen Möglichkeiten zur Erreichung dieser vorgegebenen Ziele. Die mangelnde Offenheit für die Zieldiskussion kann auch zu einer Einschränkung der TA führen und die Entwicklung neuer effizienter Technologien behindern.

7. Für **staatliche Regulierungen**, die die technische Entwicklung beeinflussen, sollten TA zwingend vorgeschrieben werden. Die "TA-Abfall" wird als eine Regulierung ohne ausreichende voraufgehende TA gesehen.

8. TA haben stets vorläufigen Charakter. Sie werden nach dem jeweiligen **Stand des Wissens** gemacht. TA sind daher laufend zu erstellen. Ein ständiges Monitoring der Technik und eine laufende Dokumentation der TA-Ergebnisse sind erforderlich.

9. TA sind, wie die **zugrundeliegenden Technologien** selbst, der Gefahr ausgesetzt, daß sie sich innerhalb einer bestimmten technischen Kultur halten, die Technikfolgen aber auch außerhalb dieses Blickfeldes liegen. TA-Prozesse sollten daher sensibel gegenüber Abschottungen technischer Welten gegeneinander sein.

10. Für die Durchführung aussagefähiger TA ist es vielfach erforderlich, Pilotanlagen zu errichten. Für die Errichtung von Pilotanlagen werden vielfach TA gefordert. Es ist

sicherzustellen, daß aus diesem Zirkel kein circulus vitiosus wird. Es ist aber auch sicherzustellen, daß die Zeit für die Vornahme von TA auf der Grundlage von Pilotanlagen nicht zu großzügig bemessen wird.

11. Technikfolgenforschung im Bereich der **Bodensanierung** und der **Deponietechnik** ist eine internationale Aufgabe. Sie wird auch bereits in internationaler Zusammenarbeit gelöst. TA im Bereich der Bodensanierung und der Deponietechnik aber ist vielfach nicht einmal eine nationale Aufgabe. Sie ist eine am Einzelobjekt zu orientierende kommunale Aufgabe.

12. Bodensanierung durch **mikrobielle Verfahren** erscheint gegenüber **Verbrennungsverfahren** zu präferieren. Es bedarf jedoch weiterer TA für einen fundierten Vergleich.

Teil F
Instrumente

1 Technik- und problemadäquate Steuerungs- und Anreizstrukturen

Hans-Jürgen Ewers

1.1 Das Problem

Das Problem der Technikfolgenabschätzung kann vor allem darin gesehen werden, daß sie in Kreisen, wie dem bei dieser Tagung diskutiert werden muß, um überhaupt diskutiert zu werden. Die Propagatoren der Technikfolgenabschätzung sind ständig in der Situation des verzweifelten Pfarrers, der die wenigen erschienenen Beter für die vielen beschimpft, die nicht beten. Daß sie nicht beten, hat etwas mit ihrer Anreizstruktur zu tun. Offenbar sind die den Nichtbetern drohenden Schrecknisse so wenig real, daß sie es vorziehen, ihre Zeit anders zu verwenden.

Es geht also in diesem Beitrag um die Anreizstruktur derjenigen, die im Sinne eines effizienten Funktionierens dezentral erzeugter technischer Fortschritte in einer grundsätzlich marktgesteuerten Gesellschaft Technikfolgenabschätzung betreiben müßten, wenn der technische Fortschritt sozial verträglich bleiben soll. Es sind dies diejenigen, welche an der Erzeugung des technischen Fortschritts beteiligt sind und damit vor allem zwei Gruppen, die Industrieunternehmen, die neue Produkte und Produktionsverfahren entwickeln und sie umsetzen, weil sie auf diese Weise Vorsprungsgewinnne realisieren können und die im wesentlichen staatlich finanzierte Grundlagenforschung, sei es an den Universitäten, sei es an außeruniversitären Forschungseinrichtungen. Daß die Grundlagenforschung im wesentlichen staatlich finanziert wird, hat damit zu tun, daß ihre

Ergebnisse nicht durch das Patentrecht oder eine dem Patentrecht vergleichbare Institution geschützt werden und deshalb ohne Zahlung eines Preises von jedem benutzt werden können (vgl. Ewers/Wein 1990, Ewers/Fritsch 1987 und die dort genannten Quellen).

Sowohl von der Industrie als auch von der staatlich finanzierten Grundlagenforschung sollten wir wesentliche Beiträge zur Technikfolgenabschätzung erwarten dürfen, weil sie sich im Zweifel am besten mit ihren eigenen Erfindungen auskennen und deshalb auch zur Abschätzung der Folgen dieser Neuerungen die beste Ausgangsbasis haben müßten. Aus unterschiedlichen Gründen (weil sie in unterschiedlichen institutionellen Kontexten handeln) haben jedoch - wie zu zeigen sein wird - beide Gruppen nur geringe Anreize zur Technikfolgenabschätzung. Ich beginne mit der Gruppe der industriellen Akteure.

1.2 Das Versagen des Haftungsrechts als Anreiz industrieller Akteure zur Technikfolgenabschätzung

Private Akteure werden die Folgen ihres Handelns für Dritte nur dann in ihre Überlegungen einbeziehen (d.h. Technikfolgenabschätzungen vornehmen), wenn sie davon ausgehen müssen, daß die Folgen ihres Handelns früher oder später auf sie selbst zurückfallen. Von besonderem Interesse ist dabei der Fall unbeteiligter Dritter, also solcher potentieller Geschädigter, die mit dem fraglichen Akteur in keiner vertraglichen Beziehung stehen und deshalb im Zweifel ihre Betroffenheit erst dann artikulieren können, wenn der Schaden bei ihnen bereits eingetreten ist.

Inwieweit Technikfolgen als unerlaubte Handlungen gelten und schadenersatzpflichtig sind, hängt von der Ausgestaltung der

Haftungsvorschriften ab. Während die Rechtswissenschaft die zivilrechtlichen Haftungsvorschriften im Deliktsrecht nach wie vor im wesentlichen als eine Maßnahme der Schadensaufteilung zwischen Schädiger und Beschädigten versteht, hat die Wirtschaftswissenschaft vor allem die mit den jeweiligen Haftungsregeln verbundenen Anreize zur Schadensverhütung und damit die Wirkung der Haftungsregeln auf die Höhe des gesamten gesellschaftlichen Schadensaufkommens im Blick (vgl. Adams 1985, Endres 1989). Diese Perspektive ist es, welche im Zusammenhang mit der Technikfolgenabschätzung interessiert. Denn Ziel der Technikfolgenabschätzung ist es ja, über eine prospektive Erfassung drohender Schäden die Technikentwicklung in eine Richtung zu drängen, bei der die von der Einführung und Diffusion einer neuen Technik ausgehenden negativen Effekte beherrschbar bleiben, genauer: bei der die Differenz zwischen gesellschaftlichem Nutzen und Kosten maximiert wird. Ein solches Ergebnis ist zu erwarten, wenn alle Akteure damit rechnen müssen, daß sie für die durch die Anwendung neuer Technologien bei Dritten erzeugten Schäden ersatzpflichtig sind.

Es ist ein Standardergebnis der wohlfahrtsökonomischen Analyse von Haftungssystemen, "daß alle Haftungssysteme, die das Mitverschulden der Gegenseite berücksichtigen, den Bürgern den wohlfahrtstheoretisch erwünschten Anreiz geben, Nutzen und Kosten ihrer Handlungen richtig auszubalancieren, vorausgesetzt, daß die Rechtsprechung die Höhe der von den Beteiligten vorgenommenen Unfallvorkehrungsmaßnahmen feststellen kann und zur Grundlage ihrer Entscheidung über die Haftungslastzuteilung macht" (Adams 1985, S. 266). Ob Mitverschulden der Gegenseite vorliegt oder nicht, ist dabei an der Unterlassung von Vorsorgemaßnahmen zu ermessen, die wirtschaftlich vernünftig gewesen wären, d.h. deren zusätzliche

Kosten kleiner gewesen wären als die durch die Vorsorgemaßnahme bewirkte Reduktion des Schadenserwartungswertes.

Haftungsregeln dagegen, welche das Mitverschulden der Gegenseite (in dem eben erwähnten Sinne) völlig außer Acht lassen, führen zu einem suboptimalen Zustand, weil die nun gar nicht mehr in die Haftung einbezogene Seite ihre Sorgfaltsvorkehrungen auf den geringstmöglichen, die individuellen privaten Kosten minimierenden Stand absinken läßt, während die allein haftende Seite die Sorgfaltsvorkehrungen weiter treibt, als sie unter dem Gesichtspunkt der gesamtgesellschaftlichen Wohlfahrtsmaximierung wünschenswert wären. Dies ist der Grund, warum eine extreme Haftungslösung, etwa im Bereich von Umweltschäden, wenig sinnvoll ist. Müßte jeder Betreiber einer emittierenden Anlage für alle Gesundheitsschäden, Sachschäden und Beeinträchtigungen des Naturhaushaltes dann haften, wenn die emittierten Stoffe geeignet sind, den Schaden zu verursachen, es sei denn, er könnte nachweisen, daß der fragliche Schaden von den durch seine Anlage freigesetzten Stoffen nicht verursacht sein kann, so würde ihm angesichts der wohl aussichtslosen Beweissituation kaum eine andere Möglichkeit bleiben als die Anlage zu schließen (vgl. Ewers 1988).

Verschuldenshaftung, wie sie nach wie vor für unerlaubte Handlungen im Zivilrecht gilt, ist also nicht grundsätzlich der Gefährdungshaftung unterlegen. Nach der Verschuldenshaftung haftet ein Schädiger nur dann, wenn er "die im Verkehr erforderliche Sorgfalt" vermissen ließ. Bei der Gefährdungshaftung dagegen haftet der Verletzer immer, wobei allerdings der Haftungsumfang von einem eventuellen Mitverschulden des Geschädigten abhängig gemacht werden kann. Beide Regimes - Verschuldenshaftung auf der einen Seite, Gefährdungshaftung unter Berücksichtigung eventuellen Mitverschuldens auf der anderen Seite - führen zu demselben wohlfahrtsmaximierenden Ergebnis, vorausgesetzt, die Gerichte kennen das wohlfahrtsmaximierende Ausmaß an Sicherheitsvorkehrungen und machen es auch zur Grundlage ihrer Entscheidung über Verschulden und Mitverschulden. Die "im Verkehr erforderliche Sorgfalt" wäre dann genau das wohlfahrtsmaximierende Maß an Sicherheitsvorkehrungen, jenes Maß also, bei dem die letzte in Sicherheitsvorkehrungen gesteckte Mark gerade noch über eine gleichgroße Senkung des Schadenserwartungswertes wieder hereinkommt.

Aber diese Voraussetzung im Hinblick auf die Kenntnis der Gerichte ist nun bei neuen Technologien in aller Regel nicht gegeben. Zwei Umstände sind es vor allem, die bewirken, daß die klassische Form der Verschuldenshaftung hier zu suboptimalen Ergebnissen führt. Zum einen ist die Kausalität von Schäden bei anthropogenen Eingriffen in natürliche Kreisläufe meist alles andere als klar, zum anderen gibt es gerade bei neuen Technologien noch keinen erprobten Standard der "im Verkehr erforderlichen Sorgfalt".

Daß die Kausalität z.B. von ökologischen Schäden oft unklar ist, selbst wenn Schäden schon in breitem Umfang sichtbar sind, läßt sich z.B. am sog. Waldsterben demonstrieren (vgl. Ewers 1984). Es hat vor allem mit drei Umständen zu tun:

a) Zunächst gibt es keine einfachen Zusammenhänge zwischen Schadensursache und Schadenswirkung. Vielmehr sind Umweltschäden gewöhnlich multikausal verursacht. Bei einer solchen Verursachungsstruktur kann man den Anteil eines Schadstoffes am Gesamtschaden nicht generell bestimmen. Er wechselt von Kontext zu Kontext, insbesondere dann, wenn Synergismen zwischen verschiedenen Schadstoffen bestehen, welche die Wirkung des einzelnen Schadstoffs unter Umständen potenzieren. Was für natürliche Systeme im Hinblick auf

Schadstoffe gilt, scheint auch für soziale Systeme im Hinblick auf die Wirkungen neuer Technologien zu gelten. Die These vom "Ende des Technikdeterminismus" (Lutz 1987) ist Ausdruck der Tatsache, daß es immer weniger ein einheitliches Wirkungsmuster neuer Technologien gibt, vielmehr die Technikwirkungen von den besonderen Umständen der Techniknutzung im Einzelfall abhängen (vgl. Ewers/Becker/Fritzsch 1989).

b) Des weiteren sind bei Umweltschäden Schädiger und Beschädigte durch Transmission, Umwandlung und Akkumulation von Schadstoffen oft räumlich und zeitlich entkoppelt, so daß - selbst bei Klarheit über die Schadensursache - der Anteil einzelner Schädiger am Schaden schwer oder gar nicht bestimmt werden kann.

c) Schließlich ist die zeitliche und sachliche Abgrenzung von Umweltschäden meist schwierig. Die Existenz von Schwellenphänomenen führt dazu, daß selbst Daueremissionen über Jahre hinweg zunächst keine sichtbaren Veränderungen von Ökosystemen bewirken, dann aber möglicherweise zu plötzlichem Absterben oder "Umkippen" des geschädigten Ökosystems führen. Eine besondere Qualität haben derartige verzögerte Schäden dann, wenn sie irreversibel sind, d.h. der alte Zustand auch durch Aufwendung noch so großer Kosten- und Zeitbudgets nicht mehr wiederhergestellt werden kann.

Während die Verschuldenshaftung mit Problemen komplexer Kausalität noch im Wege einer Beweislastumkehrung anreizadäquat fertig werden kann, ist sie bei Informationsmängeln im Hinblick auf die möglichen und vernünftigen Sicherheitsvorkehrungen grundsätzlich überfordert. Denn die Verschuldenshaftung führt nur dann zu einem wohlfahrtsmaximalen Zustand, wenn die Gerichte in der Lage sind, den das Verschulden definierenden Standard an Vorsorgemaßnahmen so zu setzen, daß die Interessen von Verletzer und Geschädigten optimal ausgeglichen werden. Dieser optimale Ausgleich ist so definiert, daß die Summe aus Vorsorgekosten und erwarteten Schäden minimiert wird (vgl. Endres 1989, S. 124; Kleindorfer/Kunreuther 1987). Dies setzt jedoch erhebliche Kenntnisse der Gerichte voraus, die man gerade in Verbindung mit neuen Technologien nicht erwarten darf. Je lückenhafter jedoch der von den Gerichten unterstellte Standard der "im Verkehr erforderlichen Sorgfalt" ist, verglichen mit den tatsächlich möglichen und wirtschaftlich sinnvollen Schadensvorkehrungsmaßnahmen, umso mehr führt die Verschuldenshaftung am gesamtgesellschaftlichen Optimum vorbei. Denn bei der Verschuldenshaftung wird vorsichtiges Verhalten nur in Form derjenigen Aktivitäten angereizt, für die ein Verschuldensstandard definiert ist (vgl. Endres 1989, S. 125). Je lückenhafter dieser Standard, umso mehr bleibt das Ausmaß der tatsächlich getätigten Schadensvorkehrungen unter dem gesellschaftlich Optimalen, umso größer sind auch die eintretenden Schäden.

In dieser Situation hilft nur ein Übergang zur Gefährdungshaftung. Denn unter einem solchen Regime bewirkt die durch die Einhaltung von Sorgfaltspflichten nicht zu beseitigende Haftung ein starkes Interesse des potentiellen Verletzers, die relevanten Schadensvorsorgemaßnahmen ausfindig zu machen und bis zu dem Punkt umzusetzen, wo die weitere Schadensvorsorge mehr kosten würde, als sie an verringerter Schadenserwartung bringt. Der Übergang zur Gefährdungshaftung löst auch eine weitere Schwäche der Verschuldenshaftung, die gerade in Verbindung mit neuen Technologien besonders gravierend sein kann. Da bei der Verschuldenshaftung nur die Kosten der "im Verkehr erforderlichen Sorgfalt", nicht aber die angerichteten Schäden in die Produktpreise der Verletzer eingehen (weil bei

Einhaltung der Sorgfaltspflichten durch den Verletzer der Schaden vom Verletzten getragen wird), ist die "Verletzerbranche" unter einer Verschuldenshaftung im allgemeinen zu groß, weil ihre Preise zu niedrig sind. Die dadurch erzeugte Allokationsverzerrung ist besonders groß, wenn die auch nach optimalen Sicherheitsvorkehrungen verbleibenden Schäden hoch sind. Bei der Gefährdungshaftung dagegen gehen Vorsorgekosten **und** Schadenserwartungen in die Preise der Verletzerindustrie ein (vgl. Endres 1989, S. 126).

Die grundsätzliche Vorzugswürdigkeit der Gefährdungshaftung im Falle noch unbekannter und möglicherweise großer Schäden aus neuen Technologien sagt noch nichts über die Ausgestaltung der Haftungsmodalitäten im einzelnen aus. Zwar scheint es auf jeden Fall nützlich, nicht alle Umweltrisiken auf den Schädiger zurückwälzen zu wollen, zum einen wegen der kontraproduktiven Anreizwirkungen auf die schadensmindernden Vorsorgeaktivitäten der Geschädigten, zum anderen wegen der vermutlich katastrophalen Wirkung eines solchen Haftungsregimes auf die Innovationsneigung der Unternehmen. Insofern wird man bei jeder in Aussicht genommenen Haftungsregelung ein gewisses Restrisiko bei der Allgemeinheit belassen. Wieviel das im Einzelfall sein soll und welche Exkulpationsmöglichkeiten dem Verursacher zur Abwendung von Haftungsansprüchen gewährt werden sollen, hängt sowohl von den Vorsorgemöglichkeiten der potentiell Geschädigten (und den damit verbundenen Kosten) als auch vom Informationsstand über die aus der Freisetzung bestimmter Stoffe möglichen Schäden und die zur weitgehenden Vermeidung solcher Schäden geeigneten Vorsorgemaßnahmen ab. Wo dieser Informationsstand noch gering ist, sollte der Haftungsumfang groß und die Exkulpationsmöglichkeit klein sein, damit der für das Risiko Verantwortliche einen großen Anreiz hat, sich möglichst viele Informationen über die

Schädlichkeit der von ihm gehandhabten Stoffe und Prozesse zu verschaffen, sich geeignete Vorsichtsmaßnahmen zu überlegen und sie in die Tat umzusetzen (vgl. Blankart 1987). Insofern kann man durchaus darüber streiten, ob der jetzt vorliegende Gesetzentwurf der Bundesregierung zur Einführung einer Gefährdungshaftung für Umweltschäden nicht möglicherweise zu weit in den Exkulpationsmöglichkeiten der Verletzer geht, wenn der Anlagenbetreiber jede Vermutung einer Schadenskausalität dann entkräften kann, wenn er darlegt, daß "die Anlage bestimmungsgemäß betrieben wurde", was der Fall ist, "wenn die besonderen Betriebspflichten eingehalten worden sind und auch keine Störung des Betriebes vorgelegen hat" (vgl. Weber/Weber 1990).

Eine Gefährdungshaftung ohne eine entsprechende Deckungsvorsorge würde sehr schnell leerlaufen. Denn nun könnten sich Verletzer der Haftung durch geeignete gesellschaftsrechtliche Konstruktionen entledigen. Dies würde gleichzeitig das Ausmaß der Schadensvorkehrungen negativ beeinträchtigen, denn wenn - etwa durch organisatorische Ausgliederung besonders riskanter Aktivitäten in spezialisierte GmbHs - die Schadenserwartung sinkt, sinkt auch das Ausmaß der dadurch wirtschaftlich zu rechtfertigenden Vorsorgemaßnahmen. Insofern sollten Akteure, die besondere Risiken handhaben, entweder Deckung aus eigenen Mitteln bzw. Bürgschaften oder eine entsprechende Deckungszusage einer Versicherung nachweisen müssen. Ein solches, in den meisten Fällen auf eine Versicherungspflicht hinauslaufendes Verfahren wirkt durchaus wohltätig. Zum einen schützt es den Verletzer wie die Geschädigten vor der Insolvenz des Verletzers und den damit verbundenen Folgen. Zum anderen werden die Versicherungen - sofern sie im Wettbewerb zueinander stehen - ein erhebliches Interesse an der Kenntnis wirksamer Schadensvorkehrungen zur Ausdifferenzierung ihrer Tarife haben und deshalb selber nach solchen Vorkehrungen forschen, also Technikfolgenabschätzung betreiben. Daß die deutschen Versicherer bislang keinen großen Geschmack an einer Umwelthaftpflichtversicherung gefunden haben, ist mehr ein Indiz für das Ausmaß der Wettbewerbsbeschränkung in diesem erheblich regulierten Wirtschaftsbereich als für irgendeine faktische Unmöglichkeit.

1.3 Das Versagen des Selbststeuerungsmechanismus der Grundlagenforschung bei der Technikfolgenabschätzung

Fragen wir nunmehr nach den Anreizen zur Technikfolgenabschätzung, welche der zweiten großen Akteursgruppe bei der Erzeugung neuer Technologien aus ihrem Umfeld erwachsen, den in der Grundlagenforschung engagierten Wissenschaftlern. Um Mißverständnisse zu vermeiden: Es geht nicht um das oben bereits erwähnte Problem des Marktversagens bei der Grundlagenforschung schlechthin, sondern um die Frage, welche Allokation der öffentlich bereitgestellten Mittel für die Grundlagenforschung auf die verschiedenen denkbaren Themengebiete resultiert, wenn man diese Allokation der Selbststeuerung des Wissenschaftssystems überläßt. Auch hier kann man sich der Erkenntnisse der Markttheorie bedienen, denn es handelt sich beim Wissenschaftssystem um ein weitestgehend dezentralisiertes System, bei dem der einzelne Forscher nach seinen jeweiligen Interessen über die Wahl seiner Forschungsthemen entscheidet.

Sieht man sich die dabei wirksame Anreizstruktur näher an, so wird schnell klar, warum die Erforschung von Technikwirkungen systematisch ins Hintertreffen gerät. Dabei ist es wichtig, sich zu verdeutlichen, daß Technikfolgenabschätzung im allgemeinen einen interdisziplinären Forschungsansatz voraussetzt, sei es, daß ein Wissenschaftler den Versuch unternimmt, in mehreren Disziplinen gleichzeitig zu Hause zu sein, sei es daß sich interdisziplinäre Forscherteams zur Bearbeitung einer Aufgabe zusammenfinden und im Hinblick auf diese Aufgabe koordinieren.

Auch bei Wissenschaftlern können wir unterstellen, daß sie bei der Entscheidung über ihre Forschungsthemen und -methoden ihren individuellen Nutzen maximieren und dementsprechend auf die Steuerungsanreize reagieren, welche aus ihrem jeweiligen Entscheidungsumfeld erwachsen. Für einen durchschnittlichen Wissenschaftler erscheint es nicht unplausibel, eine Nutzenfunktion zu unterstellen, die monoton in Abhängigkeit von seiner wissenschaftlichen Anerkennung und seinem Einkommen steigt. Beides dürfte im allgemeinen mit der Ressourcenausstattung (Personal und Sachmittel) des Wissenschaftlers positiv korreliert sein. Insofern muß man sich die Mechanismen der Ressourcenzuweisung ansehen, wenn man das Ergebnis von individuellen Entscheidungen über Forschungsthemen prognostizieren will. Im deutschen Universitätssystem gibt es drei wichtige Ressourcenzuweisungsmechanismen:

- Der Reputationsmechanismus
  Wissenschaftliche Reputation wird durch Anerkennung in der jeweiligen scientific community aufgebaut. Reputation läßt sich ablesen an der häufigen Aufnahme von Erzeugnissen eines Wissenschaftlers in die führenden Journale seiner Disziplin, der häufigen Zitation solcher Erzeugnisse durch Dritte, Einladungen zu wichtigen Konferenzen der Disziplin, Wahl in Fachgremien der Disziplin, Berufungen etc. Daß Reputation direkt ressourcenrelevant ist, läßt sich insbesondere an den Berufungsentscheidungen der Fachbereiche und den Entscheidungen der Deutschen Forschungsgemeinschaft

über Forschungsanträge und Stipendien zeigen. Für den hier diskutierten Zusammenhang ist als Ergebnis wichtig, daß Reputationsaufbau vor allem eine starke disziplinäre Orientierung der Forschungsthemen erfordert. Denn nur die Wahl von Kernthemen und -methoden der jeweiligen Disziplin stellt eine möglichst breite und deshalb auch besonders ressourcenwirksame Reputation sicher.

- Der Drittmittelmarkt

  Die Drittmittelmärkte für Forschungsleistungen sind zu einem Teil stark reputationsabhängig, dort nämlich, wo die Entscheidung über die Vergabe von Drittmitteln im wesentlichen nur von einer fachlich-wissenschaftlichen Begutachtung abhängig gemacht wird, wie es etwa bei der Deutschen Forschungsgemeinschaft und einem Teil der Stiftungen der Fall ist. Sie üben insoweit die gleichen Anreize bei der Wahl von Forschungsthemen und -methoden aus, wie sie eben für den Reputationsmechanismus festgestellt wurden. Bei dem Rest der Drittmittelmärkte (insbesondere bei der Ressortforschung und der Industrieforschung) spielt die Reputation des Forschers zwar auch eine Rolle, im Hinblick auf die Themen- und Methodenwahl dominant dürfte jedoch das inhaltliche Interesse des jeweiligen Auftraggebers sein. Bei der Industrieforschung wird ein inhaltliches Interesse an Fragen der Technikfolgenabschätzung wohl so lange nicht in wesentlichem Umfang anzutreffen sein, wie die Industrieunternehmen nicht über entsprechende Haftungsbestimmungen im Zweifel für die Technikfolgen aufkommen müssen. Insoweit hängt die Wirksamkeit der Anreizmechanismen bei der Lenkung der Grundlagenforschung von den oben diskutierten Handlungsanreizen der Privaten mit ab. Bei der Ressortforschung dagegen kann man schon davon ausgehen, daß sich ein nicht unbeträchtlicher Teil ihrer inhaltlichen Interessen auf Fragen der Technikfolgenabschätzung beziehen müßte. Hinderlich erscheint allerdings die bei Ressortaufträgen nie auszuschließende Parteilichkeit, die der eigenen politischen Linie entgegengesetzte Fakten und Ansichten durch Nichtveröffentlichung oder dadurch zu begegnen versucht, daß Wissenschaftler, von denen eine der eigenen Position kritische Arbeit zu erwarten ist, erst gar nicht beauftragt werden. Ein solches Verhalten ist insbesondere bei Studien zur Technikfolgenabschätzung schädlich. Denn bei diesen Studien ist der Unsicherheitsspielraum besonders groß. Umso wichtiger ist ein kontroverser Diskurs.

- Die Kapazitätsverordnung

  Der dritte wichtige Ressourcenzuweisungsmechanismus, der ausschließlich im Universitätssystem der Bundesrepublik Deutschland wirksam ist (und dort vermutlich den wichtigsten Ressourcenzuweisungsmechanismus darstellen dürfte), ist die sogenannte Kapazitätsverordnung, nach der die zur Unterhaltung des Lehrbetriebs erforderlichen Personalressourcen in Abhängigkeit von den Studentenzahlen an den vielen deutschen Universitäten zugewiesen werden. Nach den dort festgelegten Zuweisungsregeln erhält derjenige Fachvertreter die größte Personalausstattung, dem es gelingt, sein eigenes Fach mit möglichst vielen "kapazitätsbeschränkten" Lehrveranstaltungen (Übungen, Seminare) in den Prüfungsordnungen zu verewigen. Ich will hier nur am Rande auf die unseligen Folgen dieser Kapazitätsverordnung für den Aufbau von Studiengängen und die Studiendauer hinweisen. Im Zusammenhang mit der hier untersuchten Fragestellung ist dieser Zuweisungsmechanismus folgenlos. Zwar beinhaltet die Zuweisung von Personalkapazität für die Lehre, wegen der Einheit von Forschung und Lehre, immer auch die Zuweisung von Grundausstattung für die Forschung, sie übt jedoch keinen Anreiz zugunsten der Wahl bestimmter Forschungsthemen und -methoden aus.

Im Ergebnis zeigt sich also eine gewisse Schlagseitigkeit der für die Wahl von Forschungsthemen und -methoden vorhandenen Anreize zuungunsten der Technikfolgenabschätzung. Aus der Sicht des individuellen Forschers ist die Wahl solcher Themen im Sinne der eigenen Karrierevorstellungen nicht sonderlich attraktiv, weil interdisziplinäre Forschung wegen der erforderlichen Überwindung disziplinärer Sichtweisen und Paradigmen nicht nur mühsamer ist, sondern auch zudem Gefahr läuft, durch sämtliche Bewertungsraster der disziplinär geprägten scientific community hindurchzufallen. Da man aber vor allem aus Gründen der Qualitätskontrolle auf eine disziplinäre Organisation der Grundlagenforschung (etwa in Form von Fakultäten an den Universitäten) kaum verzichten können wird, muß man versuchen, zusätzliche Anreize zugunsten der Technikfolgenabschätzung in das System einzubauen. Dazu können sowohl die Universitäten als auch die Wirtschafts- und Gesellschaftspolitik beitragen.

- Die Universitäten können über die Belebung des Gesprächs zwischen den Disziplinen, insbesondere aber durch finanzielle Förderung interdisziplinärer Forschungsprojekte den vergleichsweise mühsamen Weg in die Technikfolgenabschätzung attraktiver machen. Die Technische Universität Berlin z.B. verwendet seit Jahren einen Fond von ca. 8 Mio DM Forschungsfördermitteln jährlich überwiegend in diesem Sinne. Dabei ist das Förderverfahren nach dem Grundsatz angelegt, daß die externen Kontrollmechanismen umso stärker werden, je länger jemand das universitätsinterne Forschungsförderinstrument in Anspruch nehmen möchte. Unabhängig davon ist jede universitätsinterne Förderung zeitlich beschränkt. Danach sollen sich die Forschungsprojekte auf dem Drittmittelmarkt oder in der Grundausstattung der geförderten Fachgebiete durchgesetzt haben. Auf diese Weise wird interdisziplinären Forschungsprojekten zwar ein gewisser Vertrauensvorschuß gegeben, sie werden jedoch nicht von externer Qualitätskontrolle freigestellt.

- Die Wirtschafts- und Gesellschaftspolitik wird vor allem über den Drittmittelmarkt Einfluß auf das Ausmaß an Technikfolgenabschätzung nehmen. Die Zeitrestriktion erlaubt es mir nicht, auf die verschiedenen Möglichkeiten dazu im einzelnen einzugehen. Wichtig erscheint mir vor allem, daß es u.a. eine unabhängige Einrichtung gibt, welche den öffentlichen Diskurs über die Technikfolgen organisiert und Forschungsprojekte als Grundlage dieses Diskurses möglichst konkurrierend vergibt.

1.4 Zusammenfassung

In diesem Beitrag werden die Anreize zur Technikfolgenabschätzung bei den beiden für die Erzeugung technischen Fortschritts wichtigsten Akteursgruppen, den Industrieunternehmen und den Grundlagenforschern, untersucht. Bei beiden Gruppen zeigen sich erhebliche Beschränkungen der Anreize zur Technikfolgenabschätzung.

Bei den Industrieunternehmen rührt dies im wesentlichen von einem nicht adäquaten Haftungsrecht her und kann durch Übergang von der Verschuldens- auf die Gefährdungshaftung und durch die Senkung der Beweislast potentiell Geschädigter verbessert werden. In Verbindung mit einer entsprechenden Deckungsvorsorge können von einer solchen Veränderung des Haftungsregimes adäquate Anreize zur Aktivierung des industriellen Intelligenzpotentials für die Technikfolgenabschätzung ausgehen.

Bei den Grundlagenforschern rührt das Versagen der Selbststeuerung des Wissenschaftssystems im Hinblick auf die Technikfolgenabschätzung im wesentlichen aus der starken disziplinären Orientierung der Anreize für die Themenselektion her. Dies hat mit der traditionell disziplinären Organisation der scientific community zu tun, die aus Gründen der Qualitätskontrolle jedoch unverzichtbar erscheint. Auch eine disziplinäre Organisation der Grundlagenforschung ist freilich zugänglich für Anreize zu interdisziplinären Projekten, wie am Beispiel der universitätsinternen Forschungsförderung und am Beispiel eines staatlich organisierten Diskurses zur Technikfolgenabschätzung gezeigt wird.

Literaturverzeichnis

1) Adams, M.: Ökonomische Analyse der Gefährdungs- und Verschuldenshaftung, Heidelberg. 1985.

2) Blankart, Ch. B.: Besteuerung und Haftung im Sondermüllbereich. In: Blankert, Ch. B., Cansier, D., Dickertmann, D.,: Öffentliche Finanzen und Umweltpolitik I (Hrsg. v. Schmidt, K.), Schriften des Vereins für Socialpolitik, N.F. 176/I, Belin, S. 67 ff.

3) Endres, A.: Allokationswirkungen des Haftungsrechts. In: Jahrbuch für Sozialwissenschaften 40, S. 115-129. 1989.

4) Ewers, H.-J.: Altlastensanierung und Entsorgungswirtschaft - ökologischer und ökonomischer Handlungsbedarf. In: Entsorga (Hrsg.), Altlastensanierung und Entsorgungswirtschaft, Frankfurt, S. 24-30. 1988.

5) Ewers, H.-J., Becker, C., Fritsch, M.: Der Kontext entscheidet: Wirkungen des Einsatzes computergestützter Techniken in Industriebetrieben. In: Schettkat, R., Wagner, M. (Hrsg.) Technologischer Wandel und Beschäftigung, Berlin/New York, S. 27-70. 1989.

6) Ewers, H.-J., Fritsch, M.: Zu den Gründen staatlicher Forschungs- und Technologiepolitik. In: Boettcher, E., Herder-Dorneich, P., Schenk, K.-E. (Hrsg.), Jahrbuch für Neue Politische Ökonomie, Band 6, Tübingen, S. 108-135.

7) Ewers, H.-J., Wein, Th.: Der Begründungszusammenhang zur Förderung von technologieorientierten Unternehmensgründungen (TOU), Endbericht an den Bundesminister für Forschung und Technologie, mimeo, Berlin. 1990.

8) Kleindorfer, P.R., Kunreuther, H.C.: Insurance and Compensation as Policy Instruments for Hazardous Waste Management. In: dies. (Hrsg.), Insuring and Managing Hazardous Risks: From Seveso to Bophal and Beyond, Berlin u.a., S. 145 ff. 1987.

9) Lutz, B.: Das Ende des Technik-Determinismus und die Folgen - Soziologische Technikforschung vor neuen Aufgaben und neuen Problemen. In: ders. (Hrsg.), Technik und sozialer Wandel, Frankfurt/New York, 1987.

10) Weber, H., Weber, Ch.: der Gesetzentwurf der Bundesregierung zum Umwelthaftungsgesetz. In: VersR, Heft 19, S. 688 ff., 1990.

2 Technikfolgenabschätzung - Ergänzung des Stabilitätsgesetzes und der Volkswirtschaftlichen Gesamtrechnung?

Horst Zimmermann

2.1 Einleitung

Die Aufgabe, über eine mögliche Ergänzung des Stabilitätsgesetzes und der Volkswirtschaftlichen Gesamtrechnung um Aspekte der Technikfolgenabschätzung zu reflektieren, war im Rahmen des Themenausschnitts "Technikfolgenabschätzung - Empfehlungen und Instrumente" gestellt worden. Damit ist der Beitrag wohl dem weiteren Fragenkreis einer möglichen Institutionalisierung der Technikfolgenabschätzung in der Bundesrepublik Deutschland zuzuordnen. Die Institutionalisierung spielte in den Berichten der Enquete-Kommission des Deutschen Bundestages (Deutscher Bundestag, 1986; ders., 1989) eine große Rolle. Mit Blick auf das Stabilitätsgesetz und die Volkswirtschaftliche Gesamtrechnung kann es aber aus naheliegenden Gründen nicht darum gehen, die Institutionalisierung an einer dieser beiden Stellen vollständig inhaltlich zu vollziehen. Vielmehr kann die Frage nur lauten, ob dort eine institutionelle Verankerung oder zumindest Berücksichtigung der Technikfolgenabschätzung vorzusehen sei. Da es hierzu bisher, soweit sich überblicken läßt, keine entsprechenden Vorschläge gibt, war die Aufgabe dahingehend zu interpretieren, daß über die Sinnhaftigkeit und ggf. die Ausgestaltungsmöglichkeit solcher Ergänzungen nachzudenken sei.

Am ehesten erhält man einen klaren Bezug zu bestehenden Diskussionen um eine Ergänzung des Stabilitätsgesetzes und der Volkswirtschaftlichen Gesamtrechnung dann, wenn man

Umweltauswirkungen als einen Teil der Technikfolgen herausgreift und genauer betrachtet. Dies ist nach gängigen Vorstellungen vom Inhalt der Technikfolgenabschätzung auch geboten, denn ihr Analyseziel bezieht sich "vor allem auf die indirekten, nicht intendierten und langfristigen Sekundär- und Tertiäreffekte der Einführung und Anwendung neuer Technologien auf Umwelt und Gesellschaft" (Dierkes 1974, S. 24; ders. 1989, Manuskript, S. 1, basierend auf einer breiteren Definition von Bartocha, 1973, S. 339). So wird auch im Umweltbericht 1990 die Technikfolgenabschätzung als wichtiges Instrument zur Abschätzung von Umwelteffekten angesehen (Bundesminister für Umwelt, Naturschutz und Reaktorsicherheit, 1990, S. 56f.), und ein Instrument wie die Umweltverträglichkeitsprüfung beispielsweise wird man unter die Teilinstrumente einer Technikfolgenabschätzung einzuordnen haben.

Wenn auch im Folgenden nicht ausschließlich mit Umwelteffekten argumentiert werden soll, so sind zumindest die Vorschläge, die auf eine Ergänzung des Stabilitätsgesetzes und der Volkswirtschaftlichen Gesamtrechnung um Umweltauswirkungen abzielen, als - wohl einziger - bereits vorliegender Bezugspunkt für das Thema heranzuziehen. Ehe dies geschieht, erscheint es aber als zweckmäßig, zunächst die Aufgabe des Stabilitätsgesetzes und der Volkswirtschaftlichen Gesamtrechnung kurz zu umreißen.

2.2 Aufgaben des Stabilitätsgesetzes und der Volkswirtschaftlichen Gesamtrechnung

Das "Gesetz zur Förderung der Stabilität und des Wachstums der Wirtschaft" vom 8.6.1967 stellt eine gesetzliche Ermächtigung zum wirtschaftspolitischen Handeln über das hinaus dar, was Parlament und Exekutive ohnehin tun können. Es regelt insbesondere schnelleres Handeln, als im normalen Gesetzesgang möglich wäre. Die Intention des Stabilitätsgesetzes ist in erster Linie die Glättung konjunkturbedingter Schwankungen mittels der "Globalsteuerung", d.h. der Beeinflussung makroökonomischer Größen. Das Stabilitätsgesetz ist damit - und das ist für die folgenden Ausführungen wichtig - ausschließlich auf wirtschaftliche Tatbestände gerichtet. Mit seiner Einführung glaubte man, eines der modernsten Wirtschaftsgesetze in den westlichen Industrieländern etabliert zu haben, was allerdings im Gegensatz zu seiner geringen Anwendung steht. Die meisten wirtschaftspolitischen Entscheidungen in der Bundesrepublik Deutschland wurden nämlich ohne Bezug zum Stabilitätsgesetz im normalen parlamentarischen Entscheidungsprozeß getroffen. Beispiele für die Instrumente des Stabilitätsgesetzes sind die schnelle Herauf- oder Herabsetzung der Einkommen- oder Körperschaftsteuer um bis zu 10 % längstens für ein Jahr (§ 26 StabG) oder die zusätzliche Verausgabung oder das Verringern von Ausgaben (§ 6 StabG). Auch Maßnahmen der Konjunkturbeobachtung oder der Abstimmung der Wirtschaftspolitik auf den verschiedenen föderativen Ebenen sind dem instrumentellen Teil des Stabilitätsgesetzes zuzuordnen.

Die Volkswirtschaftliche Gesamtrechnung bildet einen ganz anderen Ausschnitt aus dem Bereich "Wirtschaft", denn sie dient der Ex-post-Darstellung wirtschaftlicher Vorgänge. Allerdings gehen nicht alle Tatbestände mit wirtschaftlicher Bedeutung hier ein, sondern nur solche, die Einkommen schaffen und Marktvorgänge darstellen (mit einigen darauf bezogenen Ergänzungen). Die Volkswirtschaftliche Gesamtrechnung hat also einen engen Bezug zu Angebot und Nachfrage, zur Schaffung von Arbeitsplätzen, damit dem Beschäftigungsstand usf. Auf dieser Basis wird sie auch als Rahmen benutzt, um

Prognosen darzustellen, wie etwa in den Jahresgutachten des Sachverständigenrates zur Begutachtung der gesamtwirtschaftlichen Entwicklung und im Jahreswirtschaftsbericht des Bundesministers für Wirtschaft. Die Volkswirtschaftliche Gesamtrechnung ist sehr viel älter als das Stabilitätsgesetz, denn ihre Anfänge reichen bis vor den Zweiten Weltkrieg zurück. Sie wird heute in den Serien des Statistischen Bundesamtes dokumentiert und findet sich in Kurzform im jeweiligen Statistischen Jahrbuch.

Beide Sachverhalte - das Stabilitätsgesetz und die Volkswirtschaftliche Gesamtrechnung - sind also wirtschaftsbezogen in dem Sinne, daß sie in erster Linie für wirtschaftsbezogene Fragen bedeutsam sind. Die Volkswirtschaftliche Gesamtrechnung wird in der Nutzung zunehmend breiter, denn sie wird inhaltlich immer stärker ausgebaut, so neuerdings um sog. Satellitensysteme, wo z.B. umweltrelevante Vorgänge genauer erfaßt werden sollen (Stahmer, 1990). Auch das Stabilitätsgesetz ist von der Anlage her ein sehr breit intendiertes Gesetz. Allerdings wird es in expliziter Form recht wenig genutzt. Beispielsweise wurde die Steuerreform 1986-1990, die zweifellos in erster Linie wirtschaftspolitisch gemeint war, ohne Rückgriff auf das Stabilitätsgesetz im normalen Gesetzesgang beschlossen. Auch kurzfristig gemeinte konjunkturpolitische Maßnahmen, die vom Typ her dem Stabilitätsgesetz direkt zuzuordnen sind, wurden oft ohne expliziten Bezug hierzu durchgeführt, doch zeigt dies auch, daß das Stabilitätsgesetz durch seine instrumentellen Varianten das wirtschaftspolitische Denken durchaus beeinflußt hat. Die geringe Anwendung liegt z.T. darin begründet, daß die hauptsächliche Basis für die Ausgestaltung des Stabilitätsgesetzes ein ausgeprägter Konjunkturzyklus und eine hierauf bezogen entwickelte keynesianische Theorie waren. Diese Ausgangsposition trifft heute aber allenfalls sehr begrenzt zu. "Klassische" Konjunkturschwankungen treten in den letzten zwanzig Jahren immer weniger auf, und eine erfolgversprechende Anwendung keynesianischer Konjunkturpolitik wird zunehmend in Zweifel gezogen. Immerhin hat das Stabilitätsgesetz durch seine instrumentellen Varianten das wirtschaftspolitische Denken stark beeinflußt.

Im Folgenden wird der Bezug zum Stabilitätsgesetz ausführlicher behandelt, weil viele Erörterungen dann auch für den Bezug zur Volkswirtschaftlichen Gesamtrechnung relevant sind.

2.3 Ergänzung des Stabilitätsgesetzes?

2.3.1 Der Zielkatalog des Stabilitätsgesetzes als Auslöser der Diskussion

In der Regel fungiert der Zielkatalog des Stabilitätsgesetzes als Auslöser für eine Erörterung, ob das Gesetz um andere Aspekte erweitert werden soll. Bezogen auf die Technikfolgenabschätzung sähe eine solche Argumentation etwa wie folgt aus:

Eine Beziehung zwischen Technikfolgenabschätzung und Stabilitätsgesetz liegt darin, daß die Entwicklung neuer Techniken eine Antriebskraft oder auch einen Bestandteil von Wachstumsprozessen darstellt. Geht man davon aus, daß eine zusätzliche technische Entwicklung de facto zu zusätzlichem Wachstum führt und erwartet dann, daß die Gesamtheit der Technikauswirkungen per saldo negativ sein wird, so erscheint Wachstum als Ziel der Wirtschaftspolitik als problematisch. Dies ist anders, wenn man überwiegend positive Technikfolgen erwartet, denn dann wäre das aus der Technikentwicklung resultierende zusätzliche Wachstum ebenfalls positiv einzuschätzen.

Dies dürfte bei der probleminduzierten Technikfolgenabschätzung häufig der Fall sein, die sich auf "Möglichkeiten zur Lösung existierender gesellschaftlicher Probleme durch die Entwicklung neuer oder durch Anwendung bereits verfügbarer Techniken" bezieht (Sachverständigenausschuß 1989, S. 10); ihr wird die technikinduzierte Technikfolgenabschätzung gegenübergestellt, die sich mit "Problemen als Folge bereits vorhandener Techniken" befaßt (ebenda).

Aus diesem Verhältnis von Technik und Wachstum wird deutlich, daß sich eine Diskussion um Technikfolgenabschätzung nur auf den Zielkatalog des Stabilitätsgesetzes beziehen kann. Wenn eine Änderung im Zielkatalog des Stabilitätsgesetzes stattfände, so hätte dies sicherlich auch Auswirkungen auf die detaillierten instrumentellen Regelungen dieses Gesetzes, doch richten sich entsprechende Vorschläge zunächst fast ausschließlich auf den Zielteil.

In § 1 StabG heißt es: "Die Maßnahmen sind so zu treffen, daß sie im Rahmen der marktwirtschaftlichen Ordnung gleichzeitig zur Stabilität des Preisniveaus, zu einem hohen Beschäftigungsstand und außenwirtschaftlichem Gleichgewicht bei stetigem und angemessenem Wirtschaftswachstum beitragen". Wachstum tritt hier als explizites Ziel auf. Zwar ist es sprachlich gegenüber den anderen drei Zielen etwas abgesetzt ("bei"), doch wird es seither zunehmend als gleichrangiges Ziel neben den anderen angesehen.[3] Als Indikator des Wirtschaftswachstums wird in der Regel das Produktionspotential verwendet, manchmal aber auch nur die Wachstumsrate des Bruttosozialprodukts[4] herangezogen.

Beide Indikatoren beziehen sich auf marktliche Gesamtgrößen und ihre Zunahme. Eben diese Orientierung an Marktgrößen als Wachstumsindikatoren wird aber angegriffen, weil damit eine Vernachlässigung der übrigen Wohlstandselemente (z.B. saubere Luft, unbeeinträchtigte Gesundheit usw.) einhergehen. Die Wirtschaftspolitik müsse suboptimale Ergebnisse bringen, wenn sie sich lediglich auf die Marktgrößen konzentriere. Im Grenzfall wird daraus die Forderung abgeleitet, das Ziel des Wirtschaftswachstums abzuschaffen (Die Grünen, 1990) und aus dem Stabilitätsgesetz zu streichen.

In diesem Zusammenhang einer Modifizierung des Wachstumsziels wäre wohl auch eine mögliche Forderung zu sehen, das Stabilitätsgesetz um den Bereich der Technikfolgenabschätzung zu erweitern.

2.3.2 Reichweite geforderter Erweiterungen

Unter "Reichweite" wird hier die Zahl der Ziele verstanden, um die nach entsprechenden Forderungen das Stabilitätsgesetz zu erweitern wäre. Die Zielrichtung einer solchen Einbeziehung wird anschließend behandelt.

Umwelteffekte als Teil der Technikfolgen sind nicht der erste Bereich, der als mögliche Erweiterung des Zielkatalogs in Wirtschaftsgesetzen erörtert wurde. Das einige Jahre ältere "Gesetz über die Bildung eines Sachverständigenrates zur Begutachtung der gesamtwirtschaftlichen Entwicklung" vom 14.8.1963 hatte dem Sachverständigenrat zusätzlich zur Auflage gemacht, bei seinen Analysen die Bildung und Verteilung von Einkommen und Vermögen einzubeziehen (§ 2), was sich im Stabilitätsgesetz wiederum nicht findet. Spätere Vorschläge zur Änderung des Stabilitätsgesetzes bezogen sich dann insbesondere auf die Einbeziehung von Umwelteffekten. Eine ausführliche Diskussion gab es hierzu bei der öffentlichen Anhörung des Ausschusses für Wirtschaft des Deutschen Bundestages im Mai 1989 (Ausschuß für Wirtschaft, 1989: ZAU, Jg. 2, 1989), wo zahlreiche Sachverständige und auch der Bundesverband der Deutschen Industrie für eine Formulierung "unter Berücksichtigung ökologischer Erfordernisse" plädierten (Ausschuß für Wirtschaft, 1990, S. 45/1 ff.; Bundesverband der Deutschen Industrie, 1989). In jüngster Zeit gehen die Forderungen über den Umweltbereich deutlich hinaus und beziehen soziale Gerechtigkeit, demokratische Kontrollierbarkeit (Fischer, 1989, S. 69) oder gleiche Teilhabe von Frauen und Männern (Die Grünen, 1990) mit ein.

Diese erweiterte Liste voll Korrekturposten für ein Wachstumsziel hilft, mit Blick auf die Technikfolgenabschätzung, etwas grundsätzlicher zu argumentieren. Wenn bestimmte Technikfolgen in das Stabilitätsgesetz aufgenommen werden sollen, so kann dies nur in einem umfassenden Sinne erfolgen. Es kann also nicht befriedigen, nur z.B. Umwelteffekte zu berücksichtigen, andere Technikfolgen wie die vermehrte Freizeit, die - positiven und negativen - Gesundheitsauswirkungen usw. aber außer acht zu lassen. Würde man nun sämtliche Bereiche, auf die Technikfolgen einwirken, in das Stabilitätsgesetz aufnehmen, so würde dies zu einer Überfrachtung dieses Gesetzes führen. Das Stabilitätsgesetz, das in seinem ursprünglichen Verständnis auf wirtschaftsbezogene Tatbestände ausgerichtet war, würde dann durch die zusätzliche Berücksichtigung von Technikfolgen zahlreiche weitere Einzelziele aufzunehmen haben.

Eine Nennung der Einzelziele im Gesetz scheidet von vornherein aus, da die verschiedenartigen Aspekte der Technikfolgenabschätzung nie umfassend und abschließend genannt werden können; zu breit ist die Anzahl der möglichen einzubeziehenden Technikfolgenbereiche. Auch ist in der Gegenwart nicht ohne weiteres abzuschätzen, welche gesellschaftlichen Entwicklungen sich in der Zukunft vollziehen und wo dementsprechend Handlungsbedarf für Technikfolgen gesehen wird. So ist beispielsweise denkbar, daß die heute im Vordergrund der Betrachtung stehenden Umwelteffekte neuer Technologien in der späteren Zukunft wieder einmal eine untergeordnete Rolle spielen und statt dessen andere Fragen in den Vordergrund rücken. Die angestellten Überlegungen legen also nahe, die Abschätzung von Technikfolgen auf keinen Fall in das Stabilitätsgesetz aufzunehmen, indem die einzelnen Bereiche der Technikfolgen getrennt genannt werden. Ein solcher Versuch müßte von vornherein scheitern.

Es bleibt aber die Möglichkeit, die Technikfolgen in Form einer allgemeinen Klausel, z.B. in der Formulierung "unter Berücksichtigung von Technikfolgen" in den Zielkatalog des Gesetzes aufzunehmen. Doch auch hiergegen kann man grundsätzliche Bedenken vortragen.

Der Haupteinwand lautet, daß man Gesetze möglichst in sich konsistent und bezogen auf ihren speziellen Anwendungsbereich gestalten sollte. Nur so ist gewährleistet, daß Gesetze als Richtschnur für individuelles Verhalten gelten können und Anwendung finden. Die Überfrachtung von Gesetzen mit Restriktionen, die aus ganz anderen Bereichen stammen, kann ein gutes Gesetz nur zu einem schlechteren machen. Dies gilt auch für das Stabilitätsgesetz. Es ist bedeutsam für einen bestimmten Bereich, nämlich die Wirtschaftspolitik. Sofern man Verbesserungen des Stabilitätsgesetzes wünscht, sollte man es im Hinblick auf seine wirtschaftspolitische Anwendbarkeit so effizient wie möglich ausgestalten. Daß dieses Gesetz in der Vergangenheit nur relativ selten angewendet wurde, mag als Beleg dafür dienen, daß es im Hinblick auf seine Zieldefinitionen und instrumentellen Regelungen nur eingeschränkt anwendbar war. Sofern nun auch noch Technikfolgenabschätzung in den Zielkatalog des Gesetzes aufgenommen wird, muß es noch verschwommenere Züge annehmen als heute und wird noch weniger praktikabel für den Wirtschaftspolitiker sein. Seine Anwendungsmöglichkeiten werden (weiter) beschnitten.

Die bisherigen Ausführungen richteten sich insbesondere gegen die Reichweite der geforderten Einbeziehung von Technikfolgen in den Zielkatalog des Stabilitätsgesetzes. Doch die Kritik kann sich darüber hinaus auch auf die Zielrichtung der Einbeziehung, also auf qualitative Aspekte, beziehen.

2.3.3 Zielrichtung der geforderten Einbeziehung

Wenn man die zuvor erwähnten Vorschläge zur Einbeziehung von Technikfolgen in das Stabilitätsgesetz, die sich überwiegend auf Umwelteffekte bezogen, heranzieht, so fällt auf, daß sie zumeist in eine Richtung zielen: in ein wirtschaftlich relevantes Gesetz sollen relativierende Aspekte einbezogen werden. Dafür könnte man sich zwei Gründe denken:

Zum einen könnte der Gedanke dahinterstehen, daß sich andere Ziele (z.B. die Vermeidung unerwünschter Technikfolgen) schlechter durchsetzen lassen als wirtschaftspolitische Ziele. Diese Überlegung widerspricht aber beobachtbaren Phänomenen. Denn im Verhältnis von wachstumspolitischen Zielen zu Verteilungszielen - und die werden als erste als konfliktär zum Wachstum gesehen - hat die Vergangenheit immer wieder gezeigt, daß in der laufenden Politik die verteilungspolitischen Zielsetzungen aufgrund des Drucks der betroffenen Interessenverbände stärker berücksichtigt wurden als wachstumspolitische Zielsetzungen. Der Grund ist vor allem darin zu sehen, daß bei der Verfolgung des Verteilungsziels Gewinner und Verlierer sehr deutlich identifizierbar sind, während bei der Verfolgung des Wachstumsziels unklar bleibt, wem die Erträge aus zusätzlichen Wachstumsmöglichkeiten zugute kommen und sich von daher keine Interessengruppen in gleicher Weise für Wachstum stark machen. In der Bundesrepublik Deutschland wurden Verteilungsziele und Wachstumsziele oft sehr wechselhaft und in Schüben verfolgt (Zimmermann, 1989, S. 311 ff.). Dies mag als Beleg dafür dienen, daß wirtschaftsbezogene Aspekte keineswegs leichter als andere (vor allem verteilungsbezogene) Zielsetzungen durchsetzbar sind und spricht dagegen, einseitig andere Zielsetzungen in Wirtschaftsgesetzen zu verankern.

Ein zweiter Grund für den Wunsch nach Einbeziehung weiterer (nicht wirtschaftsbezogener) Zielsetzungen in Wirtschaftsgesetze mag darin zu sehen sein, daß diese anderen Ziele von Vielen als relevanter angesehen werden und folglich eine Begrenzung wirtschaftspolitischer Ziele als angezeigt erscheinen lassen. Dieser Aspekt steht auch in vielen Fällen, in denen eine verstärkte Berücksichtigung der Technikfolgen gefordert wird, vermutlich im Vordergrund. Er stellt aber eine alleinige politische Gewichtung dar. Politische Entscheidungen sollten jedoch dem parlamentarischen Entscheidungsprozeß überlassen und möglichst nicht implizit in Form fachfremder Klauseln in wirtschaftsbezogenen Gesetzen getroffen werden.

Nun könnte dem Vorwurf, relativierende Aspekte würden nur einseitig in Wirtschaftsgesetzen vorgenommen, während entsprechende Gegenklauseln ("unter Berücksichtigung der Ziele der Wirtschaftspolitik") in anderen Gesetzen zur Umwelt, zum Sozialwesen usw. aber fehlten, dadurch begegnet werden, daß man in anderen Gesetzen eben vice versa verfährt. Wie unsinnig das wäre, kann wiederum am Beispiel des Stabilitätsgesetzes gezeigt werden. Wenn wirklich Technikfolgen, Gesundheitsfolgen, soziale Folgen usw. in ihrem positiven und negativen Ausprägungen in den Zielkatalog aufgenommen würden, so würde dies letztlich nichts weiter zum Ausdruck bringen, als daß Wirtschaftspolitik unter Berücksichtigung aller relevanten Ziele in Wirtschaft und Gesellschaft betrieben werden soll. Das aber ist selbstverständlich, gilt vice versa auch für andere Politikbereiche und ihr Verhältnis zur Wirtschaftspolitik (also beispielsweise für Umweltpolitik "unter Berücksichtigung wirtschaftlicher Erfordernisse") und sollte nicht dazu führen, daß alle wichtigen Ziele nochmals in alle wichtigen Gesetze hineingeschrieben werden. Es ist besser, ein gutes Wirtschaftsgesetz für die Wirtschaft, gute Umweltgesetze für die Umwelt usw. zu machen. Durch die Summe solcher Gesetze ergibt sich dann ein Rahmen für die privaten wirtschaftlichen Aktivitäten.

Untersucht man nun, was speziell im Bereich der Technikfolgen qualitativ einzubeziehen ist, so erscheint, wenn man Umwelteffekte als Ausschnitt heranzieht, der Tenor der Vorschläge oft so, daß lediglich das Negative hervorgehoben wird. Das ist sicherlich unterstellt, wenn man das Ziel des Wirtschaftswachstums völlig abschaffen will (Die Grünen, 1990), steht aber auch oft dahinter, wenn lediglich ein "Berücksichtigen" solcher Effekte in verschiedenen Gesetzen anvisiert ist. So würde auch die Aufnahme von Technikfolgen in das Stabilitätsgesetz manchem Verfechter dazu dienen, die übrigen im Stabilitätsgesetz verfolgten Ziele zu relativieren und insbesondere das Wachstumsziel in Frage zu stellen. Wenn dies zur Maxime erhoben wird, kann Technikfolgenabschätzung letztlich nur wirtschaftlich bremsend wirken.

Daß die Berücksichtigung von Technikfolgen aber nicht nur negativ einzuschätzen ist, ja daß die alleinige Betonung negativer Technikfolgen ein verzerrtes Bild abgibt, kann man wiederum an der probleminduzierten Technikfolgenabschätzung verdeutlichen. Wenn Techniken zur Lösung anstehender Probleme gefunden werden[5], müßte man sie fördern, besonders hervorheben und den damit einhergehenden Wachstumseffekt begrüßen. So hat das wirtschaftliche Wachstum in der Vergangenheit zweifellos den Wohlstand und die Lebenssituation der Bevölkerung verbessert. Die damit einhergehende technische Entwicklung hat die Arbeitsbedingungen angenehmer gemacht und neue Freizeitmöglichkeiten geschaffen. Diese positiven Aspekte der technischen Entwicklung sind schon lange bekannt und werden als selbstverständlich angenommen. Wenn Technikfolgenabschätzung betrieben wird, müßten sie ebenso wie die negativen Aspekte von Technikfolgen berücksichtigt und beide gegeneinander abgewogen werden. Es kann auf keinen Fall befriedigen, wenn Technikfolgen nur in ihren negativen Wirkungen aufgezeigt werden, wie dies in vielen Äußerungen anklingt.

2.3.4 Fazit

Aus den angestellten Überlegungen folgt, daß eine Aufnahme von Technikfolgen in das Stabilitätsgesetz nicht erfolgen sollte. Dies gilt insbesondere für die Absicht, Technikfolgen als isolierte Sonderforderung in den Zielkatalog des Gesetzes einzufügen, wie dies etwa für das Umweltziel postuliert worden ist, das entweder neben die vier wirtschaftlichen Ziele treten oder das Wachstumsziel modifizieren würde. Ganz allgemein gesagt ist die Modifizierung eines wirtschaftlichen Ziels im Stabilitätsgesetz um Ziele, die in anderen Gesetzen grundsätzlich geregelt sind, nicht zweckmäßig: andernfalls müßte man vielleicht sogar für das Vollbeschäftigungsziel hinzufügen, daß es nicht unter Einsatz von Zwangsarbeit erzielt werden darf, was ja aber ohnehin mit Blick auf andere Gesetze einschließlich des Grundgesetzes unzulässig ist. Unzulässige Umwelteffekte einer

Technik sollten durch die Umweltgesetze geregelt werden, die dann geändert werden müssen, wenn die Effekte als nicht hinnehmbar angesehen werden.

Eine Institutionalisierung von Technikfolgen in Form einer allgemeinen Berücksichtigungsklausel wäre ebensowenig angebracht. Außer den genannten Gründen kann man als Argument anführen, daß die Abschätzung von Technikfolgen im Begriff des "angemessenen" Wachstums bereits enthalten ist. Es ist offen, welche säkularen Ziele im Begriff des "angemessenen" Wachstums im einzelnen berücksichtigungsfähig sind und da diese Liste umfangreich und über die Zeit variabel ist, erscheint es wenig sinnvoll, sie alle aufzuzählen (Oppenländer, in: Ausschuß für Wirtschaft, 1989, S. 45/20).

Darüber hinaus knüpft Technikfolgenabschätzung nicht nur an wirtschaftliche Vorgänge an, sondern zunächst primär an technische Entwicklungen, so daß man zumindest weitere Gesetze, Verordnungen und Regelwerke ins Auge zu fassen hätte, wo Technikfolgenabschätzung einzubringen wäre. Schließlich könnte ein Unterbringen dieses Anliegens im Stabilitätsgesetz Alibifunktion erhalten und eine weitergehende Institutionalisierung als weniger dringlich erscheinen lassen.

Wenn man diese Überlegungen zusammenfaßt, erscheint es als zweckmäßig, Technikfolgenabschätzung, wenn man sie betreiben will, gesondert zu institutionalisieren und als übergeordnete staatliche Aktivität vorzusehen, wie dies auch in den Vorschlägen der Enquete-Kommission zum Ausdruck kommt. Dazu wäre keine Verankerung im Stabilitätsgesetz erforderlich oder auch nur hilfreich. Hingegen könnte man im Gründungsgesetz oder der Satzung einer entsprechenden Institution vermerken, daß neben vielen anderen Zwecken eine verstärkte Technikfolgenabschätzung auch zur Auffüllung des Begriffs "angemessenes" Wirtschaftswachstum (im Sinne des § 1 StabG) dienen könnte bzw. sollte.

Nicht zuletzt könnten durch eine so institutionalisierte Technikfolgenabschätzung Zielkonkretisierungen gefördert werden. Nur auf gut konkretisierte Ziele hin läßt sich eine Technikfolgenabschätzung spezifischer Art ausrichten. So ist beispielsweise für den Bereich der Umweltpolitik eine weitergehende Zielkonkretisierung seit langem gefordert worden (Rat von Sachverständigen für Umweltfragen, 1978, Tz. 312 f.; Hansmeyer, 1989, S. 68 f.).

2.4 Ergänzung der Volkswirtschaftlichen Gesamtrechnung?

2.4.1 Bezug zur Technikfolgenabschätzung

Die Volkswirtschaftliche Gesamtrechnung umfaßt, wie zuvor ausgeführt (3), einen ganz anderen Aspekt von Wirtschaft, nämlich die Ex-post-Erfassung von wirtschaftlichen Vorgängen. Da also mit ihr, anders als mit dem Stabilitätsgesetz, keinerlei Handeln induziert wird, kann es in diesem Zusammenhang auch nicht um eine irgendwie zu formulierende Forderung nach Technikfolgenabschätzung gehen. Vielmehr wären Ergebnisse von Technikfolgenabschätzung möglicherweise bei der Ausgestaltung der Volkswirtschaftlichen Gesamtrechnung zu berücksichtigen.

Auch hier ist wieder zu beachten, daß Technikfolgenabschätzung in ihren Ergebnissen über Umwelteffekte weit hinausgeht und die Auswirkungen auf zahlreiche weitere wichtige Ziele einzubeziehen hat. Damit allerdings ist man mit Blick auf die Volkswirtschaftliche Gesamtrechnung mitten in der Kontroverse um die Aussagefähigkeit und möglicherweise Änderungsnotwendigkeit des Bruttosozialprodukts als zusammenfassender Größe. Da diese Diskussion seit langem geführt wird[6], sei auf einige Grundargumente hier nur in Kurzform eingegangen.

2.4.2 Differenz zu einem Wohlstandsindikator

Die Volkswirtschaftliche Gesamtrechnung mit ihrer zusammenfassenden Größe "Bruttosozialprodukt" (BSP), Nettosozialprodukt usf. mißt, wie zuvor angesprochen, für einen bestimmten Zweck bestimmte Sachverhalte. Das BSP ist von vornherein nicht als allgemeiner Wohlstandsindikator konzipiert, erfaßt aber natürlich erhebliche Teile eines wie immer gearteten solchen Gesamtindikators. Es ist im übrigen auch als Indikator für Einkommensvorgänge und marktliche Aktivitäten noch ergänzungsbedürftig, beispielsweise um marktanaloge Aktivitäten wie Hausarbeit oder Do-it-yourself.

Die Differenz zu einem Wohlstandsindikator umfassender Art wäre teils durch positive, teils durch negative Korrekturen herauszufinden. Dies läßt sich wiederum an der Gegenüberstellung von technikinduzierter und probleminduzierter Technikfolgenabschätzung deutlich machen.

Die technikinduzierte Technikfolgenabschätzung würde beispielsweise die Kosten der Reparatur von Umweltschäden deutlich machen. Sie sind wohlfahrtsmindernd und müßten, da sie bisher in das Sozialprodukt positiv eingehen (weil sie Einkommen und Arbeitsplätze schaffen), beim Übergang zu einem Wohlstandsindikator herausgelassen werden. Umweltbelastungen hingegen, die nicht vermieden oder in ihren Folgen repariert werden, werden "getragen" und erscheinen überhaupt nicht im Sozialprodukt. Wenn man sie berücksichtigen will und sie zu diesem Zweck als Abschreibung auf einen gedachten Bestand interpretieren und vom "Brutto"-Sozialprodukt abziehen will, so muß man dies für sehr viel mehr "Bestände" tun. Das Argument gilt nämlich auch für andere als die durch Umwelteffekte erfolgenden Belastungen, beispielsweise für Gesundheitsbelastungen durch Freizeitverhalten oder durch Streß am Arbeitsplatz usf.

Positive Korrekturen im Sinne von Hinzufügungen zu Werten des BSP könnten sich aus den Ergebnissen einer probleminduzierten Technikfolgenabschätzung ergeben. Wenn man in diesem Sinne die Folgen bereits seit langem eingeführter Technik vollständig erfassen wollte, so müßte auch die "Befreiung von stupider Arbeit" durch Automaten, die durch Arbeitszeitverkürzung mögliche zusätzliche Freizeit usf. einbezogen werden. Auf die Zukunft bezogen würde man verbesserte Gesundheit, die sich durch zusätzliche Präventivmaßnahmen erreichen läßt, und überhaupt den besseren Gesundheitsstand infolge eines höheren Sozialprodukts hinzurechnen.

Im BSP ist eben vorwiegend nur enthalten, was durch den Markt bewertet wird, und viele der wichtigsten Wohlstandselemente liegen außerhalb dieses Meßsystems.

2.4.3 Fazit

Aus diesen Überlegungen läßt sich ableiten, daß es nicht zweckmäßig ist, alle solche den Wohlstand erhöhenden oder vermindernde Effekte in das System der Volkswirtschaftlichen Gesamtrechnung aufzunehmen, wie dies am Beispiel der Umwelteffekte der Rat von Sachverständigen für Umweltfragen früher schon festgestellt hat (Rat von Sachverständigen für Umweltfragen, 1987, Tz. 211). Eine Aufnahme nur ausgewählter Wohlstandseffekte muß notwendigerweise ein schiefes Bild ergeben. - Soweit Technikfolgen marktliche Effekte beinhalten, werden sie im übrigen durch die Volkswirtschaftliche Gesamtrechnung ohnehin abgebildet.

Mit Blick auf die Volkswirtschaftliche Gesamtrechnung ergibt sich also kein Grund, Technikfolgen und Technikfolgenabschätzung explizit einzubeziehen

2.5 Zur Institutionalisierung einer Technikfolgenabschätzung

Das Fazit für das Stabilitätsgesetz und die Volkswirtschaftliche Gesamtrechnung lautet also ähnlich. Grundsätzlich sollte man Instrumente, gleich ob politischer oder statistischer Art, auf jeweils ihren speziellen Zweck hin leistungsfähig ausgestalten. Wenn man sie mit zu vielen Aufgaben überfrachtet, kann das Ergebnis nicht besser werden. Am deutlichsten wird das mit Blick auf das Stabilitätsgesetz. Die Befürworter einer Einbeziehung erwarten, daß die zusätzlichen durch Technikfolgen tangierten Ziele jeweils voll berücksichtigt werden sollten, wenn über wirtschaftliche Tatbestände entschieden wird. Ein solches Verfahren müßte aber bei einer ernstzunehmenden simultanen Entscheidung unter Einbeziehung aller Ziele zu einem extrem aufgeblähten Entscheidungsapparat führen. Es kann nämlich nicht darum gehen, nur die wirtschaftspolitischen Entscheidungen mit Blick auf Technikfolgen zu modifizieren, sondern eine wirklich simultane Entscheidung muß zugleich die von Technikfolgen betroffenen Ziele mit den wirtschaftlichen Zielen inhaltlich abgleichen, wenn keine A-priori-Benachteiligung des zunächst restringierten Ziels (hier also des wirtschaftspolitischen Ziels) resultieren soll. Eine solche simultane gleichgewichtige Berücksichtigung aller Ziele bei jeweils allen Entscheidungen übersteigt aber wohl die Verarbeitungskapazität auch moderner Entscheidungssysteme.

Damit ist nicht dem Spezialisten mit Scheuklappen das Wort geredet, der sicherlich heute noch weniger als früher akzeptabel ist. Es geht vielmehr darum, das Handeln in jeweils einem Bereich unter Kenntnis und Beachtung der Restriktionen aus anderen Bereichen, also mit Blick auf bestehende Gesetze und Verordnungen durchzuführen. Dies ist für das legitime Handeln in einem Rechtsstaat wohl ohnehin vorauszusetzen, und nur so kann sich eine pluralistische Gesellschaft mit ihren zahlreichen Zielen und Interessenlagen fortentwickeln.

Also keine Technikfolgenabschätzung? Diese Einschätzung mag mancher aus diesen Ausführungen herausgehört haben. Die Skepsis bezog sich aber allein auf die beiden vorgegebenen spezifischen Themenausschnitte, das Stabilitätsgesetz und die Volkswirtschaftliche Gesamtrechnung. Die isolierte Einbeziehung von Technikfolgenabschätzung an diesen beiden Stellen würde in der Praxis wahrscheinlich zu einem Technik und Wirtschaft hemmenden Effekt führen und müßte dazu von der Prämisse ausgehen, daß "schon genug" Technik vorhanden und sie deshalb per Saldo eher zu bremsen sei.

Einem solchen Verständnis sei das ganz andere - und sehr viel ältere - entgegengestellt, daß jede Technik janusköpfig ist und Ausblicke zum Guten wie zum Schlechten eröffnet, ob es sich um Buchdruck und Schwarzpulver oder um Gentechnologie und Kernfusion handelt. Wenn eine Institutionalisierung von Technikfolgenabschätzung den Verantwortungsträgern in einem Land helfen soll, beides zu erkennen, muß sie Vorkehrungen treffen, daß beide Blickrichtungen so vorurteilsfrei wie eben möglich in diesen Abschätzungsprozeß eingehen können.

Dies läßt sich recht nebenbei in der Durchführung des Stabilitätsgesetzes lösen und die Berücksichtigung in einem Berichtswerk wie der Volkswirtschaftlichen Gesamtrechnung kann dann ohnehin nur eine sekundäre Frage sein. Im Vordergrund müssen vielmehr die Regelungen stehen, über die die Enquete-Kommission des Bundestages so ausführlich beraten hat. Am Schluß sollen daher einige Überlegungen stehen, die nach kürzlichen Gesprächen im amerikanischen Office of Technology Assessment (OTA) angestellt wurden.

Dort wurde an verschiedenen Stellen nach dem Verhältnis zur Wirtschaftspolitik gefragt und nach der Möglichkeit, daß die Ergebnisse der Technikfolgenabschätzung per saldo als Hemmschuh für Technik und Wirtschaft angesehen werden könnten. Abgesehen davon, daß die beiden speziellen Aspekte dieses Themas dort wohl nie ernsthaft diskutiert worden sind, war die Reaktion auch sonst erstaunlich. Die gesetzlichen und prozeduralen Voraussetzungen für diese Institution werden für so ausgewogen angesehen, daß ein genereller "bias" für oder gegen Technologien nicht entstehen könne. Ein Spannungsverhältnis der angedeuteten Art zum Council of Economic Advisors oder dem Joint Economic Committee bestehe nicht. Allenfalls werde dem OTA gelegentliche Neigung zur aktiven - nicht etwa bremsenden - Industriepolitik auf vereinzelten Feldern vorgeworfen.

Für eine Technikfolgenabschätzung, wie sie das OTA inhaltlich betreibt, müßte in Deutschland eigentlich breiter Konsens zu erzielen sein. Als Prüfstein, ob jemand wirklich für eine vorurteilsfreie Technikfolgenabschätzung eintritt, könnten OTA-Studien wie die vom Februar 1990 dienen: "Making Things Better", in der Wege gesucht werden, um "die Wiederherstellung der führenden Positionen Amerikas in der Produktionstechnologie zu betreiben", wie es im Vorwort heißt (Office of Technology Assessment, 1990, S. III; Übers. d. Verf.).

Diesem Bericht ebenso wie anderen etwa über die Bedeutung der Informationssysteme des Bundes für die amerikanische Wettbewerbssituation oder den Zusammenhang von globalen Finanzmärkten und Informationstechnologie, in denen der positive Beitrag von Technik zur Erreichung wirtschaftlicher Ziele herausgearbeitet wird, stehen Berichte gegenüber, in denen die Notwendigkeit einer neuen Philosophie im Abfallbereich betont oder Konflikte zwischen Landwirtschaft und Gewässerschutz behandelt werden.

Wenn eine solche Instanz, die das Für und Wider von Technik breit und - soweit möglich - unvoreingenommen untersucht, in der Bundesrepublik Deutschland als konsensfähig erscheint - was anhand solcher Prüfsteine erst zu klären wäre - dann fragt sich, wie diese Unvoreingenommenheit institutionell gesichert werden kann, ohne gleichzeitig in Politikferne zu entschweben. Das Geheimnis der dortigen Lösung scheint in der Silbe "bi" zu liegen. In den Gesprächen kehrte regelmäßig das Begriffspaar "bipartisan and bicameral" wieder. "Bipartisan" hat die Enquete-Kommission bei der Beschreibung von OTA als "ein paritätisch aus Koalition und Opposition besetztes Kontrollgremium" übersetzt (Deutscher Bundestag 1989, S. 6), und "bicameral" bedeutet darüber hinausgehend, daß Senat und Abgeordnetenhaus beteiligt sind. Nimmt man hinzu, daß in weiteren Gremien ebenfalls bewußt unterschiedliche Interessen, aber durch bedeutende gesprächsfähige Persönlichkeiten vertreten sind[7], so scheint hierin das Geheimnis für die Akzeptanz der - ja keineswegs etwa durch Inhaltsleere kompromißfähigen - OTA-Gutachten zu liegen: Es ist dem Insider wie dem Außenstehenden klar, daß man ein Gutachten nicht mit Hinweis auf die Dominanz einer politischen Partei, einer Interessengruppe oder einer politischen Institution beiseiteschieben kann. Wenn man ein Gutachten nur der Regierungskoalition oder nur der Opposition geistig zuordnen würde, könnte es die Aufgabe einer ernstzunehmenden Technikfolgenabschätzung jedenfalls gegenüber der Öffentlichkeit nicht erfüllen (vgl. auch von Westphalen, 1988, S. 198 f.); möglich bleibt dann allerdings noch die regierungsinterne Aufklärungsfunktion, die anderen Wirkungsmechanismen folgt.

Übersetzt in deutsche Verhältnisse müßte man, bei aller Schwierigkeit einer solchen Analogie zwischen sehr unterschiedlichen Verfassungssystemen, beispielsweise den Vorsitzenden des am jeweiligen Thema interessierten Bundestagsausschusses und den wichtigsten dortigen Vertreter der Opposition einen Arbeitsauftrag unterschreiben lassen, ja man müßte vielleicht sogar an ein Zusammenwirken von Bundestag und Bundesrat denken, um vom Arbeitsauftrag bis zu der - in den USA gemeinsamen - Präsentation der Ergebnisse und Empfehlungen eine breite Plattform zu schaffen, auf der die wichtigen absehbaren technologischen Entwicklungen in ihren positiven und negativen Auswirkungen untersucht werden können und dies in einer Weise, daß der politische Entscheidungspozeß hiervon unmittelbar profitieren kann.

Anmerkungen:

1) Der Beitrag entstand während eines Forschungsaufenthalts im Urban Institute in Washington, D.C./USA. Für Unterstützung dankt der Verfasser dem Urban Institute und der Deutschen Forschungsgemeinschaft.

2) Der in der Wirtschaftswissenschaft übliche Begriff des "Technischen Fortschritts" als einer von - in der Regel drei - Wachstumsdeterminanten deckt sich nicht unmittelbar mit dem Begriff von Technik, wie er in der Technikfolgenabschätzung üblich ist, sondern ist wesentlich weiter und erfaßt beispielsweise auch Rationalisierungsprozesse ohne direkten Technikeinsatz; in der erweiterten Fassung als "dritter Faktor" umfaßt er sogar noch sehr viel mehr Wachstumselemente (vgl. etwa Abramovitz 1989).

3) Nach dem Entwurf der SPD-Bundestagsfraktion von 1966 sollte es ursprünglich sogar die Bezeichnung "Gesetz zur Förderung eines stetigen Wachstums der Gesamtwirtschaft tragen (van Suntum 1990, S. 6).

4) Hierdurch ergibt sich ein inhaltlicher Bezug zur Volkswirtschaftlichen Gesamtrechnung, vgl. unten Teil 4.

5) Belspiele finden sich in: Bundesminister für Forschung und Technologie, o. J.

6) Als Beispiel für die Kritik vgl. Leipert, 1985; zum Überblick über zahlreiche Studien siehe Elsner, 1988; eine neuere Diskussion findet sich in Zeitgespräch, 1989.

7) Neben dem Congressional Board, der die Mitglieder von Senate and House umfaßt, besteht für OTA insgesamt ein Advisory Council und für jedes Projekt ein zusätzliches Advisory Panel; jede der beiden Institutionen setzt sich aus Vertretern unterschiedlicher Belange zusammen, wird aber nicht von Interessengruppen beschickt, sondern entsteht aus individuellen Berufungen.

Literaturnachweis

1 Abramovitz, M., Thinking about Growth, in: ders. Thinking about Growth, Cambridge u.a. (Cambridge University Press) 1989, S. 3-79.

2 Ausschuß für Wirtschaft des Deutschen Bundestages, Anhörung zum Thema "Entwicklung der ökologischen und sozialen Folgekosten des Wirtschaftens in der Bundesrepublik Deutschland" am 10.6.1989, Stenografisches Protokoll, Bonn 1989. Einige Beiträge erscheinen in ZAU, a.a.O.

3 Bartocha, B., Technology Assessment: An Instrument for Goal Formulation and the Selection of Problem Areas, in: Cetron, M.J., und Bartocha, B., Hrsg., Technology Assessment in a Dynamic Environment, London u.a. 1973, S. 337-356.

4 Bundesminister für Forschung und Technologie, Technikfolgenabschätzung Werkstattbericht aus laufenden Forschungsprojekten, Bonn o.J.

5 Bundesminister für Umwelt, Naturschutz und Reaktorsicherheit, Umweltbericht 1990, Bonn 1990.

6 Bundesverband der Deutschen Industrie, Unterlagen zur Anhörung in: Ausschuß für Wirtschaft des Deutschen Bundestages, a.a.O.

7 Deutscher Bundestag, Bericht der Enquete-Kommission "Einschätzung und Bewertung von Technikfolgen; Gestaltung von Rahmenbedingungen der technischen Entwicklung", Bundestags-Drucksache 10/6844, Bonn 14.7.1986.

8 Deutscher Bundestag, Bericht und Empfehlungen der Enquete-Kommission "Gestaltung der technischen Entwicklung: Technikfolgen-Abschätzung und -Bewertung", Bundestags-Drucksache 11/4606, Bonn 30.5.1989.

9 Die Grünen, Entwurf eines Gesetzes zur Förderung der umwelt- und sozialverträglichen Entwicklung der Wirtschaft (Gesetz für eine ökologisch-soziale Wirtschaft, Bundestags-Drucksache 11/7607, Bonn 1990.

10 Dierkes, M., Technology Assessment in der Bundesrepublik Deutschland - Eine Stellungnahme, in: Battelle-Informationen, Bd. 19, 1974, S. 22-27.

11 Dierkes, M., Was ist und wozu betreibt man Technikfolgen-Abschätzung?, in: Bullinger, H.-J., Hrsg., Handbuch Organisation und Technik der Kommunikation, München 1989 (nach dem Manuskript zitiert).

12 Eisner, R., Extended Accounts for National Income and Product, in: Journal of Economic Literature, Bd. XXVI, 1988, S. 1611-1684.

13 Fischer, J., Der Umbau der Industriegesellschaft, Frankfurt a.M. 1989.

14 Hansmeyer, K.-H., Fallstudie: Finanzpolitik im Dienste des Gewässerschutzes, in: Schmidt, K., Hrsg., Öffentliche Finanzen und Umweltpolitik II, Schriften des Vereins für Socialpolitik, NF Bd. 176/II, Berlin 1989, S. 47 ff.

15 Leipert, C., Sozialprodukt, Nettowohlfahrtsmessung und umweltbezogene Rechnungslegung, in: Zeitschrift für Umweltpolitik und Umweltrecht, Bd. 3, 1986, S. 281 ff.

16 Office of Technology Assessment, Making Things Better, Washington, D.C. 1990.

17 Rat von Sachverständigen für Umweltfragen, Umweltgutachten 1978, Stuttgart u.a. 1978.

18 Rat von Sachverständigen für Umweltfragen, Umweltgutachten 1987, Stuttgart u.a. 1987.

19 Sachverständigenausschuß zu Grundsatzfragen und Programmperspektiven der Technikfolgenabschätzung, Memorandum, hrsg. vom Bundesminister für Forschung und Technologie, Bonn 1989.

20 Stahmer, C., Towards Integrated Environmental and Economic Accounting, in: System of National Accounts Handbook, Chapter 1, im Druck.

21 Suntum, U. van, Angemessenes und stetiges Wirtschaftswachstum, in: Aus Politik und Zeitgeschichte, Beiträge zur Wochenzeitung Das Parlament, B 18/90 vom 27.4.1990, S. 3-16.

22 Westphalen, R. Graf von, Technikfolgenabschätzung - als politische Aufgabe, München-Wien 1988.

23 ZAU, Zeitschrift für angewandte Umweltforschung, Sonderheft des Jahrgangs 1989, im Druck.

24 Zeitgespräch "Sollte der Indikator Bruttosozialprodukt geändert werden?", mit Beiträgen von C. Leipert, E. Hölder, H.-H. Härtel, H. Zimmermann, in: Wirtschaftsdienst, 69. Jg., 1989, S. 483 ff.

25 Zimmermann, H., Finanzpolitik zwischen Wachstum und Verteilung - Erfahrungen seit 1948 und Folgerungen für die Zukunft, in: Währungsreform und Soziale Marktwirtschaft, Schriften des Vereins für Socialpolitik, NF BD. 190, Berlin 1989, S. 303-318.

26 Zimmermann, H., Grenzen einer Erweiterung der Volkswirtschaftlichen Gesamtrechnung, in: Zeitgespräch, a.a.O., S. 493-496.

3 Die betriebswirtschaftlichen Folgen der Technikfolgenabschätzung

E. Staudt

3.1 Mikroökonomische Perspektive

Aus der Perspektive der Betriebswirtschaft bleibt der in der öffentlichen Diskussion um die Technikfolgenabschätzung hergestellte Mensch-Technik-Umwelt-Bezug häufig unvollständig. Die das Verhältnis Mensch-Technik-Umwelt gestaltende ökonomische Vermittlungsebene wird oft übersprungen. Der Komplex Arbeitsteilung, Spezialisierung, Organisation, Austausch etc. wird damit entproblematisiert. Der technokratische Ansatz ignoriert den pluralistischen Entwicklungs- und Anwendungsvorgang von Technik in Marktwirtschaften und kontert den wettbewerblichen und daher 'chaotischen' Verlaufscharakter mit dem Anspruch einer vorausschauenden Regelung. Das auf die Technikbewertung ausgerichtete simplifizierte Verhältnis Mensch-Technik-Umwelt wirkt auf die Dimensionierung der so zu bewältigenden technischen Entwicklung trivialisierend, weil der gesamte Komplex der arbeitsteiligen Technikentstehung und -nutzung vernachlässigt wird.[1] Die komplexe Symbiose von Mensch und Technik, wie sie im Wirtschaften ihren Ausdruck findet, gerät dabei in die Gefahr, auf eine laienhaft handhabbare primitive Technologie reduziert zu werden[2].

3.1.1 Die Rolle der Akteure in der technischen Entwicklung

Die Ausgangssituation für technische Entwicklungen stellt sich in einer marktwirtschaftlichen Ordnung wie folgt dar:

technische Entwicklungen - sowohl der überwiegende Teil naturwissenschaftlich-technischer Erkenntnisgewinnung als auch die Umsetzung naturwissenschaftlich-technischen Wissens in Produkte und Dienstleistungen - werden in Unternehmen betrieben. Innovationen setzen sich in einer marktwirtschaftlichen Ordnung nicht durch, wenn sie technisch machbar oder sozial erwünscht sind, sondern erst dann, wenn sie ökonomisch sinnvoll erscheinen bzw. dem Nutzenkalkül der Entwicklungen tragenden oder Technik anwendenden Akteure entsprechen.

Die die technische Entwicklung bestimmenden Entscheidungen werden im Mikrobereich auf Unternehmensebene gefällt. Wenn man sich also die Frage stellt, welche Wertungen, Bewertungen oder Bedürfnisse steuern die technische Entwicklung, kommt man nicht umhin, die Frage dahingehend zu transformieren: "Welche Werte, Bewertungen oder Bedürfnisse steuern die die technische Entwicklung bestimmenden Entscheidungen in den einzelnen Unternehmen?" Das heißt, die Unternehmung in der Marktwirtschaft als Adressat der Wertungen und Bedürfnisansprüche verschiedenster Gruppierungen unserer Gesellschaft wird zum zentralen Objekt, wenn man über rein platonische Technikfolgenforschung hinauskommen will und sich mit den Folgen von Technikfolgenabschätzung befaßt.

Geht man davon aus, daß Technikfolgenabschätzung kein zweckfreies Unterfangen ist, sondern stets mit der Intention verknüpft wird, aufgrund der gewonnen Analysen regelnd in technische Entwicklungen einzugreifen, dann rückt der Kausalzusammenhang zwischen derartigen Regelungen und dem Innovationsprozeß in den Mittelpunkt. D.h., einerseits impliziert die Prognose der Technikfolgen eine Aussage über die zukünftigen Handlungsakte der beteiligten Akteure und andererseits intendiert Technikfolgenabschätzung den regelnden Eingriff und damit eine Begrenzung des Handlungsfreiraums von Förderern, Entwicklern und Technikanwendern.

3.1.2 Technikfolgenabschätzung als Regelungsgenerator

Nun sind derartige regulierende Eingriffe aufgrund von Vermutungen, Analysen oder Schätzungen sicher keine neueren Erfindungen, die erst mit dem breiten Gerede über Technikfolgenabschätzung aufgekommen sind, sondern ein sehr langwieriger Prozeß, der insbesondere mit der Industrialisierung, erheblichen Zuwachs an Regelungseingriffen zeitigte. Die Regulierung technischer Entwicklung erfolgte auf zwei Wegen:

- Zum einen bildeten sich autonome Normen heraus, die in der Folge nicht intendierten, aber doch wirksam technische Entwicklungen beeinflussen.
- Zum anderen war die induzierte Normenbildung im Grunde eine sich über 150 Jahre erstreckende intendierte Reaktion auf den Industrialisierungsprozeß.

Insbesondere nach 1876 nahm der Umfang der Staatseingriffe in die Wirtschaft zu. Zunächst wurde die Post mit erheblichen Folgen für die Nachrichtentechnik verstaatlicht, später dann die Eisenbahn aus Koordinierungs- und Effizienzüberlegungen, was aber doch die Verkehrstechnik limitierte. Bald darauf folgten andere Versorgungsunternehmen, wie Elektrizität, Gas und Wasser, darauf Entsorgungsbetriebe, Gesundheits- und Verkehrswesen etc. Dies hatte jedoch stets auch Impulswirkungen oder Restriktionen für die technische Entwicklung zur Folge.[3]

Die Folgen von Technisierung und damit verbundener Industriealisierung waren direkte und indirekte staatliche Eingriffe in den Marktmechanismus über Preise, Marktzutrittsregelungen, Kontrahierungszwang, Konditionenregelungen, Subventionen und Verstaatlichungen. Die Regulierer wollten bestimmte Mißstände der damaligen technischen Entwicklung vermeiden oder Chancen nutzen oder Interessen bestimmter politischer Gruppen durchsetzen. Nicht intendierte längerfristige Folgen dieser aufgrund früherer "Technikfolgenabschätzungen" geschaffenen Restriktionen wurden weitgehend ignoriert und spätere technische Entwicklungen außer Acht gelassen.

Daneben entstanden zahlreiche Gesetze, Verordnungen und Normen[4] in Antizipation von technischen Entwicklungen (man denke nur an die aktuelle Diskussion um die Gentechnik), um das 'Wohl der Allgemeinheit' zu gewährleisten und vor negativen Technikentwicklungen zu schützen. Dies fand seinen institutionellen Niederschlag in Gewerbeaufsicht und technischen Überwachungsvereinen.

Der Umfang der Regulierungsmaßnahmen wuchs erheblich, nicht nur die Anzahl der jährlich verabschiedeten Gesetze ist drastisch angestiegen, es fand auch eine Ausdehnung der Regelungen auf immer mehr Wirtschaftsbereiche statt. So kamen Bestimmungen u.a. in der Verkehrssicherheit, des Arbeitsschutzes, des Umwelt- und Verbraucherschutzes auf kommunaler, regionaler und nationaler Ebene hinzu. Dieses System wird heute durch EG-Verordnungen überlagert, die seit 1975 expandieren. Und es wird noch verkompliziert durch bisher divergierende Regelungen in Sicherheitstechnik, Arbeitsschutz und in der Organisationsart und Tradition der Aufsichtsbehörden und Regelungsinstanzen, aufgrund unterschiedlicher 'Technikfolgenabschätzungen' in der Gemeinschaft.

Fragt man nach den Ursachen für solche regulierenden Entwicklungen, so gibt es eine Vielzahl von Einflußfaktoren[5], die über die schlichte Technikfolgenabschätzung hinausreichen:

- Ein beachtliches Ausmaß von regulierenden Eingriffen auf die technische Entwicklung findet seine Begründung in der Korrektur unerwünschter Marktergebnisse. Es sind also nicht nur verobjektivierte Folgenabschätzungen, sondern auch Macht- und Interessenkonstellationen, die die Folgenabschätzung und daraus folgende Regelungen bestimmen.

- Staatliche Regelungen, die in Krisensituationen oder auch auf bestimmten kritischen Eintrittsniveaus in neue Techniken wie beim Dampfkessel oder Kernenergie entstanden sind, bleiben über die Zeit bestehen.[6]
- Es entsteht immer neuer Regelungsbedarf aufgrund von wirtschaftlichem, technischem und sozialem Wandel, aber überkommene Regelungen werden nicht sukzessive wieder außer Kraft gesetzt[7], es kommt zu einer Art Sedimentbildung von Regelungen mit entsprechender Verkrustung.
- Häufig wird staatlicher Interventionismus von einer gewissen Eigendynamik begleitet. Es entsteht ein Gesetzesperfektionismus, wenn Verwaltungen aktuellem Regelungsbedarf folgen und später auftretende Regelungslücken im Nachhinein geschlossen werden müssen.
- Nicht intendierte Folgen von einmal installierten Regelungen haben negative bzw. nicht gewünschte Effekte für direkt oder auch indirekt Betroffene. Vor dem Hintergrund bereits bestehender Regelungen[8] entsteht hierdurch wiederum neuer Regelungsbedarf, der dann z.B. beim BMFT seinen Ausdruck darin findet, daß Innovationsförderung notwendig wird (und auch z.T. damit begründet wird), weil bestimmte Innovationsbarrieren nicht beseitigt sind.

Als Regelungsgenerator aufgrund von Technikfolgenabschätzung gebärdet sich jedoch nicht nur die öffentliche Hand, sondern es kommen zahlreiche normengenerierende Institutionen wie etwa der DIN-Normen-Ausschuß, Verbände, Gewerbeaufsichtsämter, VDI, TÜV u.v.m. hinzu, die mit ihren eigenen Abschätzungen Regelungen erwirken, um das staatliche Regelungswerk aufzufüllen und zu vervollkommnen. Und 'Technikfolgenabschätzung' erscheint letztendlich instrumentalisiert von den verschiedensten Interessengruppen.

Alle diese aufgrund von Vermutungen, Analysen und Abschätzungen installierten Regelungen spielen natürlich in das Entscheidungskalkül eines Unternehmens hinein und wirken dort ergänzend oder im Widerspruch zu anderen Zielen, Bedürfnissen, Restriktionen etc. der Markt- oder Beschaffungsseite, der Arbeitnehmer- oder Kapitalseite usw.. Der allgemeine Hang zum Regelungsperfektionismus, ergänzt um die sozialtechnokratische Überheblichkeit, daß man eine noch unbekannte Technik schon vor ihrer Erforschung und Entwicklung in ihren Folgen abschätzen und damit regelnd in die Entwicklung eingreifen kann, hat daher aus der subjektiven Sicht des Marktteilnehmers einen Normenwirrwarr beschert, der die Funktionsfähigkeit des Marktmechanismus heute beschränkt und bei Expansion der Technikfolgenabschätzung in der Zukunft deutlich verringert[9].

3.2 Die Situation des Innovators

Aus der Regelungsexpansion ergeben sich Probleme für den einzelwirtschaftlichen Innovator und den Innovationsförderer. Das umfassende Regelungssystem mit seiner Vielzahl historisch gewachsener, überbetrieblicher, nationaler und internationaler Regelungen ist aus der Sicht des einzelnen Innovationsprojektes kaum noch zu überblicken und auch nicht zu beeinflussen[10]. Die Summe der Regelungen um die Technik, technische Entwicklung und den Technikeinsatz limitiert das einzelne Innovationsprojekt durch zusätzliche Vorgaben von außen:

- Entweder wirkt sie sich als sogenannter regelungsbedingter Innovationswiderstand auf das jeweilige Innovationsverhalten aus

- oder sie führt im Gefolge von Innovationsprozessen zu unerwarteten Konflikten, die den Innovationserfolg in Frage stellen.

Schon im nichtinnovativen statischen Fall können staatliche oder von privaten Institutionen erlassene Regulierungen, aber auch die Tatsache, daß irgendwelche Gruppen Folgen von Techniken befürchten, gravierende Restriktionen des betrieblichen Alltags bedeuten. Sie stellen dann Grenzen für die einzelne Unternehmung in ihrem Leistungsprozeß sowohl auf der Inputseite, d.h. im Produktionsprozeß, als auch auf der Outputseite dar. Sie engen den unternehmerischen Handlungsspielraum ein und determinieren zugleich Produktionsverhältnisse und Kostenfunktionen der betreffenden Unternehmung. Diese wird abhängig von einer kaum übersehbaren Zahl externer Determinanten, die nur noch in einem oft intuitiven Erfahrungsprozeß beherrscht werden.

Die Schwierigkeiten eskalieren im Innovationsfall, wenn eine Unternehmung neue Verfahren oder Produkte plant und sie sich Klarheit über Art und Ausmaß der diese Entwicklung betreffenden Regelungen verschaffen muß. Die Planung muß den gesamten Innovationsprozeß von der Forschung und Entwicklung bis zur tatsächlichen Anwendung und Entsorgung erfassen. Bedenkt man dabei, daß schon die Forschung und Entwicklung bei größeren Innovationen einen Zeitraum bis zu 10 Jahren erfaßt, ein Modell bis zu 10 Jahren produziert wird und dann z.B. wie ein Auto oder Kühlschrank noch 10 Jahre genutzt wird, dann hätten die Entwickler von Kühl- oder Gefrierschränken schon im Jahr 1960 das Ozonloch von 1990 beachten müssen. D.h., die Unternehmung steht vor dem Problem, sich schon im Zeitpunkt der Forschungsaufnahme Klarheit zu verschaffen,

- wie ihr nicht voll rational planbarer, weil Zufallsprozesse enthaltender Innovationsprozeß abläuft,
- welche Schnittstellen zu welchen Regulierungstatbeständen, d.h. auch zukünftigen Technikfolgenabschätzungen, auf der Strecke relevant werden,
- welche Rückschlüsse auf das Innovationsverhalten und die Anwendungsbedingungen der intendierten Innovation daraus zu ziehen sind

und hat demnach schon im Planungszeitpunkt aufgrund derartiger Analysen zu überprüfen,

- ob sie die geplante Innovation unterlassen oder modifizieren soll (als Folge von zu berücksichtigenden, in der Laufzeit des Forschungs- und Entwicklungsprozesses, oder während der zukünftigen Anwendung auftretenden Technikfolgenabschätzung und daraus resultierenden regulierenden Eingriffen),
- ob sie das innovatorische Bemühen um flankierende Maßnahmen ergänzen soll und an welche, evtl. in der Zukunft tangierten Bewertungen, Vermutungen und Analysen sie sich im voraus anpassen soll.

Erst eine derartige Analyse würde Anhaltspunkte dafür liefern, ob ein neues Produkt oder Verfahren aufgrund einzelner gesetzlicher oder ähnlicher Bestimmungen möglicherweise gefährdet ist[11] bzw. ob es aufgrund laufender oder geplanter oder erst in der Zukunft initiierter Technikfolgenabschätzung gefährdet werden kann. Erst hierdurch würden sich Ansatzpunkte zum Abbau bzw. zur Vermeidung von Konflikten ergeben. Eine solche Analyse wäre die Voraussetzung zur Schaffung und Sicherung innovatorischer Freiräume für den jeweiligen Innovator.

3.3 Defizite bei der Umsetzung von Technikfolgenabschätzungen

3.3.1 Instrumentendefizit

Eine präventive Gestaltung des Innovationsprozesses wird in der Praxis durch ein zweifaches Defizit behindert:

- Es fehlen Instrumente zur Analyse von Innovationsprozessen.
- Es fehlen Methoden zur Identifizierung von relevanten Regelungskonflikten.

Da die Vielzahl der in den Innovationsprozeß hineinragenden Regelungen und hinzukommenden Wertungen aufgrund von Technikfolgenabschätzung oftmals nicht überschaubar ist oder meist erst im Laufe der Zeit in einem 'trial and error'-Prozeß entdeckt wird

- artikuliert sich das Unbehagen in pauschaler Kritik am Regulierungssystem und hinzukommenden restriktiv wirkenden Technikfolgenabschätzungen. Es wird oft aufgebauscht durch generalisierte Einzelkonflikte mit besonders signifikanten Widersprüchen zwischen Innovation und Regulierung, (daß z.B. ein mit Forschungsmitteln des BMFT entwickelter luftloser Sicherheitsreifen nicht eingeführt werden kann, weil diesem gesetzliche Vorschriften entgegenstehen);
- fordert man 'Rechtssicherheit' vom Regulierungsgeber und damit in der Zukunft auch vom 'Technikfolgenabschätzer' für Innovatoren, d.h. eine abschließende Regelung für noch nicht transparente technische Entwicklungen und ihre noch unbekannten Anwendungsprobleme;
- präferieren Unternehmen zunehmend Intensivierungsstrategien, d.h. man beschränkt sich auf innovatorische Maßnahmen, die das bestehende Beziehungsgefüge zwischen der vom

Unternehmen genutzten Technik und dem Regulierungssystem qualitativ konstant halten und nur an entsprechenden Stellen quantitativ modifizierend eingreifen bzw. aufgrund von Technikfolgenabschätzung hinzukommende Auflagen erfüllen[12];

- dieser Trend wird durch den Ausbau der Gefährdungshaftung noch weiter verstärkt;
- werden verbleibende Entwicklungsfreiräume unterschätzt bzw. nicht genutzt, da das Regelungssystem und insbesondere die in der Zukunft zu erwartenden Ergebnisse von Prozessen der Technikfolgenabschätzung für den einzelwirtschaftlichen Innovator intransparent sind;
- kommt es in der Folge zu Entwicklungsabbrüchen, weil die Gefahr der Nichtrealisierbarkeit aufwendige Anpassungsprozesse auslösen könnte, die die Kosten der Unternehmung zu stark erhöhen.

Neben immer wieder analysierten externen Kosten von Rechtsvorschriften[13] und anderen Restriktionen der technischen Entwicklung resultieren aus den Konflikten der Innovation mit diesem Regelungssystem erhebliche Innovationshemmnisse, die meistens aus einzelbetrieblicher Sicht nicht hinreichend früh genug erkannt werden können.

Um dies zu vermeiden wäre es notwendig, nach Möglichkeiten zu suchen,

- wie die Determinanten der Richtung und des Umfangs innovatorischer Prozesse sowie sich ergebende Innovationshemmnisse analysiert und aufgezeigt werden können;
- wie das umfassende Regelungswerk von Vorschriften, Gesetzen, Verordnungen, Normen etc., das in der Zukunft durch Technikfolgenabschätzungen noch erweitert werden wird, zu analysieren und hinsichtlich seiner Beeinflußbarkeit, Anpassungs-, Abbaufähigkeit etc. zu klassifizieren ist;

- wie beide Problemfelder in bezug zueinander gesetzt werden können, um Konflikte zu vermeiden, Innovationen zu unterlassen oder zu forcieren und damit letztlich die gerade durch Technikfolgenabschätzung intendierte Ausrichtung der technischen Entwicklung praktisch umzusetzen.

Beim derzeitigen Stand der Forschung fehlt jedoch sowohl eine auf Regelungen sensibilisierte Modellierung von Innovationsprozessen als auch eine systematische Ordnung der innovationsrelevanten Regelungswerke und erst recht jeglicher Klassifikationsversuch des Ergebnisses von heute fast beliebig ablaufenden Technikfolgenabschätzungsprozessen. Ein vorausschauendes Konfliktmanagement, das es erlauben würde, die Ergebnisse der Technikfolgenforschung umzusetzen, ist daher heute unmöglich. Die Folgen der Technikfolgenabschätzung sind letztlich unkalkulierbar. Der Aktivismus in der Technikfolgenabschätzung wirkt lediglich restriktiv, aber nicht positiv steuernd.

3.3.2 Das Orientierungsdefizit

Da bisher der Kausalzusammenhang zwischen Innovations- und Regulierungsprozeß, der durch Technologiefolgenabschätzung verstärkt wird, vernachlässigt wird, kann Orientierungswissen für Innovatoren nicht gewonnen werden.

Der einseitige Push vom BMFT und Bundestag in Richtung Technikfolgenforschung macht den einzelwirtschaftlichen Innovator (übrigens auch den Innovationsförderer) handlungsunfähig. Eine Forschungspolitik, die einseitig auf Regulierung und Restriktion durch Technikfolgenabschätzung setzt, ist keine Forschungspolitik, weil sie die positive Frage negierte, unter welchen Umständen in welche Richtung noch geforscht und entwickelt werden darf. Sie gerät in Widerspruch zu ihrer eigenen Programmatik.

Während auf der einen Seite Innovationen aus einzel- und gesamtwirtschaftlicher Sicht positiv beurteilt und gefördert werden, konzentriert sich die methodische Diskussion auf der anderen Seite auf eine regulierende Kontrolle der weiteren Entwicklung durch Technikfolgenabschätzung. Der Widerspruch zwischen Innovationsförderung und Innovationsregulierung findet seinen Niederschlag in zwei Extrempositionen: Deregulation auf der einen und staatliche Vorsteuerung der technischen Entwicklung, insbesondere mit Hilfe von Technikfolgenabschätzung, auf der anderen Seite.

Die Deregulationsdebatte, welche hauptsächlich in den USA und Großbritannien geführt wird, hat die Liberalismusversion des 19. Jahrhunderts zur Grundlage. Ziel ist es, maximale Entwicklungsfreiräume für die Privatwirtschaft zu schaffen. Doch kann ein derartiges Bestreben bei allen Anfangserfolgen in überregelten Feldern nicht absolut gesehen werden:

- Bis jetzt sind die Bemühungen um Deregulation bzw. Entbürokratisierung nicht einmal im Gleichgewicht mit der Schaffung neuer Regelungstatbestände, die durch Technikfolgenabschätzung erweitert werden.
- Die meist als Entweder-/Oder-Diskussion geführte Abbauforderung betrachtet keine differenzierten Eingriffsmöglichkeiten auf das Regelungssystem und die technische Entwicklung.
- Bei pauschaler Deregulierung ist der kausale Wirkungszusammenhang zu größeren Entwicklungsfreiräumen nicht gewährleistet.
- Innovatorische Entwicklungsfreiräume dürften neue Konflikte mit dem sozialen und gesellschaftlichen Umfeld generieren und damit über entsprechende Technologiefolgenabschätzung neuen Regelungsbedarf auslösen.

Auf dieser Basis ist es weder sinnvoll noch politisch machbar, einen schnellen totalen Regelungsabbau zu betreiben, so daß von einem stets verbleibenden 'Rest' auszugehen ist und entsprechende Differenzierungen notwendig werden.

Dieser Deregulationsdebatte gegenüber steht das technokratische Ideal, die technische Entwicklung über Technikfolgenabschätzung und populistische oder staatliche Vorsteuerung zu programmieren. Durch die Antizipation von technischen Entwicklungen, Anwendungsoptionen und -folgen sollen vorwiegend Regelungen zur Gestaltung der technischen Entwicklung installiert werden. Schwierigkeiten ergeben sich dabei aus

- der Unvollständigkeit der verfügbaren Information,
- der Prognoseunsicherheit bezüglich zukünftiger technischer Entwicklungen, Anwendungen und Folgen,
- der Konsensbildungs- und Durchsetzungsproblematik,
- den Motivations- und Effektivitätsverlusten bei potentiellen Innovatoren etc.

Dennoch hat man davon auszugehen, daß auch in Zukunft - mit und ohne entsprechender Institutionalisierung - in der Öffentlichkeit von den verschiedensten Interessengruppen "Technikfolgenabschätzungen" vorgenommen werden bzw. schon immer vorgenommen wurden. Aufgrund von vermuteten und durch Experten erhärteten Erwartungen über die Technikentwicklung und Folgen werden dann weitere Regelungen generiert, die, ob intendiert oder nicht, technische Entwicklungen determinieren.

Die auftretenden Schwierigkeiten zeigen, daß beide Extrempositionen nicht einseitig sinnvoll besetzt werden können. Man hat in der Innovationsszene vielmehr davon auszugehen, daß Deregulation nur zu partiellen Erfolgen führen und eine stetige Flut neuer Regulative das Konfliktpotential von innovativen Bemühungen in Zukunft weiter erhöhen wird.

Es ist deshalb als Folge von Technologiefolgenabschätzung zu erwarten, daß regelungsbedingte Innovationswiderstände zum betrieblichen Alltag gehören und die Wirtschaft trotz Deregulation durch Ergänzungen oder Neufestlegungen von Rahmenbedingungen für die technische Entwicklung einer erheblichen Verunsicherung ausgesetzt bleibt.

3.4 Die notwendige Ergänzung der Technikfolgenabschätzung: oder sie wissen zwar, was sie wollen, aber nicht, was sie tun

Technikfolgenabschätzung mit der Intention, technische Entwicklungen zu regulieren und vor negativen Folgewirkungen zu schützen, erscheint trotz der damit implizierten Begrenzung wirtschaftlicher Entwicklung und Steuerung individuellen und einzelwirtschaftlichen Handelns, angesichts des wachsenden Problemdruckes, richtig und wichtig.

Der Anspruch der Totalsteuerung von technischer und damit wirtschaftlicher Entwicklung geht jedoch weit über das mit Technikfolgenabschätzung Machbare hinaus. Wer hier naive Extrempositionen verficht verkennt, daß er sich mit dem naiv-technokratischen Impetus planwirtschaftlichen Systemen nähert, deren wesentliche Charakteristik aber nicht nur in der Festlegung der "richtigen technischen Entwicklung", sondern zugleich in der autonomen Verfügungsmacht der planenden Instanz über die Ressourcen besteht. Die Rettung der Rationalitätsutopie durch aufgeblähte Instanzen mit erhöhter Informationsverarbeitungskapazität, interdisziplinärer Zusammenarbeit etc. ist nicht möglich. Die jeweils verbleibenden Informations- und Prognoseprobleme sind vielmehr nur durch zusätzliche Restriktionen zu bewältigen. Zentralistische Instanzen zur

Technikfolgenabschätzung werden sich daher nicht mit informatorischen oder prognostischen Aktivitäten bescheiden, sondern letztlich Fakten schaffen, z.B. durch die Kurzschlußlösung der Festlegung der "richtigen technischen Entwicklung" und damit insbesondere die innovatorische Dimension beschneiden. Derartige Instanzen werden also letztlich Recht haben, nicht weil sie Recht haben, sondern weil sie keine Alternativen mehr zulassen.

Die Sicherung des Erhalts von Entwicklungsfreiräumen in der technischen Entwicklung und damit auch Freiräumen für die individuelle und betriebliche wirtschaftliche Entfaltung macht es vielmehr notwendig

- vom Anspruch auf die totale Technikbewertung abzugehen,
- die wirtschaftliche Integration der durch Technikfolgenabschätzung induzierten Regelungen und deren Folgen mehr Aufmerksamkeit zu widmen,
- Instrumente zu entwickeln, die eine sinnvolle Reaktion auf die induzierten Regelungen erlauben und Orientierungen für verbleibende Entwicklungsfreiräume geben.

Die bisher durchgeführten zahlreichen Analysen über die Kostenwirkungen aufgrund von Regelungen greifen in diesem Zusammenhang zu kurz, da es einer weitergehenden Betrachtung bzgl. der Einengung von Handlungsspielräumen sowie der Beeinflussung des Innovationsverhaltens in den die technische Entwicklung tragenden Unternehmen bedarf.

Die verbleibende hohe Regelungsdichte, die mit Technikfolgenabschätzung noch expandieren wird,

- überfordert tendenziell die Informationsaufnahmefähigkeit der Normadressaten,
- beeinträchtigt die Legitimität von Normen und erschwert die Kontrolle des Normvollzugs,

- verursacht hohe Kosten und erstickt die Eigeninitiative,
- verhindert die sachgerechte Flexibilität von Einzelfallentscheidungen
- und belastet vor allem mittlere und kleine Betriebe, die sich mangels Apparat nicht wie Großbetriebe am Regelungsgenerierungsprozeß beteiligen können.

Außerdem führt sie in wachsendem Umfang zu Kompatibilitätsproblemen. In krasser Form treten solche Probleme auf, wenn im Gefolge von Technikfolgenabschätzung widersprechende Normen auf ein und denselben Sachverhalt angewandt werden müssen - man vergleiche z.B. die Debatte um den CO_2-Gehalt der Luft und die Lösung der Energieprobleme. Oft tritt dies dann nicht als direkter Normkonflikt in Erscheinung, sondern wird erst im Bereich gegenläufiger Auswirkungen sichtbar, d.h. die Wirkung einer Regelung infolge einer Technikfolgenabschätzung steht zur Wirkung anderer bisheriger Regelungen im Widerspruch.

Ohne ergänzende Instrumente und Orientierung ergeben sich aus Technikfolgenabschätzung Auswirkungen auf den Unternehmensbereich

- bei Produkten oder Verfahren, wo aus Sicherheits-/Arbeitsschutz oder Gesundheitsschutzgründen umfangreiche Genehmigungs- oder Zulassungspflichten anfallen, die aufgrund zusätzlich entstehender Kosten zu einer Verzögerung oder sogar Verhinderung der Einführung neuer Produkte oder Verfahren führen,
- dort, wo der unternehmerische Handlungsspielraum aufgrund von exakt festgelegten gesetzlichen Bestimmungen derart eingeengt wird, daß keinerlei oder kaum Entwicklungsfreiräume bleiben (hierdurch werden einerseits die Kosten direkt erhöht, andererseits versuchen die betroffenen Unternehmen

diese Regulierungen auf kostenträchtigen Umwegen zu umgehen),

- bei arbeits- und sozialrechtlichen Vorschriften, die sich auf die Kosten für den Produktionsfaktor Arbeit und somit auch seine Verwendung im Produktionsprozeß der jeweiligen Unternehmen auswirken und
- bei Regelungen, die die Organisations- und Entscheidungsstruktur einer Unternehmung beeinflussen und dadurch maßgeblich bei der Entwicklung neuer Produkte oder Verfahren mitwirken.

Alle Maßnahmen beeinträchtigen über Kostenwirkung den Innovationsprozeß einer Unternehmung, der durch Technikfolgenabschätzung letztlich entweder verlangsamt oder gar verhindert wird. Regulierungseingriffe beeinträchtigen weiterhin nicht nur die innovatorische Leistungsfähigkeit der sie betreffenden Unternehmung, sondern verhindern oder reduzieren auch die marktliche Regulierung von konkurrierenden Innovationen kompetenter Neuanbieter und vermindern damit die Innovationsreize dieser potentiellen Innovatoren. Eine Ausweitung auf vor- und nachgelagerte Märkte ist sehr wahrscheinlich, in denen sich die ursprünglichen Regulierungsmaßnahmen dann entsprechend auswirken (Verhinderung von vorgelagerten bzw. Anschlußinnovation). Eine Verlangsamung dieser Prozesse vermindert auch die zukünftige Innovationsfähigkeit einer Volkswirtschaft als ganzes im Sinne von Beschäftigungsmöglichkeiten und Wachstumschancen, aber auch des Ersatzes 'verurteilter' Techniken.

Eine expandierende Technikfolgenabschätzung führt also in der Folge zu erheblichen Problemen, wenn ihren Folgen nicht methodisch und instrumentell hinreichend aufgearbeitet werden. Die Lösung des damit entstehenden Problems "Innovation trotz

Regulation[14] durch Technikfolgenabschätzung" ist das notwendige Pendant zur Technikfolgenforschung.

Die kritische Analyse der betriebswirtschaftlichen Folgen der Technikfolgenabschätzung ist insofern kein Plädoyer gegen Technikfolgenabschätzungen, sondern lediglich der Hinweis darauf, daß hier ein erster Schritt getan wurde, ohne den zweiten zu bedenken.

Eine Analyse der durch Technikfolgenabschätzung induzierten Regelungs- und Gesetzesfolgen bedarf detaillierterer Untersuchungen direkt auf Unternehmensebene und differenziert nach einzelnen Phasen der Innovationsprozesse: Das zentrale Defizit besteht im Erfahrungswissen über die Folgen von Technikfolgenabschätzung und deren Auswirkungen auf den Innovationsprozeß auf einzelwirtschaftlicher Ebene.

Daher muß beim jetzigen Stand offen bleiben, ob mit den heute praktizierten Technikfolgenabschätzungen wirklich erreicht wird, was intendiert wurde. D.h., die Akteure der Technikfolgenabschätzung wissen zwar, was sie wollen, aber nicht, was sie tun.

Die bisherige Förderung der Forschungsbemühungen in Richtung eines Ausbaus der Methodik der Technikfolgenabschätzung ist auf jeden Fall zu einseitig und kurzsichtig und bedarf dringend der Ergänzung um eine Art Regelungs- oder Gesetzesfolgenabschätzung, um darauf aufbauend entsprechende Methoden und Instrumente zu erarbeiten, die über die Technologiefolgenabschätzung hinaus ein vorausschauendes Konfliktmanagement erlauben.

Literaturnachweis

1 Vgl. Staudt, E.: Bedürfniserfüllung - Anspruch und Wirklichkeit. Wege und Irrwege zur Technikbewertung aus einzelwirtschaftlicher Sicht, in: R. von Westphalen (Hrsg), Technikfolgenabschätzung. München 1988. S. 176 ff.

2 Vgl. Staudt, E.: Betriebswirtschaftliche Theoriebildung zwischen Verhaltenswissenschaft und Technik, in: Ropohl. J. (Hrsg.), Interdisziplinäre Technikforschung. Beiträge zur Bewertung und Steuerung der technischen Entwicklung, Berlin 1981, S. 111-121.

3 Vgl. Staudt, E.: Binnenmarkt und Umweltgemeinschaft - zur Entsorgung von Reststoffen und Abfällen in der Europäischen Gemeinschaft, in: Zeitschrift für angewandte Umweltforschung 2 (1989), S. 390-395.

4 (Vgl.) R. Kroker, Deregulierung und Entbürokratisierung, Beiträge zur Wirtschafts- und Sozialpolitik Institut der Deutschen Wirtschaft, Bd. 130 (1985).

5 Vgl. R. Kroker, a.a.O., S. 33 ff.

6 (Vgl.) B. Owen, R. Bräutigam, The Regulation Game - Strategic Use of the Administrative Process. Cambridge/ Massachussets 1978.

7 (Vgl.) E. Kaufer, Theorie der öffentlichen Regulierung. München 1981. S. 148.

8 (Vgl.) W. Stützel, Wechselbeziehungen zwischen angebotsorientierter Wirtschaftspolitik und der Sozial- und Gesellschaftspolitik, in: 0. Vogel (Hrsg.), Wirtschaftspolitik der achtziger Jahre. Leitbilder und Strategien, Köln 1982, S. 226.

9 (Vgl.) u.a. R. Kroker a.a.O.; R. Voigt, Mehr Gerechtigkeit durch mehr Gesetz? Ein Beitrag zur Verrechtlichungs-Diskussion, Aus Politik und Zeitgeschichte. Beilage zur Wochenzeitung "Das Parlament", Mai 1981, S. 3-23.

10 Vgl. Staudt, E. (Hrsg.): Das Management von Innovationen. Frankfurt 1986.

11 (Vgl.) auch Ch. Maas, Regulierung und Innovation - Ein empirisch weitgehend unerforschter Zusammenhang, Diskussionspapier 107 der Technischen Universität Berlin, Berlin 1986.

12 (Vgl.) E. Staud, Produktion einschließlich Recycling (Wiederverwendung), in: J. Vogl, A. Heigl u. K. Schäfer (Hrsg.), Handbuch des Umweltschutzes, München 1977, S. 8 ff.

13 (Vgl.) u.a. H. Dicke, H. Hartung, Externe Kosten von Rechtsvorschriften. Möglichkeiten und Grenzen der ökonomischen Gesetzesanalyse. Kieler Studien 199, Tübingen 1986.

14 (Vgl.) Staudt, E.; Horst, Heike: Innovation trotz Regulation, in: List Forum, Bd. 15 (198g), Heft 1.

Teil G
Ein Beitrag zum vorausschauenden Konfliktmanagement

1 Ethische Probleme der Technikfolgenabschätzung

Walther Ch. Zimmerli

Das, was wir 'Technikfolgenabschätzung' nennen, bewegt sich zwischen zwei Extremen: Das Minimalkonzept besteht in einer nachlaufenden Schadensminimierung, das Maximalkonzept dagegen in einer vorlaufenden Technikplanung unter vollständiger Ausschaltung jeglichen Risikos. Beide Extreme sind unbefriedigend; dies gilt allerdings leider auch für den bislang scheinbar einzigen Vermittlungsweg, Technikfolgenabschätzung als "Risiko-Frühwarnsystem" zu verstehen. Richtig verstandene Technikfolgenabschätzung, deren Voraussetzung Technikfolgenforschung und deren Konsequenz Technikbewertung ist, läßt sich begrifflich daher als Optimierungsfunktion zwischcn der Minimierung von Risiken und der Maximierung von Zukunftschancen auffassen. Somit steht außer Frage, daß Technikfolgenforschung, Technikfolgenabschätzung und Technikbewertung integrale Elemente von Technikgestaltung sind oder, wo das noch nicht der Fall ist, werden müssen.

Damit ist aber immer noch gar nichts zu den ethischen Problemen gesagt. Hat Technikfolgenforschung überhaupt etwas mit Ethik zu tun, oder radikaler: Beruht vielleicht die ganze immer noch anhaltende Konjunktur von Ethik auf dem schlichten anachronistischen Mißverständnis, für Bereiche, die durch Einzelwissenschaften und Technologie noch nicht voll abgedeckt sind, einen altehrwürdigen begrifflichen Namen aus der abendländischen Tradition zu benutzen? Immerhin wird die Ethik ja in schöner Regelmäßigkeit ab und zu totgesagt, und auch gegenwärtig kursieren wieder eine Reihe solcher Versuche, z.B. die Ethik durch wirtschaftswissenschaftliche Überlegungen zu ersetzen.

Ich will kein Hehl daraus machen, daß ich alle diese Versuche für schon aus begrifflichen Gründen vollständig verfehlt halte, von den menschlichen und moralischen Dimensionen ganz zu schweigen. Um diese Ansicht aber zu belegen, würde ich im folgenden zunächst versuchen, das Verhältnis von Ethik und Technikfolgenabschätzung zu klären (I), um dann aus der Unzahl von Schwierigkeiten zwei spezielle Probleme herauszugreifen, mit denen sich die Ethik gegenwärtig konfrontiert sieht (II), und dann auf dieser Grundlage einige der Aufgaben, die die Ethik (und die Ethiker) in bezug auf Technikfolgenabschätzung haben, zu skizzieren (III).

1. Fragen, wie die nach dem Verhältnis von Ethik und Technikfolgenabschätzung sind Relationsfragen, und solche lassen sich entweder formal-extensional mit Hilfe von Mengen-Kombinatorik oder inhaltlich-intensional mit Hilfe einer prinzipiell offenen Anzahl von Merkmalen beantworten.

Die Kombinatorik der Begriffsextensionen läßt prinzipiell fünf verschiedene Möglichkeiten zu:

a) Ethik und Technikfolgenabschätzung haben überhaupt nichts miteinander zu tun; anders formuliert: Die Extension von Ethik und diejenige von Technikfolgenabschätzung haben kein gemeinsames Element.
b) Ethik und Technikfolgenabschätzung sind extensional identisch; anders ausgedrückt: Jedes Element von Ethik ist auch Element von Technikfolgenabschätzung und umgekehrt.
c) Die Extension von Ethik ist eine echte Teilmenge der Extention von Technikfolgenabschätzung; anders ausgedrückt: Jedes Element von Ethik ist auch Element von Technikfolgenabschätzung, aber es gibt mindestens ein Element von Technikfolgenabschätzung, das nicht auch Element von Ethik ist.

d) Die Extension von Technikfolgenabschätzung ist echte Teilmenge der Extension von Ethik; anders ausgedrückt: Jedes Element von Technikfolgenabschätzung ist Element von Ethik, aber es gibt mindestens ein Element von Ethik, das nicht auch Element von Technikfolgenabschätzung ist.

e) Die Extension von Ethik und die Extension von Technikfolgenabschätzung haben eine gemeinsame Schnittmenge; anders ausgedrückt: Mindestens ein Element von Ethik ist nicht Element von Technikfolgenabschätzung, mindestens ein Element von Technikfolgenabschätzung ist nicht Element von Ethik, und mindestens ein Element von Ethik ist zugleich Element von Technikfolgenabschätzung.

Mit Hilfe des Ausschlußverfahrens kommt man sehr schnell zu dem Ergebnis, daß Variante a) und Variante b) aus den in der Eingangsbemerkung erwähnten Gründen nicht in Frage kommen. Variante c) fällt wegen des verwendeten Allquantors in dem Moment aus, in dem ein Element von Ethik benannt werden kann, das nicht auch Element von Technikfolgenabschätzung ist, und für Variante d) gilt die Umkehrung. Nun ist es aber leicht möglich zu zeigen, daß, wenn Variante a) und b) voraussetzungsgemäß entfallen, es möglich ist, daß mindestens ein Element von Ethik nicht Element von Technikfolgenabschätzung und mindestens ein Element von Technikfolgenabschätzung nicht Element von Ethik ist.
Damit aber bleibt nur Variante d) als überhaupt möglich übrig.

Wir haben also davon auszugehen, daß die Extensionen von Technikfolgenabschätzung und Ethik eine gemeinsame Schnittmenge haben. Um diese nun inhaltlich auszufüllen, ist es nötig, auf die spezifischen Veränderungen einzugehen, die die gegenwärtige Situation von Technikfolgenabschätzung und Ethik kennzeichnen. Es sind, wenn ich recht sehe, vordringlich vier Vorstellungen, die preisgegeben werden müssen, wenn das Verhältnis von Ethik und Technikfolgenabschätzung richtig gesehen werden soll, und zwar sind es je eine Vorstellung in bezug auf Technikfolgenabschätzung und Ethik sowie zwei Vorstellungen bezüglich des Verhältnisses von Ethik und Ökonomie:

1. Zum einen ist die Vorstellung preiszugeben, Technikfolgenabschätzung sei eine Art von Technikfolgenprognostik. Das Forecasting-Modell von Technikfolgenabschätzung, dem man in den 70er Jahren folgte, kann aus zwei relativ leicht einsehbaren Gründen nicht genügen: Zum einen verbietet rein quantitativ die große Zahl von möglichen Ereignissen aufgrund der offenen Verzweigungsvielfalt jede vollständige Prognostik, also auch die der Technikfolgen; zum anderen sind bei allen Systemen, an deren Entwicklung Menschen beteiligt sind, strikte Verlaufsprognosen deswegen nicht möglich, weil Menschen ihre Präferenzen entweder ändern oder sich entgegen ihren Präferenzen verhalten können.

2. In Sachen Ethik ist von dem weltweit als 'typisch deutsch' apostrophierten Vorurteil Abschied zu nehmen, als hänge die moralische Qualität von Handlungen allein von den in sie investierten Motiven ("guter Wille") ab. Vielmehr ist dieses von Imanuel Kant besonders stark propagierte Modell durch teleologische Elemente zu ergänzen: In der technologischen Zivilisation kann man nur demjenigen die moralisch richtigen Motive unterstellen, der sich auch Gedanken über die möglichen Folgen seines Handelns macht. Folgenreflexion in der Ethik pflegen wir aber als 'Verantwortungsethik' im Gegensatz zur reinen 'Gesinnungsethik' zu bezeichnen; und aus Gründen eben dieses Zusammenhangs von abzuschätzenden Technikfolgen und der Berücksichtigung der Folgendimension in der Ethik erklärt sich die Konjunktur des "Prinzips Verantwortung" (Jonas).

3. Dadurch aber fällt auch eine mit dem deontologischen Ethik-Modell zusammenhängende weitere Vorstellung dahin: Offenkundig wird es, wenn es nicht nur legitim, sondern moralisch gefordert ist, die Folgen des Handelns mit zu berücksichtigen, auch möglichst Nutzenerwägungen in die ethischen Reflexionen einzuschließen: Nutzenreflexion und Ethik sind nicht mehr disjunkt.

4. Allerdings muß hier sofort hinzugefügt werden, daß der Begriff des 'Nutzens' sich nicht auf den betriebs- oder volkswirtschaftlichen Gewinn reduzieren läßt. Die so verstandene erweiterte Nutzenkategorie umfaßt, wie es von den Ahnvätern der ökonomischen Klassik schon gedacht worden war, nicht-monetarisierbaren Gewinn. Dort, wo es um Maximierung der Zukunftschancen, Sozialverträglichkeit und Lebensqualität geht, sind Präferenzen gefragt, die nicht anti- aber über-ökonomisch sind. Ich meine damit 'Ressourcen' wie heile, d.h. ganzheitlich gedachte Umwelt, gerechte gesellschaftliche Verhältnisse und Humanität.

Kurz:
Weder haben Technikfolgenabschätzung und Ethik im gegenwärtigen technologischen Zeitalter nichts miteinander zu tun, noch sind sie schlicht identisch. Vielmehr gilt, daß sie die folgende gemeinsame Schnittmenge haben: Das Bedenken von Technologiefolgen wird zur moralischen Pflicht, allerdings im Sinne einer Erweiterung des Folgenbegriffs um die nicht-ökonomischen Nutzenkategorien der ökologischen, sozialen und humanen Werte.

2. Dies ist allerdings programmatisch leichter gefordert als umgesetzt. Denn es sieht so aus, als ob zwei grundsätzliche Probleme die ethische Reflexion gegenwärtig so entscheidend behinderten, daß sie kaum Hoffnung auf Erfolg hegen kann.

Es handelt sich dabei um das Problem des Pluralismus der Werte und der Technologisierung des Handelns. Ich werde zu zeigen versuchen, daß diese beiden Probleme die Beziehung von Ethik und Technikfolgenabschätzung gerade nicht behindern, sondern, positiv gewendet, umgekehrt die Chance der gegenwärtigen Ethik definieren.

Was den Pluralismus angeht, muß zunächst ein weit verbreitetes Mißverständnis ausgeschlossen werden. Leider nehmen nämlich viele Menschen an, die Folge des Fehlens eines für alle Menschen verbindlichen Wertesystems müsse - und das ist auch ganz richtig - eine allgemeine Relativität moralischer Beurteilungen und Bewertungen auf das jeweils zugrundegelegte Wertesystem sein, was wiederum - und das ist falsch - zu einem allgemeinen Wertrelativismus führe. Daß dies indessen nicht nur faktisch, sondern schon aus prinzipiellen Gründen nicht zutreffen kann, leuchtet sofort ein, wenn man sich klarmacht, daß das Festhalten an eigenen Wertüberzeugungen desto intensiver wird, je mehr diese unter kritischen Beschuß geraten. Anders: Daß es andere Meinungen und Überzeugungen in Sachen Werte gibt, irritiert nur Menschen, die selbst keine entsprechenden Wertvorstellungen haben; Relativität zwischen den Wertesystemen bedeutet nicht Relativismus innerhalb derselben.

Das hat infolgedessen den Effekt, daß Ethik unter Pluralismusbedingungen nicht etwa verunmöglicht wird; vielmehr wird sie a) erheblich komplizierter, aber zugleich auch b) erheblich dringender. Wenn nämlich Ethik die theoretisch disziplinierte Kunst ist, jene moralischen Verpflichtungen zur Aufrechterhaltung bestimmter Werte kognitiv zu begründen, deren Selbstverständlichkeit hinfällig geworden ist, dann wird Ethik in dem Maße unverzichtbar, in dem die selbstverständliche Moralbefolgung zerbricht. Und dieses Maß hängt seinerseits von der

Intensität der intervenierenden Einflüsse ab. Wer aber wollte bezweifeln, daß der allgemeine ethische Pluralismus eine äußerst intensive Einflußgröße darstellt!

Diese Überlegung, die auch eine theoretische Erklärung für den gegenwärtig fraglos zu konstatierenden Boom der Ethik abwirft, führt dann allerdings relativ zwingend zu einer erheblichen Veränderung im Anforderungsprofil an eine so verstandene pluralistische Ethik. Die Bedingungen nämlich, unter denen so etwas wie Pluralismus nicht nur möglich ist, sondern selbst Wertcharakter annehmen kann, sind die generell akzeptierten formalen Voraussetzungen inhaltlicher Unterschiedlichkeit. Anders: Die Möglichkeitsbedingung pluralismusdefinierenden inhaltlichen Wertedissenses ist ein formaler Wertekonsens. Die Identifikation der Prinzipien desselben ist zunächst einmal jene erste Hauptaufgabe der pluralistischen Ethik, die in anderen Zusammenhängen auch als die 'Formulierung der Grundwerte' bezeichnet wird, und deckt sich mit dem, was im herkömmlichen Sinne Thema der traditionellen philosophischen Ethik ist. Hier werden Fragen der Begründung und Explikation von so grundlegenden Prinzipien wie demjenigen der Verallgemeinerbarkeit, der Gleichheit oder der Gerechtigkeit diskutiert.

Einen viel größeren Raum nehmen indessen unter Pluralismusbedingungen die problem-orientierten Teile der Ethik ein. Diese bestehen in der systematischen Einpassung des zu lösenden ethischen Problems in die ethisch analysierte Landschaft des Wertepluralismus. Näherhin handelt es sich dabei um die Feststellung der differenten Stufen der auch unter Pluralismusbedingungen mit moralischen Forderungen stets verbundenen Allgemeinverbindlichkeitsansprüche. Vermittelt über eine empirische Erfassung der Wertanspruchsberechtigten und die Definition der Extension ihres Geltungsanspruches wird so aus der großen Allgemeinverbindlichkeitsethik der Fest- und Feiertagsreden eine sich immer enger an die anstehenden Sachfragen herantastende harte Detailarbeit. Was hier gefordert ist, sind mithin auch nicht die Orientierungsgurus, die sagen, "wo's lang geht", sondern gefragt ist Orientierungswissen, das intersubjektiv vermittelt werden kann und das von denjenigen, die über es verfügen und es auf die gegebene Problemsituation anwenden, zur Orientierung benutzt werden kann ("Orientierungswissen als Orientierungskönnen").

Was das nun heißen soll, läßt sich leicht an der Landkartenmetapher verdeutlichen, die zu diesem Zwecke immer wieder bemüht worden ist: Weder die Landkarte noch die Techniken ihrer korrekten Benutzung sagen mir, welches Ziel ich erreichen soll; wenn ich aber mein Ziel - woher auch immer - kenne, erlauben mir Landkarte und die erworbenen Fähigkeiten im Umgang mit ihr, dieses Ziel auch zu erreichen. In diesem Sinne, als wertgeographische Dokumentation und argumentative Technik zur Begründung und Abwägung solcher Wertvorstellungen, ist Ethik lernbar und anwendbar!

Das andere Problem, mit dem die Ethik heute zu kämpfen hat, ist das der Technologisierung des Handelns, anders: Des Versagens des traditionellen Handlungs- und damit auch des traditionellen Verantwortungskonzepts. Während nämlich herkömmlicherweise die Auffassung gilt, daß Handeln ein linearer Verursachungsprozeß mit hoher Rückkoppelung und Transparenz sei, so daß mangelnde Zieladäquatheit der eingesetzten Handlungsmittel nicht nur erkannt, sondern auch durch Korrekturhandlungen kompensiert werden könne, gilt für das technologische Handeln anderes: Durch das Eingebundensein in große Institutionen und durch die Verwendung kognitiven, d.h. intelligenten datenprozessierenden Geräts werden die Möglichkeit zu Transparenz, Rückkopplung und Korrekturhandlung weitgehend ausgeschaltet. Zum einen nämlich sind die Individuen, weil sie nur winzige Rädchen in einer gigantischen Handlungsmaschinerie sind, gar nicht mehr als Handlungssubjekte zu betrachten, zum anderen aber fehlt schon bei der Zwischenschaltung einfacher datenprozessierender Informationstechnologie aus nicht bloß taktischen, sondern prinzipiellen Gründen die Transparenz und damit die Möglichkeit zu Rückkopplung und Korrekturhandeln.

Die sich hierin verbergende grundsätzliche Schwierigkeit liegt nun aber darin, daß Verantwortung an das individuelle menschliche Subjekt auch dann gebunden bleibt, wenn es selbst nicht das Handlungssubjekt gewesen ist. Es ergibt sich also die grundsätzliche Aufgabe für eine Ethik des pluralistischen technologischen Zeitalters, Verantwortungsstrukturen für ein Handeln unter Bedingungen unterschiedlichen Nichtwissens zu entwickeln. Denn was beim traditionellen Handlungs- und Verantwortungstyp noch ausreichte: sich auf das Nichtwissen bezüglich der Handlungsfolgen zu berufen und damit der moralischen Verantwortung ledig zu sein, ist für den technologischen Handlungs- und Verantwortungstyp nicht mehr möglich. Zwar besteht nach wie vor keine Möglichkeit, sich über alle Folgen bereits im vorhinein Gewißheit zu verschaffen, aber es kann heute niemand behaupten, keine Kenntnis davon zu haben, daß es Folgen gibt, die wir nicht kennen können. Und das ist der entscheidende Unterschied!

Die naheliegende Lösung, weil nicht mehr Individuen, sondern allenfalls Institutionen und Apparaturen die Handlungsstrukturen definierten, reiche es aus, eine entsprechende Verantwortungs- oder Haftungsverteilung für Institutionen zu errichten, bezahlt ihre Plausibilität allerdings mit Praktikabilitätsverlusten: Zwar mag es so möglich sein, ex post, nachdem 'das Kind in den Brunnen gefallen' ist, eine 'gerechtere' Verteilung der Verantwortung vorzunehmen. Das, was insbesondere in Sachen Technikfolgenabschätzung aber eigentlich interessiert, eine antizipierende Zurechnung der Handlungsfolgen zu Verantwortungssubjekten, kann nur funktionieren, wenn die institutionelle Handlungsverantwortung durch die in Institutionen handelnden Individuen internalisiert wird. Für antizipierende moralische Verantwortung bedarf es eines Verantwortungsgefühls, und das kann nur ein Individuum entwickeln.

So ist nicht die Ersetzung der Individualethik durch eine Institutionenethik die Methode der Wahl, sondern der Versuch, objektiv bestehende institutionelle oder anderweitig überindividuelle Haftbarkeitsbeziehungen in individuelles antizipierendes Verantwortungsgefühl umzurechnen bzw. institutionelle Verantwortungsstrukturen auf individuelle Strukturen 'herunterzudeklinieren'. Es könnte im übrigen durchaus sein, daß durch die Zuweisung dieses Auftrags der ansonsten viel kritisierten Unternehmensphilosophie und dem 'corporate management' eine sinnvolle neue Aufgabe zuwüchse.

Kurz:
Zwei Gruppen von Problemen kennzeichnen die Ethik im technologischen Zeitalter, soweit sie für Fragen der Technikfolgenabschätzung relevant ist: Die Gefahr des mit dem Pluralismus scheinbar einhergehenden Relativismus der Werte und das Problem der Technologisierung des Handelns. Beide Probleme haben allerdings nicht den Effekt, die Einbeziehung der Ethik in die Technikfolgenabschätzung zu verunmöglichen, sondern erlauben umgekehrt, die Aufgabe der Ethik genauer zu präzisieren und ihre Unabdingbarkeit für Technikfolgenabschätzung sichtbar zu machen: Eine pluralismusindizierte problemorientierte Ethik als lern- und anwendbares Orientierungswissen ist gerade aufgrund des Selbstverständlichkeitsverlustes unabdingbar, den die mit dem Pluralismus einhergehende Konkur-

renz der Wertesysteme mit sich führt. Und angesichts der Verschiebung der Gewichte innerhalb des Handlungs- und Verantwortungskonzeptes von einer Personalunion zu einer Divergenz von Handlungs- und Verantwortungssubjekt wächst der Ethik ganz direkt die Verpflichtung zu, Modelle für die individuelle Internalisierung institutioneller oder kollektiver Haftungs- und Verantwortungsbeziehungen zu entwickeln.

3. Erinnern wir uns zurück: Technikfolgenforschung, Technikfolgenabschätzung und Technikbewertung seien, so hatte ich eingangs gesagt, integrale Elemente von Technikgestaltung. Damit aber werde sowohl das Minimalextrem von nachlaufender Schadensminimierung als auch das Maximalextrem von vorlaufender Technikgestaltung unter vollständiger Ausschaltung jeglichen Risikos vermieden, ohne zugleich in den unbefriedigenden 'lauen' Kompromiß abzugleiten, Technikfolgenabschätzung sei eine Art von "Risiko-Frühwarnsystem".

Eingehend von diesen Überlegungen wird die Aufgabe der Ethik (und der Ethikerinnen und Ethiker) nun ganz deutlich, soweit sie nicht schon in den vorhergenannten Aufgaben enthalten ist: Technikgestaltung hat etwas mit Zukunft zu tun, wobei 'Zukunft' allerdings nicht mehr im Sinne der oben preisgegebenen Technikfolgenprognostik-Vorstellung zu verstehen ist. Zukunft ist vielmehr aufzufassen als jene Gegenwart, die jemand verhindern oder herbeiführen möchte, anders: Zukunft ist Gegenwart plus positiver bzw. minus negativer Bewertung. Die Szenario-Pfad-Analyse, die gegenwärtig als Methode der Wahl in der Technikfolgenabschätzung gelten darf, mag ein gutes Beispiel für die Einbeziehung ethischer Leistungen in die Technikfolgenabschätzung sein. Die (männlichen und weiblichen) Ethiker sind daher nichts weniger als bloße Akzeptanzbeschaffer. Sie sind vielmehr vordringlich Wünschbarkeitsanalytiker, Verträglichkeitsprüfer und professionelle Begründungstheoretiker.

Wenn aber in der Tat gilt, daß die entscheidene Technikgestaltungsfrage in bezug auf die Zukunft nicht die ist 'Welche Zukunft werden wir haben?', sondern 'Welche Zukunft wollen/dürfen wir haben?, dann gilt auch, daß empirische Wertforschung, genauer: empirische Werthaltungsforschung zu einem integrativen Teil der Ethik in der Technikfolgenabschätzung werden wird.

Darüber hinaus geht es aber um eine Institutionalisierung der Möglichkeit, normative Diskurse dieser Art zu führen. Anders: Die Realisierung der Aufgaben von Ethik in der Technikfolgenabschätzung lassen sich ebenso wenig durch eine einmalige vorherige ethische Reflexion abgelten, wie sich die Methoden von Technikfolgenabschätzung in einem Seminar über Methodologie erschöpfen. Nicht einem Top-Down-Verfahren verordnete ethische Prüfung, sondern eine sich in allen Betrieben Bottom-Up-selbst-organisierende dezentrale Diskursstruktur schwebt mir dabei vor. Ich bin weit davon entfernt, die Vorstellung etwa eines 'Ethik-TÜV' oder gar einer Ethik-Oberbehörde für realistisch oder auch nur für sinnvoll zu halten. Aber mir schweben so etwas wie 'Ethik-Qualitätszirkel' vor, deren Funktion sich zunächst einmal darin erschöpfen kann, in den Köpfen der von ihnen potentiell Evaluierten die Reflexion auf ökologische, soziale, politische und futurologische Verträglichkeit bereits in Gang zu setzen. Alle Erfahrungen mit Ethik-Kuratorien, Ethik-Kommissionen o.ä. zeigen, so unterschiedlich sie sonst sein mögen, ein und dieselbe Grundstruktur: Nicht so sehr das, was in diesen Kommissionen entschieden wird, sondern vielmehr das was gar nicht erst so weit entwickelt wird, daß sie darüber beraten müßten, macht den Erfolg dieser Einrichtungen aus. In jeder von ihnen sollte allerdings - und dies sage ich ohne jede Stellenbeschaffungsabsicht - eine professionelle Ethikerin bzw. ein professioneller Ethiker einen Sitz haben. Das würde dem Sinken des Argumentationsniveaus und den überall zu beobachtenden Versuchen, das ethische Rad immer wieder neu zu erfinden, Einhalt gebieten. Wenn Ethik, wie oben begründet, lehr- und lernbar ist, selbst wenn die Moral im pluralistischen Zeitalter höchst wertesystem-relativ geworden zu sein scheint, dann können professionelle Technikfolgenabschätzer nicht mehr an der spezifischen Kompetenz professioneller Ethiker vorbei...

Damit soll nicht gesagt sein, daß es auf diesem Wege gelingen könnte, durch antizipierende und auf das individuelle Niveau herunterdeklinierte Technikverantwortung in den Betrieben und in den sonstigen beteiligten Institutionen das Problem der nicht-intendierten negativen Nebenfolgen durch vollständige antizipierte Transparenz zu beseitigen. Dies ist aus definitorischen Gründen unmöglich. Aber die antizipierende und begleitende Wertreflexion, als die sich Ethik im Rahmen der Technikfolgenabschätzung nun erwiesen hat, vermag, wie ich skizziert zu haben hoffe, einen Beitrag sowohl zur Technikfolgenforschung als auch zur Technikfolgenabschätzung und erst recht zur Technikfolgenbewertung zu liefern.

Literaturverzeichnis:

1 Beck, U.: Risikogesellschaft. Auf dem Weg in eine andere Moderne. Frankfurt/Main: 1986.

2 Böhret, X./Franz, P. (Hrsg.): Technologiefolgenabschätzung. Institutionelle und verfahrensmäßige Lösungsansätze. Frankfurt/Main: 1988.

3 Bungart, W./Lenk H. (Hrsg.): Technikbewertung. Philosophische und psychologische Perspektiven. Frankfurt/Main: 1988.

4 Dierkes, M.: Technik und Parlament. Technikfolgenabschätzung: Konzepte, Erfahrungen, Chancen. Berlin: 1986.

5 Huisinga, R.: Technikfolgenbewertung. Bestandsaufnahme, Kritik, Perspektiven. Frankfurt/Main: 1985.

6 Kistler, E./Jaufmann, D. (Hrsg.): Mensch - Gesellschaft - Technik. Orientierungspunkte in der Technik - Akzeptanzdebatte. Opladen: 1990.

7 Kruedener, J.v./Schubert, K.v. (Hrsg.): Technikfolgen und sozialer Wandel. Zur politischen Steuerbarkeit der Technik. Köln: 1981.

8 Lenk, H.: Zur Sozialphilosophie der Technik. Frankfurt/Main: 1982.

9 ders./Ropohl, G. (Hrsg.): Technik und Ethik. Stuttgart: 1987.

10 Lompe, K. (Hrsg.): Techniktheorie, Technikforschung, Technikgestaltung. Opladen: 1987.

11 Paschen, H./Gresser, K./Conrad, F.: Technology Assessment - Technologiefolgenabschätzung. Frankfurt/Main: 1978.

12 Porter, A.L./Rossini, F.A./Carpenter, S.R./Roper, A.T.: A guidebook for technology assessment and impact analysis. New York/Oxford: 1980.

13 Rapp, F./Mai, F. (Hrsg.): Institutionen der Technikbewertung. Standpunkte aus Wissenschaft, Politik und Wirtschaft. Düsseldorf: 1989.

14 ders.(Hrsg.): Technik und Philosophie. (Technik und Kultur, Bd. 1) Düsseldorf: 1990.

15 ders.(Hrsg.): Technikphilosophie in der Diskussion. Braunschweig: 1982.

16 Zimmerli, W.Ch.: Forecast, Value and the Recent Phenomenon of Non-Acceptance: The Limits of a Philosophy of Technology Assessment. In: Durbin, P./Rapp, F. (eds.): Philosophy and Technology. Boston Studies in the Philosophy of Science, vol. 80. Dordrecht/Boston: 1983, 165-184.

17 ders.: Wieviel Akzeptanz erträgt der Mensch? Bemerkungen zu den Hintergründen der Technikfolgenabschätzung. In: Kistler, E./Jaufmann, D. (Hrsg.), a.a.O., 247-260.

18 ders.: Prognosen als Orientierungshilfe für technisch-naturwissenschaftliche Entscheidungen. hg. vom Deutschen Verband technisch-wissenschaftlicher Vereine, DVT-Schriften 24/1990, 6-20.

2 Technikfolgen - Kann die Politik die Verantwortung übernehmen?

Jürgen Rüttgers

Wir alle erleben voller Faszination einen Epochenwechsel der europäischen Geschichte. Der Umbruch im östlichen und mittleren Europa und die Einigung Deutschlands haben in den vergangenen Monaten die Köpfe und Herzen der Menschen bewegt. Die Umwandlung der Diktaturen in bürgerliche Gesellschaften ist zum alles überragenden Kennzeichen des zurückliegenden Jahres geworden. Dennoch dürfen wir neben dem Umbruch im Osten den gleichzeitigen Umbruch im Westen nicht übersehen. Auch unsere Gesellschaft steht in einem - wenn auch völlig anders gelagerten - tiefgreifenden Veränderungsprozeß. Die permanente, immer schnellere Modernisierung aller Lebensbereiche ist zum charakteristischen Merkmal dieser Entwicklung geworden. Diese Veränderung ist nicht auf Technik und Ökonomie beschränkt. Sie ist auch nicht ohne innere Widersprüche. Mehr Wissen und mehr Erkenntnis produzieren immer auch Mißtrauen und Skepsis gegenüber den Früchten dieser Aufklärung. Immer neue Perspektiven, Zukunftsvisionen und Megatrends verursachen neben der Faszination des vielleicht morgen Machbaren auch Angst vor dem morgen vielleicht nicht mehr Beherrschbaren. Wissenschaft und Technik überwinden eine Grenze nach der anderen. Atomkern und Zellkern wurden nicht nur entschlüsselt sondern auch verfügbar gemacht. Aus Atomphysik wurde Kerntechnik und aus der Wissenschaft vom Leben, der Biologie, die Gestaltung des Lebens, die Biotechnologie. Gleichzeitig werden neue Barrikaden gegen den Fortschritt, gegen Wissenschaft und Technik, nicht nur im Einzelfall sondern generell aufgebaut. Die fundamentalistische, die religiös inspirierte Weltbewegung gegen die Aufklärung ist global betrachtet das augenfälligste Phänomen der Reaktion auf die Moderne. Technikfeindlichkeit, Ausstiegskonzepte und Kulturpessimismus bei uns sind - so gesehen - nur eine Randerscheinung. Die gesamte Geschichte der Neuzeit ist von diesen Erscheinungen begleitet worden. Viel entscheidender ist der Veränderungsdruck, den die Moderne auf die traditionellen Strukturen der Gesellschaft entfaltet. Die Entwertung althergebrachter sinngebender Instanzen, wie der Kirchen, ist offenbar. Veränderungen im Bereich von Ehe und Familie kommen hinzu. Durch sie werden die Anforderungen an die Menschen noch erhöht. Der Mensch wird nach seinem "Ausgang aus der selbstverschuldeten Unmündigkeit", wie Kant das Programm der Aufklärung kennzeichnete, zunehmend heimatlos.

Die Dialektik der Aufklärung ist nicht mehr nur ein Titel philosophischer Fragmente. Sie ist heute erfahrbare, alltägliche Realität. Sie hat selbstverständlich konkrete Auswirkungen auf die Politik.

Unsicherheit führt zu einer Anspruchsinflation an die Steuerungsfähigkeit der Politik. Sie soll den Mißbrauch neuer Technologien verhindern, für absolute Sicherheit sorgen. Sie soll ungewollte und unerwünschte Nebenfolgen für die natürliche Umwelt, für die demokratische Ordnung und die soziale Stabilität, für Berufsleben und Alltagsgewohnheiten vorhersehen und kontrollieren. Die Politik soll gleichzeitig innovationsfreundlich sein. Sie soll die internationale Wettbewerbsfähigkeit sichern helfen, Fortschritte in Medizintechnik und Umweltschutz fördern und das Niveau unserer Grundlagenforschung erhalten. Bereiche, die noch vor Jahren, abgesehen von sicherheitstechnischen Randbedingungen, weitgehend ihren eigenen Gesetzen, wie etwa dem Marktmechanismus oder dem wissenschaftlichen Erkenntnisfortschritt folgten, sind heute Bereiche öffentlicher

Verantwortung, also politische Bereiche. Die Ursache dieser Ausweitung des Verantwortungsbereiches der Politik sind die neuen Möglichkeiten der Technik ebenso wie die zunehmende Einsicht und das wachsende Bewußtsein von der Vernetzung aller Lebens- und Handlungsfelder des Menschen.

Ein weiteres kommt hinzu: Die Veränderung der Verantwortungsinstanz. Nicht mehr eine höhere Instanz wie im Mittelalter oder die Gesamtheit der lebenden Menschen wie im Zeitalter der Aufklärung sind heute das Kriterium der Politik. Vielmehr wird die Politik in die Verantwortung für alle lebenden und alle zukünftigen Menschen sowie für die außermenschliche Natur gestellt.

Damit wächst der Handlungsdruck. Die Forderung lautet: Vorrang für die Politik gegenüber der Technik. Als Heilmittel wird Technikfolgenabschätzung empfohlen. Sie soll die Kluft zwischen Wunsch und Wirklichkeit schließen, indem sie die Steuerungsfähigkeit der Politik erhöht. Ich glaube nicht, daß dies realistisch ist.

1. In der Technologie-Debatte stehen sich - vereinfacht gesagt - drei Positionen gegenüber.
   Der technologische Neo-Liberalismus leugnet die Politikfähigkeit der Technik. Nach dieser These ist die wissenschaftlich-technische und ökonomische Eigendynamik der Prozesse einer politischen Steuerung nicht zugänglich. Die an Kriterien wie Sozialverträglichkeit orientierte Gestaltungspolitik leugnet diese Eigengesetzlichkeiten nicht völlig, verweist aber auf die subjektiven Einflüsse im Prozeß der Technikentwicklung. Dies ergebe einen politischen Gestaltungs- und Steuerungsspielraum. Die ökologisch orientierte Alternativstrategie setzt die unumschränkte Verfügbarkeit der Technikentwicklung voraus und betont auf diesem Hintergrund die politischen Optionen des Anhaltens und Aussteigens.

Diese alte Grundsatzdebatte ist unfruchtbar. Für mich bleibt festzuhalten: Technik ist weder ein Selbstläufer noch umfassend kontrollierbar. Sie ist weder schicksalsgegeben noch völlig verfügbar. Das ist auch gar nicht wünschenswert. Die viel beklagten Lücken in der Steuerungskapazität der Politik sind in einer offenen Gesellschaft konstitutionelle Schwächen. Sie sind der Preis der Freiheit.

Einen weiteren Gesichtspunkt möchte ich hinzufügen: die Bindung der Technikentwicklung an Leitbilder wie "Sozialverträglichkeit" (Meyer-Abich) oder "Kulturverträglichkeit" (Schnäbel) sind ebenso fragwürdig. Das Fehlen eines zukunftsgewissen Wertekonsenses ist ein Zeichen unserer Zeit. Schon die zeitliche Dimension kann von Kategorien wie Sozialverträglichkeit nicht berücksichtigt werden. Was heute sozialverträglich erscheint, kann morgen sozialzerstörerisch wirken. Was gerade aus dem Blickwinkel vieler Menschen in westlichen Industriegesellschaften nicht sozialverträglich war, etwa die Kernenergie, kann heute unter globalen Gesichtspunkten, wie der Klimakatastrophe, geradezu als ein technologisch-politischer Imperativ erscheinen.

2. Technikfolgenabschätzung hat viel mit plausiblen Schätzungen und Annahmen zu tun. Sie enthält immer nicht nachrechenbare Komponenten. Zukunft ist keine kalkulierbare Größe. Jeder erinnert sich an falsche Prognosen, seien es die der Experten-Kommission von Salamanca, die im 16. Jahrhundert dem spanischen König erklärte, die Pläne des Christoph Kolumbus seien sinnlos, undurchführbar und nicht förderungswürdig, sei es Kaiser Wilhelm, der dem Pferd und nicht dem Auto die große Zukunft prophezeite, seien es Annahmen des berühmt-berüchtigten japanischen Industrieministeriums (MITI), das zum Beispiel Teilen der

petrochemischen Industrie oder der Aluminiumverhüttung, die sich später als Verlierer des Strukturwandels erwiesen, eine Schlüsselstellung vorhersagte.

Die Annahmen der Technikfolgenabschätzung haben einiges mit Wetterprognosen gemeinsam, die ja entgegen der landläufigen Meinung kein Glückspiel sind, sondern Ergebnisse von Wissenschaft. Ich kenne auch keinen Landwirt, der sich den Wetterbericht nicht anhören würde. Ich kenne aber auch keinen, der sich ausschließlich darauf verlassen würde und nicht auch auf sein Erfahrungswissen, der nicht auch trotz ungünstiger Witterung die Ernte in die Scheuer bringt, weil die Alternative noch risikoreicher und ungewisser erscheint. Das entspricht der uralten Einsicht, daß Nicht-Handeln auch eine Handlung mit Folgen ist, daß der Verzicht auf eine nicht-perfekte, neue Technik gleichzeitig die Hinnahme der älteren, schlechteren Technik bedeuten kann, daß auch das Festhalten am Status-Quo ein Experiment mit ungewissem Ausgang ist. Bisher ist man im wesentlichen davon ausgegangen, daß die zeitliche Begrenztheit der Prognose und ihre Fehlertoleranz vorübergehende Defizite sind. Der Einsatz noch größerer Rechner, noch flächendeckendere Beobachtungsmittel und noch bessere Modellannahmen sollten dies korrigieren. Heute legt uns die moderne Wissenschaft unter dem Blickwinkel der Chaosforschung nahe, das Bild von der völligen Berechenbarkeit der Naturprozesse auch theoretisch zu revidieren.

In dieser Situation müßte es als Gipfel aufklärerischer und emanzipatorischer Selbstüberschätzung des Menschen erscheinen, wenn Technikfolgenabschätzung als Methode zur Planung der Zukunft unserer Gesellschaft am Reißbrett angesehen würde. Es wäre nicht ohne dialektische Ironie, wenn Technikfolgenabschätzung, die ihren Aufschwung wesentlich der Erkenntnis von den Grenzen des Machbaren verdankt, selbst nun zu einer Metapher grenzenloser Machbarkeit würde. Die Gefahr, die darin liegt, hat jüngst Ralf Dahrendorf auf dem Deutschen Soziologentag so beschrieben: "Das Prinzip Verantwortung ist ja eine gute Sache, nur fragt sich mancher, ob wir nicht bei der Bewältigung des einen Risikos ein anderes, größeres eingehen. So, wie die Diktatur des Proletariats ein zu hoher Preis für den Traum des Sozialismus war, so könnte es sein, daß die wohlwollende Hegemonie derer, die meinen, alle Risiken zu kennen und zu wissen, wie man ihnen beikommt, an Ende eine geschlossene Gesellschaft schafft, in der es sich nicht lohnt zu leben."

3. Technikfolgenabschätzung im Sinne der Technikprognose hat in der Vergangenheit nicht selten eher zur Verwirrung als zur Klärung beigetragen. Ich erinnere hier an Schlagworte wie das "menschenleere Büro" oder die "vollautomatisierte Fabrik". Visionen, die einmal in die Welt gesetzt wurden und von den einen als faszinierende Perspektive, von den anderen als Horrorvorstellung aufgegriffen, die Technikdiskussion vielfach bestimmt haben. In der Substanz hatte das wenig mit den Realitäten, auch mit den technischen Möglichkeiten zu tun. Ständig ist von einer "wissenschaftlich-technologischen" oder "industriellen" Revolution die Rede, von "Gezeitenwechsel", von der "Informationsgesellschaft", als ob nicht jede Gesellschaft der Moderne eine Informationsgesellschaft wäre. Der Blick in die Technikgeschichte relativiert viele voreiligen Einschätzungen. Auch die Entwicklung und Einführung der Elektronenröhre zu Beginn dieses Jahrhunderts war eine Umwälzung für das Kommunikationssystem der damaligen Zeit. Natürlich bedeutet die Mikroelektronik einen Modernisierungsschub mit weitreichenden

Veränderungen. Aber wer täglich neu in eine vorrevolutionäre Stimmung gebracht wird, wer sich ständig sagen lassen muß, es stünden Veränderungen bevor, für die kein Beispiel und keine Erfahrung gelte, der wird zwangsläufig verunsichert reagieren. Wer bedenkenlos und oft ohne Definition Begriffe wie "Information", "Wissen", "Intelligenz" oder gar "Kreativität" für die automatische Datenverarbeitung benutzt, darf sich über entsprechende Reaktionen nicht wundern. Ich will keineswegs den Anschein erwecken, die Probleme moderner Technologien wurzelten vor allem in der Semantik. Aber da die Sprache nun einmal das Medium ist, in dem der Mensch sich der Wirklichkeit versichert, beginnt beim Sprachgebrauch die Verantwortung.

Verantwortung ist auch das Schlüsselwort in der Technik-Debatte. Weil es sich um ein angegriffenes Modewort handelt, ist hier besondere Vorsicht geboten. Grundsätzlich sind, wie wir wissen, nur Individuen verantwortungsfähig - und das auch nur für Handlungen und Handlungsfolgen, die absehbar sind - die in ihrer Handlungsmacht liegen. Dieser traditionelle Verantwortungsbegriff ist im Hinblick auf unser Thema nicht mehr ausreichend. Wir brauchen einen neuen Begriff von Verantwortung. Es mag unpopulär sein, hier die Politik als Lehrmeister zu zitieren. Aber es ist in diesem Fall treffend. Der Begriff der politischen Verantwortung hat von jeher mehr umfaßt, als die Verantwortung für unmittelbare Folgen eigenen Handelns. Die politische Verantwortung übernehmen, bedeutet in der Regel für ein Geschehen einzustehen, daß auf Handlungen anderer zurückgeht, von dem man meist nicht einmal etwas wußte.

Die Bereitschaft muß wachsen, sich für Entwicklungen verantwortlich zu wissen, die nicht individuell zu verantworten sind.

Das betrifft auch Wirtschaft und Wissenschaft, das betrifft auch den einzelnen Bürger, denn die Politik ist in der modernen Industriegesellschaft nur ein Akteur unter vielen, wenn auch ein wichtiger.

Selbstverständlich ist das nicht nur eine Frage des guten Willens der Beteiligten. Selbstverständlich muß dieser neue Begriff der Verantwortung seinen Niederschlag in veränderten Rahmenbedingungen finden. Welche Konsequenzen diese institutionalisierte Verantwortungsethik für Politik, Wissenschaft und Wirtschaft hat, möchte ich in drei Punkten deutlich machen:

1. Der Deutsche Bundestag hat als Ergebnis langjähriger Debatten eine wissenschaftliche Beratungseinrichtung für technologiepolitische Fragen geschaffen. Das Parlament wird - zunächst im Rahmen eines dreijährigen Modellversuchs - mit einer externen Institution, der Arbeitsgruppe für angewandte Systemanalyse Karlsruhe zusammenarbeiten. Diese Gruppe wird ein Technikfolgenabschätzungsbüro in Bonn einrichten. Sie hat die Aufgabe, im Auftrag des Bundestages eigene Untersuchungen zu Technikfolgen durchzuführen, Aufträge an Dritte zu vergeben, die nationale und internationale Technikfolgenforschung zu beobachten sowie frühzeitig auf wichtige neue Technikentwicklungen aufmerksam zu machen. In einem ersten Schritt sollen Themen etwa aus den Bereichen Gewässerschutz, Abfall-Entsorgung und Weltraumfahrt untersucht werden.

   Diese Lösung sichert das wissenschaftliche Niveau der Technikfolgen-Abschätzung. Gleichzeitig wird die Aufgabe auf viele Schultern verteilt. Das dient der Vielfalt und Objektivität. Außerdem behält die Wissenschaft Eigenständigkeit und Eigenverantwortung.

   Die Diskussion um Technikfolgenabschätzung beim Deutschen Bundestag hat gezeigt, daß es über diese parlamentsspezifische Lösung hinaus einen Bedarf an qualifizierter Politikberatung und Bürgerinformation zu neuen Technologien gibt. Auch die Diskussion um einen "Sachverständigenrat für Forschung und Technologie" zeigt die Notwendigkeit von Langzeitorientierung. Ich halte diesen Vorschlag nicht für sachgerecht. Angesichts einer hochspezialisierten Wissenschaft erscheint es nicht realistisch, einem Kreis weniger Experten die prognostische und konzeptionelle Last der Politikberatung aufzubürden. Im übrigen sind die Erfahrungen mit dieser Form der Beratung, wie das Beispiel des "Beratenen Ausschusses für Forschung und Technologie" Mitte der siebziger Jahre zeigt, nicht besonders ermutigend.

2. Damit komme ich zu notwendigen Strukturveränderungen im Bereich der Wissenschaft. Den Aufgaben der Politik und der Verantwortung der Wissenschaft in der modernen Industriegesellschaft entspricht die deutsche Forschungsorganisation noch nicht. Die isolierte Spezialisierung ist nach wie vor der Regelfall. Interdisziplinäre Arbeitsformen und der institutionelle Dialog sind die Ausnahmen. Gute Ansätze sind erkennbar. Ich nenne das Wissenschaftszentrum Nordrhein-Westfalen und vor allem die Akademie für Technikfolgen-Abschätzung, die in Baden-Württemberg errichtet wird. Es gilt aber, einen Wettlauf der Bundesländer um neue Wissenschaftsinstitutionen zu vermeiden und auf diesem Gebiet die Kräfte zu bündeln. Deshalb plädiere ich nach wie vor für die Errichtung einer Deutschen Akademie der Wissenschaften und Technik. Es geht nicht darum die Entwicklung der arbeitsteiligen Wissenschaft, die im 19. Jahrhundert mit der Ausbildung spezialisierter Disziplinen eingeleitet wurde, rückgängig zu machen. Wir brauchen den Experten. Der Universalgelehrte der frühen Neuzeit könnte heute nur ein "Mehrfachidiot" sein. Es geht auch nicht darum, Forschung

in Form der bloßen Addition von Einzeldisziplinen zu organisieren. Es geht um problemorientierte Integration. Die Trennung zwischen Wissenschaft und Technik ist in vielen Bereichen bereits überwunden, etwa bei der Informations- und Kommunikationstechnik oder der Biotechnologie. "Logik wird technisch und Technik wird logisch", wie es einmal formuliert worden ist. Wir müssen auch die Kluft zwischen den zwei "Kulturen" der Geisteswissenschaften auf der einen und der Naturwissenschaften auf der anderen Seite überbrücken. Deshalb halte ich den Trend zu einem Abbau der geistes- und sozialwissenschaftlichen Lehre an den Technischen Hochschulen für eine Entwicklung gegen die Erfordernisse der Moderne.

3. Auch in der Wirtschaft ist viel die Rede von Systemdenken oder von vernetzten Systemen. Oft genug ist dieser Ansatz nicht über die Rhetorik hinausgekommen. So hat die Industrie über Jahrzehnte das System "Automobil" zunehmend perfektioniert, ohne sich ernsthaft mit dem Verkehrsgeschehen insgesamt auseinanderzusetzen. Das Engagement von Automanagern im Verkehrsforum Bahn ist hier ein augenfälliges Indiz für die beginnende Trendwende. Es ist offensichtlich, daß die langfristige Funktionsfähigkeit des Gesamtsystems Verkehr im Eigeninteressse der Autoindustrie liegt. Auch hier ist Technikfolgenabschätzung, die mehr als Marktforschung ist, ein zunehmend wichtiges Instrument der Unternehmenspolitik.

Für alle, denen in Politik, Wissenschaft und Wirtschaft Verantwortung für neue Technologien zugemutet wird und zugemutet werden muß, ist Technikfolgen-Abschätzung ein wichtiges Hilfsmittel. Sie bedeutet einen Zwang zum klüger werden und eine Vorbeugung gegen ideologische Gefechte. Technikfolgen-

Abschätzung kann nicht die ethische, politische oder ökonomische Abwägung ersetzen. Aber sie kann Lücken im Sachwissen schließen. Das ist nicht wenig. Die öffentliche Diskussion über neue Technologien krankt in vielen Fällen am fehlenden Wissen über den Gegenstand. Unkenntnis aber führt zu Mißtrauen, Mißtrauen erzeugt Angst und Angst wandelt sich nicht selten in Aggression oder in Resignation. Wer diese Kettenreaktion durchbrechen will, muß bei der Ursache ansetzen.

Hier liegt auch eine politische Führungsaufgabe. Politik muß ihre Verantwortung im wissenschaftlich-technologischen Prozeß u.a. mit Hilfe der Technikfolgen-Abschätzung wahrnehmen. Politiker aber sollten nicht den Anschein erwecken, mit einem nur genügend großzügig bemessenen Apparat sei die risikofreie und maßgeschneiderte Technik politisch machbar. Das steigert die Erwartungen und damit die unvermeidliche Verdrossenheit angesichts der Ergebnisse. Differentielle Politik im Sinne von Ulrich Beck, also die Selbstbegrenzung der Politik, ist geboten.

Die Maxime politischen Handelns muß sein, beweglich zu bleiben, Zukunftsoptionen offenzuhalten. Dazu reicht eine Technologiepolitik unter dem Vorzeichen der Risikothematik nicht aus. Die Konzentration auf defensive Abwehr und restriktive Maßnahmen kommt dem erstarrten Blick des Kaninchens auf die Schlange gleich. Diese Lähmung verhindert die Durchsetzung besserer und intelligenterer Technik. Das ist kontraproduktiv in jeder Hinsicht. Denn wir brauchen - gleichrangig zur Risikokontrolle - Strategien zur Realisierung moderner Technik. Die politische Verantwortung im technologischen Zeitalter erschöpft sich nicht in der Beherrschung von Risiken. Ebenso wichtig sind auch die Chancen neuer Technik.

3 Technikbewertung als Instrument der Unternehmens- und Führungsethik

Kurt A. Detzer

Laut Tagungskonzept erwartet der Veranstalter von diesem Beitrag eine Diskussion der Rolle der Industrie bei der Technikfolgenforschung und Technikfolgenabschätzung; im Tagungsprogramm findet sich ferner für diesen Abschnitt das Stichwort "vorausschauendes Konfliktmanagement"; und in meinem Vortragstitel schließlich steht das Stichwort "Unternehmensethik".

Nicht zufällig signalisieren diese Überschriften ein komplexes Beziehungsgeflecht, das leider auch vielfältige Konfusionen im Gefolge hat.

3.1 Postmoderne Gesellschaft und Demokratie

Ergiebiger als Wiederholungen der Definitionen von Technikfolgenabschätzung oder Technikbewertung oder die Widerlegung von Extrembehauptungen* über die Rolle der Industrie scheint mir daher eine Analyse der ethischen Grundfragen von Industrieunternehmen in der modernen Industriegesellschaft oder wenn man so will in der "postmodernen Gesellschaft".

---

*) Die Industrie sei für die Technikfolgenabschätzung alleine verantwortlich, denn bei ihr würde fast die gesamte Anwendungsforschung durchgeführt, sie bringe die Produkte auf den Markt und sie alleine habe den Profit -- die Industrie sei für die ethische Aufgabenstellung Technikfolgenabschätzung völlig ungeeignet, da sie ausschließlich Gewinnmaximierungsinteressen verfolge.

In seinem Buch "Unsere postmoderne Moderne" charakterisiert Welsch (1) die Zeitsituation wie folgt:

"... Die Postmoderne ist diejenige geschichtliche Phase, in der radikale Pluralität als Grundverfassung der Gesellschaften real und anerkannt wird: Ein und derselbe Sachverhalt kann sich in einer anderen Sichtweise völlig anders darstellen. Kategorien wie Ambiguität, Ungewißheit, Möglichkeit, Wahrscheinlichkeit haben in die modernen Sprachen Eingang gefunden und die Begriffe Wahrheit, Gerechtigkeit, Menschlichkeit stehen fortan im Plural...
...Zwar kann jeder Ausschließlichkeitsanspruch nur der illegitimen Erhebung eines in Wahrheit Partikularen entspringen, aber der postmoderne Pluralismus bedeutet keineswegs Beliebigkeit, sondern tritt für eine Vielheit und Unterschiedlichkeit von Verbindlichkeiten ein (...bewegliche Netze). Die postmoderne Pluralität ist nicht nur mit Freiheitsgewinnen, sondern auch mit einer Verschärfung von Problemlasten - oder einer neuen Sensibilität für Problemlagen - verbunden. Sie verlangt eine neuartige auf den konflikthaften Pluralismus zugeschnittene Ethik...
...Erst unter der Bedingung solch grundsätzlicher Pluralität macht Demokratie eigentlich Sinn. Die Demokratie ist eine Organisationsform nicht für den Konsens, sondern für den Dissens von Ansprüchen und Rechten..."

3.2 Wer ist wem wofür nach welchen Kritieren verantwortlich?

Bei dieser - hier nur sehr holzschnittartig wiedergegebenen - Zeitanalyse darf es uns nicht wundern, daß z.B. der Begriff "Verantwortung" nur mehrdimensional interpretiert werden kann (Bild 2.1): Wir haben bei den Verantwortungssubjekten mindestens drei Ebenen mit jeweils vielen Ausprägungsmöglichkeiten zu unterscheiden; Verantwortungsobjekte sind alle Handlungen und Unterlassungen sowie deren vorhersehbare und unvorhersehbare (!) Folgen (und damit natürlich auch die Technikfolgen); diese Verantwortungsdimensionen bleiben ohne Zuordnung zu Verantwortungsinstanzen bedeutungs- bzw. wirkungslos! Eine weitere Dimension, nämlich die Verantwortungskriterien (ethische Normen, Verhaltenskodizes, Richtlinien, Maxime etc.), konnte in Bild 2.1 gar nicht mehr untergebracht werden. Sie nehmen in der aktuellen wirtschaftsethischen Diskussion einen breiten Raum ein; meine Materialsammlung hierzu ist als VDI-Report Nr. 11 veröffentlicht.

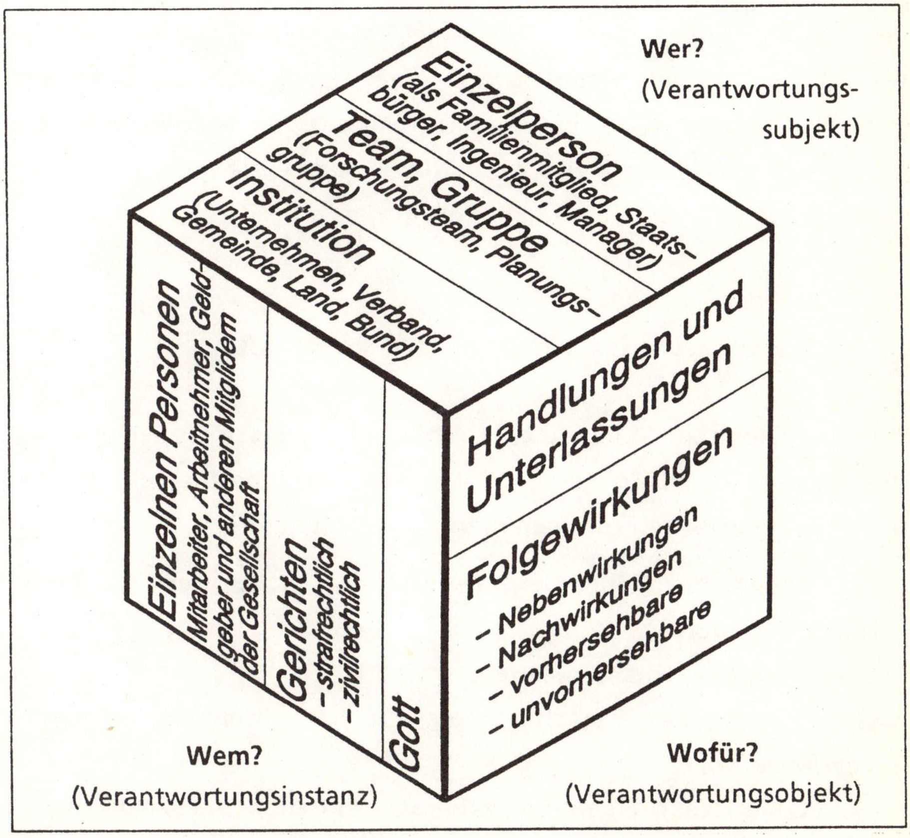

Bild 2.1 Dimensionen des Begriffes Verantwortung

Leider können die angedeuteten Einflußgrößen nicht unabhängig voneinander gesehen oder behandelt werden; sie wirken vielmehr alle gleichzeitig: Es reicht eben nicht, sich nur Gott oder nur dem Strafgesetz, nicht aber den Mitmenschen verantwortlich zu fühlen; es reicht auch nicht, nur an die heute Lebenden, nicht aber an zukünftige Generationen zu denken. Verantwortung auf der Ebene der Unternehmensleitung kann ohne gleichzeitige Diskussion der Ethik der Wirtschaftsordnung gar nicht definiert werden.

Noch immer meinen zu viele Mitbürger, für jedes Problem ließe sich problemlos ein Verursacher und damit ein Verantwortlicher ausfindig machen. Riedl (2) bringt in seinem Buch "Evolution und Erkenntnis" das Beispiel einer angenommenen Gewässerverschmutzung der Mur durch eine Papierfabrik. Seine Ökologiestudenten zögerten nicht, aus einer Liste von 14 Mitverursachern (Tabelle 2.1) einen Hauptschuldigen anzugeben; sie verkannten das "Vorliegen von Netzzusammenhängen, von Ursachengeflechten und Systembedingungen".

3.3 Die Verantwortungsebenen in der Wirtschaft

Wenn es also unerläßlich ist, ausreichend zu differenzieren, so können wir im Zusammenhang mit der Wirtschaftsethik mindestens fünf Verantwortungsebenen unterscheiden:

1. die Ebene der einzelnen Individuen, d.h. der Manager, Ingenieure usw.
2. die Gruppen- und Teamebene
3. die Ebene der Institutionen, z.B. Unternehmen oder Verbände
4. die Ebene des Wirtschaftssystems, der Wirtschaftsordnung
5. die Ebene der Weltwirtschaftsordnung.

Eine Papierfabrik hat die Mur ruiniert. Folgende Liste der Verschulder wurde geboten:

1. Der Schleusenwärter der Firma - er hat den Wasserhochstand nicht abgewartet.
2. Der Abteilungsleiter - seine Direktiven waren zu wenig eindeutig.
3. Der Direktor - er setzte die Priorität des Baus der Kläranlage nicht durch.
4. Die Besitzer der Anteilspapiere - sie beeinflussen die Prioritätenliste.
5. Die Gewerkschaft der Firma - sie setzen Vollbeschäftigung vor Kläranlagen.
6. Die Nachbarindustrie - sie macht das gleiche Papier billiger.
7. Die deutsche Papierindustie - sie exportiert Papier noch billiger.
8. Die Konsumenten - sie kaufen bei gleicher Qualität das billigere Papier.
9. Die Werbung - sie empfiehlt stets bessere Qualität.
10. Das Handelsministerium - es errichtet keine Schutzzölle.
11. Die EG - sie nimmt uns bei Schutzzöllen Landwirtschaftsprodukte nicht ab.
12. Das Bautenministerium - es soll statt Straßen Umweltanlagen fördern.
13. Die Gewerkschaften - sie drängen auf Staßenbau (wegen der Pendler).
14. Der Schleusenwärter - er unterstützt die Gewerkschaft.

(*Rupert Riedl*: Evolution und Erkenntnis, Piper, München 1982, S. 184)

Tabelle 2.1 Wer ist verantwortlich?

Die nicht gerade randscharfen Begriffe "Führungsethik", "Unternehmensethik" und "Ethik der Wirtschaftsordnung" beziehen sich auf die Wechselwirkungen zwischen jeweils mindestens drei benachbarten Verantwortungsebenen (Bild 3.1).

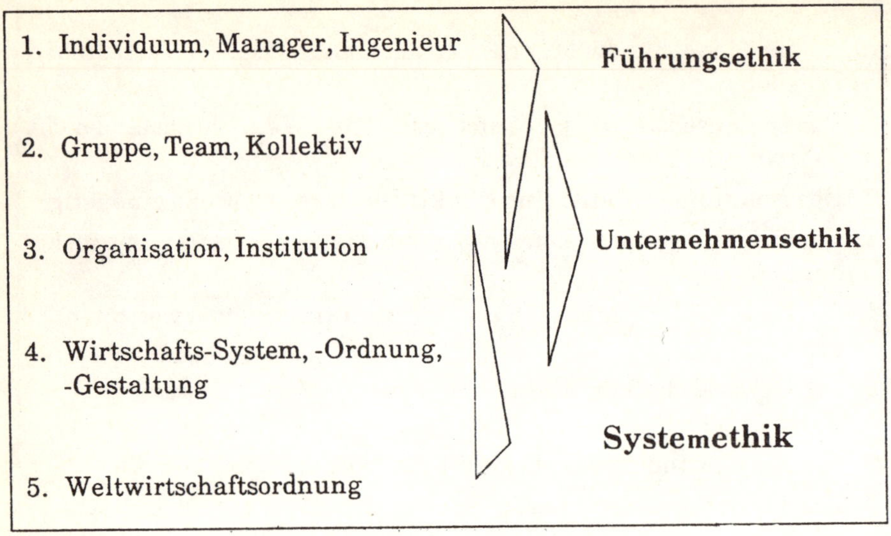

Bild 3.1 Wirtschaftsethik: Verantwortungsebenen

3.4 Das Unternehmen ist kein ethikfreier Raum

Wenn ich mich im folgenden auftragsgemäß auf die Ebene der Unternehmensethik konzentriere, so möchte ich als erstes die Definition von Ziegler (3) hierzu zitieren:

"Unternehmensethik ist die Lehre des (von den Grundsätzen der personalen Gemeinwohlgerechtigkeit, Solidarität, Subsidiarität geleiteten) unternehmerischen Handelns, durch das man sich entscheidet,

o einerseits solche Produkte und/oder Dienstleistungen bereitzustellen, die Mittel der Selbstverwirklichung der Menschen sind, ohne Rohstoffe oder Energie zu verschleudern oder sonstwie die Um- und Nachwelt zu schädigen, und

o andererseits diese Produkte und/oder Dienstleistungen - zusammen mit anderen - so herzustellen, daß die Herstellung durch die Arbeit auch selber als ein Stück Leben und Selbstverwirklichung erfahren werden kann."

Diese Definition steht im Gegensatz zu jenen Stimmen, die Wirtschaft als ethikfreien Raum bezeichnet.* Leider war die betriebswirtschaftliche Literatur in der Vergangenheit hierzu, gelinde gesagt, mißverständlich: ganz abgesehen von dem oft überstrapazierten Unternehmensziel "Gewinnmaximierung" enthielt sogar die Planungstheorie unzulässige Vereinfachungen. Sie ging beispielsweise davon aus, daß an erster Stelle bei der langfristigen Unternehmensplanung das Festlegen von Zielen steht; danach sei (lediglich noch) nach geeigneten Mitteln zur Realisierung dieser Ziele zu suchen, beispielsweise durch Analyse der Umweltzustände und durch das Aufspüren von Alternativen; die eigentliche Managementaufgabe liege in der Auswahl der optimalen Mittelkombination. Schreyögg (4) kommentiert zu Recht, daß in diesem (überholten) Modell der Zweck die Mittel programmiere und Unternehmensethik demnach auf die Phase der Zielbestimmung beschränkt bliebe! Diese Planungstheorie sei defizitär, denn

o die Ziele können nicht autark festgelegt werden
o Mittel haben mehr Folgen als nur die bezweckte Wirkung!

Für ein modernes Planungsmodell (um konsistent zu bleiben, müßten wir eigentlich von einem postmodernen Mittel sprechen) interpretiert Schreyögg (4) die Unternehmensplanung als organisatorischen Prozeß:

---

*) Die Väter der Sozialen Marktwirtschaft dachten da anders, z.B. Röpke: "Selbstdisziplin, Gerechtigkeitssinn, Ehrlichkeit, Fairneß, Ritterlichkeit, Maßhalten, Gemeinsinn, Achtung vor der Menschenwürde des anderen, feste sittliche Normen - das sind alles Dinge, die die Menschen bereits mitbringen müssen, wenn sie auf den Markt gehen und sich im Wettbewerb miteinander messen. Sie sind die unentbehrlichen Stützen, die beide vor Entartung bewahren."

Teilpläne werden in verschiedenen Abteilungen mit jeweils eigenen Perspektiven und Interpretations- und Handlungsspielräumen angestoßen und vorformuliert. Diese Abteilungen halten sich als Subsysteme flexibel; sie experimentieren, prüfen ihre Ideen und Pläne auf Konsensfähigkeit und reagieren auf Kritik. Nach diesem Modell ist Ethik potentiell an jeder Stelle im Planungsprozeß von Bedeutung. Natürlich liefert auch dieses Modell nicht problemlos Lösungen. Schwierigkeiten bestehen einmal in der Unvorhersehbarkeit der ethikrelevanten Themen und in der Vorbereitung der Planungsbeteiligten auf die Verantwortungsprobleme.

Eine Philosophie der strategischen Unternehmensplanung müßte demnach, wie in Bild 4.1 (in Anlehnung an Ropella (5)) wiedergegeben, aussehen. Die Ethik der Wirtschafts- und Gesellschaftsordnung, das Welt- und Menschenbild des Managements sowie die Kultur des Unternehmens beeinflussen, das Wertsystem des Managements und damit des Unternehmens; Wertsystem des Unternehmens und Situation des Unternehmens zusammengenommen ergeben ein Leitbild des Unternehmens, aus dem sich Ziele vor der Planung ableiten lassen; die Durchführung des Planungsprozesses und der Versuch der Realisierung der Pläne ist ständiger Anlaß für Plankorrekturen, so daß wir nach der Planung andere Ziele haben werden als vorher; bei diesem Prozeß spielt natürlich die Ethik der Führungskräfte bzw. die Führungsethik eine hervorragende Rolle.
Unternehmerische Güterabwägung verlangt Folgenabschätzung!

Damit kommen wir endlich zu den direkten Bezügen von Unternehmens- und Führungsethik zu den Tagungsstichworten "Konfliktmanagement" und "Technikbewertung". Peter Ullrich (6) verortet die Managementethik an der Aufgabe "Verständigungspotential aufbauen", um Konflikte bewältigen zu können, und nennt als Methode den Dialog (Tabelle 4.1).

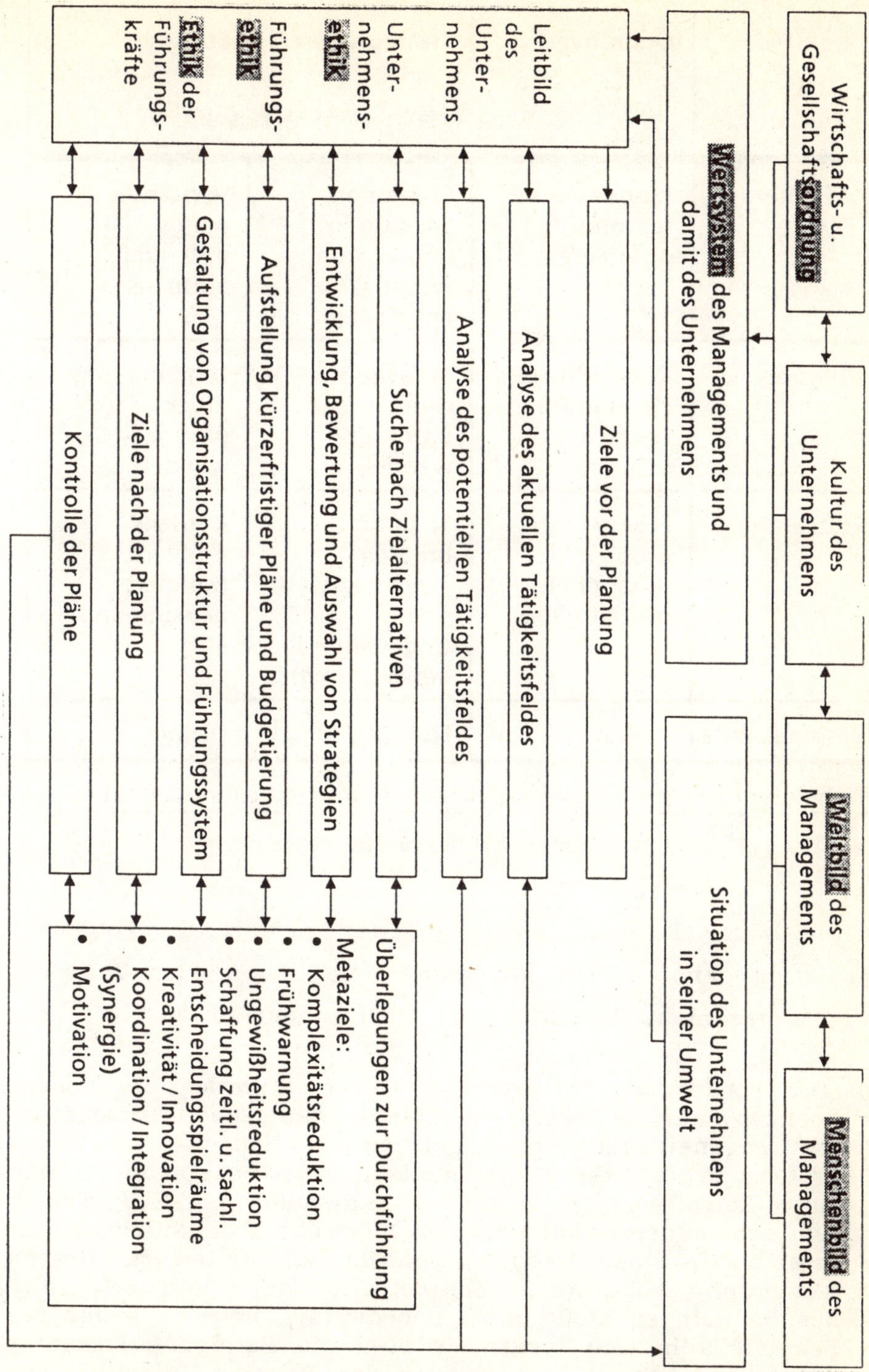

Wirtschafts- u. Gesellschaftsordnung
Kultur des Unternehmens
Weltbild des Managements
Menschenbild des Managements
Wertsystem des Managements und damit des Unternehmens
Situation des Unternehmens in seiner Umwelt
Leitbild des Unternehmens
Unternehmensethik
Führungsethik
Ethik der Führungskräfte
Ziele vor der Planung
Analyse des aktuellen Tätigkeitsfeldes
Analyse des potentiellen Tätigkeitsfeldes
Suche nach Zielalternativen
Entwicklung, Bewertung und Auswahl von Strategien
Aufstellung kürzerfristiger Pläne und Budgetierung
Gestaltung von Organisationsstruktur und Führungssystem
Ziele nach der Planung
Kontrolle der Pläne
Überlegungen zur Durchführung
Metaziele:
• Komplexitätsreduktion
• Frühwarnung
• Ungewißheitsreduktion
• Schaffung zeitl. u. sachl. Entscheidungsspielräume
• Kreativität / Innovation
• Koordination / Integration (Synergie)
• Motivation

Bild 4.1 Philosophie der Strategischen Unternehmensplanung (in Anlehnung an W. Ropella)

	Operatives	Strategisches	Ethisches
	Management		
Aufgabe	Produktions-faktoren optimieren	Strategien, Strukturen und Führungs-systeme entwickeln	Verständi-gungs-potential aufbauen
Situation	Kostendruck (Technischer Fortschritt)	Innovations-druck (Struktur-wandel)	Legitimations-druck (Werte-wandel)
Problemtyp	Produktivitäts-problem (Knappheits-bewältigung)	Steuerungs-problem (Komplexitäts- und Ungewißheits-bewältigung)	Konsens-problem (Konflikt-bewältigung)
Basismethode	Kalkül	Führung	Dialog
nach *Peter Ulrich* - Wirtschaftsethik und ökonomische Rationalität			

Tabelle 4.1 Verortung der Ethik im Management

Dieser Dialog ist ohne vorherige oder gleichzeitige Folgenabschätzung der in Frage stehenden Handlungen oder Unterlassungen gar nicht durchführbar. Birnbacher/Hörster* (7) prä-

*) "Die Forderung, in jeder konkreten Situation die Konsequenzen der... möglichen Handlungsweisen abzuschätzen und gegeneinander abzuwägen (wobei sich u.a. auch das Problem ergibt, die wahrscheinlich positiven Folgen für den einen Betroffenen gegen die wahrscheinlich negativen Folgen für den anderen aufzurechnen), macht das Nützlichkeitsprinzip zu einem recht unpraktischen Kriterium, dessen Anwendung hohe Ansprüche an Intelligenz und Erfahrung des Handelnden stellt und ein bedeutend höheres Risiko des Fehlurteils in sich birgt, als etwa die Befolgung absoluter deontologischer Gebote wie der des Dekalog, die eine bestimmte Handlungsweise gebieten oder verbieten, ohne eine besondere Folgenabschätzung zu erfordern."

ferieren dagegen "die Befolgung absoluter deontologischer Gebote, wie der des Dekalogs", was insofern in der Wirtschaftspraxis eine Illusion bleiben muß, als solche Gebote nur im negativen eindeutig sind (Du sollst nicht töten, stehlen, lügen!). Was aktiv zu tun ist, kann auch nach Ansicht vieler Theologen (Gründel, Roos (8)) nur durch Zwischenschaltung eines Güterabwägungsprozesses - und damit einer Folgenabschätzung - geleistet werden - leider auch dann bestenfalls konfliktarm, aber nicht konfliktfrei!

Wegen der nahezu unendlichen Komplexität des "Systems Weltgesellschaft" kann Technikbewertung nie perfekt geleistet werden; das darf uns aber nicht abhalten, das Mögliche zu tun. Allerdings sollte allen Bürgern klar sein, daß die Verantwortung nicht allein bei den Unternehmen liegen kann: Der "Konsument" oder anders ausgedrückt der Anwender von Technik (z.B. der Fahrer eines Autos) trägt ebenfalls Verantwortung - häufig sogar die größere; die Verantwortung derjenigen, die das politische System tragen, muß nicht besonders betont werden.

Auch wenn die Ziele der Forschung und Entwicklung in der Industrie von außen vorgegeben werden (z.B. vom Staat oder von den Verbrauchern über den Markt), tragen Unternehmen eine Hauptverantwortung als Entwickler von und als Anwendungsberater für Technik.

Dort, wo eine schädliche Wirkung auf eine Ursache zurückgeführt werden kann (monokausale Beziehung), z.B. bei Medikamenten, ist unmittelbar das einzelne Unternehmen für die Produktfolgen verantwortlich. Dort, wo schädliche Neben- und Nachwirkungen nicht oder nur ungenau zugeordnet werden können, kann auch die Verantwortung nicht eindeutig zugeteilt werden; allerdings muß schon beim begründeten Verdacht auf einen "zurechenbaren Kausalzusammenhang" eine Mitverantwortung gesehen und auch wahrgenommen werden. Bei sehr komplexen Problemen, wie z.B. Waldschäden, kann eine Erforschung der Ursachen-Wirkungs-Ketten nur gesamtgesellschaftlich unternommen werden.

3.5 Führungskräfte brauchen integrative Kompetenz

Führt man diese Überlegungen von den Unternehmen bis hin zur einzelnen Führungskraft, so wird klar, daß insbesondere den Mitgliedern von Entscheidungsgremien, aber auch von Planungs- und Entwicklungsteams der Industrie eine hohe Verantwortung zukommt. Im Sinne der Technikfolgenabschätzung und -bewertung werden sie sich

- einen Überblick über die Systemstrukturen mindestens eine Systemebene oberhalb ihrer Aufgabenstellung verschaffen
- bei der Situationsanalyse und bei der Entscheidungsfindung mit Alternativen arbeiten
- das Pro und Kontra der wichtigsten Handlungsalternativen abwägen und
- für ihre Entscheidung auch die geltenden und bevorstehenden Gesetze, Verordnungen und Bestimmungen berücksichtigen.

In der Praxis wird der Fall, daß Führungskräfte in der Wirtschaft, insbesondere Ingenieure, die Ergebnisse der auf höherer Systemebene durchgeführten Technikfolgenabschätzung in ihre Planungs- und Entwicklungsarbeit einfließen lassen, häufiger sein, als der Fall, daß sie selbst Folgenabschätzungen und -bewertungen betreiben können.

Ich möchte nicht abschließen, ohne die vor uns Führungskräften in der Wirtschaft stehende integrative Aufgabe zusammenzufassen:

"Adäquate unternehmerische Arbeit verbindet

- **das Sachziel des Unternehmens mit**
- **den kulturellen Bedingungen der Gesellschaft**
- **und den personalen Sinnzielen der vom Unternehmen betroffenen Menschen" (Roos (9))**

Literaturverzeichnis

1 Welsch, W.: Unsere postmoderne Moderne. VCH Verlagsgesellschaft. Weinheim 1987, S. 344.

2 Riedl, R.: Evolution und Erkenntnis. Antworten auf Fragen unserer Zeit. Piper, München, 1985.

3 Ziegler, A.: Unternehmensethik - Schöne Worte oder dringende Notwendigkeit? Beiträge und Berichte der Forschungsstelle für Wirtschaftsethik an der Hochschule St. Gallen für Wirtschafts- und Sozialwissenschaften, Nr. 17, Juli 1987, S. 41.

4 Schreyögg, G.: Implementation einer Unternehmensethik in Planungs- und Entscheidungsprozessen. In Steinmann, H./ Löhr, A. (Hrsg.): Unternehmensethik. C. E. Poeschel Verlag, Stuttgart 1989, S. 482.

5 Ropella, W.: Synergie als strategisches Ziel der Unternehmung. Berlin u.a., de Gruyter Verlag 1989, S. 333.

6 Ulrich, P.: Wirtschaftsethik und ökonomische Rationalität - Zur Grundlegung einer Vernunftethik des Wirtschaftens. Beiträge und Berichte der Forschungsstelle für Wirtschaftsethik an der Hochschule St. Gallen für Wirtschafts- und Sozialwissenschaften. Nr. 19, November 1987, S. 45.

7 Birnbacher, D. und Hoerster, N. (Hrsg.): Texte zur Ethik. Deutscher Taschenbuch Verlag, München 1976, S. 346.

8 Roos, L.: Methodologie des Prinzips 'Arbeit vor Kapital'. Jahrbuch für christliche Gesellschaftswissenschaften. 1988.

9 Roos, L.: Mitarbeiterführung und neue Unternehmensethik. Ausgewählte Vorträge Nr. 8, herausgegeben vom Bund Katholischer Unternehmer. Köln 1989.

4 Gewerkschaftliche Vorstellungen zur Technikfolgen-Abschätzung

Jürgen Walter

Lange Zeit wurden Naturwissenschaft und Technik von einem selbstverständlichen Fortschrittsoptimismus getragen. Diesen Optimismus kritisch zu hinterfragen mußte angesichts der Erfolge des naturwissenschaftlich-technischen Handelns unverständlich erscheinen: War nicht die Abwehr von Hunger und Krankheiten ein Resultat wissenschaftlicher Forschung?

Und gingen nicht die Steigerung der Produktivität und in deren Gefolge der wachsende Wohlstand ebenfalls auf den Wissenszuwachs in den naturwissenschaftlich-technischen Disziplinen zurück?

Die Auseinandersetzungen um die Atomenergie, um die Bio- und Gentechnologie, um Fragen der Informations- und Kommunikationstechnologien und um die Weiterentwicklung der Künstlichen Intelligenz haben jedoch deutlich gemacht, daß der technische Fortschritt in eine Vertrauenskrise geraten ist, daß ein gesellschaftlicher Konsens zu der Frage: "Wie sollen wir mit den Ergebnissen von Wissenschaft und Forschung umgehen?" zur Zeit nicht mehr vorhanden ist.

Manche pochen auf das Erreichte, auf die unbestreitbaren Erfolge der Naturwissenschaft und sehen keinen Anlaß, vom bislang eingeschlagenen Weg abzugehen.

Andere verweisen auf Katastrophen, wie zum Beispiel das Reaktorunglück von Tschernobyl, und meinen, damit eine Abkehr von Wissenschaft und Technik begründen zu können.

Der fehlende Konsens sowie die sich daraus ergebenden Konflikte sind es, die eine neue Bewertung, einen neuen Umgang mit Naturwissenschaft und Technik verlangen: denn, sowenig einerseits der technische Fortschritt schicksalhaft die Menschen überfällt, ohne von ihnen beeinflußt werden zu können, sowenig gibt es andererseits die Möglichkeit einer Abkehr, eines Ausstiegs aus der wissenschaftsgestützten Zivilisation.

Stattdessen müssen nach Auffassung der IG Chemie-Papier-Keramik Naturwissenschaft und Technik durch eine umfassende Technikfolgenforschung und eine gesellschaftliche Technikbewertung umwelt- und sozialverträglich gestaltet werden.

Wer die Chancen einer Technologie nutzen will, muß deren beabsichtigte und unbeabsichtigte Auswirkungen in

- sozialer
- ökologischer
- kultureller und
- ethischer

Hinsicht mitbedenken und mitverantworten.

Technikfolgen-Abschätzungen können dabei politische und unternehmerische Entscheidungen vorbereiten und unterstützen.

4.1 Welche Ziele werden mit Technikfolgen-Abschätzungen verfolgt?

Bei den in den 60er Jahren in den Vereinigten Staaten entwikkelten Überlegungen zur Technikfolgenbewertung handelt es sich um ein Forschungskonzept, dessen vorrangiges Ziel Politikberatung ist. In der Bundesrepublik wird der Begriff jedoch gelegentlich verkürzt verwendet, etwa in dem Sinne, daß einzelne Folgen bestimter Techniken herausgearbeitet werden

- dies ginge dann mehr in die Richtung einer Umwelt - oder Sozialverträglichkeitsprüfung.

Aus der Sicht der Gewerkschaften muß Technikfolgenforschung weitergehend gefaßt werden: Als umfassendes Konzept, welches die gesellschaftlichen Bedingungen berücksichtigt und Handlungsmöglichkeiten und Gestaltungsalternativen offenlegt.

In dieser Richtung orientiert sich auch die wissenschaftliche Fachdiskussion - so geht es laut Professor Paschen, dem Leiter der Abteilung "Systemanalyse" beim Kernforschungszentrum Karlsruhe und Leiter des Büros "Technikfolgen-Abschätzung" beim Deutschen Bundestag bei der Technikfolgen-Abschätzung und -bewertung "nicht lediglich um eine - möglichst quantitative - Ermittlung der einzelnen Fragen von Technikanwendungen".

Vielmehr zielt die Technikfolgen-Abschätzung darauf ab,

- o Bedingungen und (potentiell) Auswirkungen der Einführung und (verbreiteten) Anwendung von Technologien systematisch zu analysieren und zu bewerten,
- o gesellschaftliche Konfliktfelder, die durch den Technikeinsatz hervorgerufen werden können, zu identifizieren,

und

- o Handlungsmöglichkeiten zur Verbesserung der betrachteten Technologien oder ihrer Anwendungsmöglichkeiten aufzuzeigen und zu überprüfen.

In Technologiefolgen-Abschätzungen soll das verfügbare Wissen (unter Nachweis der Wissenslücken) über die Realisierungsbedingungen und Folgen des Einsatzes von Technologien möglichst antizipativ (d.h. vor der Einführung bzw. der verstärkten oder modifizierten Anwendung einer Technologie) in einer tendenziell umfassenden Gesamtbilanz und entscheidungsorientiert dargestellt werden.(1)

4.2 Anforderungen an Technikfolgen-Abschätzung aus gewerkschaftlicher Sicht

Die Gewerkschaften haben eine weit zurückreichende und durchaus wechselvolle Erfahrung mit den Auswirkungen des technischen Fortschritts: Die Rationalisierungswelle im Gefolge des Einsatzes von Mikroelektronik oder - im vergangenen Jahrhundert - der Weberaufstand gehören ebenso dazu wie die Fortschritte, die beispielsweise in der Arbeitssicherheit oder im Umweltschutz durch technische Verbesserungen erzielt werden konnten. Aus diesen Erfahrungen heraus sollen im Folgenden einige Anforderungen an eine Gestaltung der Technik aus Sicht der Gewerkschaften formuliert werden:

4.2.1 Technikfolgen-Abschätzung muß zum frühestmöglichen Zeitpunkt einsetzen

Technik ist, wenn sie in den Betrieben zur Anwendung kommt, nur noch begrenzt gestaltbar. Wichtige Entscheidungen über die Richtung technologischer Entwicklungen und ihre Anwendungsmöglichkeiten fallen im Forschungs- und Entwicklungsprozeß in der Industrie, in Großforschungseinrichtungen und Hochschulinstituten.

Wenn durch Technikfolgen-Abschätzung mehr erreicht werden soll als eine Begrenzung oder Bewältigung bereits eingetretener Schäden, wenn also - insbesondere vor dem Hintergrund möglicher irreversibler Schäden - eine Vermeidung negativer Folgen angestrebt wird, so muß Technikfolgen-Forschung zum frühestmöglichen Zeitpunkt einsetzen.

Konkret bedeutet dies, daß schon im Forschungs- und Entwicklungsprozeß selbst potentielle Folgen mitbedacht werden müssen. Die Unschärfe, die mit so frühzeitigen Prognosen zwangsläufig einhergeht, kann dadurch ausgeglichen werden, daß Technikfolgen-Abschätzung als Prozeß aufgefaßt wird. Eine wiederholte Überprüfung von Analysen und Bewertungen muß zeigen, ob beispielsweise positive Einschätzungen weiterhin gerechtfertigt sind, oder ob befürchteten negativen Folgen vielleicht durch neue technische Maßnahmen entgegengewirkt werden kann.

4.2.2 Technikfolgen-Abschätzung erfordert eine interdisziplinäre wissenschaftliche Zusammenarbeit

Häufig genug ist der einzelne Fachwissenschaftler überfordert, wenn er mögliche Folgen seiner Arbeit prognostizieren soll - zu kompliziert ist das Netzwerk von beabsichtigten und nichtbeabsichtigten, von mittel- oder längerfristigen Folgen und von Faktoren, die die Durchsetzung der neuen Technik hemmen oder fördern. Die Komplexität dieses Wirkungsgefüges macht ein integriertes Zusammenwirken von Wissenschaftlern aus den verschiedensten Fachdisziplinen notwendig.

Nur durch interdisziplinäre Zusammenarbeit besteht die Möglichkeit, die vielfältigen und von einander abhängigen Folgewirkungen in ihrem Ausmaß und ihrer Bedeutung einigermaßen zuverlässig einschätzen zu können.

Dies stellt eine Herausforderung ersten Ranges für die wissenschaftlichen Einrichtungen und die Hochschulen dar: sie sind gefordert, erstens ihre Lehrpläne unter dem Aspekt zu überarbeiten: wo lassen sich die bislang so starren Fächergrenzen durchlässiger gestalten und wie kann die Befähigung zum Dialog über diese Grenzen hinweg schon in der Ausbildung gestärkt werden?

Auch wenn eine erneute Studienreformrunde unter diesen Aspekten viel Kraft und Energie der Beteiligten absorbieren mag: Ich denke, die Hochschulen sind dieses sowohl ihren Studierenden als auch der Gesellschaft, die sie trägt, schuldig.

Zweitens bedeutet dies, daß sie ihre innere, auf getrennten Fachbereich gründende Verfaßtheit und Organisation hinterfragen und nach Möglichkeiten suchen müssen, diese Grenzen nicht nur im Bereich der Lehre, sondern auch der Forschung durchlässiger werden zu lassen. Das Entstehen interdisziplinärer Gesprächs- und Arbeitskreise an verschiedenen Hochschulen ist hierbei ein ermutigendes und begrüßenswertes Signal.

4.2.3 Technikfolgen-Abschätzung braucht die Einbeziehung der von der jeweiligen Technik betroffenen Gruppen

Die Notwendigkeit einer Einbeziehung derjenigen gesellschaftlichen Gruppen, die später mit einer neuen Technik konfrontiert werden, ergibt sich schon aus der Tatsache, daß Technikfolgen-Abschätzungen nicht in werturteilsfreier und objektiver Weise durchgeführt werden können. Die Erfahrungen, Erwartungen und Bewertungen derer, die von den Auswirkungen einer Technik betroffen sein werden, spielen daher - neben wissenschaftlichen Einschätzungen - eine wesentliche Rolle im Technikfolgen-Abschätzungs-Prozeß.

Um Mißverständnisse zu vermeiden, sei hinzugefügt, daß "Dialog" hier ausdrücklich "Dialog" bedeutet und nicht durch eine sozialwissenschaftliche Erhebung ersetzt werden kann, mit deren Hilfe etwa Informationsdefizite oder Einstellungen der Betroffenen ermittelt werden. Im Prozeß der Technikfolgen-Abschätzung sollten die künftigen Betroffenen als Partner und nicht als Forschungsobjekt behandelt werden.

Die Schaffung von Beteiligungsmöglichkeiten auch für diejenigen, deren Einfluß auf Planungs- und Entscheidungsprozesse eher gering ist, kann dazu beitragen, daß auch unkonventionelle Fragen und Lösungsansätze in die Technikfolgen-Abschätzung mit einfließen. Sie gewährleisten damit, daß solche Untersuchungen tatsächlich unter möglichst umfassenden Frage- und Problemstellungen durchgeführt werden.

Ich denke, es wäre den Versuch wert, im Rahmen interdisziplinärer Technikfolgen-Abschätzungs-Projekte auch einmal die später von dieser Technik betroffenen Bürgerinnen und Bürger direkt miteinzubeziehen, sei es in ihrer Eigenschaft als Arbeitnehmerin oder Hausmann, als Patient im Krankenhaus oder als Bäuerin. Die IG Chemie-Papier-Keramik würde einen solchen Ansatz jedenfalls mit großem Interesse begleiten und unterstützen.

4.2.4 Sehr häufig wird der Begriff "Technikfolgen-Abschätzung" ganz wörtlich genommen:

Im Zentrum stehen ausschließlich die Folgen einer bestimmten Technik - es werden also technikinduzierte Fragen bearbeitet. Dies können beispielsweise die Bereiche

- Informations- und Kommunikationstechnik
- Energietechnik
- Entwicklung neuer Werkstoffe

oder auch Fragen

- der Bio- und Gentechnologie
- der Reproduktionsmedizin

bis hin zu Fragen

- der Umweltbelastung oder
- der Gesundheit

sein.

So wichtig und unentbehrlich derartige Fragestellungen und Projekte sind - es muß doch darauf hingewiesen werden, daß neben den technik-induzierten auch problem-induzierte Fragestellungen zum Repertoire der Technikfolgen-Abschätzung gehören.

Damit sind Ansätze gemeint, die ein gegebenes Problem aufgreifen und dabei die Auswirkungen verschiedener Lösungsmöglichkeiten möglichst umfassend analysieren und bewerten.

Dabei müssen auch technisch-ökonomische Modernisierungsprozesse und die durch sie ausgelösten Umstrukturierungen regionaler Beschäftigungs- und Qualifikationsstrukturen im Rahmen von Technikfolgen-Abschätzungen zur Sprache kommen, ebenso technologische Aspekte der Arbeitszeitverkürzung oder die ökologische Gestaltung von Produktion oder Herstellungsverfahren.

4.3 Zur Institutionalisierung der Technikfolgen-Abschätzung beim Deutschen Bundestag

Wenn man Technikfolgen-Abschätzung auch als Bereitstellung von Entscheidungswissen versteht, so liegt es nahe, entsprechende Folgenabschätzungs-Kapazitäten auch dort anzusiedeln, wo Entscheidungen von großer Tragweite gefällt werden: bei den P a r l a m e n t e n. Im Kongreß der Vereinigten Staaten wurde dies mit der Einrichtung des O T A (Office of Technology Assessment) umgesetzt, und auch der Deutsche Bundestag beschäftigt sich seit 1973 mit der Frage, ob und gegebenenfalls wie eine Institution zur Technikfolgen-Abschätzung beim Parlament anzusiedeln sei.

In dieser Debatte wurde im vergangenen Jahr ein vorläufiger Schlußstrich gezogen: Das Parlament hatte zu entscheiden zwischen den Varianten

- eines direkt am Parlament angebundenen Beratungsbüros mit eigener Forschungskapazität

und

- einer Beratungseinrichtung, die auf externen Sachverstand zurückgreift.

Der Deutsche Bundestag beschloß, dem Ausschuß für Forschung und Technologie zusätzlich die Aufgabe zu übertragen, Technikfolgen-Abschätzungs-Studien anzuregen und politisch zu steuern.

Bei der Durchführung dieser Studien wird der Ausschuß in der Regel auf den Rat und die wissenschaftlichen Kapazitäten des Kernforschungszentrums Karlsruhe zurückgreifen.

Inwieweit mit dieser Entscheidung eine tragfähige Grundlage für eine vorausschauende Analyse und Bewertung potentieller Technikfolgen und deren Nutzbarmachung für die parlamentarische Beratung sowie für anstehende Entscheidungsprozesse gelegt worden ist, wird die Zukunft zeigen. Eine erfolgreiche Arbeit ist jedoch - nicht nur nach Auffassung der Gewerkschaften - an bestimmte Voraussetzungen gebunden:

- So ergibt sich aus der Notwendigkeit der interdisziplinären Zusammenarbeit und der Einbeziehung gesellschaftlicher Gruppen, daß es "so etwas wie eine kritische Größe (gibt), die nicht unterschritten werden kann, ohne daß die Technikfolgen-Abschätzung-Institutionalisierung beim Parlament zu einer "Alibi-Veranstaltung" degradiert würde." (Paschen)(2) Dafür müssen ausreichende Mittel zur Verfügung gestellt werden.

- Damit Studien und Berichte von Parlamentariern, aber auch von interessierten Bürgerinnen und Bürgern sinnvoll genutzt werden können, ist gerade bei diesen schwierigen und komplexen Themen eine allgemeinverständliche Darstellung der Sachverhalte geboten.

  Nachvollziehbarkeit, Nachprüfbarkeit und eine Begründung der in die Studien einfließenden Werturteile stellen aus gewerkschaftlicher Sicht einen Prüfstein für die Qualität von Technikfolgen-Abschätzungs-Studien dar.

- Eine partnerschaftliche Einbeziehung gesellschaftlicher Gruppen muß sowohl auf der Ebene der Technikfolgen-Abschätzungs-Studien als auch auf der Ebene der politischen Bewertungen gegeben sein.

Die IG Chemie-Papier-Keramik wird selbstverständlich einen konstruktiven Beitrag auf diesem Feld der Gestaltung von Arbeit und Technik leisten und ist zu einer kontinuierlichen Weiterentwicklung des vorhandenen Instrumentariums bereit.

4.4 Nicht nur das Parlament braucht Technikfolgen-Abschätzung

Es wäre jedoch falsch, Technikfolgen-Abschätzung und Technikfolgen-Forschung ausschließlich als Anliegen des Parlaments zu verstehen. Die Institutionalisierung von Technikfolgen-Abschätzung beim Deutschen Bundestag ist lediglich ein neuer Schritt in Richtung auf eine bewußte Gestaltung bestimmter Rahmenbedingungen der technischen Entwicklung - weitere Schritte müssen folgen, die insbesondere dem Beratungsbedarf der verschiedenen gesellschaftlichen Gruppen gerecht werden.

Dazu leistet die Förderung von Technikfolgen-Forschungsprojekten an den Hochschulen und an unabhängigen Forschungseinrichtungen einen wichtigen Beitrag. Sie kann insbesondere solche Forschungsansätze fördern, die im repräsentativ-parlamentarischen Gestaltungsansatz naturgemäß keine zentrale Rolle spielen können.

Die bisherige Arbeit des Bundesministeriums für Forschung und Technologie in diesem Bereich muß daher ausgebaut und auf eine breitere Basis gestellt werden.

Auch die forschungsfördernden Institutionen können dazu beitragen, daß Technikfolgen-Forschung zu einem zentralen Bestandteil der Forschungsförderung wird, indem sie im Rahmen von

- Schwerpunktprogrammen
- Sonderforschungsbereichen

und

- Verbundprojekten

die Voraussetzungen für eine in den Forschungsprozeß integrierte interdisziplinäre Begleit- und Folgeforschung schaffen.

Für uns als Gewerkschaften spielt dabei insbesondere die Ebene betrieblicher oder dezentraler Innovationsprozesse eine herausragende Rolle, bei denen in Modell- und Pilotprojekten beispielsweise

- Belegschaften
- Betriebsräte

und

- Gewerkschaften

wissenschaftlich beraten und in Entscheidungsprozesse einbezogen werden können. Durch solche Projekte kann der Ansatz der Enquete-Kommission "Technikfolgen-Abschätzung" des

Deutschen Bundestages ergänzt werden, in dem vorwiegend Beiräte, die den einzelnen Programmfeldern zugeordnet sind, das Herzstück der Öffentlichkeitsbeteiligung darstellen.

Schließlich wird an den Vorstellungen der Kommission nicht zu unrecht kritisiert, daß darin "Öffentlichkeitsbeteiligung und Partizipation letztendlich wieder auf Expertenzirkel von Wissenschaft und Verbänden beschränkt" bleiben. (Naschold) (3)

Eine ganze Reihe von Institutsgründungen, wie z.B.

- die Technikfolgen-Akademie in Baden-Württemberg

und

- das Institut für Arbeit und Technik in Nordrhein-Westfalen

zeigen, daß die Notwendigkeit einer umfassenden Technikfolgen-Forschung und Technikbewertung von Wissenschaft und Politik in immer stärkerem Maße wahrgenommen werden.

Es bleibt zu wünschen, daß die vorhandenen und die hoffentlich neu hinzukommenden Ansätze dazu genutzt werden, Technikfolgen-Abschätzung für eine soziale und umweltverträgliche Technikentwicklung und eine demokratische Technikgestaltung fruchtbar werden zu lassen.

Ohne eine wirksame Beteiligung gesellschaftlicher Gruppen an diesem Prozeß der Technikfolgen-Abschätzung wird es zwar möglich sein, die Summe unserer Erkenntnisse zu vergrößern. Verloren ginge jedoch die Chance, unsere gemeinsame Zukunft sozial und demokratisch so zu gestalten, daß technischer Fortschritt wieder in sozialen Fortschritt umgesetzt und als solcher erfahren werden kann.

Die IG Chemie-Papier-Keramik will die Chance nutzen und wird gern ihren Beitrag zu diesem vielleicht wichtigsten Bereich der Zukunftsgestaltung leisten.

Literaturverzeichnis

1 Paschen, H. et al.: "Zur Umsetzungsproblematik bei der Technologiefolgen-Abschätzung" in: Enquete-Kommission "Einschätzung und Bewertung von Technikfolgen" (Hrsg.): Materialien zur Bundestags-Drucksache 10/6801, Bd. 1, Bonn 1987, S. 213.

2 Paschen, H., a.a.O., S. 264.

3 Naschold, F.: "Technologiekontrolle durch Technologiefolgen-Abschätzung? Entwicklungen, Kontroversen und Perspektiven der Technologiefolgen-Abschätzung und -Bewertung." Köln 1987, S. 29.

5 Schlußwort

Hans Wolfgang Levi

Meine Damen und Herren, mit meinem Schlußwort möchte ich nicht, wie die Bezeichnung vielleicht suggerieren könnte, den I-Punkt auf die Tagung setzen, sondern ich möchte den Versuch machen, zusammenzufassen was hier in den letzten drei Tagen herausgekommen ist. Dies ist selbstverständlich eine subjektive Zusammenfassung und sie wird auch nicht frei sein von gelegentlichen eigenen Wertungen.

Am Anfang der Tagung wurden zwei Fragen beantwortet, die man natürlich zu stellen geneigt ist, bevor man sich dem Thema Technologiefolgenabschätzung zuwendet. Die eine: Ist Technikentwicklung überhaupt beeinflußbar? Diese hat Frau Mayntz mit einem klaren "Ja" beantwortet. Um dieses Ja noch überzeugender zu machen, hat sie hinzugefügt, daß es darüber eine fünfjährige Kontroverse gegeben habe und daß nun einhelliger Konsenz bestehe, daß Technologieentwicklung beeinflußbar ist. Die andere Frage: Ist die Öffentlichkeit eigentlich bereit, sich mit den Ergebnissen von Technikfolgenabschätzung auseinanderzusetzen oder ist sie bereits so sehr gegen Technik festgelegt, daß das gar keinen Sinn mehr hat? Diese Frage hat Herr Weinert beantwortet und zwar mit Zahlen: Der Anteil derer, die Technik für ein reines Übel halten, hat in der technikfreundlichsten Zeit 3 % betragen, aber auch heute liegt er nur bei 12 %. Wir haben es also offenbar mit fast 90 % zu tun, mit denen es sich lohnt, über Technikfolgenabschätzung zu reden. Damit waren also offenbar gute Voraussetzungen gegeben, sich mit diesem Problem hier drei Tage zu beschäftigen.

Ich möchte meine Zusammenfassung in zehn Punkte gliedern:

1. Dieses Symposium hat sich mit der Theorie, mit den Randbedingungen, mit den Zielen und mit den Problemen der Technikfolgenabschätzung befaßt, nicht dagegen mit ihrer Praxis. Selbst die drei technischen Parallelsitzungen galten mehr der Frage nach dem TA-Bedarf, als daß man tatsächliche TA-Ergebnisse kennengelernt hätte. Das wirft die Frage auf, ob es eine solche Praxis vielleicht nicht gibt. Die Antwort hängt wohl davon ab, wie man Technikfolgenabschätzung definiert. In dem Sinne, wie wir sie hier offenbar definieren, als politische Entscheidungshilfe, gibt es vielleicht wirklich nicht viele Beispiele. Ich denke aber, daß es Technikfolgenabschätzung in der Industrie unter ganz anderen Vorzeichen, aber mit einem ähnlichen Instrumentarium, schon lange gegeben hat und insofern ist es wohl fair festzustellen, daß TA nichts grundsätzlich Neues ist. Man hat ja immer schon versucht, intuitive Urteile durch systematische Studien zu ersetzen oder jedenfalls abzusichern. Neu ist, daß TA zum Politikum geworden ist, also zu einer öffentlichen Angelegenheit, und daß man mit ihr einer durch das Unbehagen an der Technik ausgelösten öffentlichen Forderung nachkommen will. Deshalb geht es in TA-Studien auch vor allem, wenn nicht sogar ausschließlich, um die ungewollten, d.h. in aller Regel um die schädlichen Folgen der Technik. Das ist mehrfach im Lauf dieser Tagung hervorgehoben worden und nicht ohne Kritik. In dieser Fixierung auf die schädlichen Nebenfolgen der Technik unterscheidet sich natürlich das, womit wir uns hier auseinandergesetzt haben, von den industriellen Formen der TA. Ich glaube, die TA muß, wenn sie zu einer erfolgreichen Arbeit kommen will, sich diesem Sog zur Cassandra-Forschung zu entziehen versuchen. TA soll ja Voraussetzung für Abwägungen schaffen und abwägen kann man nur zwischen Kosten und Nutzen, zwischen

Nachteilen und Vorteilen, zwischen Schadenspotentialen und Problemlösungspotentialen.
Es wurde heute vormittag sogar behauptet, daß TA im Kern innovationshemmend sei. Ich frage mich, könnte sie nicht auch innovationsstimulierend betrieben werden, indem sie Alternativen aufzeigt? Wenn sie innovationshemmend wirkt, verfehlt sie jedenfalls gründlich ihren Zweck.

2. TA ist ein dreistufiger Prozeß. Er besteht aus Technikfolgenforschung, Technikfolgenabschätzung und Technikfolgenbewertung. Technikfolgenforschung ist im Grunde Wirkungsforschung. Dies ist eine klar definierte Aufgabe der Wissenschaft und zwar eine disziplinäre Aufgabe. Z.B. ist es Sache der Medizin, toxische Wirkung von industriellen Emissionen auf den Menschen zu ermitteln oder der Meteorologie, Auswirkungen von Spurengasen auf das Klima zu untersuchen. Es geht aber nicht nur um Naturwissenschaften, sondern es ist eine Aufgabe der Ökonomie, z.B. Auswirkungen von Automatisierung auf den Arbeitsmarkt zu bearbeiten oder der Sozialwissenschaft, Einflüsse komplexer Großtechnologie auf soziale Strukturen zu untersuchen. Ich möchte den Begriff disziplinär hier nicht zu eng verstanden wissen: Der Mediziner wird z.B. mit dem Chemiker zusammenarbeiten, wenn er toxische Wirkungen erforscht, aber der Ökonom oder der Sozialwissenschaftler wird zu diesem Problem wenig beisteuern können.

Die zweite Aufgabe, die Technikfolgenabschätzung, ist auch eine Aufgabe der Wissenschaft, aber sie ist eine typisch interdisziplinäre Aufgabe. Hier geht es um die Vernetzung des disziplinär gewonnenen Wissens, also darum, das Wirkungsgefüge zu erfassen. Z.B. werden gesundheitliche Auswirkungen nicht ohne ökonomische, auch nicht ohne soziale Konsequenzen sein.

Am Ende steht dann die Technologiefolgenbewertung. Das ist nur noch partiell eine Aufgabe der Wissenschaft. Wie das Wort Bewertung sagt, liegen hier Wertvorstellungen zugrunde und Wertvorstellungen sind nicht rational begründbar und daher außerwissenschaftlich. Aber die Wissenschaft hat hier eine methodische Aufgabe. Sie muß für Verfahrensrationalität in diesem Bewertungsprozeß sorgen.

Im Anschluß an einen solchen dreistufigen TA-Prozeß kann dann eine politische Entscheidung getroffen werden, und die hat gar nichts mehr mit Wissenschaft zu tun. Was aber gefordert werden muß ist die Transparenz solcher Entscheidungen. Transparenz darf man aber nicht mit Partizipation verwechseln. Transparenz heißt, erkennbar machen, wie die Entscheidung zustande gekommen ist, wie die Abschätzung und die Bewertung der Technologiefolgen in diese Entscheidung eingegangen sind.

3. An welchem Punkt einer technischen Entwicklung soll und kann die TA ansetzen? Die verbreitete Idealvorstellung, die Herr Zimmerli ja heute schon als Tod der TA bezeichnet hat, ist wohl noch immer die antizipative Technologiefolgenabschätzung und es wurde im Laufe dieser drei Tage sogar gefordert, daß sie schon im FE-Stadium einsetzen sollte. Wir haben heute Ausführungen über die Länge des Innovationszyklus gehört und allein das macht das frühe Einsetzen einer TA sehr fragwürdig. Im übrigen kann eine TA nur so gut sein, wie die Detailkenntnis der Technik, deren Folgen beurteilt werden sollen, und diese Detailkenntnis nimmt natürlich mit fortschreitender technischer Entwicklung zu. Im übrigen wurde von Frau Mayntz und Herrn Lutz sehr nachdrücklich darauf hingewiesen, wie stark die Folgen einer Technologie von deren Nutzung abhängen und wie wichtig es daher gerade bei nutzungsflexib-

len Technologien ist, daß man erst im Stadium der Nutzung die Folgen zu beurteilen versucht. Das ist heute auch sehr überzeugend exemplifiziert worden. In dem Bericht, den Herr Winnacker über die Arbeitsgruppe Gentechnik gab, wurde deutlich, daß die Gentechnik als Basistechnologie sich am Ende in einer Fülle völlig unterschiedlicher Nutzungen wiederfinden kann und die möglichen Folgen ganz entscheidend von der jeweiligen Nutzung abhängen können.

Wenn man sich der Vorläufigkeit der Ergebnisse bewußt ist, kann man TA wahrscheinlich auch als iterativen, sozusagen als entwicklungsbegleitenden Prozeß betreiben. Politik und Öffentlichkeit können aber erfahrungsgemäß mit vorläufigen Ergebnissen oft nicht viel anfangen und übersehen daher leicht den Vorbehalt der Vorläufigkeit. Im übrigen fällt eine frühe TA wohl eher zu positiv aus, denn man entwickelt ja eine Technik, um ihrer vermuteten Vorteile willen, und die Nachteile zeigen sich in der Regel erst, wenn es an die Nutzung geht. Die Vorläufigkeit von TA-Ergebnissen gründet sich aber noch auf andere Faktoren. Einmal hat die Nutzung Rückwirkungen auf die Entwicklung. Die Technik, die man im Prototypstadium betrachtet, ist also unter Umständen gar nicht dieselbe, mit der man es nach einigen Jahren der Nutzung zu tun hat. Zum anderen ändert sich das Umfeld einer Technik. Das hat zwar keinen Einfluß auf die Folgenabschätzung, aber auf die Folgenbewertung. Hier ist ein ganz offensichtliches Beispiel die Verschiebung, die die Bewertung der Kernenergiefolgen zur Zeit zum zweiten Mal erfährt, nachdem durch das CO_2-Problem eben ein ganz neuer Folgenbündel mit in die Bewertung eingeht.

4. Es gibt eine Reihe identifizierbarer Defizite, an denen die TA krankt oder kränkelt und mit denen wir uns hier beschäftigt haben. Das sind z.T. organisatorische und z.T. Forschungsdefizite. Es wurde beklagt, daß der Staat, also die Politik, als Haupt-, wenn nicht sogar als einziger Nachfrager, für TA auftritt und daß damit die wahren Prioritäten verfälscht werden können, weil die Politik ihre Prioritäten ja sehr stark an den Forderungen der Öffentlichkeit orientiert, also an dem "Problem der Woche". Es gab eine interessante Anregung: Man solle solche Lebensbereiche systematisch beobachten, die sich derzeit in einem Prozeß der Technisierung befinde. Als Beispiel wurde die häusliche Sphäre genannt.

Ein zweites Defizit, das insbesondere von Diskutanten, weniger von Vortragenden, beklagt wurde, war die mangelnde Beteiligung der Betroffenen. Hier meine ich allerdings, daß man sich sehr genau überlegen muß, wo es sinnvoll ist, Betroffene, also Öffentlichkeit, zu beteiligen. Herr Weinert bescheinigte in seinem Vortrag den Laien eine Urteilsfähigkeit, die man nicht unterschätzen solle, die aber ihre Grenzen dort habe, wo man an Komplexität stößt. Diese Erkenntnis spiegelt sich ja auch sehr deutlich in den Medien wieder, die Komplexität fast immer auszusparen und auf ja/nein-Aussagen zu reduzieren versuchen. Daher macht Öffentlichkeitsbeteiligung im Stadium der Technikfolgenforschung und der Technikfolgenabschätzung wenig Sinn. Dagegen ist sie bei der Technikfolgenbewertung natürlich geboten. Wenn es um Werte geht, brauchen wir eine breite Beteiligung an der Diskussion. Was Forschungsdefizite betrifft wurde insbesondere der Mangel an breitem Basiswissen über Technikwirkungen genannt. Ein Grund dafür läge darin, daß die staatliche Forschungsförderung solche Vorhaben bevorzugt, die schnelle Antworten auf aktuelle Fragen geben und nicht solche, die Basiswissen bereitstellen.

Dabei wurde übrigens angemerkt, daß das schwächste Glied in diesem Bereich die Soft Siences sind, in diesem Zusammenhang also vor allem Sozialwissenschaften und Ökonomie. Ein zweiter Punkt, der unter den Forschungsdefiziten immer wieder genannt wurde, war die mangelnde Fähigkeit mit Komplexität umzugehen, also Defizite bezüglich der Methodik der Interdisziplinarität. Hier spielt sicher eine Rolle, daß die disziplinären Wissenschaftsstrukturen der interdisziplinären Arbeit nicht nützlich sind. Hier möchte ich einen Satz aus dem Vortrag von Herrn Lutz zitieren: "Was sich einer naiven Sicht als deterministische Folge einer Technik darstellt, erweist sich bei näherer Analyse als Ergebnis eines sehr oft komplizierten Prozesses." Ich füge hinzu, "und daher nur durch interdisziplinäres Bemühen durchschaubaren Prozesses". Grundsätzlich gesagt: Wir haben es mit dem Problem der oft nicht evidenten Kausalität zu tun.

5. Die Frage der Institutionalisierung von TA hat - vielleicht erstaunlicherweise - hier eine vergleichsweise geringe Rolle gespielt. Natürlich ist das Stichwort OTA (Office of Technology Assessment) einige Male gefallen. Ich glaube aber, wir sehen heute doch alle, daß die ganz andere Grundstruktur des politischen Systems in den Vereinigten Staaten auch ganz andere Voraussetzungen für die Arbeit eines OTA schafft. In Amerika haben wir das Gegenüber von Regierung auf der einen und Parlament auf der anderen Seite. Hier dagegen haben wir auf der einen Seite Regierung und parlamentarischer Mehrheit und auf der anderen Seite die parlamentarische Opposition. Daher ist es für mich immer fraglich gewesen, ob das Parlament der geeignete Ort für die Institutionalisierung der Technologiefolgenabschätzung ist. Die disziplinäre Aufgabe der Technologiefolgenforschung kann eigentlich überall da geleistet werden,

wo einschlägige Wissenschaft betrieben wird. Für die interdisziplinäre Aufgabe der Technologiefolgenabschätzung bieten sich vor allem die Akademien an. Sie sind ja auf zwei Prinzipien aufgebaut, dem der wissenschaftlichen Elite, das vertrauensbildend wirken sollte, und dem der interdisziplinären Kommunikation, das die Voraussetzung für die interdisziplinäre Arbeit bildet. Leider werden solche Versuche an den Akademien selten gemacht. Ich bin selber gerade an einem solchen Versuch im Rahmen der Akademie der Wissenschaften zu Berlin beteiligt. Wenn diese Akademie demnächst aufgelöst werden sollte, spielt dabei die Tatsache, daß sie diesen Versuch macht vielleicht eine Rolle. Auf jeden Fall meine ich, daß die Erfahrungen, die dort gesammelt worden sind, auch nach der Auflösung nicht in Vergessenheit geraten sollten.

6. Der klassische Zweck der TA ist es, rationale Grundlagen für Technikentscheidungen zu schaffen. Diesem Zweck hat die TA in der industriellen Praxis gedient. Ich habe hier allerdings aus kundigem Mund gehört, daß auch dort das Problem existiert, das Ergebnis einer Technologiefolgenabschätzung dorthin zu transportieren, wo die Entscheidung dann wirklich getroffen wird. Wenn es um staatliche Technologiepolitik geht, stellt sich das Problem, TA-Ergebnisse ausschließlich für Entscheidungen nutzbar zu machen in einem noch umfassenderen Sinne.

Frau Mayntz hat uns nicht nur gesagt, daß Technikentwicklung beeinflußbar ist, sondern sie hat uns auch Hinweise gegeben, wo solche Beeinflussungsversuche zweckmäßigerweise ansetzen sollten, nämlich da, wo es Wahlmöglichkeiten gibt. Ich fand das Schema, das sie hier vorgeführt hat, sehr hilfreich. Am Anfang einer Kette steht das Wissen, darauf folgt die Technologie, darauf die Anwendung und darauf die Nutzung.

Am Ende stehen dann die Folgen. Wahlmöglichkeiten gibt es dort, wo Alternativen existieren, und das ist vor allen Dingen zwischen Anwendung und Nutzung der Fall. Ich möchte das am Beispiel zweier grundsätzlich unterschiedlicher Technologien, nämlich der Spalttechnologie und die Fusionstechnologie demonstrieren. Am Anfang stand das Wissen, nämlich das kernphysikalische. Daraus haben sich Spalt- und Fusionstechnologie entwickelt. Die Spalttechnologie hat bisher das Rennen gewonnen, einfach weil sie die einfachere von den beiden ist. Die Spalttechnologie eröffnete nun wieder mehrere Optionen der Anwendung: im Hochtemperaturreaktor, im Leichtwasserreaktor, im Schnellen Brüter. Hier hat der Leichtwasserreaktor das Rennen gewonnen. Dafür gibt es viele Gründe. Einer ist sicher, daß es hier eine Vorlaufforschung gab, weil der Leichtwasserreaktor als Antriebsaggregat für U-Boote entwikkelt wurde. Wenn der Leichtwasserreaktor dann die gewählte Anwendung der Kernspalttechnologie darstellt, gibt es wieder verschiedene Nutzungsmöglichkeiten. Man kann ihn zur zentralen Stromerzeugung in großen Einheiten oder zur dezentralen Stromerzeugung mit Kraftwärmekopplung in kleineren Einheiten einsetzen oder auch als Neutronenquelle in der Forschung verwenden. Diese Kette mit ihren Optionen zeigt, daß es z.B. einen entscheidenden Unterschied macht, ob man die Folgen der Kerntechnik unter dem Aspekt ihrer Nutzung als Forschungsinstrument oder als große zentrale Stromquelle untersucht. Dabei ist dieses Beispiel zwar von angemessener Kürze, aber keineswegs typisch für die große Varianz der Optionen, die es bei der Nutzung einer Technologie geben kann. Es ist typisch für komplexe Großtechnologien, daß die Zahl solcher Optionen eher begrenzt ist. Ich weise hier noch einmal auf das Beispiel hin, daß Herr Winnacker uns heute vorgetragen hat, wo die Zahl der Nutzungsoption weit größer ist.

Hier liegt also der wesentliche Ansatzpunkt für steuernde Eingriffe in technische Entwicklungen. Eine andere wichtige Aussage, die hier gemacht worden ist, heißt aber, daß technische Entwicklung nicht planbar ist. Ich meine, man sollte hinzufügen: am wenigsten durch den Staat. Der Staat darf die technische Entwicklung auch nicht behindern, und er darf schon gar nicht die Forschung behindern und sei es auch in bester Absicht. Er hat allerdings darüber zu wachen, daß gewisse Grenzen nicht überschritten werden, also z.B. dort, wo Lebensgrundlagen oder grundlegende Rechte des Menschen bedroht werden oder andere Risiken unakzeptabel werden. Eine wichtige Aussage schien mir daher, daß der Staat Steuerungspflichten eher durch Fördermaßnahmen als durch Regulierung oder Verbot wahrnehmen sollte. TA kann sicher sehr hilfreich sein, wenn es darum geht, rationale Förderentscheidungen zu treffen.

Im übrigen müssen wir uns wohl darüber im klaren sein, daß die technologiepolitische Realität doch ein bißchen anders aussieht als wir sie uns vorzustellen geneigt sind, wenn wir uns mit TA auseinandersetzen. Die technologiepolitische Realität ist stärker von der Notwendigkeit des Konsenses und von finanziellen Zwängen geprägt als von der Forderung nach einer auf TA gegründeten Rationalität. Daher werden wir oft erleben, daß TA nicht Grundlage von Entscheidungen ist, sondern Rechtfertigung solcher Entscheidungen.

Im übrigen hat Herr Rüttger in seinem Vortrag eine ganz entscheidende Aussage gemacht, die in jedem TA-Büro an der Wand hängen sollte: "Es wäre nicht ohne dialektische Ironie, wenn TA, die ihren Aufschwung wesentlich der Erkenntnis von den Grenzen des Machbaren verdankt, selbst nun zu einer Metapher grenzenloser Machbarkeit würde".

7. Angesichts der verbreiteten öffentlichen Skepsis gegenüber technischer Entwicklung hat TA noch eine andere Funktion, die in der Diskussion hier einmal mit Technikfolgenkommunikation bezeichnet wurde. Mit dieser zusätzlichen Aufgabe wird nicht nur die Notwendigkeit begründet, die Ergebnisse der TA kommunizierbar zu machen, sondern es wird auch eine zusätzliche Dimension in die TA eingeführt. Die zusätzliche Dimension betrifft vor allem das, was Herr Birnbacher die weichen Werte genannt hat. Er hat dazu ermahnt, auch Schäden, die auf irrationalen Wahrnehmungen beruhen, also z.B. auf Ängsten, die aus der irrationalen Wahrnehmung von Risikokumulationen entstehen, in ihrer eigenen Realität anzuerkennen. Ich muß da an einen Satz denken, den ich einmal in einer Boulevardzeitung gelesen habe: "Das Ozon, das unsere Bäume geschädigt hat, schlägt nun auch noch ein Loch in die Atmosphäre." Das ist ein Beispiel für die Wahrnehmung von Kumulationen. Birnbacher hat außerdem noch die konsequenzenunabhängige Bewertung von Technik angesprochen und meinte damit z.B. die Sorge, daß mit der Gentechnik von Gott gesetzte Grenzen überschritten werden.

Das Problem der Kommunizierbarkeit stellt sich vor allem bei der Vermittlung wissenschaftlicher Sachverhalte, aber es reicht natürlich weiter. Ein ganz wichtiges Beispiel für das Problem der Kommunizierbarkeit ist die Abwägung von Folgen, die verschiedene Dimensionen haben und die kommensurabel gemacht werden müssen, damit sie abwägbar werden. Das eklatanteste Beispiel hierfür ist die Notwendigkeit, den statistischen Verlust an Menschenleben gegen den wirtschaftlichen Nutzen einer Technik abzuwägen. Es stammt sozusagen aus dem Horrorkabinett der TA, daß man Menschenleben dann in Geld umrechnet. Aber selbst wenn man das nicht explizit tut, und darauf hat Birnbacher auch hingewiesen, kommt man ja doch nicht umhin, implizit eine solche Kommensurabilität herzustellen.

8. TA kann technikinduziert oder probleminduziert sein. In verschiedenem Kontext wurde diese Alternative in den vergangenen drei Tagen angesprochen. Probleminduzierte TA ist zunächst einmal eine sehr überzeugende Alternative. Die Falle, in die man dabei tappen kann, wurde in der Arbeitsgruppe deutlich, die sich unter Leitung von Herrn Albach mit der Bodensanierung beschäftigt hat. Sie liegt darin, daß hier oft das Erreichen einer bestimmten technischen Lösung als Ziel definiert wird, also z.B. Abfallvermeidung statt Behandlung und Ablagerung. Intuitiv erscheint das natürlich als die vernünftige Lösung. Aber indem man so an die TA herangeht, vermeidet man es, dieses Ziel selber einer Analyse zu unterziehen. Ein analoges Beispiel wäre die Verlagerung des Schwerlastverkehrs von der Straße auf die Schiene. Auch das ist ein einleuchtendes Ziel, aber ob es einer rationalen Analyse standhält wäre erst noch zu untersuchen. Dem gegenüber hat die technikinduzierte TA den Vorteil der größeren Zieloffenheit.

9. Es wurde die Frage aufgeworfen, ob es einen Zwang zur TA geben soll, wenn eine technische Entwicklung ansteht. In diesem Zusammenhang stellt sich auch die Frage der Standardisierung der TA und die einer Kontrolle der korrekten Ausführung, etwa durch einen TA-Prüfer, der ähnlich wie ein Wirtschaftsprüfer arbeitet. Ansätze zu einer TA-Verpflichtung gibt es auf der Stufe der Nutzung von Technologien. Es gibt die Umweltverträglichkeitsprüfung, es gibt Planfeststellungsverfahren, z.B. bei Abfalldeponien oder unterirdischen Endlagern für radioaktive Abfälle und es gibt formalisierte Genehmigungsverfahren, z.B. für Kernkraftwerke oder für chemische Anlagen. Sogar Einsätze zur Standardisierung gibt es, z.B. was die Form des Sicherheitsberichts für kerntechnische Genehmigungsverfahren betrifft. Auf einer früheren Stufe als der

der Nutzung ist an einen solchen Zwang oder an eine Standardisierung wohl kaum zu denken.

Eine Frage, die sich stellt, ist natürlich: Muß nicht auch die staatliche Verwaltung zur Technologiefolgenabschätzung oder analog zur Regelungsfolgenabschätzung gezwungen werden? Es gibt vielfältige staatliche Regelungen zur Risikominderung, bei denen es vielleicht sehr nützlich gewesen wäre, eine TA voranzustellen. Ein Beispiel sind die extrem niedrigen Pestizidgrenzwerte im Grundwasser, die praktisch auf eine Konzentration null hinauslaufen. Ein Gegenbeispiel sind die MAK-Werte, die nach einem Verfahren festgelegt werden, das einer TA sehr nahe kommt.

10. Wenn wir heute von TA reden, dann meinen wir eine Technikfolgenabschätzung, deren Besonderheit ihre Multidimensionalität ist. Dadurch unterscheidet sie sich von dem industriellen Managementinstrument TA und wird zu einem gesellschaftlichen Managementinstrument. So erhofft man sich heute, daß TA in dem Instrumentarium zur Bewältigung gesellschaftlicher Konflikte einen wichtigen Platz finden wird. Dort kann sie nützlich sein. Wir sollten uns aber auch klar machen, wie fruchtbar der gesellschaftliche Dissens in der Einstellung zur Technik sein kann. Das zeigt heute überdeutlich der Vergleich zwischen den neuen und den alten Bundesländern. In den neuen Bundesländern hat der staatlich verordnete Konsens sowohl zu Umweltzerstörung und Sicherheitsmängeln in großem Ausmaße als auch zu materieller Beengtheit und Knappheit geführt. In der Bundesrepublik hat der beherrschte Dissens zumindest wesentlich dazu beigetragen, daß wir heute sowohl materiellen Wohlstand als auch ein hohen Standard technischer Sicherheit und eine relativ intakte Umwelt haben.

Entscheidend ist, daß dieser Dissens beherrschbar bleibt und nicht in ausweglose Polarisation umschlägt. Dabei kann eine leistungsfähige TA hilfreich sein. Nicht, indem sie den Dissens überwindet, sondern indem sie die Entscheidung, die am Ende getroffen werden muß, transparenter macht.

Teil H

1 Über die "ökologische Krise" und Bacons Programm[1]

Lothar Schäfer

1.1 Zur Unterscheidung von Bacons Ideal und Bacons Programm

Hans Jonas hat in seinem Buch "Das Prinzip Verantwortung"[2] die Unheilsdrohung des Baconschen Ideals beschworen und die absehbare ökologische Katastrophe direkt auf das Übermaß des Erfolges des Baconschen Ideals zurückgeführt. Er verlangt deshalb, daß wir dieses Ideal aufgeben, ja daß wir uns überhaupt von dem utopischen Vorgriff auf bessere Verhältnisse verabschieden müssen, um uns auf ein verantwortungsvolles Bewahren der Natur einzustellen.[3]

Ich werde Jonas folgen, indem er überhaupt den Beginn der neuzeitlichen Naturwissenschaft im 17. Jahrhundert mit dem jetzt offensichtlich ruinös verlaufenden Umgang mit der Natur verklammert und dabei Francis Bacon[4] eine Leitfunktion zuspricht. Damit wird keine immanente philosophiehistorische These formuliert, sondern es werden die durch die technische Zivilisation in unserer Umwelt herbeigeführten realen Veränderungen mit dem von Bacon formulierten Ansatz verknüpft. Das scheint mir eine konsequente Linie zu sein, an der festzuhalten ist. In Bacons Denkansatz, der unter dem Titel der "Interpretation der Natur" antritt, haben wir einen Kandidaten von programmatischer Weltveränderung vor uns, wie es Marx in seiner 11. These gegen Feuerbach formuliert, aber den Philosophen vor ihm nicht zugebilligt hatte.

Francis Bacon hatte in der wissenschaftlich fundierten technischen Nutzung von Kräften und Stoffen der Natur ein Mittel gesehen, durch dessen Einsatz das materielle Wohlergehen aller Menschen gemehrt und gesichert werden könne.

War für die Antike das Wissen erstrebenswert, sofern es einen Wert in sich, einen höchsten Zweck, darstellte, so wird es seit dem 17. Jahrhundert erstrebt, weil es als ein Mittel verstanden wird, die Lebensbedingungen des Menschen zu bessern und zu sichern. Von den "wahren Zielen" der Wissenschaft sagt Bacon, daß wir sie erstreben "zum Wohle und Nutzen für das Leben"[5]. In seiner Frühschrift[6] verlangt Bacon von der Wissenschaft die Verbesserung "des Zustandes und der Gemeinschaft der Menschen", um "die Hoheit (sovereignty) und Macht des Menschen, die er im Urzustande der Schöpfung hatte, wiederherzustellen und ihm größtenteils wiederzugeben". Die Aphorismen über die "Interpretation der Natur" sind eo ipso Reflexionen über den Herrschaftsbereich des Menschen (de regno hominis).

Damit hat Bacon die Naturwissenschaften, noch ehe sie de facto entwickelt waren, auf die Bewältigung von Problemen verpflichtet, die als solche den Wissenschaften äußerlich sind: die Beseitigung von materieller Not, von Hunger, Krankheit und allen mit der Leiblichkeit des Menschen verbundenen Nöten[7]. Er hat damit die Naturwissenschaften insgesamt als ein Instrumentarium verstanden, durch das sich der Mensch aus der Abhängigkeit von der Natur, ihren zufälligen und kargen Gaben und ihren stets drohenden Gewalten befreien kann und soll. Man kann deshalb sagen, daß Bacon die Wissenschaften "extern instrumentalisiert"[8] oder sie "finalisiert"[9] hat.

Die eigentliche, die erstrebte und erstrebenswerte Wissenschaft von der Natur ist damit angewandte, praktische Naturwissenschaft, eine auf Technikerzeugung ausgerichtete Wissenschaft. Die auf die Wissenschaft gestützte Technik erzeugt mit ihren Erfindungen "Glück und Wohlergehen, ohne jemandem Unrecht und Leid anzutun", heißt es bei Bacon[10]. Bacon spricht hier von einer bestimmten Art, wie man Erträge erwirtschaften und steigern kann, und darin spielt das neue Naturverständnis eine wichtige Rolle. Die Bearbeitung und Kultivierung der Natur, durch die der Mensch sich im Dasein erhält, soll nicht mehr durch den Einsatz der menschlichen oder tierischen Arbeitskraft erfolgen, sondern durch die Ausnutzung der mechanischen Naturkräfte selbst. Während in der feudalen, vorindustriellen Wirtschaftsform der Profit des Herrn nur gesteigert werden konnte, indem er andere Menschen (Frau, Kinder, Knechte, Lohnarbeiter) mehr für sich arbeiten ließ, kann in einer technisierten Wirtschaftsform maschinell und unter Verzicht auf die Muskelkraft produziert werden. Indem die Schatzkammern der Natur, die angefüllt sind mit wertvollen Stoffen und unerschöpflichen Kräften, durch Technik geöffnet und zum Nutzen des menschlichen Lebens verwendet werden, läßt sich der Benefiz für alle steigern, ohne daß eine Ausbeutung des Menschen durch den Menschen nötig wäre. Die experimenta lucifera, die lichtbringenden Experimente, die neu zu veranstaltende Art der Grundlagenforschung, setzen den Menschen instand, endlich auch die experimenta fructifera, die einträglichen Experimente, voranzutreiben[11]. Wenn der Mensch nur über das richtige Wissen verfügt (das aber wird ihm quasi automatisch zufliegen, wenn er sich nur der experimentell-induktiven Methode bedient, meint Bacon) und es gezielt einsetzt, dann kann er die Natur anregen, Früchte hervorzubringen, ohne Grenzen und ohne Mühen.

Dieses Ideal hat Bacon in seinem Fragment "Das neue Atlantis" skizziert. Aber er hat auch ein Programm entworfen. Er hat sich über Methoden und Organisationsformen geäußert, durch die wir das Ideal erreichen oder verwirklichen könnten. Das "Novum Organum" ist nichts anderes als die Darstellung der neuen Methode der Naturforschung, die auf die Erreichung des praktischen Zieles ausgerichtet ist. Deshalb die Gegenwendung gegen das Organon des Aristoteles, mit dem sich kein Erkenntnisfortschritt hat erreichen lassen und das auch keine praktischen Anwendungen intendierte. Nur über die Orientierung an den mechanischen Künsten ergibt sich für Bacon der Gedanke der ständigen Verbesserung der Mittel und damit die Möglichkeit einer Verwirklichung des Ideals.

Das Programm freilich, das Bacon entworfen hat, ist in mehrfacher Hinsicht offen für Kritik. Erstens ist das Verfahren der eliminativen Induktion, wie er es in der Tafelmethode entworfen hat, gänzlich unbrauchbar und es ist nie von der modernen Naturwissenschaft praktiziert worden. Zu Recht hat Harvey, der genuine empirische Forschung betrieb und dem wir die Entdeckung des Blutkreislaufs verdanken, kritisiert, daß Bacon wie ein Lordkanzler die Wissenschaft verstehe: er erlasse die Methode durch Dekret.

Dennoch läßt sich weiterhin sinnvoll vom Baconschen Programm sprechen, und man meint damit eine Konzeption, in der die falsche oder ineffiziente Tafelmethode, die der Lord von Verulam entworfen hatte, durch die de facto in der modernen Naturforschung erfolgreich praktizierten Methoden ersetzt ist. Aber auch ein so gestärktes Programm ist offen für Kritik, die nun ins Zentrum unserer Thematik führt.

Bacon hatte angenommen, daß alle Eingriffe in die Natur erlaubt seien, ja daß wir in ihr möglichst tiefgreifende Veränderungen herbeiführen müßten, um einen maximalen Nutzen aus ihr ziehen zu können. Sofern ein verändernder Eingriff in die Natur überhaupt machbar ist, sind wir nicht nur berechtigt, sondern geradezu verpflichtet, ihn in die Tat umzusetzen; denn es bedeutet eine Steigerung der Macht des Menschen über die Natur und damit zugleich eine Verbesserung menschlicher Glücksmöglichkeit. Je maschineller und gewalttätiger der Natur die Erkenntnis abgerungen wird, umso menschenzuträglicher werden die Effekte sein. In dieser optimistischen Verbindung von Wissensvermehrung, technischem Umbau der Natur und nachfolgender Steigerung des Benefizs für alle, die für ihn streng wie eine Naturnotwendigkeit aussieht, ist jenes Stück des Baconschen Programms zu sehen, dem offensichtlich die neuzeitliche Entwicklung von Technik und Industrialisierung gefolgt ist, das sich aber so nicht mehr halten läßt.

Denn hierin hat Bacon mindestens zwei Idealvorstellungen unterstellt, die wir inzwischen durch bittere Realitäten austauschen müssen: Erstens ist uns in der Industrialisierung die Ausbeutung der Natur vorgeführt worden, als eine Form der Unterjochung der Menschen durch den Menschen, wie das in der kritischen Theorie ausgeführt worden ist. D.h. Hand in Hand mit der progressiven Erwirtschaftung von materiellen Gütern erzeugte sich das Industrieproletariat mit seiner einseitigen Abhängigkeit von Unternehmertum und Kapital, so daß auch der erwirtschaftete Profit keineswegs als Benefiz aller Menschen oder gar primär aller Bedürftigen, sondern als Gewinn der Besitzenden in Erscheinung trat.

Und zweitens muß, wie wir gegenwärtig erfahren, die intensive Nutzung von Naturkräften und -stoffen keineswegs automatisch zu einer Mehrung des materiellen Wohlergehens führen, sondern sie kann durchaus zur Gefahr für Gesundheit und leibliche Existenz des Menschen werden. Durch die überaus intensive und extensive Industrialisierung sind zwar Machtmittel und Kräftepotentiale erschlossen worden, die alles übertreffen, was sich Bacon und die anderen Protagonisten dieser Bewegung im 17. Jahrhundert einmal erträumt hatten - auch hat sich ein Teil der Menschheit materiellen Wohlstand verschafft -

zugleich sind aber auch durch die Industrialisierung neue Gefahren für das leibliche Wohlergehen produziert worden. Der Einsatz der Technologie in großem Stil scheint nun - auch wenn wir die Gefährdungen durch die militärischen Sektoren unterschlagen - die natürliche Basis unseres Daseins zu zerstören.

Es scheint damit die Gefahr, die wir mit dem Titel der ökologischen Krise ansprechen, gerade dadurch eingetreten zu sein, daß die Leitidee Bacons überaus erfolgreich umgesetzt und verwirklicht worden ist. Während sonst Ideale dafür kritisiert werden, daß sie nicht realisierbar seien, eben utopisch in dem schlechten Sinn des Wortes, zieht das Baconsche Ideal Kritik auf sich, weil es zu erfolgreich dahinstürmt.

Infolge der sogenannten ökologischen Krise wird von uns eine kritische Sichtung der neuzeitlichen Nutzungspraxis der Natur verlangt, die in ihrer gegenwärtigen Form ruinös verläuft. Jedoch, was uns durch den problematischen Begriff der "ökologischen Krise" angezeigt wird, ist nicht das Signal zur Aufkündigung des Baconschen Ideals, sondern eine Anzeige, daß sich das Baconsche Programm in einer kritischen Phase befindet.

Durch die Krise wird uns angezeigt, daß grundlegende Unterscheidungen, die Bacon noch nicht sah oder meinte vernachlässigen zu können, in das Baconsche Programm eingebracht werden und vor allem auch in verantwortlichem Handeln berücksichtigt werden. So hat Bacon keinen Raum für eine Unterscheidung von vernünftiger Naturnutzung (=langfristig haltbare Form der Kultivierung der Natur) und Raubbau an der Natur[12] (=Zerstörung von Natur wegen kurzfristigem Profit); denn jede Form von Naturnutzung mündet für ihn in eine Mehrung des Menschenwohles. Und Bacon hat auch keinen Raum für eine Unterscheidung von guten und schlechten Technologien denn Technik als solche mehrt und sichert menschliches

Glück. Der Gedanke schließlich, daß es in der Natur etwas zu schonen gilt, gerade auch weil und sofern wir sie nutzen möchten, ist Bacon noch völlig fremd. Bacons Programm kann also nur verteidigt und weiter verfolgt werden, wenn es Raum für solche Unterscheidungen wie die eben angeführten bietet.[13]

Die Frage des Unterscheidens, der kritischen Trennung der vertretbaren von den nichtvertretbaren Vorgehensweisen führt mich auf einige begriffliche Erwägungen zur sogenannten ökologischen Krise.

1.2 Was heißt "ökologische Krise"?

Von welchem Subjekt wird etwas prädiziert, wenn wir behaupten, es bestünde eine ökologische Krise? Meist meinen wir, wir behaupteten damit etwas über die Natur. Die Natur, bzw. Teilsysteme von ihr befänden sich in der Krise. Aber die Natur kennt keine Krisen, sie kennt nur Zustände. Man kann also nur entweder sagen, daß sie immer in Krisen steht, oder daß sie nie in einer Krise steht. So gesehen wird jedoch der Begriff uninteressant. Der Krisenbegriff ist auch kein rein deskriptiver Begriff, mit dem wir einen schlichten Sachverhalt konstatieren, wie den Stand der Sonne, sondern ein wertender Begriff: Krisen werden als solche erkannt von einem therapeutisch engagierten Experten und ausgesagt von einem System, das pathogener Zustände fähig ist und sie zu meiden sucht. Durch den Ausdruck Krise zeichnen wir bestimmte Zustände eines Systems aus als besonders heikle, besondere Aufmerksamkeit verlangende, oder wie wir auch dann sagen, als kritische Zustände.

Solange es eine "Krisentheorie der Natur" nicht gibt, ist die Rede von der ökologischen Krise als einer Krise der Natur ohne Fundament. Es lohnt sich deshalb, an die alte hippokratische Medizin, aus der der Begriff der Krise stammt, anzuknüpfen, um Strukturmerkmale des Krisenbegriffs zu entwickeln.

(1.) In der Medizin fungiert "Gesundheit" als ein Wert und ein Gut, das wir uns erhalten und im Falle der Erkrankung wiedererlangen möchten, wofür wir gegebenenfalls auch einen Arzt engagieren. (2.) In der hippokratischen Medizin ist der Krisenbegriff eingebunden in eine Theorie der ausgewogenen Mischung körpereigener Säfte. Erkrankungen sind Ausdruck einer Störung im Haushalt der Körpersäfte (humorales). Der Arzt muß sich darauf verstehen, Zustände des Patienten als Symptome spezifischer Störungen in der Balance der gesund- und krankmachenden Stoffe zu deuten. (3.) Krisen bezeichnen besondere Stadien im Verlauf der Erkrankung, in denen sich entscheidet, ob eine Erkrankung zur Gesundung hin sich entwickelt oder zum Tode. Nach der Säftetheorie bezeichnet die Krise genauer eine Phase, in der es entweder zur Reifung (pepsis) und Scheidung, d.h. Trennung der krankmachenden von den gesunden Körpersäften und zur nachfolgenden Ausscheidung (apostasis) der ersteren kommt oder dies unterbleibt. Der erste Fall führt zur Genesung, der zweite zur Verschlimmerung oder zum Tode.

Die Krisen genau zu erkennen, d.h. die Symptome richtig zu deuten, ist für den Arzt wichtig, nicht nur, um richtig prognostizieren zu können, sondern auch um seine Einwirkungsmöglichkeiten auf den Verlauf der Erkrankung günstig einsetzen zu können[14]. Eine Medizin kann ihre gute Wirkung nur dann vollbringen, wenn sie im richtigen Zeitpunkt verabreicht wird.

Auch wenn die antike Medizin von der ökologischen Krise weit abzuliegen scheint, so scheint mir der Begriff der Krise doch nach wie vor nur verwendbar zu sein, wenn wir die angegebenen Strukturmerkmale in ihm festhalten.

Um von einer Krise sprechen zu können, müssen:

1. wertende Gesichtspunkte (Normen) zur Verfügung stehen, die über die neutrale Beschreibung von Zuständen hinausführen;
2. brauchen wir theoretische Annahmen über die zugrundeliegenden Mechanismen, als deren Ausdruck wir die Krise sehen. Nur aufgrund von Theorien vermögen wir, bestimmte Zustände als Symptome einer Krise zu deuten;
3. der in der Krise sich abspielende Vorgang muß ein Prozeß der Trennung, der Absonderung und Ausscheidung sein, wie es in der ursprünglichen Wortbedeutung von krinein gemeint ist.

Das scheint mir auch aus der Rede von ökologischer Krise direkt hervorzugehen, die immer einen wertenden Bezug auf den Menschen (oder die Tierarten, die mit ihm unter vergleichbaren Bedingungen leben) enthält. Die ökologische Krise wird verstanden als eine Phase in den Veränderungen der Natur, in der die Lebensbedingungen des Menschen bedroht sind. Und es gibt einen zweiten Bezug auf den Menschen, nämlich als Verursacher; das führt auf das 2. und 3. Strukturmoment der Krise.

Wenn wir heute von ökologischer Krise reden, dann meinen wir nicht Krisen der Ökosysteme, die durch Naturereignisse ausgelöst wurden, wenn sie gleich dieselben Effekte wie Naturkatastrophen zeigen. Als ökologische Probleme sprechen wir die lebensbedrohenden Veränderungen in der Natur an, die durch das menschliche Handeln hervorgebracht und sofern sie durch dieses Handeln hervorgebracht sind. Die Art und Weise, wie wir verändernd in die Natur eingreifen, ist als Ursache der ökologischen Krise zu bestimmen. Nur wo und sofern wir die Veränderungen in der Natur als Effekte unseres technischen Handelns gegenüber der Natur deuten und als "unbekömmlich" für unser Dasein bewerten können, haben wir es mit ökologischen Problemen i.e.S. zu tun. Nur wenn die ökologischen Probleme in den Kontext des menschlichen Handelns qua Verursachung gerückt werden, kann uns durch sie auch eine Änderung unseres Handelns bedeutet werden, können sie als praktische Probleme (als technisch-praktische und als moralisch-praktische) angesehen werden. Wir deuten die Krise als Symptom eines falschen Verhaltens und verlangen damit eine Änderung unseres Verhaltens.

Jetzt können wir genauer sagen: in den destruktiven Komponenten des Baconschen Programms erfassen wir den Mechanismus, aus dem die Krise resultiert. Deshalb ist es sinnvoll, von einer Krise des Baconschen Programms zu sprechen, und worum es in dieser Krise geht, ist die Trennung und Abscheidung der verantwortbaren von den unverantwortbaren Handlungsweisen des Menschen gegenüber der Natur.

1.3 Strukturelle Forderungen an eine zukunftsorientierte Technologie

Haben wir also eine falsche Technologie?[15] Bedürfen wir einer alternativen Form der Aneignung von Natur durch den Menschen? Mich überzeugen jedenfalls die Rufe nach neuen, alternativen Technikformen eher, als die Rufe nach einer neuen Ethik, die uns aus der ökologischen Krise befreien soll.

Zwei Gesichtspunkte scheinen mir bis jetzt klar zu sein:

1. In Anbetracht der Endlichkeit der Rohstofflager und ihrer fortschreitenden Erschöpfung dürfen wir nur den sparsamsten Gebrauch davon machen, damit auch kommenden Generationen noch etwas übrig bleibt. Hier ist also ein Prinzip "Schonung" zu beachten.
2. In Anbetracht unserer organismischen Daseinsweise dürfen wir keine Technologie unterhalten, deren nicht-intendierte Nebeneffekte sich ruinös auf unseren Stoffwechsel mit der Umwelt auswirken; denn wir sind verpflichtet, die Verhältnisse aufrechtzuerhalten, die die Bedingungen unserer organismischen Existenz bilden.

Bei beiden Gesichtspunkten spielt die Langfristigkeit der Betrachtung eine entscheidende Rolle. Demgegenüber war bis jetzt unsere Technologie auf die Verwirklichung kurzfristiger Ziele fixiert, die allenfalls in mittelfristiger Perspektive fortgeschrieben wurde, von der wir aber definitiv wissen, daß sie keine wirklich langfristige Möglichkeit darstellt.

Denn auf der Ebene einer sehr abstrakten, strukturellen Betrachtung müssen wir sagen, daß unsere bisherige Technik eine Pyrotechnik (eine Verfeuerungstechnologie) ist, die langfristig katastrophal wirkt; denn wir besorgen uns Energie dadurch, daß wir die in der Natur aufgebauten Energieträger abbauen und die dabei frei werdende Energie für uns nutzen.

Um es in mythisch-metaphorischer Redeweise zu sagen: Das Feuer, das uns Prometheus gebracht hat, das wir aber seitdem selbst nähren müssen, haben wir der Reihe nach mit Holz, mit Torf, mit Braun- und Stein-Kohle, mit Erdöl und Erdgas und jetzt mit spaltbarem Atommaterial in Gang gehalten. Wir haben dabei gleichsam immer tiefer liegende, immer energiereichere Träger verfeuert. Der Vorgang verläuft aber auf die stets gleiche Weise: das hochenergetische Material wird "verbrannt" und die freiwerdende Energie wird genutzt.

Mit diesem Typus der Energiegewinnung sind jedoch rein strukturell folgende Probleme verbunden:

1. Die Verknappung und letztlich Erschöpfung der Rohstoffvorräte
2. Der Ausstoß von Schadstoffen
3. Die Überlastung der Energieflüsse in der physiologischen Natur.

Aus Platzgründen übergehe ich eine Erläuterung dieser Punkte, zumal sie jedem Zeitungsleser vertraut sind.

Symmetrisch zu den drei angeführten strukturellen Schwächen derzeitiger pyrotechnischer Energiewirtschaft lassen sich drei Forderungen an zukunftsorientierte Technologien formulieren. Eine langfristig und global einsetzbare Technologie muß mindestens die drei folgenden Bedingungen erfüllen:

1. Quellen unserer Energienutzung müßten jene Energiemengen sein, die von der Sonne kommend ständig auf die Erde treffen und von der Erde wieder in den Weltraum abgestrahlt werden;
2. Die Form der Energiegewinnung darf kein Verbrennungsvorgang sein, sondern wir müssen (bildlich gesprochen) unsere "Turbinen" von den in der Natur ständig fließenden Energieströmen antreiben lassen;
3. Die dabei auftretenden Störungen der Energieflüsse und die nicht-intendierte Erzeugung von Nebeneffekten (Abwärme, Schadstoffe etc.) müssen im Rahmen des globalen Haushaltes der physiologischen Natur verkraftbar sein.

Zu 1.: Ein Energieprogramm, das langfristig und global verantwortet werden kann, muß sich auf "erneuerbare" Energiequellen stützen. Planungen und Prognosen, die nach der Ölkrise von 1973 erstellt wurden, stützten sich noch fast ausschließlich auf den Einsatz von Kohle-, Öl- und Kernenergiekraftwerken, weil sogenannte "alternative Energien" (erzeugt in Solaranlagen, Windparks, Biogasanlagen etc.) de facto noch kaum existierten und für wenig entwicklungsfähig gehalten wurden. Seitdem hat sich manches geändert. Sich auf "erneuerbare" Energiequellen stützende Prognosen und Modelle formulieren nicht mehr "utopische" Verhältnisse, sondern können auf realistischer Basis entwickelt werden.[16] Das Einsparen von Energie durch ihre bessere Ausnutzung, "Kraft-Wärme-Koppelung", sowie geothermische Anlagen rechne ich ebenfalls zu den hier geforderten Quellen, obwohl sie ebenso in Verbindung mit den herkömmlichen Formen wirksam sind und keine Effekte der eingestrahlten Sonnenenergie sind.

Zu 2.: Auf die Erde trifft ständig ein mehr oder weniger konstanter Zustrom von Sonnenenergie in Form von kurzwelliger Strahlung, die teils gestreut, teils resorbiert, aber letztlich auch wieder abgestrahlt wird. Jedoch nehmen diese Energieströme recht unterschiedliche Wege (Streuung an unterschiedlichen Schichten von Luft und Erdoberfläche) und sie werden häufig transformiert (hauptsächlich von kurzwelliger in langwellige Strahlung). Durch die unterschiedlichen Beschaffenheiten auf der Erde ergibt sich keine Gleichverteilung der Energie, sondern es entstehen unterschiedliche Energieniveaus, die durch Transporte von Luft, Wasser, elektrischen Ladungen, Änderungen von Aggregatzuständen usw. ausgeglichen werden. Die Energieniveaus auf der Erdoberfäche bilden gleichsam eine gebirgige Landschaft mit unterschiedlich steilem und flachem Terrain, die die unterschiedlichen Potentiale der Energie repräsentieren. Die einzig langfristig vertretbare Form der Energiebereitstellung scheint mir die zu sein: sich an das verzweigte Netz der in der Natur ständig fließenden Energieströme anzuschließen, d.h. von ihnen Teilmengen abzuzweigen und auf unsere "Turbinen" zu leiten, ganz wie das bei den einfachen Formen der Wasser- und Windmühlen geschieht.

Diese Form der Energiegewinnung könnte man "Hydrotechnologie" nennen, um sie von der "Pyrotechnologie" durch eine analoge Benennung abzuheben. Treffender scheint mir jedoch die Bezeichnung "Inklinationstechnologie" zu sein; denn der Ausdruck "inclinatio" (Neigung) beschreibt, daß es um die Nutzung eines günstigen Energiegefälles geht. Außerdem hat "inclinatio" noch die Bedeutung von "veränderte Richtung, Wendung". Auch das soll zum Ausdruck gebracht werden: es wird durch die Inklinationstechnologie aus dem ohnehin in der Natur ablaufenden Prozeß energetischen Ausgleichs etwas "abgezweigt" und "umgelenkt", um es für uns zu nutzen.

Pyrotechnische Verfahren verbrauchen ständig die kostbare, in komplexen chemischen Verbindungen gespeicherte potentielle Energie, d.h. sie entleeren fortgesetzt die Speicherkammern der Erde.[17] Die Technologie der Inklination schaltet sich ein in die durch die Sonneneinstrahlung mehr oder weniger konstant und stabil gehaltenen Energieflüsse, um aus der von der Natur ständig geleisteten Gesamtarbeit etwas für unsere eigenen Zwecke abzuhalten. In der Metapher könnte man von einem System der Kanalisierung und Verteilung fließender Energie auf verschiedene Turbinen sprechen. Man könnte auch diese Form der Technologie eine "partizipative" nennen, weil sie sich in einen Prozeß einschaltet, der ohnehin abläuft, und die Verfeuerungstechnologie eine "konsumptive", weil sie zur Erzeugung der Energie Rohstoffe verbraucht.[18]

Zu 3.: Bei den Erwägungen der Belastbarkeit der physiologischen Natur spielen einerseits die globalen Quantitäten, andererseits aber auch die lokale Konzentration, die Zentralisierung, eine große Rolle. Es scheint mir evident zu sein, daß der Gigantismus unserer derzeitigen Technologie, wie er sich in der Entwicklung immer größerer Kraftwerke und der damit verbundenen Zentralisierung und Konzentration auf enge

Räume manifestiert, für viele negative Effekte verantwortlich ist. Solche negativen Effekte können auch beim Einsatz von Techniken der Inklination auftreten. Dieser Gesichtspunkt will also eigens beachtet sein!

Wollte man gleich die Hälfte der Sahara mit Solarzellen bedekken, so würden klimatische Veränderungen sicher nicht ausbleiben, die wiederum Schäden verursachen könnten. Ein diversifizierteres und dezentralisierteres System der primären und sekundären Technologien kann den lokalen Besonderheiten besser Rechnung tragen und damit global verbreitbarer werden. Es hat überdies die Vorteile der Risikoverteilung für sich.

Hans Jonas machte das Baconsche Ideal für die Zerstörung unseres Lebensraumes verantwortlich und verlangte, den utopischen Vorgriff auf glücklichere Verhältnisse zu verabschieden zugunsten eines reinen Bewahrungsdenkens; deshalb kritisierte er insbesondere die Version des Marxismus, die Ernst Bloch im "Prinzip Hoffnung" entwickelt hat. Jonas ist der Meinung, daß die Idee der "Humanisierung der Natur" nur auf eine Denaturierung hinauslaufen könne, d.h. nicht die erhoffte Aufhebung der Entfremdung bringe, sondern ihre Steigerung. (PV 372)

Aber das kann er nur so sehen, weil er den utopischen Entwurf an die jetzt praktizierte Technologie heftet, deren Entwicklung er extrapoliert, und so ergeben sich Szenarien der Zerstörung: das pyrotechnisch herbeigeführte Jüngste Gericht.

Ein recht verstandenes Prinzip Verantwortung scheint mir jedoch nicht die Verabschiedung des Zukunftsdenkens zugunsten des Bewahrungdenkens zu gebieten, sondern uns zur Entwicklung einer Technikform zu verpflichten, die ich oben "Hydrotechnik" genannt habe. Das freilich setzt nicht nur ein hohes

Maß an naturwissenschaftlichem Wissen voraus und technische Phantasie; es verlangt vor allem in der Gesellschaft ein geschärftes Bewußtsein über die Gefährdungen, die aus der Fortsetzung seitheriger Praxis erwachsen und für die Verpflichtung, daß wir für uns und kommende Generationen eine lebenswerte Zukunft offenhalten müssen. Es verlangt, daß wir die destruktiven Komponenten aus dem Baconschen Programm ausscheiden und konsequent am Baconschen Ideal festhalten.

So, wie für Bacon Träger einer Forschungs- und Nutzungspraxis, der es um die Mehrung des materiellen Wohles aller geht, nicht mehr das Individuum sein konnte, sondern die Gesellschaft insgesamt, müssen auch wir den erklärten Willen mit Nachdruck vertreten, daß nicht die partikularen und kurzfristigen Interessenkonstellationen den Gang der Geschichte prägen, sondern daß die Orientierung am langfristigen sozialen Benefiz den Primat erhält. An dieser "Utopie" müssen wir festhalten, gerade damit die "ökologische Krise" nicht zum Finale des Menschen gerät.

Anmerkungen:

1) In dem Vortrag greife ich in stark gekürzter und teilweise veränderter Form auf zwei meiner Aufsätze zurück, auf die ich zur Verdeutlichung verweise: "Selbstbestimmung und Naturverhältnis des Menschen" in: Schwemmer, O. (Hg.), Über Natur: Philosophische Beiträge zum Naturverständnis, Frankfurt/M.: Klostermann 1987, S. 15-35. "Das Baconsche Ideal und die ökologische Krise" in: Bellut, C. und Müller-Schöll, U. (Hg.), Mensch und Moderne. Würzburg: Königshausen 1989, S. 309-334.

2) Jonas, H.: Das Prinzip Verantwortung: Versuch einer Ethik für die technologische Zivilisation. Frankfurt/M.: Insel 1979.

3) Dem kann ich jedoch nicht zustimmen; weder scheint mir die von Jonas gegebene Analyse korrekt, noch ist seine Empfehlung akzeptabel. Ich will plädieren, daß das Baconsche Ideal unaufgebbar ist, wenn wir vom Ideengut der europäischen Aufklärung auch nur einen guten Gedanken festhalten wollen, und daß es unaufgebbar ist, solange noch Hunger, Krankheit und materielle Not die Menschheit oder große Teile von ihr peinigen.

   Ich bin aber ebenso der Meinung, daß wir dem Baconschen Ideal nicht mit der Naivität seines Anfangs weiter folgen dürfen. Um an dem von Bacon definierten Ziel festhalten zu können, müssen wir über dieses selbst und insbesondere über die zu seiner Erreichung verwendeten Mittel erneut nachdenken.

4) Ich rede vom Baconschen Programm, bzw. Baconschen Ideal im Sinne der Abkürzung, nicht der individuellen Zuschreibung. Wir finden gleichgerichtete Äußerungen bei Descartes, bei Hobbes und anderen prominenten Vertretern von Philosophie und Wissenschaft im 17. Jahrhundert - und auch schon bei Wegbereitern des neuen Denkens. Bacons Name fungiert als Etikett, weil er in seiner "Großen Erneuerung der Wissenschaft" diese Programmatik ins Zentrum seiner Philosophie gerückt und weil er in seiner Schrift "Das neue Atlantis" dieses Ideal auch institutionell in einer (utopischen) Gesellschaft verankert hat.

5) "Ad meritum et usus vitae", F.Bacon, The Works (eds. Spedding, Ellis, Heath), London 1857, Vol.I, S. 132.

6) F.Bacon, Valerius Terminus, Würzburg 1984, S. 42f.

7) Bacon hegte die optimistische Vorstellung, daß die Beseitigung der Knappheit an materiellen Gütern auch eine moralische Besserung mit sich führen würde. Wie er in "Neu-Atlantis" skizzierte, würden die Gesellschaften nach innen und außen friedfertig und hilfsbereit sein.

8) Vgl. Schäfer, L.: Erfahrung und Konvention, Stuttgart: Frommann-Holzboog 1974, S. 29-37.

9) Vgl. Böhme, G. e.a.: Starnberger Studien I, Frankfurt/M. Suhrkamp 1978.

10) The Works, a.a.O., Vol.I S. 221.

11) F.Bacon, Instauratio magna, Praefatio, in: The Works, Bd.I, S. 128

12) Was wir Raubbau an der Natur nennen, ist keine Beraubung der Natur, verstanden als das geplünderte Subjekt, sondern letztlich eine Selbstschädigung und Mißachtung menschlicher Interessen. Wenn wir Wälder abholzen, so gewinnen wir zwar sowohl Rohstoffe für die Holzwirtschaft als auch Flächen für andere Bewirtschaftung oder Besiedlung; wir zerstören aber zugleich Lebensräume von Menschen, die zu vertreiben wir kein Recht haben. Wir vernichten Stabilisatoren des Weltklimas und die Regeneratoren des Sauerstoffgehaltes der Luft, an deren Erhaltung uns allen gelegen sein muß. Tier- und Pflanzenarten werden ausgerottet, deren ökologische Verflechtung in die uns zuträglichen Umweltverhältnisse nicht zu übersehen ist, von dem ästhetischen Interesse an ihrer Erhaltung ganz zu schweigen.

13) Wenn Hans Jonas Bacons Ideal als Bringer des Unheils anprangert, dann äußert er damit keineswegs seine private Philosophie, sondern er bündelt darin eine breit gestreute Ablehnung der neuzeitlichen Nutzungspraxis der Natur. Diese Ablehnung reicht vom Kampf gegen bestimmte Technologien bis zur Wissenschaftsfeindlichkeit und zur Verteufelung der instrumentellen Vernunft als solcher. Auch wenn sie sich vielfach in Formen der Irrationalität äußert, müssen wir sie doch ernst nehmen, und es kommt Jonas das unbestreitbare Verdienst zu, mit Nachdruck und anhaltend auf das Ausmaß der verlangten Änderungen zu verweisen. Gegenüber seiner Forderung nach radikaler Änderung der gegenwärtigen Nutzungspraxis der Natur will ich nicht beschwichtigend auftreten; wohl aber plädieren, daß die Änderung in eine ganz andere, als die von ihm angegebene Richtung zu erfolgen hat.

14) Hippokrates, Prognostikon, c.1.

15) Ich spreche im folgenden nur über Primärtechnologien, durch die wir Energie bereitstellen für Produktion, Verkehr, Haushaltung etc.

16) Vgl. Deudney, D. & Flavin, C., Renewable Energy: The Power to Choose, New York / London, 1983.

17) Eine auf Wasserstoff als Energieträger gestützte Technologie scheint prima facie zur "Pyrotechnik" zu gehören; denn Wasserstoff wird unter Sauerstoffzufuhr zu Wasser verbrannt. - Aber für diese Klassifikation ist entscheidend, wie die Primärenergie bereitgestellt wird. Wenn man die für die Elektrolyse benutzte Energie z.B. aus Solar-Kraftwerken beziehen würde, würde sich die Wasserstofftechnologie ideal in eine Hydrotechnologie einfügen.

18) M.Heidegger hat das in den Rheinstrom gestellte Kraftwerk als Paradigma der Technik genommen und mit dem Rhein, wie ihn Hölderlin in seiner Hymne besungen hat, kontrastiert. Während der Dichter in seiner poetischen Art des Entbergens Wahrheit zur Sprache bringe, stelle die Technik die Dinge so, daß sie sie als Energielieferanten herausfordert. Er bezeichnet das Wesen dieses Bestellens, d.h. das Wesen der Technik, als "Ge-stell", vor dem es in der Natur dann gleichsam nur noch Energiebestände gibt, keinen Fluß mehr und keinen Wald. Alle Naturstoffe sind Energieträger wie die strömenden Wasser des Rheins. - In der Technik sieht Heidegger die größte Gefährdung des Menschen, die recht eigentlich darin bestehen soll, daß wir das Wesen der Technik noch nicht angemessen erfaßt haben. - Aber, ist die Technik so einheitlichen Wesens? Ist es nicht sinnvoll, einen strukturellen Unterschied (oder Wesensunterschied) zu machen zwischen dem Kraftwerk im Fluß, das sich an einem Energieumsatz beteiligt, der ohnehin stattfindet und der Dampfmaschine oder dem Verbrennungsmotor, die zum Zwecke der Energiegewinnung die fossilen, nicht regenerierbaren Stoffe zerfällen und überdies dabei Schadstoffe in großer Menge erzeugen? Es ist ein gewaltiger Unterschied zwischen dem Konsumieren (von Rohstoffen) und dem Partizipieren (an Energieflüssen). Und nicht die Einsicht in das Wesen wird uns retten, sondern die Unterscheidung der vertretbaren und der unvertretbaren, weil zerstörerischen, Formen von Technologie. Vgl. Heidegger, "Die Frage nach der Technik", in: Die Künste im technischen Zeitalter (Hg. Bayerische Akademie der Schönen Künste), München 1956, S. 48-72.